Albert Bronner

Industrielle Planungstechniken

Springer

Berlin
Heidelberg
New York
Barcelona
Hongkong
London
Mailand
Paris
Singapur
Tokio

Albert Bronner

Industrielle Planungstechniken

Unternehmens-, Produkt- und Investitionsplanung, Kostenrechnung und Terminplanung

Mit 165 Abildungen und 50 Tabellen

Springer

Professor Dr.-Ing. Albert Bronner
Industrieberatung Bronner
Menzelstraße 52
D-70192 Stuttgart
e-mail: industrie-beratung-bronner@t-online.de

ISBN 3-540-41275-1 Springer-Verlag Berlin Heidelberg New York

Die Deutsche Bibliothek – CIP-Einheitsaufnahme

Bronner, Albert:
Industrielle Planungstechniken : Unternehmens-, Produkt- und Investitionsplanung , Kostenrechnung und Terminplanung / Albert Bronner. – Berlin ; Heidelberg ; New York ; Barcelona ; Hongkong ; London ; Mailand ; Paris ; Singapur : Springer, 2001
(VDI-Buch)
ISBN 3-540-41275-1

Springer-Verlag Berlin Heidelberg New York
ein Unternehmen der BertelsmannSpringer Science+Business Media GmbH

http://www.springer.de

Einbandgestaltung: Struve & Partner, Heidelberg
Satz: Fotosatz-Service Köhler GmbH, Würzburg

Gedruckt auf säurefreiem Papier SPIN: 10788511 62/3020 – 5 4 3 2 1 0

Vorwort

Wer sein Ziel nicht kennt,
dem weht kein Wind günstig!

SENECA

Vor mehr als 2000 Jahren hat schon Seneca die Notwendigkeit für eine zielgerichtete Planung hervorgehoben und seither hat sich diese Erkenntnis schon vieltausend mal bestätigt. Welches aber sind die besten Ziele? Wie finden und bewerten wir sie?

Hierzu bedarf es vieler Hilfen von Visionen und Phantasie über Strategien, Methoden und Techniken mit festen Routinen und weitgehendem EDV-Einsatz. Dieses Instrumentarium muss heute jeder Planer im technisch-wirtschaftlichen Bereich kennen, beherrschen und anwenden.

Aus den praktischen Erfahrungen heraus wurden daher in dieser Unterlage die zahlreichen Arbeitstechniken zusammengestellt, die heute im Planungsbereich der Industrie, aber auch im heranwachsenden Handwerk eingesetzt sind bzw. sein müssen. Dabei wurde jeweils bei allen Methoden und Techniken zunächst der Notwendigkeitsnachweis (bzw. die feasibility study) erbracht, dann die logische Herleitung, und schließlich mit Beispielen aus der Praxis die Anwendung konkret dargestellt.

Kennen – Können – Tun

lautet das Motto für dieses Buch.

Informieren – Üben – Motivieren

sind die Lernschritte des Buchs.

Damit sind auch die Zielgruppen angesprochen:

- Es sind dies Studenten, die sich für den praktischen Einsatz in ihren ersten Stellen vorbereiten und das Planungsinstrumentarium **kennen** lernen sollen.
- Es sind dies die Planer in den Unternehmen, die das Buch als „Handbuch" für ihre Arbeit zur Vervollständigung Ihres **Können**s nutzen werden.
- Es sind dies die Manager, die einen Überblick und Einblick in die Planungstechniken erhalten sollen und Anregungen geben, um durch diese Techniken die Planung auszureizen und um – das **Tun** – zu betreiben.

So soll mit einer weitschauenden klaren Planung und einer verfeinerten Erfassung und Auswertung der Daten die Sicherung der Unternehmensentwicklung für die Gegenwart bis zur langfristigen Zukunft erreicht werden.

Hierzu wünsche ich guten Erfolg.

Stuttgart, Frühjahr 2001

Inhaltsverzeichnis

Kapitel 1
Techniken der Unternehmensplanung 1

0 Möglichkeit und Grenzen der Planung 2

1 Zielplanung – Richtung für alle Planungen 9
1.1 Bedarfsentwicklung als Grundlage der Planung 14
1.2 Situation in der Nachkriegszeit in der BRD 15
1.3 Zukunftsbilder (Szenarios) zur Orientierung für langfristige Planungen 19

2 Strategische Planung – Langfristige Planungen 20
2.1 Lebenszyklen von Produkten, Branchen und Kulturkreisen 21
2.1.1 Lebenszyklen von Produkten 21
2.1.2 Lebenszyklen von Branchen 24
2.1.3 Lebenszyklen von Wirtschafts- und Kulturkreisen 35
2.2 Strategien in den Lebensphasen der Produkte 35
2.3 Kosten-Gesetzmäßigkeiten 43
2.4 Portfolio-Analyse 47

3 Operative Planung – Mittelfristige Planung 57
3.1 Ablauforganisation 58
3.2 Spezielle Arbeitstechniken der Operativen Planung 61

4 Aktionsplanung – Kurzfristige Planung 62
4.1 Gewinnplanung 65
4.2 Ergebnislücke und Break Even Point 67
4.3 Auftragsplanung – Festwertplanung 68

5 Planungsfall – Mannesmann 69
5.1 Situationsanalyse allgemein 69
5.2 Umweltanalyse 70
5.3 Unternehmensanalyse 71
5.4 Zielplanung 72
5.5 Strategische Planung 74
5.6 Operative Planung 77

6 Offensive Unternehmensführung 78

Kapitel 2
Techniken der Produktplanung 89

1 Grundlagen 90

2 Systematisches Suchen von Produkten 92
2.1 Quellen der Kreativität 92
2.2 Ablauf der Produktplanung 98

3 Systematisches Bewerten von Produkten 100
3.1 Produktionsprogrammanalyse 102
3.2 Entwicklungsprogrammanalyse 104
3.3 Nutzwert der Produkte 107
3.4 Wirtschaftlichkeitsrechnung für Neuprodukte 107
3.5 Wirtschaftlichkeitsrechnung für Aktualisierungsmaßnahmen . . . 110
3.6 Formulare für Produktanalysen 112

4 Lastenheft – Pflichtenheft – Entwicklungsauftrag – Grundlagen der Entwicklungsarbeit 113
4.1 Begriffsbestimmung 114
4.2 Vom Lastenheft und Pflichtenheft über den Entwicklungsantrag zum Entwicklungsauftrag 115
4.3 Praktische Handhabung von Lastenheft und Pflichtenheft 118
4.4 Kostenzielvorgabe – Zwischenkalkulation – Begleitkalkulation . . 124
4.5 Projektüberwachung und Entwicklungssteuerung 126
4.6 Aktualisierung und Auswertung der Lasten- und Pflichtenhefte . . 127
4.7 Einführungshinweise 127
4.8 Empfehlungen 128

5 Entwicklungsverfolgung mit Freigabestufen, Begleitkalkulation und Projektmanagement 128
5.1 Freigabestufen 128
5.2 Zwischenkalkulation – Begleitkalkulation 132
5.3 Projektüberwachung und Entwicklungssteuerung 134
5.4 Projektmanagement 141
5.5 Entwicklungsberater und Wertanalyse 144
5.6 Einsatz der EDV beim Planen und Steuern 147
5.7 Produktüberwachung – Produktpflege 148

6 Empfehlungen 148

Kapitel 3
Techniken der Investitionsplanung 149

1 Grundlagen und Zusammenhänge 150

2 Investitionsstrategien im Rahmen der Unternehmenspolitik 152
2.1 Ziele, Projekte und Objekte von Investitionen 153

3 Investitionsbudget 156
3.1 Cash flow als Basis 157
3.2 Finanzierungsalternativen 158
3.3 Gliederung des Investitionsbudgets in Projekte und Objekte 160
3.4 Budgetüberwachung, Projektüberwachung, Objektüberwachung . . 160

4 Investitionsrechnungen 162
4.1 Kriterien 164
4.2 Dynamische Verfahren 168
4.3 Statische Investitionsrechnungen 175
4.4 Ganzheitliche Investitionsrechnung 186
4.4.1 Problem der unsicheren Erwartung 188
4.4.2 Berücksichtigung von Steuern 190
4.4.3 EDV-Einsatz bei der Investitionsplanung und Investitionsrechnung 190

5 Investitionsrichtlinie und Organisation 192
5.1 Schematisierte Investitionsrechnungen 194
5.2 Beantragung von Projekten 197
5.3 Beantragung von Objekten 202
5.4 Wirtschaftlichkeitsrechnungen für Einzweckmaschinen 205
5.5 Wirtschaftlichkeitsrechnungen für Mehrzweckmaschinen 208
5.6 Bestellüberwachung, Abnahme, Gewährleistung, Endkontrolle . . 209

6 Vorgehen beim Aufbau und Ausbau der eigenen Organisation . . . 210

7 Empfehlungen 214

Kapitel 4
Techniken der Kostenrechnung 217

0 Einführung 218

1 Wirtschaftliche Grundbegriffe 218
1.1 Kosten, Aufwand, Ausgaben 219
1.2 Kostendefinitionen und Kostengliederung nach DIN 32 992 221
1.3 Wirtschaftlichkeit 231

2 Kostenstrukturen und Kostenfunktionen 234
2.1 Wachstumsgesetze 237
2.2 Mengengesetze 240
2.3 Leistungsgesetze 244
2.4 Verfahrensvergleiche 249

3 Kosten und Preisbildung 254
3.1 Vollkosten-Preis 254
3.2 Teilkostenpreis und Deckungsbeitrag 257

4 Kostenprobleme der Produktplanung und Produktentwicklung . . 261
4.1 Kostenziele und mitlaufende Kalkulation (Target Costing) 261
4.2 Konstruktionsvergleiche 263
4.3 Wirtschaftliche Konstruktionsprinzipien 264

5 Kostenprobleme der Arbeitsvorbereitung 265
5.1 Richtpreiskalkulationen 265
5.2 Einstellenarbeit – Mehrstellenarbeit 269
5.3 Wirtschaftliche Disposition 269
5.4 Anlauf- und Lernkurven 270

6 Empfehlungen 273

Kapitel 5
Techniken der Terminplanung 275

1 Grundlagen des Projektmanagements 276

2 Netzplantechnik als Koordinierungsinstrument 281
2.1 Balkendiagramme, Datenflusspläne 282
2.2 Verfahren der Netzplantechnik 284
2.3 Strukturpläne 286
2.3.1 Teilprojekte 287
2.3.2 Objektstrukturplan 287
2.3.3 Funktionsstrukturplan 288
2.3.4 Projektstrukturplan 288
2.4 Einfache Zeit- und Terminplanung 290
2.4.1 Schritte der Zeitplanung und Terminplanung 291
2.5 Abhängigkeiten in der erweiterten Netzplantechnik 293
2.5.1 Anordnungsbeziehungen 293

3 Kapazitätsplanung 295
3.1 Kapazitätsbedarf 296
3.2 Verfügbare Kapazität 297
3.3 Kapazitätsbelegung 297

4 Kostenplanung und -überwachung 301
4.1 Kostenbeurteilung 301
4.2 Kostenüberwachung 303

5 Sonderprobleme 305
5.1 Detaillierungsgrad 305
5.2 Optimale Projektdauer 306

6 Einsatz der Netzplantechnik, ihre Vorteile und Wirksamkeit 307

7 EDV-gestütztes Projektmanagement 312
7.1 Allgemeine Erfahrungen 312
7.2 Super Project Expert als Beispiel 312

8 Empfehlungen 313

Literaturverzeichnis 315

Sachverzeichnis 317

Kapitel 1

Techniken der Unternehmensplanung

0 Möglichkeiten und Grenzen der Planung 2

1 Zielplanung – Richtung für alle Planungen 9

2 Strategische Planung – Langfristige Planungen 20

3 Operative Planung – Mittelfristige Planung 57

4 Aktionsplanung – Kurzfristige Planung 62

5 Planungsfall – Mannesmann 69

6 Offensive Unternehmensführung 78

0
Möglichkeiten und Grenzen der Planung

In den ersten Jahren der Nachkriegszeit war eine steile Aufwärtsbewegung fast aller Unternehmen der Bundesrepublik zu beobachten. Was produziert wurde, konnte auch verkauft werden, allenthalben war großer Bedarf.

Inzwischen hat sich die Lage wesentlich geändert: Aus einem Verkäufermarkt wurde ein Käufermarkt. Die meisten Branchen sind inzwischen in der Sättigungsphase angelangt und nur noch durch vermehrte Anstrengungen lassen sich Branchenumsätze halten und nur wenige Sparten zeigen echtes Bedarfswachstum.

Doch einige Unternehmen ragen heraus aus diesem allgemeinen Trend: Trotz Überschuss bei der Lebensmittelproduktion, trotz der Butterberge und Milchseen zeigen zahlreiche Feinkostgeschäfte und „Reformgeschäfte" wachsende Umsätze.

Trotz rückläufigem Textilverbrauch zeigen Firmen, wie Bogner oder Boss, zweistellige Zuwachsprozentsätze bei Absatzmengen und höchste Gewinne.

Obgleich die US-Automobilindustrie nur ganz schwach ausgelastet ist und der Dollar oftmals ganz niedrig bewertet ist, liefern die deutschen Nobelklassen wie Porsche, Daimler, BMW und Audi mehr Autos dorthin als vor einigen Jahren.

Umgekehrt sind die Verhältnisse bei einigen Wachstumsbranchen: Trotz gewaltigem Wachstum der Nachfrage bei der Unterhaltungselektronik sind die Firmen Saba, Dual, Wega und Grundig in andere Hände übergegangen.

Trotz stabilisierter Verhältnisse im Küchengerätebereich verloren Bauknecht und entsprechende Sparten bei AEG ihre Selbständigkeit – während andere Unternehmen dieser Fachgebiete ihre Macht ausgedehnt haben.

Diese Beispiele zeigen, dass die Unternehmensentwicklungen nicht einfach mit dem entsprechenden Markt korrelieren, sondern dass der Markt zwar Chancen bietet, aber das Unternehmen diese Chancen erkennen und ausnutzen muss.

Ebenso birgt der Markt Risiken, denen durch entsprechende Aktionen jedoch auszuweichen ist.

So steht heute der einstige Stahlriese Thyssen – zwar auf anderem Gebiet – ganz gut im Markt, obgleich die Stahlproduktion am Boden liegt und andere Konzerne wie Arbed-Saar-Stahl nur noch durch Subventionen am Leben zu halten sind [1.1].

Neben dem Markt, also den externen Einflussfaktoren, hat das Unternehmen aus seiner Größe, seiner Lage, seiner Struktur heraus, also abhängig von internen Einflussfaktoren gewisse Chancen, die genutzt werden müssen und Risiken, die zu meiden sind: Warum gelang es der Firma Glas nicht, im Automobilbau Fuß zu fassen, obgleich sie eine sehr interessante Limousine entwickelt hatte? Warum ging die Schweizer Uhrenindustrie zunächst „in den Keller", bevor es ihr gelang, in einem gewandelten Markt wieder Fuß zu fassen? Warum und wie gelang es Nixdorf, in einem Markt einzusteigen, der vermeintlich von andern überwältigend besetzt war? – Und warum verlor Nixdorf doch noch seine Selbständigkeit? Hinter diesen Entwicklungen müssen gewisse Ursachen und Gesetzmäßigkeiten stecken, die zunächst einmal aufzuspüren sind, deren Bedeutungen dann für das eigene Unternehmen zu bewerten sind und woraus sich dann Verhaltensregeln für die Optimierung der eigenen Unternehmensentwicklung ableiten lassen.

Bevor wir den einzelnen Horizontebenen bestimmte Planungsaufgaben zuordnen (Abb. 1.1), soll der Begriff Planung, wie er im Rahmen der Unternehmensplanung gebraucht wird, festgehalten werden.

Gälweiler definiert [1.2]:
„Planung ist ein Instrumentarium zur Zielverwirklichung. Durch die Planung sollen künftige Gegebenheiten so überschaubar wie möglich gemacht werden, um Konsequenzen auf die Ziele aufzuzeigen, um die Ziele klar herauszustellen und um die Zielverwirklichung so reibungslos wie möglich zu gestalten. Planung ist ein disziplinierter geistiger Prozess, der sich an Sachlogik orientieren muss. Dabei bestehen für die Planung Schwierigkeiten dadurch, dass Interdependenzen aufzulösen sind, ohne den Zusammenhang aus dem Auge zu verlieren. Planung ist ein Denkprozess, der sich in Plänen darstellen lässt. Ein Plan setzt jedoch nicht unbedingt Planung voraus."

Oder, mit anderen Worten:
Planung ist rationelles Erarbeiten von Zielen, Herausstellen ihrer Chancen und Risiken und Aufzeigen von Wegen zur optimalen Zielverwirklichung.

Die Unternehmensplanung wird üblicherweise gegliedert in Stufen, die sowohl zeitliche wie auch inhaltliche Unterschiede aufweisen. Als stetige Konkretisierung führen sie von den freien Zielen zu immer konkreter werdenden Maßnahmen bzw. Aufgaben.

Die *Unternehmensziele* stellen die langfristig angestrebten Zustände dar, die den „Unternehmern" besonders erstrebenswert erscheinen und, unter Beachtung der mit ihnen verbundenen Chancen und Risiken, erreicht werden sollen.

Die *Strategien* sind die Wege, die zur Zielerfüllung ausgewählt werden. Die Summe der Strategien fasst man unter dem Begriff „Unternehmenspolitik" zusammen. Auch wird verschiedentlich der geistige Rahmen der Strategien als Unternehmensphilosophie bezeichnet.

Zur weiteren Konkretisierung der Unternehmensplanung werden *Operationen*, bestimmte meist mittelfristige Maßnahmenkomplexe, gebildet, für die gefordert wird, dass ihre Auswirkungen zur Zielerfüllung quantitativ zu fassen sind. So muss bei Wirtschaftsunternehmen für Operationen bzw. Projekte das „Gewinnzuteilungsproblem lösbar" sein. Ein schrittweises, methodisches Vorgehen sichert gewöhnlich die Durchsetzung der Operationen.

Die kurzfristigen *Aktionen* stellen schließlich Teilgebiete der Operationen dar, die zwar individuell zu erfassen und zu verfolgen sind, jedoch keine quantitativ erfassbaren Zielbeiträge leisten. Sie sind notwendig, aber nicht ausreichend für die Zielerfüllung. Zahlreiche Arbeitstechniken helfen mit die Aktionen zu planen und zu überwachen.

Eine Gliederung der Aktionen in sachlich, zeitlich und persönlich zuteilbare *Aufgaben* schließt den Planungsprozess ab und ermöglicht eine konkrete messbar Überwachung des gesamten Planungsablaufs. Der Einsatz von *Routinen* und vielfache Formular- und EDV-Verwendung machen dieses Gebiet leicht delegierbar und effektiv.

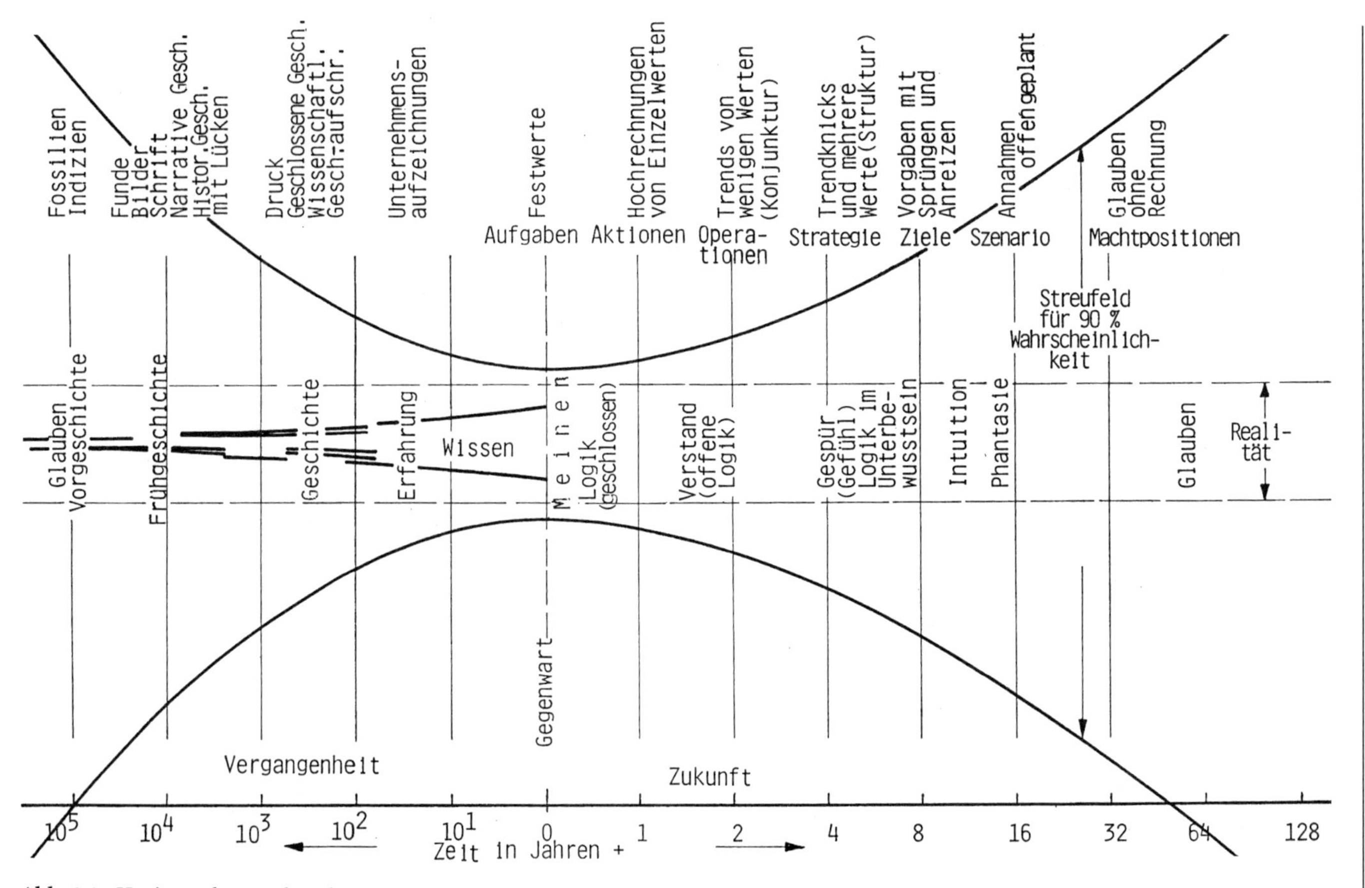

Abb. 1.1. Horizontebenen der Planung und erforderliche geistige Qualifikation in Industrieunternehmen

Tabelle 1.1. Ausprägungsformen und Einsatzgebiete der Instrumentarien der Unternehmensplanung

Ausprägung	Beispiele
Chancen und Risiken	Macht – Einfluss – Geltung – Ansehen – Sicherheit – Geld
Unternehmensziele	Langfristige Gewinnmaximierung – Marktführer – Technische Spitze – Humanisierungsspitze – ausgeglichene Personalstruktur
Strategien bzw. Politik	Qualitätsstrategie – Exklusivitätsstrategie – Innovationsstrategie – Lückenstrategie – Niedrigpreisstrategie
Operationen mit Methoden	Logischer Arbeitsplan – Management by ... objektives – Wertanalyse – 6-Stufen-Methode (REFA) – Methodisches Konstruieren
Aktionen mit Techniken	ABC-Analyse – Zeitplantechnik – Netzplantechnik – Wettbewerbsanalyse – Funktionsanalyse – Pflichtenheft – Brainstorming
Aufgaben mit Routinen	Richtlinien – Ablaufpläne – Formulare – Vordrucke – Standarddaten – Beispielsammlungen – EDV-Programme
EDV-Anlagen + weitere Hilfsmittel	Rechner – EDV-Anlagen – PC mit allen Hilfsprogrammen – Plantafeln – Kennzahlensammlungen – Plotter – Kopierer – E-Mail – Internet

Die Unternehmensplanung beginnt in der Vergangenheit. Dort wurden die Grundlagen gelegt für unsere heutige Situation, die wiederum die Basis darstellt für unsere künftigen Chancen und Risiken (Abb. 1.1).

Was vor unserer Mitwirkung lag, nennen wir **Geschichte**.
Das Wissen um sie ist stets unvollständig.
Was wir aktiv miterlebt haben, führt zu unseren **Erfahrungen**.
Sie sind stets subjektiv geprägt.
Die Gegenwart, die Situation besteht aus **Meinung und Wissen**.
Vieles ist Meinung, wenig ist Wissen!
Die nahe Zukunft können wir nach Erfahrung, Wissen und Meinung

- durch **Fortschreiben der Vergangenheit**, prognostizieren,
- durch **Trendrechnung** dynamisieren,
- durch Einbeziehung struktureller Knicks und Sprünge **abschätzen**.

> 8 Jahre Visionen
Die fernste Zukunft liegt außerhalb des Gebiets greifbarer und fassbarer Einflussgrößen. Hierhin reichen Logik, Vernunft, Verstand und reale Phantasie nicht mehr. Was hier sein wird, kann nur noch durch höhere Eingabe, durch den Glauben als Wahrheit erscheinen, also nur wahrscheinlich sein (Abb. 1.2).

4 – 8 Jahre Zielplanung
Die ferne Zukunft ist logisch nicht voll greifbar. Es gelten zwar auch die logischen Gesetze im Detail, aber welche Details vorliegen werden, kann nicht

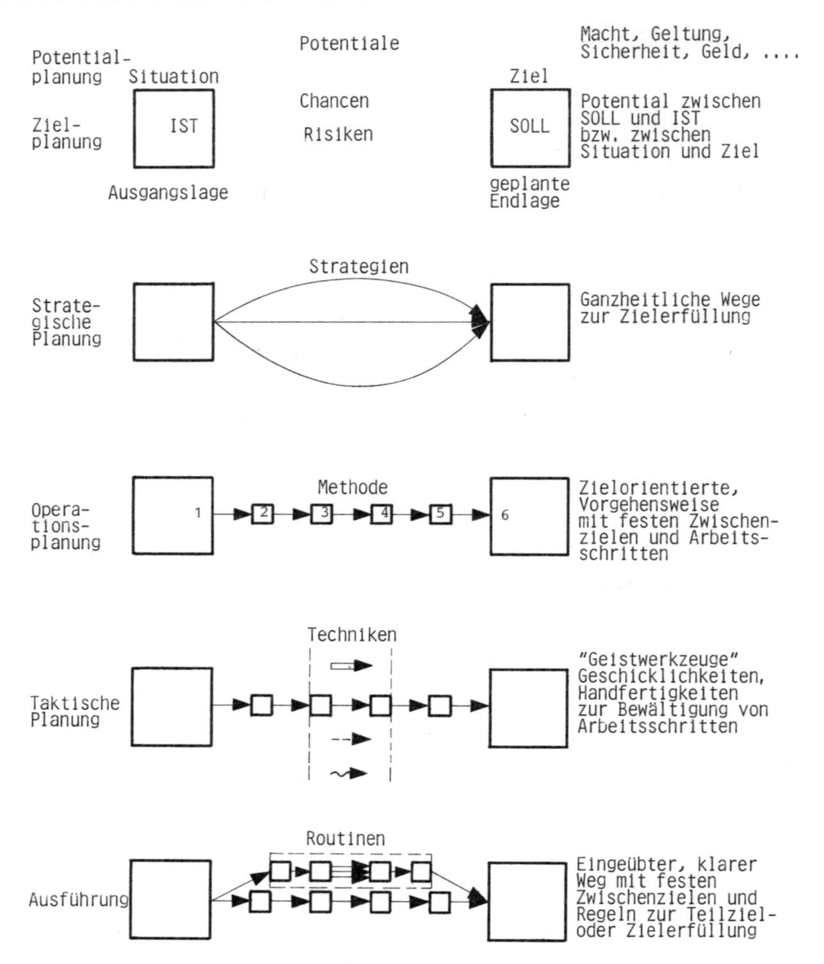

Abb. 1.2. Instrumentarien geistiger Arbeit

gewusst, extrapoliert, gerechnet werden. Um Ziele zu finden, muss mit dem Rückblick auf Wissen, Erfahrung und Geschichte gefühlt, geahnt, erphantasiert werden. Diese Aufgabe der Unternehmensleitung ist so komplex, dass nur qualifizierte Mitarbeiter mit realistischen Visionen, praktischer Phantasie und seherischem Weitblick für optimale Zielsetzungen einzusetzen sind.

> 2 – 4 Jahre Strategische Planung
Die weitere Zukunft ist von einer größeren Anzahl von Einflussfaktoren abhängig, die korrelierend oder unabhängig voneinander sich entwickeln. Dabei können heute unwesentliche oder wenig bedeutende Einflussgrößen unerwartet stark eskalieren (z. B. Ölpreis seit 1972), so dass die Zuverlässigkeit einer Vorhersage schwindet bzw. die Zielabweichung erheblich streuen kann.

Die mathematische Fassung solcher Prognosen wird daher recht fragwürdig, sofern es überhaupt möglich ist, durch Analogien (Modelle) oder Operations Research hier noch zu rechnen. Oft wird gerechnet, obgleich das Modell und die Zukunft weit auseinanderklaffen. Hier ist Gespür gefordert, das auf qualifizierter und geläuterter Erfahrung basiert – nicht der junge Akademiker ist hier gefragt, sondern der Praktiker mit fundierten Kenntnissen und theoretischem Durchblick.

> 1 – 2 Jahre Operative Planung
Allgemein lässt sich die nahe Zukunft auf Festwerten aufbauend logisch mit hoher Treffsicherheit errechnen oder auf Kennzahlen basierend mittelfristig mit etwas größerer Unsicherheit disponieren. Hier sind methodisch und logisch geschulte Mitarbeiter gefragt.

Die Zielplanung (4 – 8 Jahre)	mit Szenarien als Vorstellungsbilder usw.
Die Strategieplanung (2 – 4 Jahre)	mit Lebenszyklen, Kostengesetzen, Portfoliofeldern, usw.
Die Operationsplanung (1 – 2 Jahre)	mit Kennzahlen, Modellen, Algorithmen, Operations-Research
Die Aktionsplanung (0,5 – 1 Jahr)	mit Methoden, Arbeitstechniken, Trends, Richtwerten usw.
Die Produktionsplanung (0 – 0,5 Jahr)	mit Stücklisten, Arbeitsplänen, Aufträgen, Produktionsprogrammen, Festwerten.

Alle diese Bereiche beeinflussen die Unternehmensentwicklung und sind damit Gegenstand dieser Publikation.

In Tabelle 1.2 ist aufgezeigt, wie Unternehmensplanung zu betreiben ist, ausgehend von fernsten Zielplanung bis hin zur aktuellen Auftragsplanung für den heutigen Tag ohne festen Zeitrahmen. Marktwirtschaftliches Verhalten bedeutet rasche Planung vom Markt her im Bewusstsein, dass Wettbewerber im gleichen Bereich agieren und nur der zum Zuge kommen wird, der die Marktforderungen am besten erfüllt. Wie weit damit die internen Erfordernisse wie Kostendeckung und Gewinnerwirtschaftung erfüllt werden, muss nach den Erkenntnissen der Unternehmensanalyse herausgeschält werden und in der Preisgestaltung Niederschlag finden.

Das Leben bietet *Chancen* und *Risiken:*
Sie zu erkennen, zu nutzen bzw. zu meiden ist die Grundlage für unser persönliches Vorwärtskommen. Aufgrund der Chancen realistische *Ziele* zu setzen fordert Initiative und Mut, und schon hier scheiden viele Wettbewerber aus wegen Überforderung, mehr aber wegen Kleinmut.

Ein Ziel zu erreichen gibt es zahlreiche Wege bzw. *Strategien.* Sie aufzufinden, zu beurteilen und die besten zu erkennen verlangt Spürsinn und evtl. Erfahrung. Die Einflussgrößen sind hier so zahlreich und die Abhängigkeiten so komplex, dass die Logik nicht ausreicht, Strategien vorzudenken, sondern höchstens

Tabelle 1.2. Planungshorizonte und zugehörige Instrumentarien

Zeit in Jahren	Gebiet	Instrumentarien	Bemerkungen
4 – 8	Ziel-Planung	Szenariotechnik	Vorstellung künftiger Situationen
	langfristig	Informationspool	Felderanalyse
2 – 4	Strategieplanung	Lebenszyklen Kostengesetze (PIMS) Portfoliotechnik	Produkte, Branchen, Kulturkreise Größendegression, Lohngefälle Markt- und Unternehmensbeziehungen
	mittelfristig	Wettbewerbsanalyse	Kooperation, Konfrontation
1 – 2	Operationsplanung	Operations Research Modelle, Algorithmen	Grenzgebiet der logischen Verfahren Multikausale Zusammenhänge möglichst mathematisch fassen
	zwischenfristig	Kennzahlen	Erfahrungsextrapolation
0,5 – 1	Aktionsplanung	Methoden, Arbeitstechniken Richtwerte	Projektmanagement Vereinheitlichung Vereinfachung (REFA)
	kurzfristig	Festwerte	Rechnen statt Schätzen
0 – 0,5	Produktionsplanung	Aufträge, Stücklisten, Zeichnungen, Arbeitspläne,	CIM, JIT, PPS, EDV usw. Deterministisches Erfassen und Auswerten aller relevanten Daten.
	IST-Erfassung	Routinen (EDV)	

nachzudenken. Wer den falschen Weg verfolgt, die falsche Strategie wählt, kommt schnell ins Hintertreffen.

Ist der Weg grob vorgezeichnet, müssen Zwischenstationen eingebaut, parallel und nacheinander Aufgaben ausgeführt werden. Derartige Aufgabenkomplexe können als *Operationen* oder Projekte angesehen werden. Und es verlangt qualifiziertes, komplexes Denken, wenn hier ein günstiger Ablauf erzielt werden soll. Operationen lassen sich häufig als Netzplan darstellen, soweit man sich auf zeitliche und Kapazitätsabhängigkeiten beschränkt.

Die einzelnen Arbeitspakete der Projekte oder *Aktionen* verlangen logisches Denken und geschicktes, schnelles Handeln, um die Wirksamkeit der Arbeit zu sichern. Schließlich sind die Aktionen noch aufzuteilen in einzelne *Aufgaben* als individuelle Arbeitskomponenten. Eine Aufgabe verlangt selbständiges Handeln und Denken mit gewissen Entscheidungen nach bestimmten Grundregeln. Die letzte Stufe ist die eigentliche *Tätigkeit*, die in Form von entscheidungsarmen Handlungen oder Routinen abläuft.

Aufgabe:
Begriffsklärung: Ziele – Strategien – Operationen – Aktionen – Tätigkeiten

a) Nennen Sie 5 **Ziele**, deren Verfolgung für Ihr Unternehmen aussichtsreich und realistisch sind.
b) Wählen Sie eines der Ziele aus und suchen Sie hierfür 5 alternative **Strategien**, die Sie zur Verfolgung der Ziele einsetzen können.
c) Wählen Sie eine Strategie aus und benennen Sie 5 **Operationen** (Projekte), die Sie zur Strategierealisierung alternativ oder nebeneinander durchführen müssen.
d) Teilen Sie eine Operation (ein Projekt) in 5 **Aktionen**, die auszuführen sind.
e) Welche 5 **Tätigkeiten** sind bei einer ausgewählten Aktion bzw. Aufgabe nacheinander erforderlich?

Komplex	Beispiele aus dem Haus Mannesmann 1965 [1.3]
Ziele	*Nach weniger als 10 Jahren muss mehr als die Hälfte des Umsatzes aus Verarbeitungsprodukten bestehen. ...*
Strategien	*Stilllegen (Zechen), Verkaufen (Gruben), Tauschen (Stahl – Rohre) Zukaufen (Hydraulik), ...*
Operationen	*Ankauf (Rexroth), Ausbau (Vertrieb), Produktionsverdoppelung (Demag-Hubgeräte), ...*
Aktionen	*Vertrag mit Rexroth vorbereiten, Vertriebskonzept ausarbeiten, ...*
Tätigkeiten	*Material sammeln für Übernahme .... US-Markt erkunden ...*

1
Zielplanung – Richtung für alle Planungen

Vor jedem steht ein Ziel,
des', was er werden soll,
solang' er das nicht ist,
ist nicht sein Friede voll.
Rainer Maria Rilke

Dieser Spruch gilt in gleicher Weise auch für jedes gut geführte Unternehmen, das zur Orientierung zunächst eine klare Zielplanung benötigt, die den Sinn, Zweck und Kern des Handelns aufzeigt, für alle Strategien die Richtung angibt und für alle Operationen die Grundlagen und die Berechtigung bietet.

Die Unternehmensziele sind langfristig angepeilte Situationen, zumeist mit

- einer wirtschaftlichen Komponente,
- einer menschlich-sozialen Komponente,
- einer Risikolimitierung und mit zahlreichen

- Restriktionen, die in den menschlichen und sachlichen Randbedingungen liegen.

Die Ziele für das Gesamtunternehmen lassen sich gliedern, zunächst für die einzelnen Unternehmensbereiche bis hinunter zu den Abteilungen und Mitarbeitern. Sie können aber auch zeitlich unterteilt werden als langfristige, mittelfristige und kurzfristige Ziele und sie können sachlich eingeteilt werden in Umsatzziele, Produktziele, Kapazitätsziele usw. Für die nachfolgende Zusammenstellung der Techniken der Unternehmensplanung ist die Gliederung nach operationalen Gesichtpunkten erfolgt in Strategien, Operationen, Aktionen (Projekte) und Einzelmaßnahmen (Objekte) (Abb. 1.3).

Die Unternehmensziele müssen aus der Umweltanalyse und der Unternehmensanalyse abgeleitet werden. Sie berücksichtigen die Prinzipien der Unternehmensphilosophie und die möglichen Strategien und werden für alle Mitarbeiter klar verständlich und einsichtig formuliert. Die Identifizierung der Mitarbeiter mit diesem Gesamtziel des Unternehmens und mit den jeweils für den

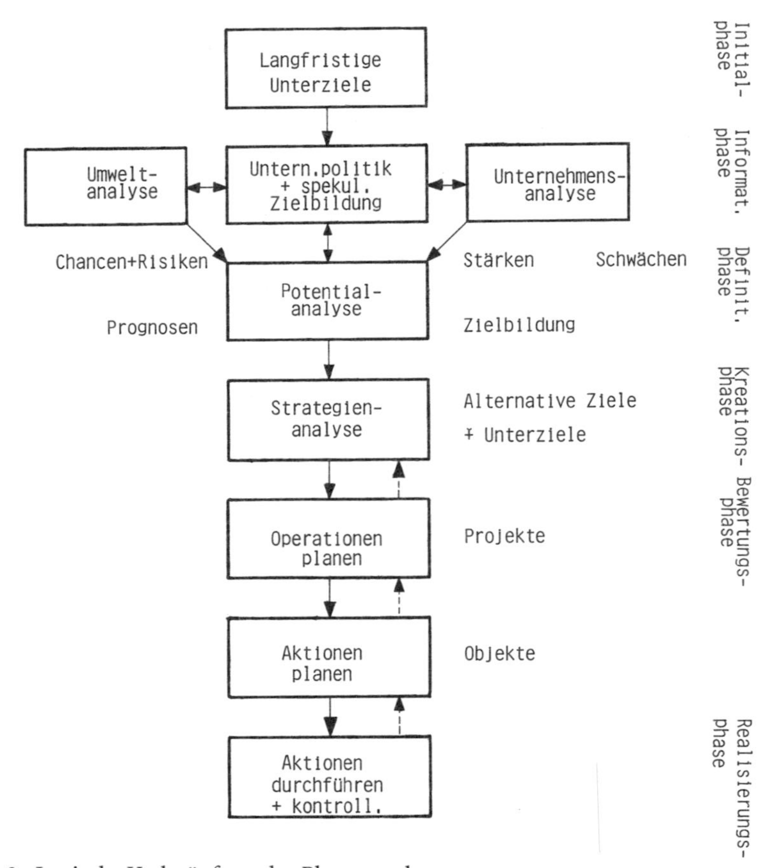

Abb. 1.3. Logische Verknüpfung der Planungsphasen

Einzelnen daraus abgeleiteten Teilzielen, ist eine wesentliche Voraussetzung für effiziente Arbeiten.

Die Aufgaben der Unternehmensplanung sind damit:

1. Systematisches Erarbeiten konkreter, operationaler kurz-, mittel- und langfristiger Unternehmensziele.
2. Systematisches Erarbeiten konkreter, kurz-, mittel- und langfristiger Maßnahmen zur Verwirklichung der Unternehmensziele.

Dabei bedeutet systematisch:

a) Planungsprobleme der Rangfolge ihrer Bedeutung nach ordnen (Rangfolge etwa entsprechend gewinnwirtschaftlichen Rangreihen)
b) Planungsprozesse in Logik und Schrittfolge einhalten (Reihenfolge zwingend)
c) Vollständigkeit der wesentlichen Planungsgebiete sicherstellen (mit Interdependenz)
d) Konkret bedeutet: Festlegung der Aufgaben, Termine und Verantwortung (wer hat was wann zu tun!). Statt trivialer Ziele sind operationale Maßnahmen zu benennen.

Da die Planung mehr zukunftsorientiert ist als die Improvisation, nehmen freie, echte Entscheidungen zu und Zwangssituationen ab.

Voraussetzung für eine langfristige Planung ist die Beherrschung der Gegenwart. (Wer mit den Gegenwartproblemen nicht fertig wird, darf nicht in die Planung der Zukunft flüchten!). Zur Beurteilung der Chancen und Risiken des Unternehmens werden die Unternehmensziele als Matrix dargestellt (Tabelle 1.3). Dabei ist eine Gliederung in kurz-, mittel- und langfristige Ziele sowie in Unternehmensbereiche, Geschäftsbereiche und Produktbereiche vorzunehmen.

Tabelle 1.3. Beispiel für Planungsziele

Bereich	Kurzfristig bis 1 Jahr	Mittelfristig >1 bis 4 Jahre	Langfristig > 4 Jahre
Unternehmen	Dividende % Ergebnis Mio € Liquidität T €	Eigenständigkeit Vermögenslage Wachstum	Neue Geschäftsfelder Kooperation mit … Spezialisierung bei …
Geschäftsbereich	Auslastung der Kapazitäten Umsatzrendite Investitionen	Umstrukturierung zwischen den Produktbereichen	Abrundung des Programms Diversifikation bei …
Produktbereich	Marktanteil % Produktverbesserung Deckungsbeitrag % Kapazitätsauslastung	Marktanteil Neutypen in Typreihe Interne Verzinsung der Investitionen	Marktanteil Substitution bei … durch … Neuentwicklungen Kapazitätsausweitung

Der Produktbereich ist dabei die niedrigste Planungseinheit, die eigenständig Entscheidungen über Vertrieb, Investitionen, Produktion und Einkauf, also über volle Planungsprojekte fällen kann. Beim Erarbeiten der Ziele sind durch Integration der Pläne kurzfristige Gewinnverwendung und die langfristige Zukunftssicherung in Einklang zu bringen. So können zur Erzielung höherer Marktanteile kurzfristige Ergebnisverschlechterungen vorgeplant oder zur Verbesserung der Produktstruktur kurzfristige Absatzchancen vergeben werden.

Zwar ist es eine nicht delegierbare Aufgabe eines Unternehmers, die langfristige Entwicklung seines Unternehmens zu planen, d.h. Ziele zu erarbeiten, die realistisch sind und von den Mitarbeitern akzeptiert und getragen werden. Dies wird ihm umso leichter gelingen, je mehr er seine Mitarbeiter in den Zielbildungsprozess einbezieht. Es hat sich daher bewährt, die Ziele in Klausur gemeinsam zu entwickeln, wobei der Unternehmer die Entscheidung schließlich jedoch selbst fällen muss. Basis, auch für eine offene Planung, ist stets die Situation, die gegenwärtige Ausgangslage. Eine gute Kenntnis hierfür ist Voraussetzung für positive Ziele. Als zweite Grundlage dienen Bilder aus der Vergangenheit – etwa eine Erfassung der Zeit vor 10 Jahren und der Zeit vor 20 Jahren:

- Was war damals heute gegenüber anders?
- Welche Einflussgrößen haben die Änderungen hervorgerufen?
- Waren die Entwicklungen stetig oder sprunghaft?
- Welche Zusammenhänge können beobachtet oder vermutet werden?
- Welches sind die Einflussgrößen?
- In welcher Phase befindet sich unsere Branche?
- Welche Phase haben unsere Produkte erreicht?
- Welche Fehler wurden in der Vergangenheit gemacht?
- Wie wirkten sich diese Fehler aus?
- Welche Maßnahmen waren besonders erfolgreich?
- Wo sind heute ähnliche Ausgangssituationen?

Eine weitere Hilfe bieten Entwicklungen bei Wettbewerbern, bei anderen Volkswirtschaften:

- Wie sind bei „Vorläufern“ (z.B. in USA) die Entwicklungen abgelaufen?
- Was ist bei „Nachläufern“ (z.B. in Japan) geschehen?

Erst nach dieser ausgiebigen Rückschau sollte man sich Gedanken machen über die Zukunft:

- Wann ist mit einem Phasewechsel (Knick?) zu rechnen?
- Welche Einflussgrößen ändern ihre Größe oder ihr Verhalten?
- Welche neuen Einflussgrößen kommen dazu?
- Welche Größen können Sprünge machen oder eskalieren?

Mit einfachen Extrapolationen lassen sich hier schon gefährliche Situationen prognostizieren. Wenngleich die dabei errechneten Werte keine Planungsdaten darstellen können, so zeigen diese Rechnungen doch Grenzen für die Entwicklungen.

In diesem Bewusstsein können, etwa mit Hilfe der Delphi-Technik, oder aber durch kritisches, konstruktives Denken einzelne Zielkomponenten oder Ziele geschätzt und daraus Szenarios in mehreren Stufen erstellt werden:

etwa ein Szenario für Stufe 1 5 (2 bis 4) Jahre
und ein Szenario für Stufe 2 10 (4 bis 8) Jahre.

Die so gedachte „Welt" ist zwar sicher nicht richtig, aber es ist die wahrscheinlichste Welt, die wir uns heute denken können.

Durch die langfristige Planung sollen wir nicht aufzeigen, wo wir in 10 oder in 20 Jahren sein werden, sondern

1) welche Entscheidungen wir heute zu treffen haben,
2) welche Entscheidungen von morgen wir heute vorzubereiten haben,
3) welche Alternativen der Entscheidungen von übermorgen usw. wir heute aufsuchen und beurteilen müssen, damit wir in 5 oder 10 Jahren die günstigste Position einnehmen.

Besonders im Hinblick auf das Produktions- und Verkaufsprogramm sind rechtzeitig die Weichen zu stellen, die sehr viel Zeit benötigen wird, um Umstrukturierungen auf neue Produkte, neue Absatzmärkte, neue Branchen zu betreiben:

Nachdem sich die Gewinnsituation eines Produkts nach Erreichen der Sättigungsphase erfahrungsgemäß verschlechtert, muss es das Bestreben offensiver Unternehmen sein, das Produktspektrum so aufzubauen, dass immer genügend neue Produkte am Markt sind. In der Sättigungsphase gleitet der Wettbewerb meist in einen Preiskampf ab.

Bestehen aufgrund der eigenen Größe wesentliche Kostenvorteile gegenüber der Konkurrenz, dann kann dieser Vorteil ausgenutzt werden. Meistenteils ist es jedoch möglich und zweckmäßig, vom Preiswettbewerb auf Qualitätswettbewerb umzupolen, d.h. nach neuen Verkaufsargumenten zu forschen und über Präferenzen (zusätzliche Funktionen, quantitativ oder qualitativ bessere Lösungen) statt nur über den Preis zu verkaufen. Je wohlhabender die Abnehmer sind, desto leichter ist dieser Weg.

Neben den Ergebnissen eigener Entwicklungsarbeiten sind heute ohne Bedenken auch Ideen aus anderen Quellen einzusetzen, soweit sie nicht geschützt sind. Sie kommen jedoch meist mit zeitlicher Verzögerung. Daher ist auf Eigenentwicklungen auch bei optisch geringer Effizienz nicht zu verzichten, wenn Argumente angeboten werden sollen, mit denen der Wettbewerb auszustechen ist (Abb. 1.21).

Für Programm- und Produktanalysen haben sich schematische Unterlagen bewährt, die eine systematische Bearbeitung der wesentlichen Informationen sicherstellen (Tab. 2.5). Regelmäßig einmal im Jahr kann eine Programmanalyse nicht nur den augenblicklichen Deckungsbeitrag der einzelnen Produkte aufzeigen, sondern zugleich auf eine zweckmäßige Preisgestaltung Einfluss nehmen (Tab. 2.6). Die Beurteilung der einzelnen Produkte hinsichtlich der Wirksamkeit von Entwicklungs- und Wertverbesserungsmaßnahmen muss ebenfalls durch eine systematische Untersuchung erfolgen:

Tabelle 1.4. Deckungsbeitrag, Wertschöpfung und Ertragskraft (Ertragskraft = Deckungsbeitrag durch Wertschöpfung)

$$\text{Ertragskraft} = \frac{\text{Deckungsbeitrag}}{\text{Wertschöpfung}}, \qquad E = \frac{DB}{WS}$$

Setzt man als Ziel der Ertragskraft den Wert

$$E = \frac{DB}{WS} = 0{,}67$$

lässt sich, vom Verkaufspreis ausgehend, das Kostenziel für die variablen Herstellkosten ableiten:

Die variablen Herstellkosten VHK ergeben sich damit aus

$$E = \frac{DB}{WS} = \frac{VP - VHK}{VP - MK} = 0{,}67$$

$$VHK = 0{,}33\ VP + 0{,}67\ MK$$

mit E = Ertragskraft
DB = Deckungsbeitrag
WS = Wertschöpfung
VP = Verkaufspreis
VHK = Variable Herstellkosten und
MK = Materialkosten (variabel)

Als Beurteilungskriterien dienen nicht nur Deckungsbeitrag bzw. Gewinn, sondern zahlreiche andere Größen wie:

0) Wertschöpfung und Ertragskraft (Tabelle 1.4)
1) Betriebsauslastung
2) Sortimentsergänzung
3) Größendegression
4) Technologischer Fortschritt
5) Technischer Fortschritt
6) Änderung von Konsumgewohnheiten
7) Substitution
8) Lebenszyklus
9) Produktalter
10) Konkurrenzsituation u. ä.

1.1 Bedarfsentwicklung als Grundlage der Planung

Unsere Unternehmen leben vom Bedarf, vom Konsum, vom Verbrauch, sei es direkt oder indirekt. Der Verbraucher und sein Einkommen entscheiden damit über die Unternehmensentwicklung. Daher ist zunächst die Verbrauchersituation und Verbrauchsentwicklung zu beurteilen, wenn wir die Chancen der Unternehmensentwicklung ermitteln wollen.

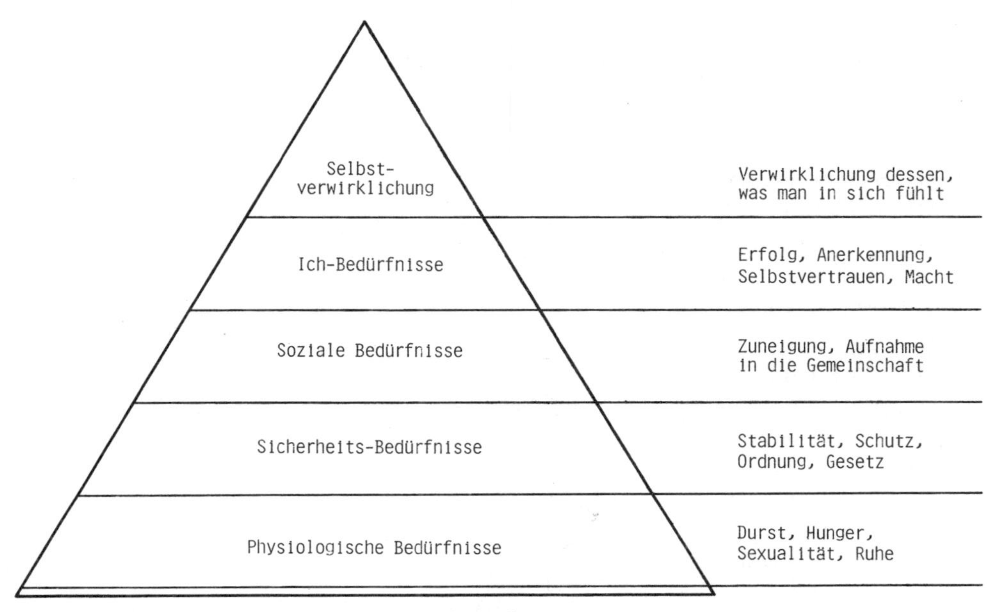

Abb. 1.4. Hierarchie der Bedürfnisse nach Maslow

Wenn wir in einer armen oder aus einer Not kommenden Volkswirtschaft die Absatzchancen für Produkte und Dienstleistungen über einen längeren Zeitraum verfolgen, dann lässt sich, in Anlehnung an die „Hierarchie der Bedürfnisse nach Maslow" (Abb. 1.4) folgende Reihenfolge für die Bedürfnisinanspruchnahme feststellen [1.4]:

- Notwendig – nützlich – angenehm –
- luxuriös – repräsentativ – demonstrativ – .

Zu den jeweiligen Eigenschaften lassen sich auch bestimmte Güter bzw. qualitative Stufen dieser Güter zuordnen.

Um die Zukunft leichter abschätzen zu können, soll zunächst ein Blick zurück in die Vergangenheit der letzten 20–30 Jahre erfolgen. Hier finden wir die Maßstäbe, an denen die Chancen und Risiken der Zukunft zu messen sind.

1.2 Situation in der Nachkriegszeit in der BRD

In der Nachkriegszeit erlebten wir in Deutschland einen Aufstiegsprozess von einer Mangelgesellschaft über Wohlstandsgesellschaft zur heutigen Überflussgesellschaft (Abb. 1.5).

Der Übergang von Mangel über Wohlstand zum Überfluss bringt eine Verschiebung der Bedarfsstruktur. (Es findet auch eine allmähliche Verschiebung der Begriffsinhalte statt; z.B.:

Auto für Arbeiter 1930 = Luxus,
Auto für Arbeiter 1990 = nützlich bis notwendig)

Mangelsituation
Bis zum Jahre 1950 herrschte in Deutschland zunächst auf allen Gebieten Mangel: Materialmangel, Arbeitsmangel; Maschinen, Fabriken und Verkehrsmittel, Straßen und Bahnen waren zerstört. Was an Mitteln zur Verfügung stand, konzentrierte sich zunächst auf:

a) Notwendige Güter = Essen – Kleiden – Wohnen
(100 € Essen – 1000 € Kleiden)

Dort ging es am schnellsten aufwärts. Zuerst wurden die Bauern, die Bäcker, die Metzger reich und sie bauten ihre Kapazitäten aus. Schon Mitte der 50er Jahre kam dort die Sättigung und heute ist die Landwirtschaft ohne Subventionen kaum mehr denkbar. Ähnlich ging es mit dem Kleiden, der Textilindustrie, die seit 1960 in der „Krise“ ist und laufend Kapazitäten abbaut oder über die Mode zu erhalten versucht.

b) Nützliche Güter
(10 000 € – Wohnen, Möbel)

Die nützlichen Produkte der Wohnens wie Möbel, weiße Ware wie Herd, Kühlschrank, Waschmaschine, Spülmaschine, Gefrierschrank usw., des Verkehrs wie

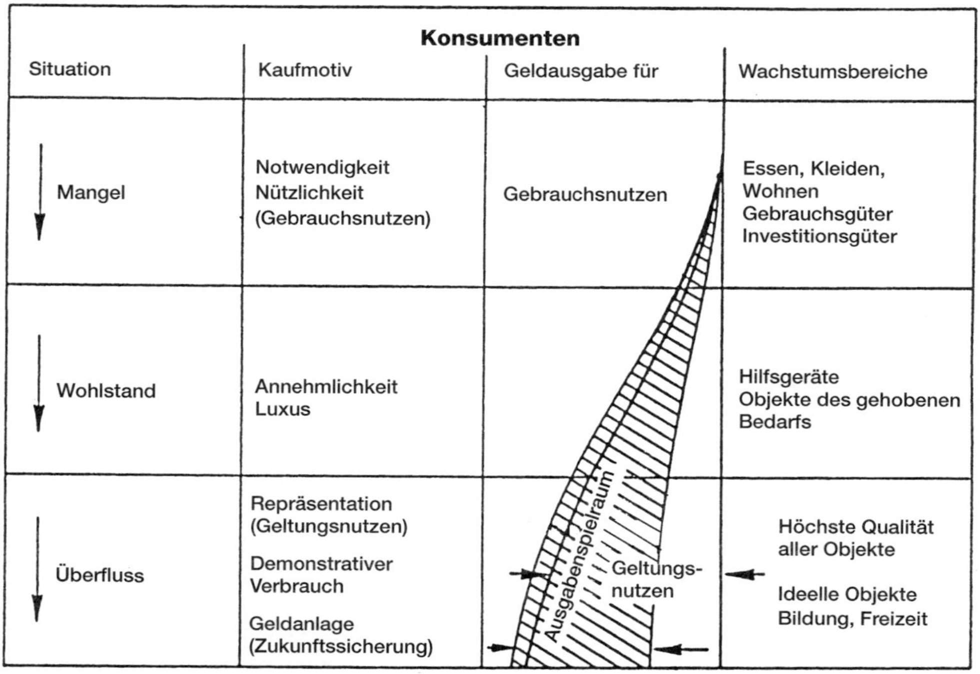

	Konsumenten		
Situation	Kaufmotiv	Geldausgabe für	Wachstumsbereiche
Mangel	Notwendigkeit Nützlichkeit (Gebrauchsnutzen)	Gebrauchsnutzen	Essen, Kleiden, Wohnen Gebrauchsgüter Investitionsgüter
Wohlstand	Annehmlichkeit Luxus		Hilfsgeräte Objekte des gehobenen Bedarfs
Überfluss	Repräsentation (Geltungsnutzen) Demonstrativer Verbrauch Geldanlage (Zukunftssicherung)	Ausgabenspielraum Geltungsnutzen	Höchste Qualität aller Objekte Ideelle Objekte Bildung, Freizeit

Abb. 1.5. Entwicklungstendenzen am Markt

Fahrrad, Motorrad usw. kamen nun als nächste Ziele in die Gunst der Verbraucher. Entsprechend waren die Zuwachsraten der Nachfrage und Produktion. Seit Mitte der 60er Jahre ist auch dort der Kuliminationspunkt erreicht, sodass nur noch geringer Ersatz oder Modernisierungsbedarf die Branchen auf niedrigerem Niveau beschäftigt.

Wohlstandssituation

c) Angenehme Güter und Dienstleistungen
(20 000 € – Auto)

Die angenehmen Produkte wie Polstermöbel,„braune Ware" (Radio-Fernsehanlagen, Telefon usw.) bequemes Reisen im Auto, aber auch große Urlaubsreisen mit gutem Essen und Trinken waren die Ziele der Konsumenten in den 70er Jahren. Dies führte auch in diesen Bereichen zu einem gewaltigen Aufschwung. Aber hier ist die Sättigung heute ebenfalls schon erreicht oder gar überschritten.

d) Vorzugs- und Luxusgüter folgten:
(50 000 € – Hauseigentum)

Dort wo die Eigenmittel sehr hoch sein müssen, um die Wünsche befriedigen zu können, kam auch die Sättigung erst recht spät. So zögerte sich die Erstellung von Eigenheimen oder sonstigen Wohneigentums für breite Bevölkerungsschichten sehr lang hinaus, sodass die Bauindustrie von ihrem ersten Hoch zu Beginn der 50er Jahre bis zum Jahre 1972 einen stetigen Anstieg mit nur geringen Einbußen erfahren konnte. Seit 1972 ist jedoch kein eigentlicher Mangel an

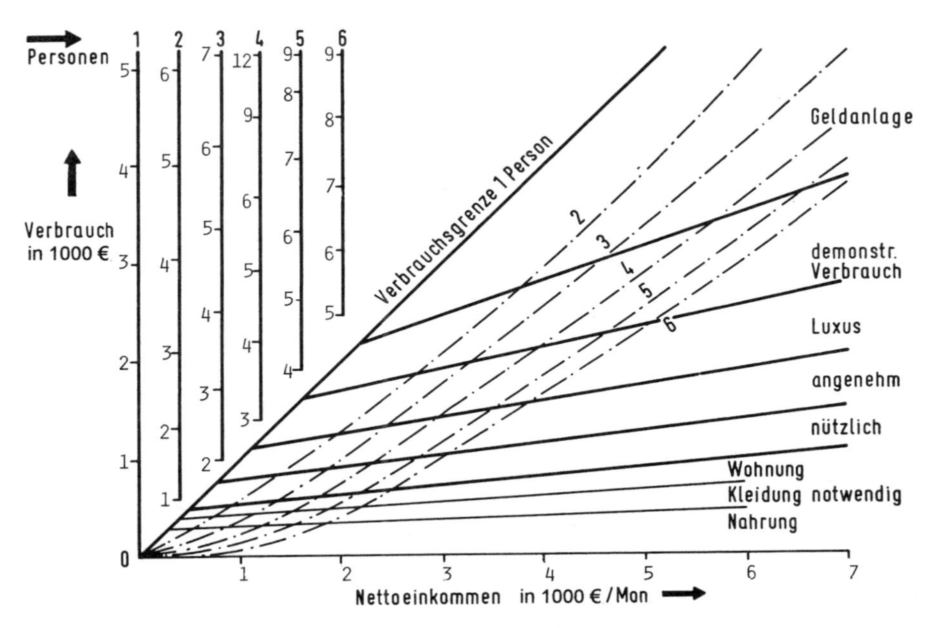

Abb. 1.6. Geldausgabe in Abhängigkeit von Einkommen und Familiengröße

Wohnungen mehr vorhanden – abgesehen von gewissen Fehldispositionen – und der Nachholbedarf kann als befriedigt angesehen werden. Der starke Rückgang im Wohnungsbau von einstens etwa 700 000 Wohneinheiten je Jahr auf etwa 350 000 Wohneinheiten für 1990 trifft jedoch vorwiegend den Miethausbau (Wohnmaschinen!) während der Wunsch zum „Luxus des Einfamilienhauses" nach wie vor ungebrochen ist..

Überflusssituation

e) Repräsentation und demonstrativer Verbrauch
(100 000 € – Eigenheim)

Die heutige Situation in der Bundesrepublik ist gekennzeichnet von der Überflusssituation: Die meisten Branchen sind in der Sättigung oder, bei Branchen für langlebige Produkte, bereits in der „Übersättigung". Freie Kapazitäten führen zu einem Abbau bei allen abbaufähigen Kosten wie Löhnen, Gehältern, aber auch zur Unterlassung von Materialkäufen und Investitionen. Der künftig erforderliche Arbeitsbedarf wird immer kleiner sein als das vorhandene Arbeitspotential. Das bedeutet, dass ohne Arbeitszeitreduzierung in irgend einer Form, nie wieder „Vollbeschäftigung" zu erreichen sein wird. Wäre sie überhaupt wünschenswert, wenn dadurch zu viel Materialien verbraucht – die beschränkten Vorräte zu sehr ausgebeutet – würden?

Tabelle 1.5. Entwicklungstendenzen am Markt und im Unternehmen

Konsumenten		Produzenten		
Bedarfsbefriedigung	Kaufmotiv	Betrieb	Verkauf	Entwicklung
Mangel ↓	Notwendigkeit Nützlichkeit (Gebrauchsnutzen)	Nachholbedarf **Kapazitätsengpass** (Produktionsmittel) (Investitionen)	Zuteilen Verteilen (Verkäufermarkt) Steigende Preischancen	Kein Anreiz Erhalten!
Wohlstand ↓	Annehmlichkeit Bequemlichkeit Luxus	Sättigung, Gleichgewicht zwischen Kapazität und Bedarf	Verkaufen **Käufermarkt** Stagnierende oder fallende Preischance	Verbesserungen Produktpflege!
Überfluss ↓	Repräsentation (Geltungsnutzen) Demonstrativer Verbrauch Geldanlage (Zukunftssicherung)	Freie Kapazität Auftragsengpass Konzentrations- und Ausleseprozess	Vertreiben (Vertriebsmarkt) Stark fallende Preischance Neue Märkte Marketing	Neue Argumente **Neue Ideen** Neue Produkte Diversifikationen Substitutionen Innovationen

Wer jetzt genügend Arbeit hat, kann den Weg zur „Repräsentation" (teurere Kleidung, größeres Auto, schöneres Haus) mitmachen, oder gar dem demonstrativen Verbrauch in den verschiedenen Formen huldigen. Es ist verständlich, dass dieser Zustand nicht als stabil zu betrachten oder gar als ideal anzusehen ist.

Die Verlagerung der Engpässe und damit des Aufgabenschwerpunkts bedingt wesentliche Umstrukturierungen in den Unternehmen.

Diese Bilder haben gezeigt, dass nach der quantitativen Sättigung meistens eine qualitative Steigerung zu beobachten ist. Nach dem Preiswettbewerb folgt meistens der Qualitätswettbewerb: Man sucht, durch bessere Produkte, durch besseren Service, den Wettbewerber auszustechen.

1.3 Zukunftsbilder (Szenarios) zur Orientierung für langfristige Planungen

Mit dem der Erfahrung entnommenen Gedankenmodell der Lebenszyklen und ihren Phasen und mit der sogenannten Erfahrungskurve (d.h. Kostendegression mit zunehmender Produktionsleistung) ließ sich das zweidimensionale Modell der Portfolio-Matrix darstellen. Im wesentlichen wurde hierbei in die Zukunft extrapoliert, d.h. davon ausgegangen, dass die Chancen sich so entwickeln, wie das bisher der Fall war.

Bei der Bedarfsermittlung für die nächsten 1 bis 5 Jahre sind „teillogische" und damit auch noch bedingt rechenbare Zusammenhänge vorausgesetzt, wenn die Strategien und die Maßnahmen geplant werden.

Für die darüber hinausreichende langfristige Planung müssen jedoch viele Größen, die heute als konstant gelten oder zumindest nur allmählich sich ändernd, in neuen Relationen gesehen werden: Die Bevölkerungszahl, die Bevölkerungsstruktur, die Bedürfnisse, die Gewohnheiten, die politische Situation, die finanziellen Resourcen, die Umwelt, alle diese Größen ändern sich in einem Maße für das nur noch Spannen, aber keine rechenbaren Größen mehr anzunehmen sind. Rechnet man mit mehreren dieser Größen und ihren Streufeldern, dann lassen sich die Ergebnisse auch nur als Wahrscheinlichkeitsaussagen ermitteln, ganz zu schweigen vom Aussagewert bei Versuchen alle Einflussgrößen zu quantifizieren und in die Rechnung einzubeziehen.

Um trotzdem langfristig disponieren zu können, muss die ferne Zukunft einfach wirklichkeitsgerecht geschätzt, als denkbares Zukunftsbild – als Szenario der Zukunft – dargestellt werden. Dieses „glaubwürdige Bild der Zukunft" kann überprüft werden durch Rückrechnen von Veränderungsschritten, bis hin zu der heutigen Situation. Dabei können jedoch zum Teil auch Sprünge auftreten, wie dies etwa der Schwarze Freitag bei Aktienwerten, eine Kriegshandlung wie die Golfkrise, die Koreakrise, die Ölpreisentwicklung von 1972 und ähnliche Unstetigkeiten aufzeigen.

Derartige Sprünge sind realistisch nicht in das Szenario einzubauen, es sei denn, sie können glaubhaft vorausgesehen werden. Sie entstehen einerseits durch Unstetigkeiten großer Ereignisse oder bei Entwicklungen mit einem exponentiellen Verlauf. Zur Formulierung des Szenarios sind zunächst alle wesentlichen Einflussgrößen zu erfassen, von denen ausgehend die künftige Lage bestimmt wird und die die Märkte der Zukunft ausmachen. Für diese Größen, die zum Teil voneinander abhängen, zum Teil sogar von uns zu beeinflussen sind, werden die dem Horizont von 10, 15 oder 20 Jahren zugeordneten Werte geschätzt und so ein Bild entworfen, das unsere Chancen zu beurteilen hilft, unsere langfristigen realistischen Ziele heute schon aufzeigt.

Bei dieser Abschätzung ist vor allem das Denken in Lebenszyklen von Branchen oder gar von Volkswirtschaften die Grundlage. Denn sicher ist es für ein größeres Unternehmen heute schon wichtig, die langfristigen Absatzmärkte zu kennen in China, Indien, in der Russland, wo mit Sicherheit mehr Wachstumschancen bestehen als im weitaus gesättigten „Westen".

2 Strategische Planung – Langfristige Planungen

Die Strategie ist ein System der Aushilfen, die Kunst des Handelns unter dem Druck der schwierigsten Bedingungen. Für die Strategie können daher allgemeine Grundsätze, aus diesen abgeleitete Regeln und auf diese aufgebaute Systeme unmöglich einen praktischen Wert haben.

(Moltke)

Die Strategie ist eine Lehre, die den Plan zur Erreichung eines Zieles unter Beachtung der Bedingungen entwickelt.

(Brockhaus)

Mit Hilfe der Strategischen Planung werden die **Wege** aufgezeigt, auf denen die Ziele zu erreichen sind. Dabei sind folgende Bedingungen zu beachten:

1. Die Strategische Planung muss zu einem Zeitpunkt erfolgen, in dem nicht alle Einflussgrößen bekannt sind, die das Ergebnis bestimmen.
2. Die Strategische Planung kann nur den Rahmen für die notwendigen Handlungen abgeben, sie muss durch die Operative Planung ergänzt werden, sobald die Daten hierfür verfügbar sind.
3. Die Strategien sind nur jeweils für eine ganz bestimmte Situation zweckmäßig und müssen bei gleichbleibendem Ziel ständig geändert werden.

Ausgehend von den Unternehmenszielen ist im Rahmen der strategischen Maßnahmen vor allem die Erweiterung von Engpässen anzustreben – nach dem Wort von Mellerowicz: „Planung ist Planung von Engpässen".

Bei einem Käufermarkt beginnt die Planung beim Produkt und beim Vertrieb mit Erweiterung der Verkaufsaktivitäten. Sie erfasst die Investitionen, die sich leicht begründen lassen, wenn sie Umsatzsteigerungen ermöglichen und führt weiter zur Personenzahl, die sich möglichst unterproportional zur Umsatzsteigung verhalten soll. Im Bereich der technologischen Erweiterung muss dabei die Mechanisierung, Automatisierung, evt. der Robotereinsatz erweitert werden gegenüber dem, was bei geringerer Produktionsleistung aufgewandt wurde. Die Wertgestaltung (Anwendung der Wertanalyse bei der Neuentwicklung von

Objekten) führt zu langfristigen Maßnahmen. Kostenzielvorgaben, Nutzwertvorgaben, Zuverlässigkeitsvorgaben sind Komponenten, die heute die Funktions- und Endterminaussagen des Pflichtenhefts ergänzen und während der gesamten Entwicklungszeit zu verfolgen sind. Der Aufbau dieser Organisation bzw. die Integration der Wertanalyse in Entwicklung und Organisation gehört heute zu den wichtigsten Aufgaben in Unternehmen der Fertigungsindustrie. Alle diese langfristigen Maßnahmen sind bereits Komponenten der strategischen Planung, wofür das Management zuständig ist. Mit Hilfe verschiedener Methoden des Operations Research wird versucht, hier noch zu rechnen, obgleich keine klaren Trends noch Festwerte vorliegen. Trotzdem sollte auf diese rechnerischen Ansätze nicht verzichtet werden, jedoch muss man sich klar sein, dass die Aussagen mit Unsicherheiten behaftet sind. In dieses Gebiet gehört auch die Portfolio-Analyse, die an anderer Stelle besprochen wird.

2.1 Lebenszyklen von Produkten, Branchen und Kulturkreisen

Nachdem in den letzten Jahren viel über Lebenszyklen von Produkten gesprochen wurde, nachdem die Umstrukturierung einzelner Branchen mit Macht gefordert wird, nachdem Entwicklungshilfe für ganze Erdteile verlangt und eine Umverteilung des Besitzstandes offen oder verdeckt angestrebt wird, ist es Zeit, sich Gedanken zu machen über das tatsächlich Wünschenswerte und Machbare in der Wirtschaftsentwicklung.

Es zeigt sich nämlich, dass gewisse Gesetzmäßigkeiten bestehen, die weder von revolutionärem Idealismus noch von konservativen Ideologien zu überspielen sind. Diese Gesetzmäßigkeiten, die aus der Umwelt, aus Weltwirtschaft, Volkswirtschaft und Branchenwirtschaft auf uns einwirken, die sich aber auch aus Gesetzmäßigkeiten unserer internen Kostensituation ableiten lassen, wollen wir aufspüren und danach den Rahmen für eine offensive Unternehmensführung abstecken.

Sachlich wäre es richtig, bei der Erklärung dieser Gesetzmäßigkeiten vom Ganzen auf das Detail, von der welt- und volkswirtschaftlichen Entwicklung auf die Branche, auf das Unternehmen und seine Produkte überzugehen. Das bedeutet, von langfristigen Entwicklungstendenzen auf die kurzfristigen Situationen zu folgern. Aus didaktischen Gründen soll hier jedoch der umgekehrte Weg beschritten werden.

Zahlreiche Gesetzmäßigkeiten der Wirtschaftsentwicklung sind nicht durch logische Deduktion herzuleiten, da die Zusammenhänge zu komplex und oft rechnerisch nicht fassbar sind. Daher wurde hier die induktive Beweisführung aufgrund von umfangreichen Wirtschaftsbeobachtungen eingesetzt. Die erwähnten Beispiele sind nur jeweils ein Ausschnitt solcher Einzelbeweise.

2.1.1 Lebenszyklen von Produkten

Für die meisten Produkte aber auch für gewisse Grundstoffe und Halbzeuge lässt sich über einen mehr oder weniger langen Zeitraum eine Nachfragekurve

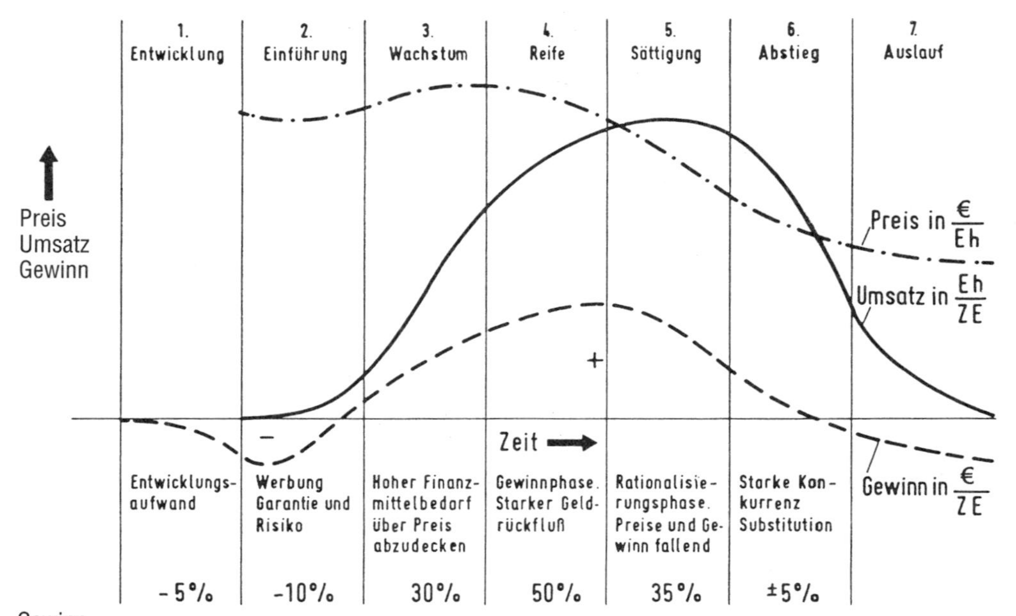

Abb. 1.7. Gewinn- und Verlustzonen eines Erzeugnisses

feststellen, die nach einer unsicheren Zeit der Einführung über eine steile Wachstumsphase (zuerst exponentiell wachsend und dann linear, mit ersten Einbrüchen) über eine Reife- und Sättigungsphase (mit oft pendelnder Nachfrage und Produktion) in eine Abfall-, Dekadenz- oder Substitutionsphase überführt. Nach günstiger Gewinnchance in der Wachstumsphase verschlechtert sich die Gewinnsituation allmählich durch Preisverfall, so dass entweder ein sehr niedriger Gewinn verbleibt oder gar Verlust erzielt wird (Abb. 1.7).

Neben dem Preiswettbewerb, der in der Abstiegsphase zu beobachten ist, tritt in vermehrtem Umfang „Qualitätswettbewerb" bzw. „Präferenzwettbewerb" auf. Es wird versucht, durch zusätzliche Verkaufsargumente, durch Zusatzfunktionen, quantitative und qualitative Verbesserungen sowie durch mehr Information und Werbung den Kunden besser zu erreichen. Als Aktionen zur Verbesserung der Ertragslage dient die Produktrationalisierung, die entweder in konventioneller Form, oder in Form der Wertanalyse bzw. Wertverbesserung ablaufen kann. Die Grenzen der Wertverbesserung sind jedoch eng gesetzt, wenn nicht wesentliche qualitative Änderungen an den Produkten erzielbar sind (Abb. 1.8).

Offensive Umstrukturierung

Verfolgt man die Gewinn- und Verlustzonen eines Produktes, so erkennt man deutlich folgende Gebiete: Die Einführungsphase ist ein Zuschussgebiet mit

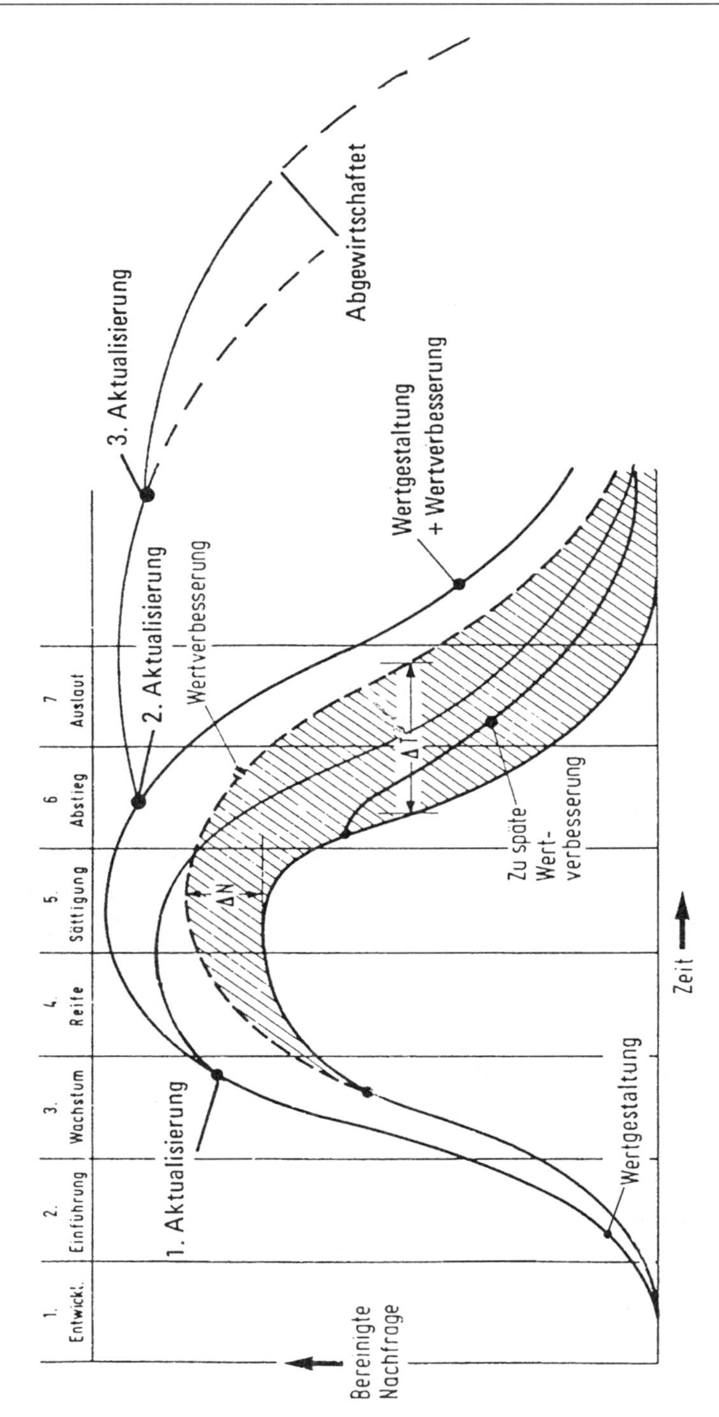

Abb. 1.8. Verlauf der Nachfrage nach einem Gut

Gewinnerwartung. Bis zum Sättigungsbeginn ist mit wachsendem Gewinn zu rechnen. Danach fällt meistens der Gewinn bzw. Deckungsbeitrag, bis schließlich Verlust eintreten kann.

Übertragen wir dieses Bild auf eine ganze Branche, so erkennen wir, dass zu den verschiedenen Phasen ganz unterschiedliche Unternehmensstrategien angemessen sind:

Wachstum: Expansion, Marktanteil erweitern, Fertigungstiefe ist sekundär.

Reife: Marktanteil halten, Rationalisierung durch vermehrte Eigenfertigung und technologischen Ausbau anstreben. Neuentwicklungen fördern.

Sättigung: Rationalisierung durch Herausstellen von Präferenzen. Substitutionsprodukte aufbauen.

Abstieg: Umstrukturierung mit bewusstem Aussteigen aus den Produkten mit geringerem Deckungsbeitrag.

Das Unterscheiden, ob eine Marktsättigung erreicht ist bzw. ein Strukturwandel stattfindet, oder ob nur ein konjunktureller Einbruch einen kurzzeitigen Rückschlag bedingt, lässt sich in vielen Fällen aus logischen Überlegungen und Analogien ableiten. Die Korrelationsrechnung oder mathematische Ansätze zum Bereinigen von konjunkturellen Schwankungen können hier die Übersicht verbessern. Unter keinen Umständen darf versucht werden, strukturelle Änderungen durch gewaltsames Festhalten an sterbenden Produkten bzw. durch bloße Forderungen nach Subventionen hinauszuzögern.

2.1.2 Lebenszyklen von Branchen

Lebenszyklen, die bei Produkten als bekannte Erscheinung gelten, sind ebenso für ganze Branchen feststellbar. Hier sind die Zeiträume jedoch wesentlich länger; unterschiedliche Entwicklungen für Erstbedarf und Ersatzbedarf sowie konjunkturelle Einflüsse überlagern sich überdies, sodass die Lebenskurven schlechter zu erkennen sind.

Nach einer Wachstumsphase, die bei den einzelnen Unternehmen bei Eigenfinanzierung etwa 10–12% p.a. Anstieg aufweist – höhere Wachstumsraten ziehen Gelder aus anderen Branchen bzw. auch aus anderen Ländern an – folgt die Reifephase mit etwa 6 bis 4% p.a. Trendanstieg und die Sättigung mit stagnierendem oder gering steigendem Trend. Während zuvor Konjunktureinflüsse nur mehr oder weniger lange Lieferzeiten u.ä. bewirken, schlagen sich jetzt Konjunktureinflüsse immer stärker durch. Auslastung von 50% in einem Jahr oder über mehrere Jahre von durchschnittlich 60% sind jetzt zu beobachten.

Nun erfolgt auch in verstärktem Maße ein Auslese bzw. Konzentrationsprozess, und allmählich weicht der freie Wettbewerb einer gemeinsamen, mehr oder weniger abgesprochenen Preis- und Produktpolitik.[1]

[1] In USA wird offen festgestellt: Eine Preisreduzierung ist in einer Rezession kein Mittel, um den Automobilabsatz anzuregen. Dagegen wirkt hier ein Modellwechsel oft wie ein Wunder.

Abbildung 1.9 zeigt nach dem unsicheren Anlauf (Phase 1) in der zweiten Phase der Branchenentwicklung, ein exponentielles Wachsen, d.h. jedes Jahr den gleichen prozentualen Produktionszuwachs. In der Phase 3 ist schließlich lineares Wachstum zu erkennen, mit evtl. ersten Nachfrageeinbrüchen und ab der 4. Phase treten, um einen langfristigen Trend stagnierende Nachfrage- und Produktionseinbrüche auf. Dabei kann die Trendlinie entweder auf dem erreichten hohen Niveau verbleiben oder, nach einem Rückgang auf niedrigem Niveau verlaufen.

Dass die Produktionslinie in der Phase 2 und 3 fast mathematisch genau exponentiell bzw. linear steigend verläuft, liegt am Kapazitätsengpaß in diesen Phasen. Meist steigt hier die Nachfrage steiler an, als die Kapazität, die meist zunächst erwirtschaftet werden muss, so dass mehr oder weniger lange Lieferzeiten entstehen, wenn Nachfrageschwankungen aus konjunkturellen oder anderen Gründen entstehen. Die weitere Begründung des Verlaufs erfolgt in Abschnitt 2.2.

Trotz intensiver Produktverbesserung wird beim Vorliegen echter Fortschritte in neuen Produkten nur noch mit einem „Nachfolge-" oder „Substitutionsprodukt" der Marktanteil zu halten oder gar auszubauen sein. Dabei ist in den letzten 50 Jahren der Innovationszeitraum immer kürzer geworden und der Innovationssprung ständig höher (mehr zusätzliche Funktionen). Diese Entwicklung hat sich jedoch seit kurzem verlangsamt, teils stabilisiert oder gar umgekehrt (z.B.: In USA werden teilweise bei Kleinwagen mehrjährige Modell-

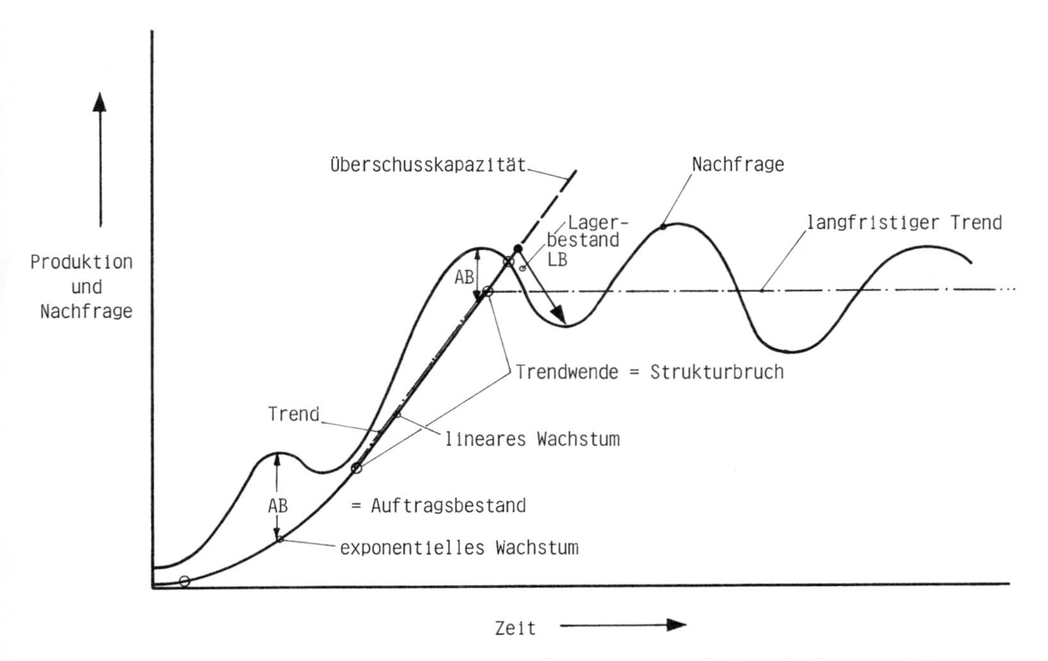

Abb. 1.9. Idealisierte Nachfrageentwicklung nach einem Gut Konjunktureinflüssen und Produktionskapazität

bauzeiten als Verkaufsargumente verwendet). Bei vielen Modeartikeln oder technischen Neuerungen zeigt die Nachfragekurve einen Berg mit nachfolgender Bedarfsberuhigung auf niedrigerem Niveau. Ein angestauter oder angeregter Erstbedarf überlagert sich hier dem Folgebedarf, der bis zur Substitution weiter besteht.

Bei Grundstoffen und Produkten, die von der Gestaltung her keine wesentlichen Veränderungen mitmachen, also formal oder modisch nicht veralten, ist die Sättigungsphase oft sehr lang, sodass hier eine besondere Gesetzmäßigkeit noch zu erfassen ist:

Die Lebenszyklen der Nachfrage nach Produkten ergeben sich aus dem menschlichen Verhalten beim Erwerb und Gebrauch von Gütern. Idealisiert lässt sich dieser Prozess etwa folgendermaßen darstellen:

Zum Erwerb eines neuartigen Produkts werden sich zunächst nur wenige avantgardistische oder potente Käufer entschließen. Kommt das Produkt gut an, werden weitere Interessenten erscheinen und deren Zahl wächst ständig.

Die Produktionskapazität kann in der ersten Phase der Nachfrage kaum folgen und sie entwickelt sich hier meist mit exponentiellem Wachstum. Danach wird der Nachfragestau etwas langsamer, so dass mit linearem Wachstum bei gelegentlichen Einbrüchen die Wachstumsraten zurückgehen. Allmählich jedoch stagniert die Nachfrage und fällt schließlich ab, wenn die meisten Interessenten ihren Grundbedarf erfüllt haben. Beispiele: 95% aller deutschen Haushalte haben Kühlschränke, 80% Gefrierschränke, 60% Waschmaschinen und auf 1,8 Einwohner kommt 1 PKW usw. Wäre die Lebensdauer der Produkte unendlich, dann könnte in dem betrachteten Gebiet nur noch durch Bevölkerungswachstum mehr abgesetzt werden oder durch Maßnahmen psychologischer Obsoleszenz (modische o.ä. „Zerstörung"). Verschleiß, technische, modische oder umweltbedingte Veraltung begrenzen jedoch die „Lebensdauer" bzw. „Nutzungsdauer" der Produkte, sodass sich der langfristige Bedarf fast voll aus dieser Komponente des Bedarfs ableiten lässt. (Abb. 1.10).

Der Bedarf einer Branche setzt sich aus drei Komponenten zusammen:

1) Erstbedarf (oder Nachholbedarf)
   a) durch Erstbefriedigen bei Neuheit der Produkte
   b) durch Hereinwachsen einer Verbrauchergruppe in den Produktbereich oder
   c) durch Marktbereichsausdehnung, z.B. Export.
2) Mehrbedarf
   durch Bevölkerungswachstum.
3) Ersatzbedarf
   durch Abnutzung, technische, wirtschaftliche oder modische Entwertung.

Langfristig wird der Bedarf einer Volkswirtschaft allein durch Ersatz mit Mode und durch Bevölkerungswachstum bedingt. Ein Abbau bzw. eine Vernichtung zu hoher Kapazität ist unumgänglich (siehe Baukapazität für Wohnungen!).

Einige Beispiele sollen hier für alle Branchen Ansatzpunkte zur Beurteilung ergeben:

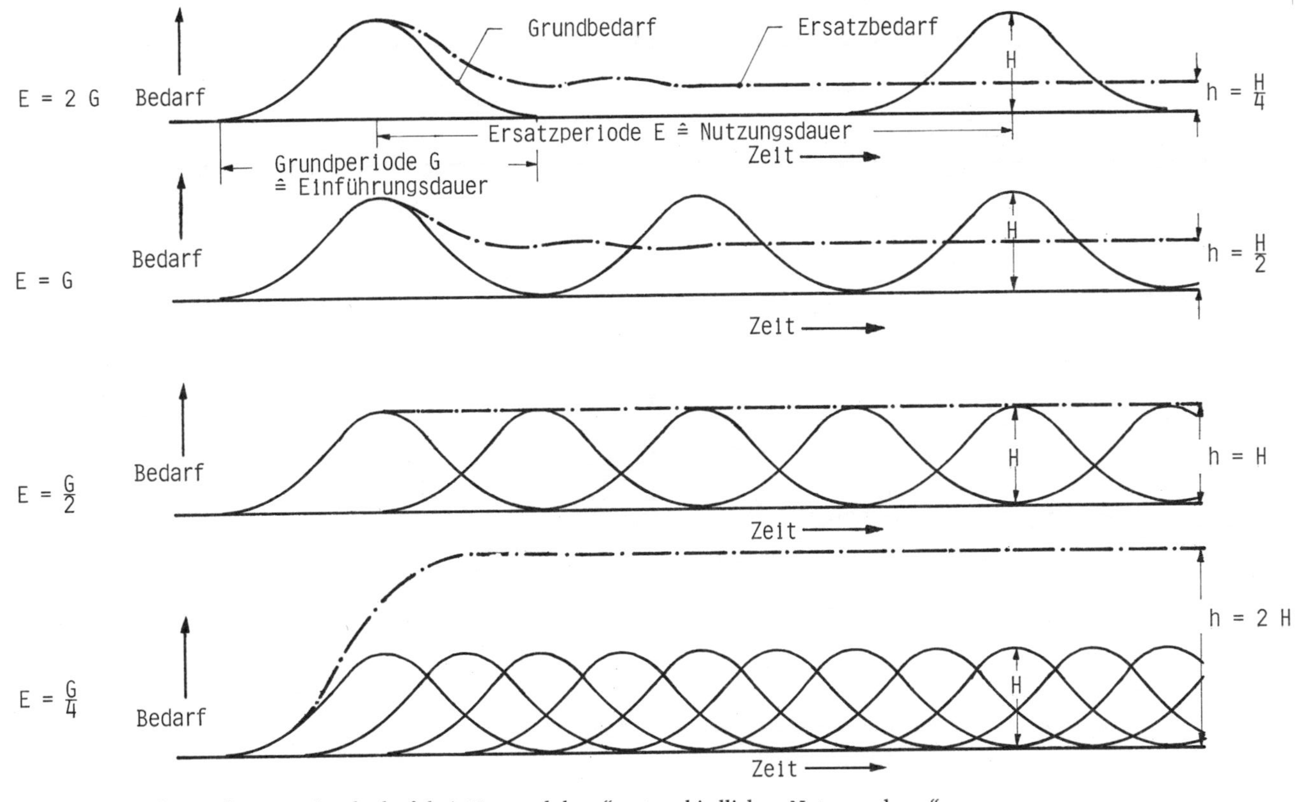

Abb. 1.10. Rückgang des Kapazitätsbedarfs bei „Neuprodukten" unterschiedlicher „Nutzungsdauer"

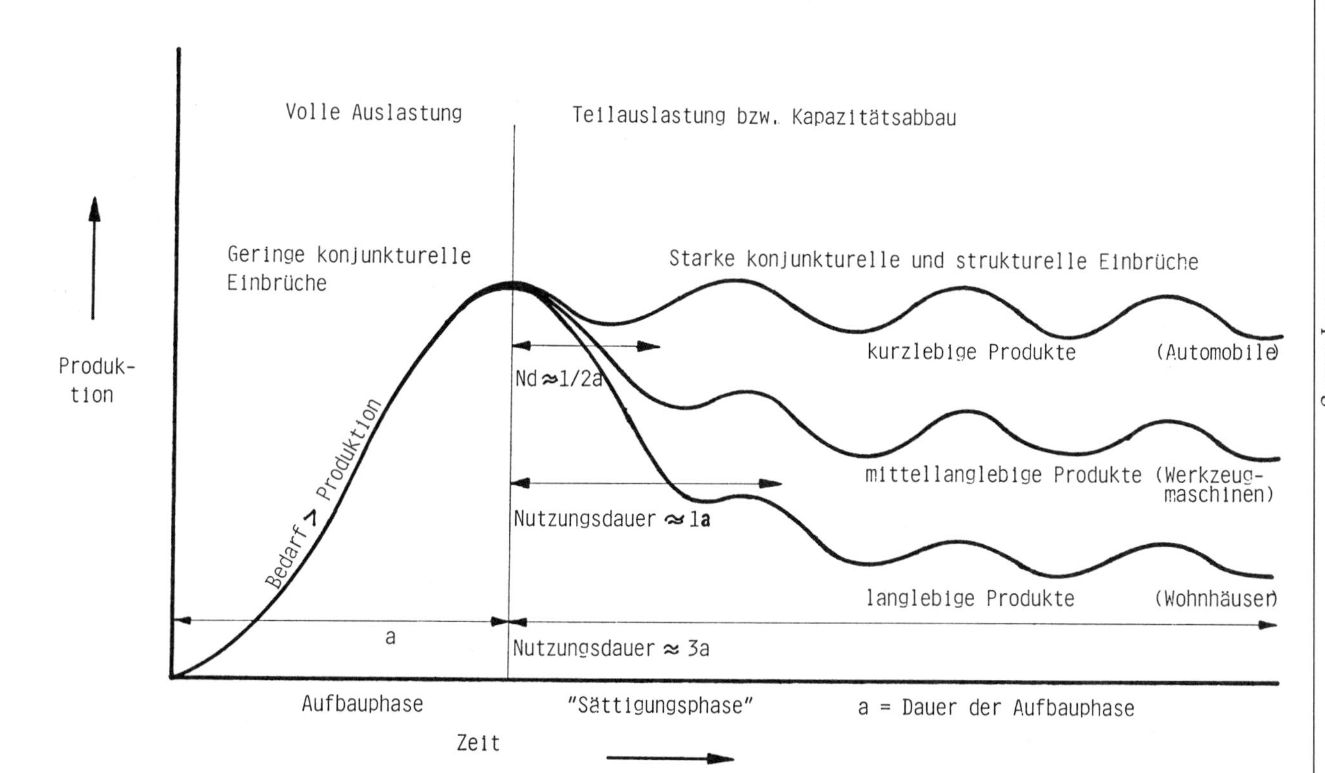

Abb. 1.11. Kapazitätsauslastung bei Produkten mit unterschiedlichem Verhältnis von Aufbauphase zu Nutzungsdauer

1. **Automobilindustrie**
   beispielhaft für kurzlebige Produkte bei mittlerem Investitionsbetrag
2. **Werkzeugmaschinenindustrie**
   beispielhaft für mittellanglebige Produkte mit hohem Investitionsbetrag
3. **Wohnungsbau**
   beispielhaft für langlebige Produkte mit hohem Investitionsbetrag
4. **Stahl- und Profilstahlproduktion**
   beispielhaft für gemischte Anwendung

1. Automobilindustrie

Die relative Kurzlebigkeit der Automobile (heute ca. 10 Jahre) bewirkt, dass nach der Aufbauphase so viel Ersatzbedarf vorhanden ist, dass sich die Produktion auf hohem Niveau bei stark schwankender Nachfrage einstellt. Die leichte Verschiebbarkeit der Neuanschaffung eines Fahrzeugs um zwei bis drei Jahre kann aber zu erheblichen Einbrüchen und gestauten Neukäufen führen, wie es die USA-Produktion aufzeigt. Ähnliche Verhältnisse sind in Kürze in Europa zu erwarten. Auch wirken die Maßnahmen zu Erhöhung der „Lebensdauer" der Fahrzeuge reduzierend auf die Nachfrage.

In der Sättigungsphase findet ein Prozess des Firmensterbens statt, wie dies

in USA ab 1920 (40 Hersteller) bis 1958 (4 Hersteller) und
in Europa ab 1950 (20 Hersteller) ab 1970 (10 Hersteller) zu beobachten war.

Auch in Asien wird langfristig mit einer Reduzierung der Anzahl der selbständigen Automobilhersteller zu rechnen sein (Abb. 1.12).

2. Werkzeugmaschinen- und Anlagenbau

Beim Werkzeugmaschinenbau war weltweit bis zum Jahre 1981 Wachstum mit einigen Einbrüchen festzustellen. Untersucht man die Einsatzgebiete der Werkzeugmaschinen, dann war bislang der Bedarf weitgehend durch die Erstausrüstungen also zur Produktionssteigerung o.ä. bedingt. Bei vielen Abnehmern ist jedoch heute eine Sättigung zu spüren. Da aber Werkzeugmaschinen und Anlagen durchschnittlich über 20 Jahre im Einsatz sind, ist als Ersatzbedarf nur ca. 5 % des Bestandes der Anwender zu erwarten. Rationalisierungsinvestitionen sind jedoch bei teuren Betriebsmitteln nur bei „technologischen Sprüngen" als wirtschaftlich nachzuweisen, und diese sind sehr selten. Negatives Bevölkerungswachstum bewirkt schließlich ein Übriges. Ein Einpendeln des Bedarfs in Deutschland auf ca. 80–60 % des höchsten Wertes ist damit die Folge. Die Erhöhung des Bedarfs durch die Schwellenländer und die Länder der 3. Welt wirkt sich jedoch nur sehr langfristig auf den zusätzlichen Erstbedarf aus (Abb. 1.13).

Aufgabe: Langfristiger Bedarf an Werkzeugmaschinen in Deutschland

In qualifizierten Fachzeitschriften sind nachfolgend notierte Daten zu finden:

1. Das mittlere Alter der eingesetzten Werkzeugmaschinen ist *14* Jahre. Damit ist das Durchschnittsalter der ausgeschiedenen Maschinen etwa *25* Jahre und der Ersatzbedarf ca. *4*% p. a.
2. Der Modernisierungsbedarf (für Rationalisierungsinvestitionen) liegt bei *2*% p. a. des Bestandswertes.

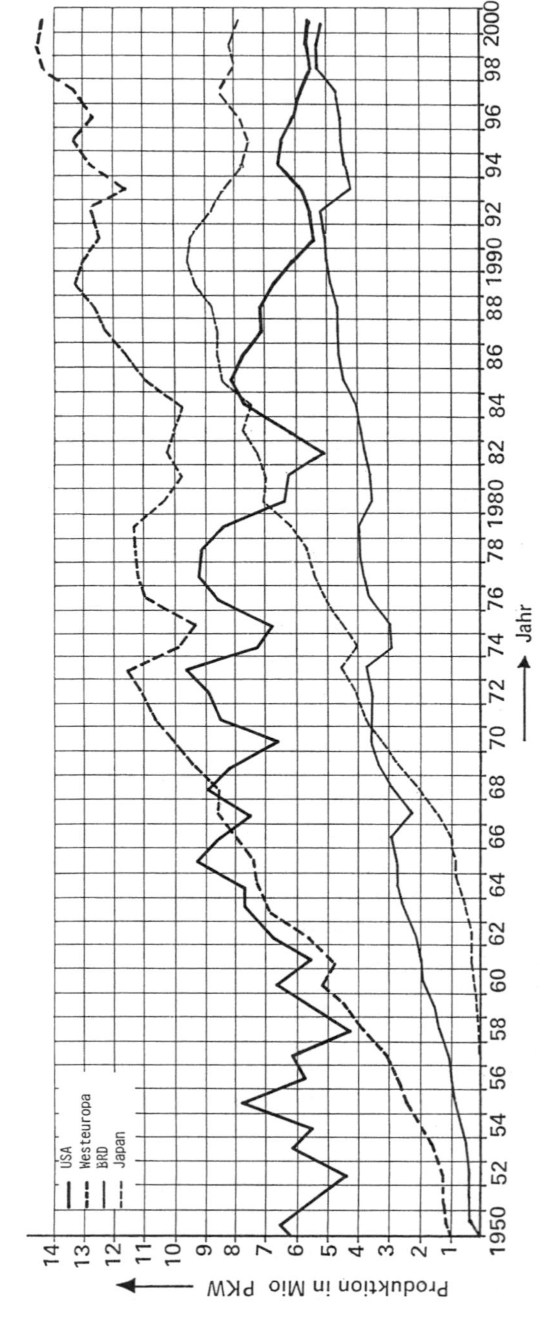

Abb. 1.12. Personenwagenproduktion in Mio Stk/a in den USA, in Westeuropa mit Deutschland und in Japan [1.5]

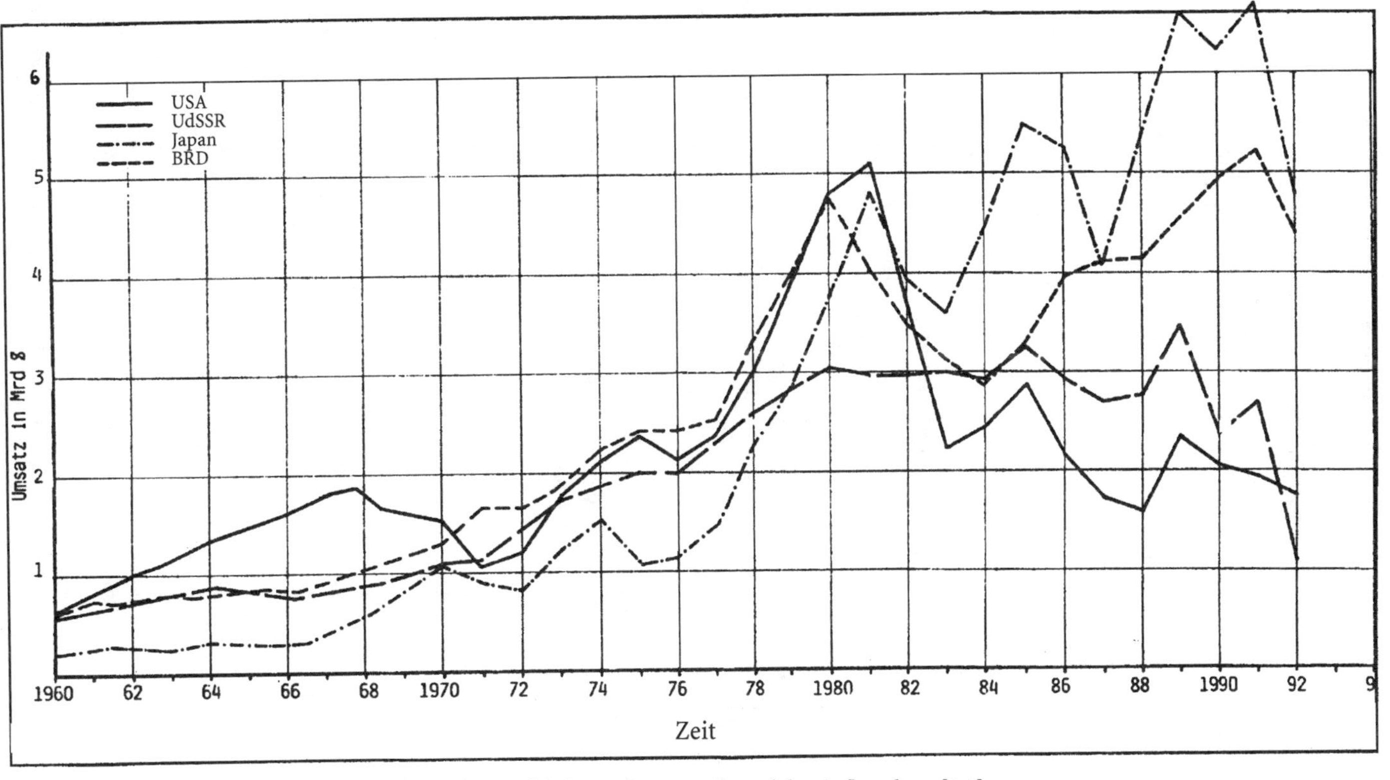

Abb. 1.13. Produktion von Werkzeugmaschinen in verschiedenen Staaten während der Aufbauphase [1.6]

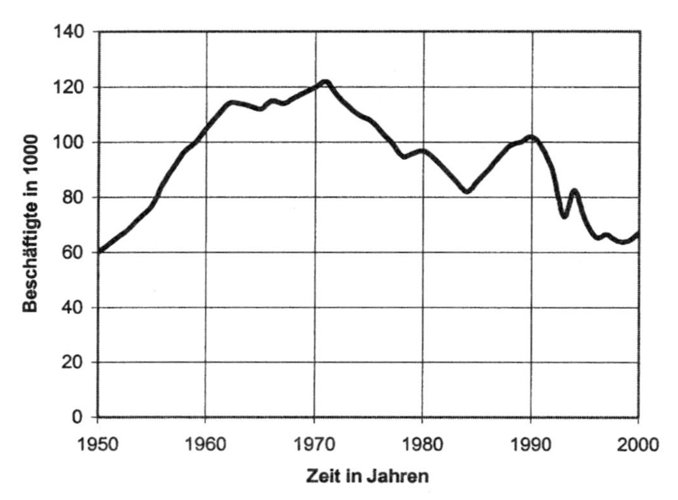

Abb. 1.14. Beschäftigte im Werkzeugmaschinenbau in Deutschland. Trotz erheblichen Wachstums der Produktion ist ein Abbau des Personalbedarfs unvermeidlich [1.7]

3. 80 % des Aufbaus des deutschen Werkzeugmaschinenbestands erfolgte in den Jahren zwischen 1970 und 1990. Heute ist etwa die Sättigung erreicht. Daraus folgt ein durchschnittlicher Aufbaubedarf von 80 %/20 a = *4* % p.a.
4. Das Wachstum des Zusatzbedarfs (Erweiterungsinvestitionen) ist max. 1 % p.a.

a) Wie hoch ist die gesamte durchschnittliche Bedarfsrate, bezogen auf den Bestand? (Graphische Lösung ohne Export und Import! (Abb. unten)).
Langfristig sind nur etwa 4 % p.a. des Bestands erforderlich.

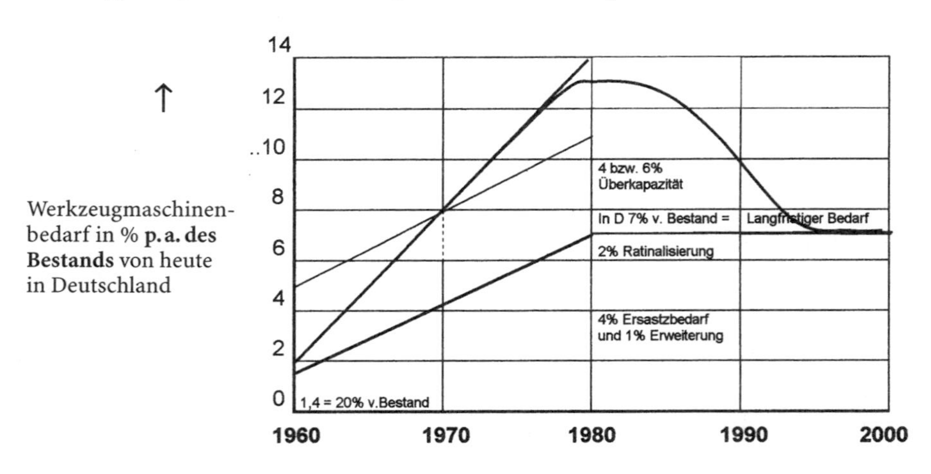

b) Wie sieht die Kurve aus beim Hausbau (50 Jahre Gebrauchsdauer)? *(Langfristig ist Neubedarf < 2 % p.a. des Bestands!)*

c) und bei Fahrzeugen (10 Jahre Gebrauchsdauer)?
(Langfristig ist Neubedarf < 10 % p.a. des Bestands!)

3. Wohnungsbau
Im Wohnungsbau wurden 1972 in der BRD etwa 700 000 Wohneinheiten und über 800 000 in Deutschland fertiggestellt. 1990 waren es weniger als halb so viele. Wie kam es dazu (Abb. 1.15)?

Der Bedarf an Wohnungen war in der Nachkriegszeit, teils wegen der Zerstörungen, teils wegen der Zuzüge usw. fast unbegrenzt. Die Wohnungen, die erstellt wurden, dienten vorwiegend dem anstehenden „Erstbedarf". Außerdem waren viele „Ersatz-Neubauten", veraltete und sonst abgängige Bauten als Wohnungen neu zu erstellen. Neben diesem „Erstbedarf" und „Ersatzbedarf" musste noch ein wesentlicher Anteil der Baukapazität zur „Modernisierung" überholungsbedürftigen Wohnraums eingesetzt werden. Im Jahre 1972 war der wesentliche Anteil des Erst- bzw. Nachholbedarfs an Wohnungen bereits fertiggestellt. Was ab 1975 gebaut wurde, war zum großen Teil Ersatzbedarf und Modernisierung. Geht man von einer Nutzungsdauer eines Wohnhauses bzw. einer Wohnung von 80 Jahren aus, so ist der Ersatzbedarf in der BRD bei einem Bestand von ca. 25 Mio Wohnungen rund 312 000 Wohneinheiten pro Jahr. Dies ist aber die Anzahl Neubauten, die zur Zeit erstellt wird (ohne dass eine entsprechende Zahl Altbauwohnungen abgerissen wird!). Sofern die Gebrauchsdauer unserer heute gebauten Häuser nicht wesentlich verkürzt wird, werden wir im Durchschnitt künftig nie mehr als 350 TWE/a ± 20 % benötigen. Die Überkapazität von 350 000 WE müsste bzw. muss noch abgebaut – vernichtet – werden. Was hier für den Wohnungsbau aufgezeigt wurde, ist für weitere Branchen, die langlebige Güter erzeugen, in ähnlicher Weise nachzuweisen, wie beispielsweise für den Straßenbau, Schiffsbau und für die entsprechenden Zulieferungen wie Stahlerzeugung und Zementproduktion. Der Instandsetzungsbedarf im Osten zögert den Kapazitätsabbau jedoch hinaus.

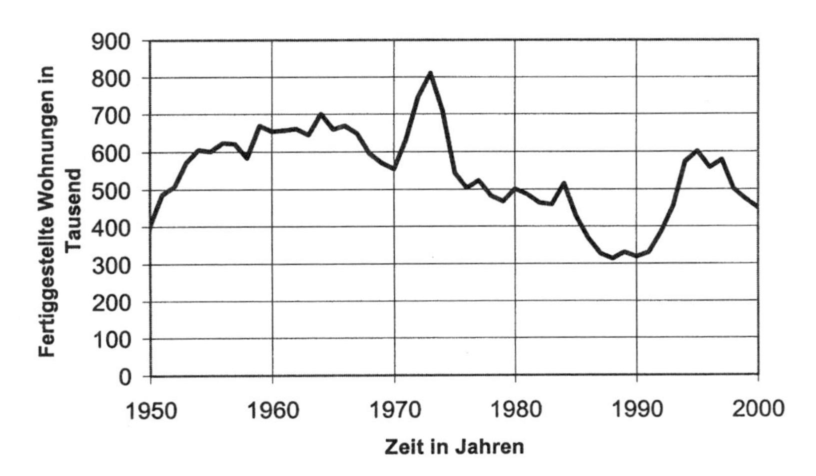

Abb. 1.15. Fertiggestellte Wohnungen in Deutschland [1.8]

4. Stahl- und Profilstahlproduktion
Die Nachfrage nach Stahl und nach Profilen geht von zahlreichen Abnehmergruppen aus. Ihr Bedarf summiert sich zur Stahlnachfrage, wobei ein Wandel im Rohmaterialeintrag stattfindet: In steigendem Maße wird künftig Stahl durch Recyclingprozesse gewonnen und Erz als Ausgangsmaterial verliert von seiner Bedeutung. Wir müssen es lernen, aus gemischtem Schrott möglichst gute Qualitäten neuer Stähle herauszuholen (Abb. 1.16).

Weltweit ist jedoch mit einer Übersättigung auf dem Stahlsektor zu rechnen, nachdem die militärische Produktion sehr stark zurückgefahren wird. Alle Unternehmen versuchen am kleineren Markt der Zivilproduktion zu partizipieren. Und die einfachen Produkte können heute in den Niedriglohngebieten der Schwellenländer viel billiger gefertigt werden als in den Industrieländern. Daher sind nur Produkte der höheren Qualitätsstufen interessant und zukunftsträchtig. Es bietet sich hier eine Unternehmenspolitik an, wie sie seit Mitte der 60er Jahre von Thyssen und Mannesmann betrieben wird und wie sie später an einem Beispiel aufgezeigt werden soll [1.10].

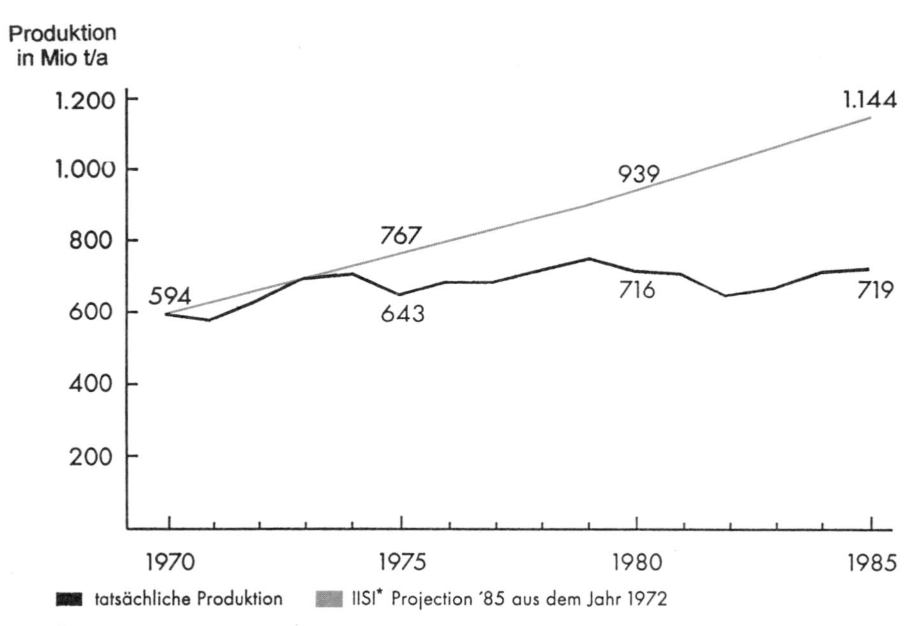

Abb. 1.16. Prognose und Wirklichkeit bei der Welt-Rohstahlproduktion in Mio t nach International Iron an Steel Institute [1.9]

2.1.3
Lebenszyklen von Wirtschafts- und Kulturkreisen

Auch ganze Wirtschafts- und Kulturkreise zeigen Lebenszyklen wie Produkte und Branchen. Der Untergang des Abendlandes wurde bereits im Jahre 1922 von dem Philosophen Spengler beschrieben. Wer offenen Auges die Geschichte durchstreift, sieht dieses Auf und Ab der Völker, der Nationen über viele Jahrtausende und erkennt, dass unser Kulturkreis auch diesen lebensgesetzlichen Entwicklungen unterliegt. Die Ägypter, die Babylonier, die Perser, die Griechen, die Römer, die Karolinger haben ihre Reiche aufgebaut und nach einer Zeit der Stabilisierung wieder verloren.

Am Wachsen und Sterben des Römischen Reichs soll dies kurz aufgezeigt werden. Dabei ist zu beobachten, wie durch wenige Persönlichkeiten und ihre Entscheidungen die Geschichte vieler Jahrhunderte bestimmt wurde (z. B. Aufteilen des Römischen Reichs in Ost- und Westreich oder des Karolingischen Reichs unter drei Söhne Karls des Großen). Betrachten wir die Entwicklung in Deutschland, dann erkennen wir, dass die Zeit des Wachstums zu Ende ist, dass der nationale Abbau in vollem Gange ist, dass ein Aufbäumen zwar über Zusammenschlüsse auf größerer Ebene den Prozess aufhält, wie es auch bei anderen Völkern zu beobachten war. Ob sich aber jemals aus der moralischen Dekadenz wieder ein Aufsteigen über frühere Werte hinaus ermöglicht, lasse ich als offene Frage bestehen.

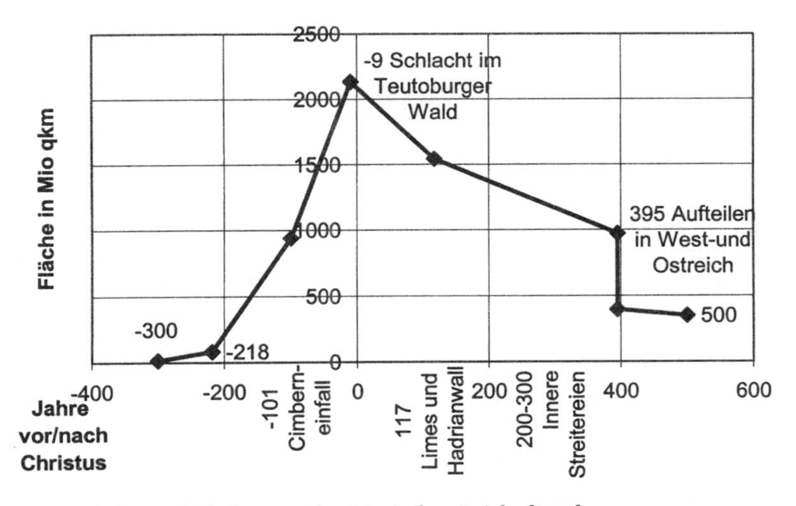

Abb. 1.17. Aufstieg und Niedergang des Römischen Reichs [1.11]

2.2
Strategien in den Lebensphasen der Produkte

Die Strategien für den Aufbau eines neuen Marktes und einer neuen Produktion müssen sich mit den Lebensphasen der Branchen und Produkte laufend ändern.

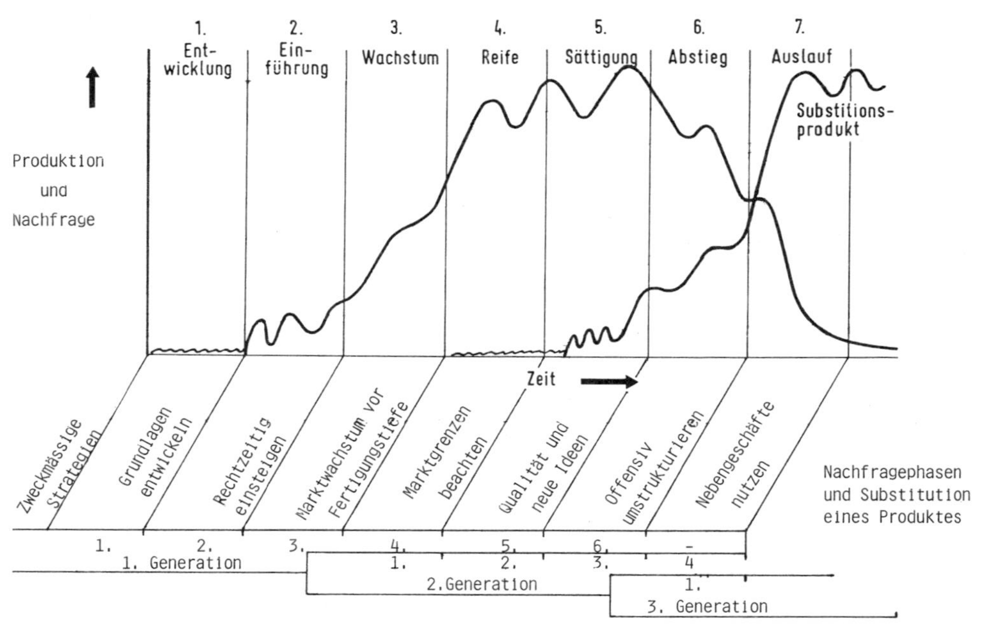

Abb. 1.18. Lebensphasen eines Modells eines Produkts

So wie sich während der Lebensphasen die Engpässe allmählich verschieben, müssen sich die Maßnahmen zu ihrer Beseitigung d.h. aber die Strategien laufend wandeln (Abb. 1.18).

1. Forschungs- und Innovationsphase
– 3% des Umsatzes für Grundlagenentwicklung –

Das Wachstum, das relative Wachstum, die Umstrukturierung eines Unternehmens korrelieren sehr stark mit den Innovationsmaßnahmen, die aus Grundlagenentwicklung bzw. aus der freien Forschung und durch fremde Anregungen kommen. Auch wenn für die Auftragsentwicklung schon 3 bis 5% des Umsatzes verbraucht werden, muss noch ein weiterer angemessener Anteil (etwa 3%) für Grundlagenentwicklung eingesetzt werden.

Interessant ist die Feststellung, dass die meisten Ideen für neue Produkte nicht aus dem eigenen Haus stammen sondern von auswärts eingebracht werden oder systematisch dort zu suchen sind.

2. Einführungsphase
– Rechtzeitig einsteigen –

Große Gewinne werden in Wachstumsbranchen erzielt, wenn die Nachfrage noch nicht voll mit der vorhandenen Kapazität befriedigt werden kann. Hier ist die Phase des exponentiellen Wachstums mit stets voll ausgelasteten Anlagen. Kommen neue Erzeugnisse auf den Markt, dann ermöglichen sich hierfür aufgrund eines Nachfragestaus relativ hohe Einführungspreise. Wer im Einführungsbereich über genügend Kapazität verfügt, kann von diesem Preisvorteil profitieren und zusätzlich seine Kapazität über einen langen Zeitraum nutzen. Dadurch lässt sich das Risiko der Entwicklung und Investitionen abdecken. In den meisten Wachstumsbranchen können die Investitionen über den Preis finanziert werden.

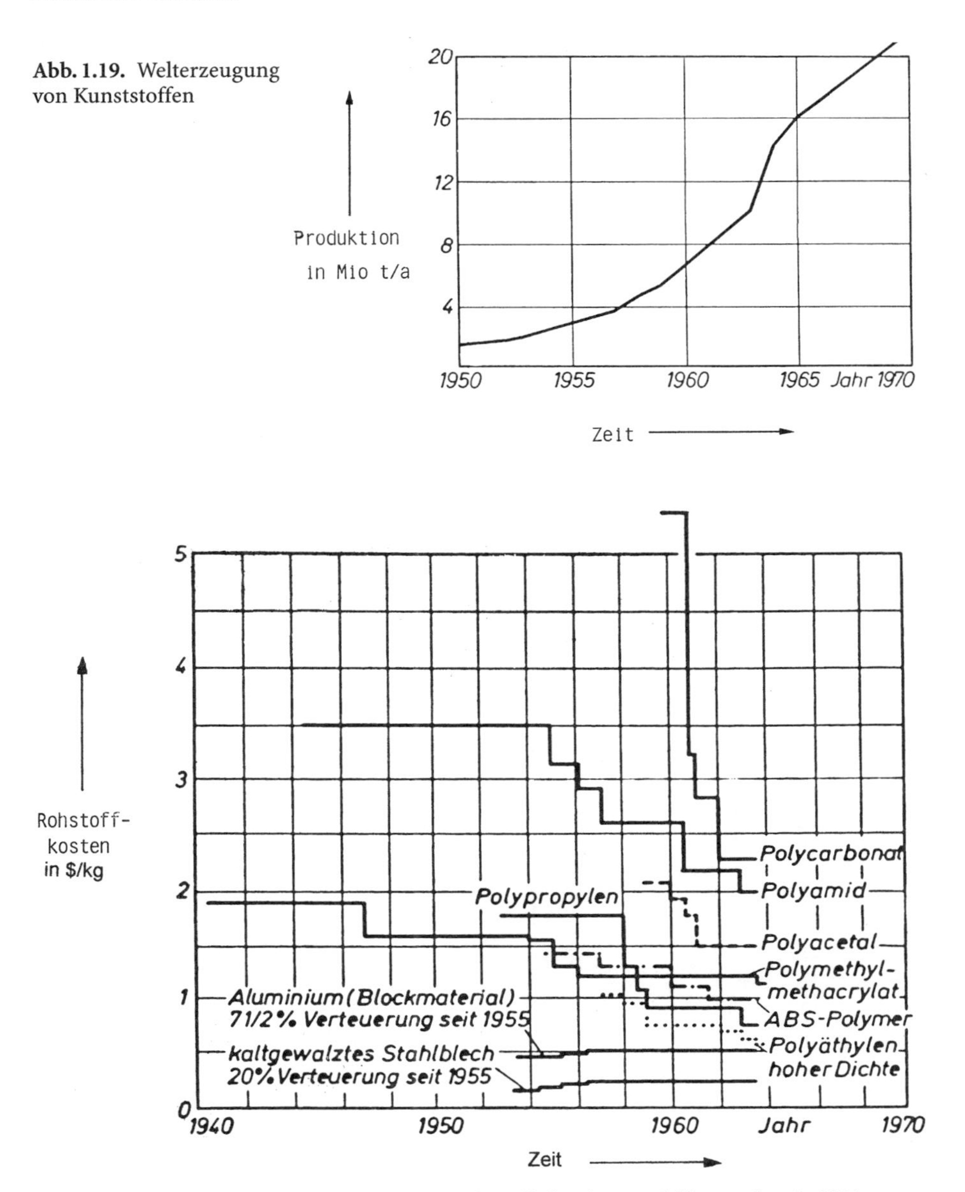

Abb. 1.19. Welterzeugung von Kunststoffen

Abb. 1.20. Entwicklung der Kosten einiger Rohstoffe für den Kraftfahrzeugbau in USA

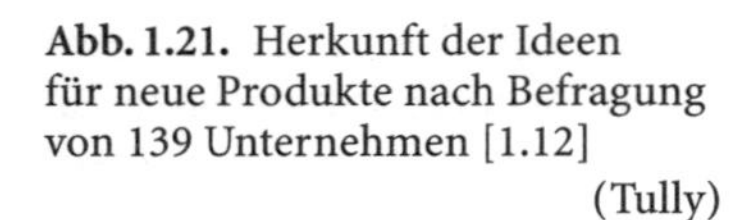

Abb. 1.21. Herkunft der Ideen für neue Produkte nach Befragung von 139 Unternehmen [1.12] (Tully)

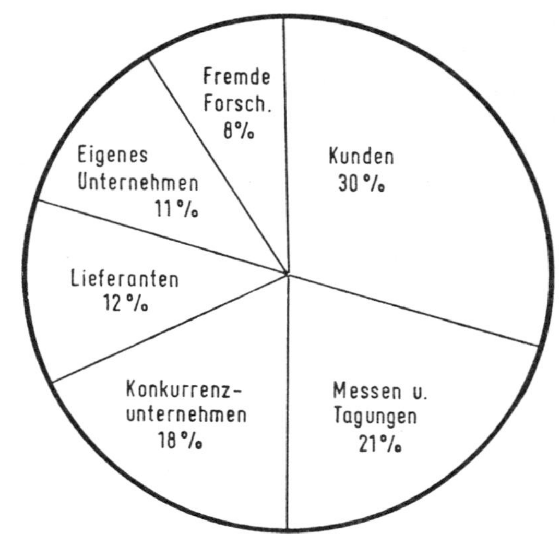

3. Wachstumsphase
– Marktanteil geht vor Fertigungstiefe –

Ein großer Marktanteil ist jetzt wichtiger als große Fertigungstiefe, und er bringt mehr Ertragschancen als große Fertigungsbreite. In der Wachstumsphase sind alle Investitionen auf Absatzsteigerung auszurichten. Bei stagnierender oder fal-

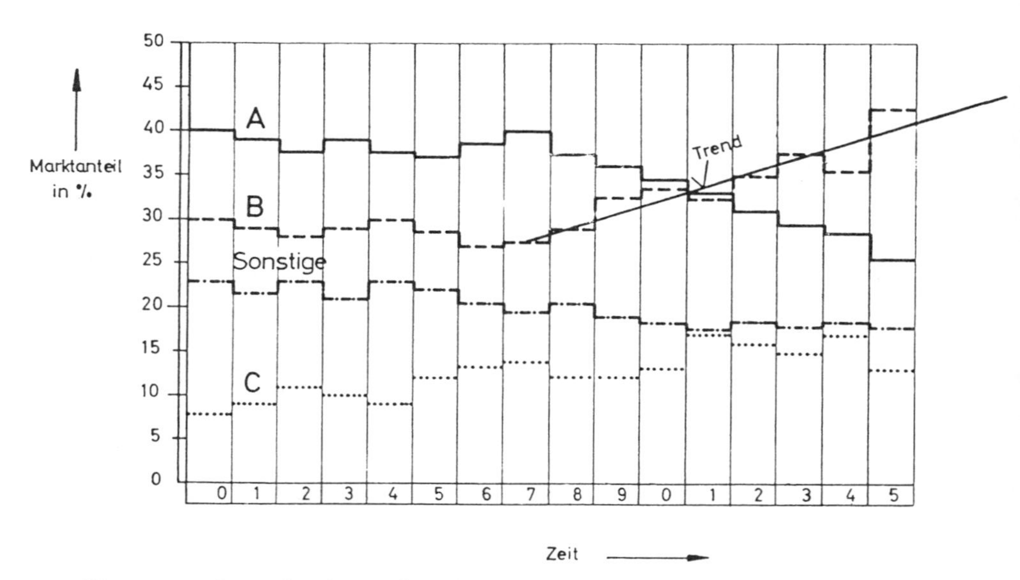

Abb. 1.22. Marktanteil in der Vergleichsklasse und Trendermittlung für 3 Automobiltypen

lender Nachfrage kann immer noch die Fertigungstiefe oder Fertigungsbreite (Diversifikation) angestrebt werden. Je größer der Marktanteil bzw. Produktionsanteil, desto größer sind die Gewinnchancen. Die höheren Kosten durch die geringere Fertigungstiefe können vielfach durch die größere Umsatzmenge kompensiert werden.

4. Reifephase

a) – Marktgrenzen beachten –
– Rationalisierung –

b) – Grundlagen entwickeln

Zu a)

In Zeiten wachsender Wirtschaft wird leicht übersehen, dass für Produktionssteigerung vom Markt her Grenzen gesetzt sind. Größere Investitionen sind nur dort erfolgversprechend, wo latenter Bedarf auf längere Zeit vorhanden ist oder geweckt werden kann. Die höchste Rendite ergeben Investitionen in Wachstumsbranchen, während die bei stagnierendem Markt erforderlichen Rationalisierungsinvestitionen nur mäßige Gewinne erwarten lassen, sofern nicht technologisch bedingte Rationalisierungssprünge oder wesentliche Neuentwicklungen möglich sind (Übergang auf neu entwickelte Fertigungsverfahren u.ä.). Der sich allmählich sättigende Markt führt zunächst zu einem Preiswettbewerb, einerseits da mehr preisempfindliche Käufergruppen erschlossen werden müssen, teils weil der Preis das am schnellsten ansetzbare und wirksame Argument des Vertriebes ist. Die Forderungen an den Betrieb lauten daher Kostensenkung – Rationalisierung – zur Gewinnsicherung.

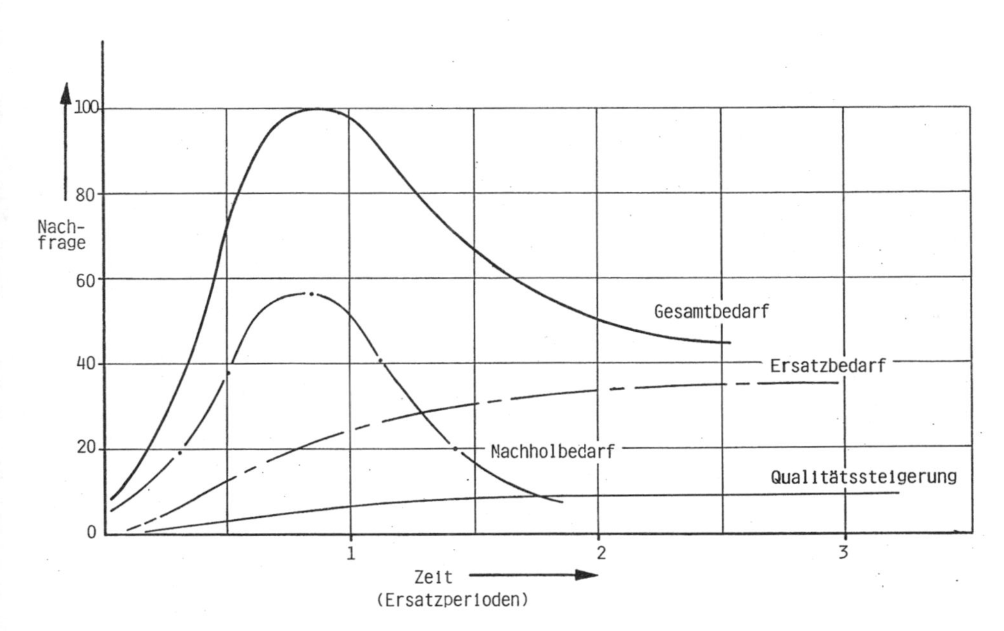

Abb. 1.23. Gesamtbedarf bei langlebigen Gütern und wenig Ersatzbedarf. Die langfristige Marktgrenze liegt hier unterhalb des Kuliminationspunktes

Zu b)
Neben dem Preiswettbewerb muss jedoch in der Reifephase bereits intensiv nach neuen Produkten Ausschau gehalten werden. Grundlagenentwicklung für Produktpflege, Aktualisierung, Substitution und Diversifikationen bzw. Innovation muss zielgerichtet und intensiv begonnen werden.

5. Sättigungsphase

a) – Qualitätswettbewerb
– Aktualisierung – neue Ideen –
– Modellpolitik –

b) – Substitutionsprodukte vorbereiten –
– Rechtzeitig einsteigen –

Zu a)
Sind die Marktgrenzen erreicht, ist mit wechselnder Nachfrage zu rechnen. Vollauslastung, wie in der Wachstumsphase, in der Kapazitätsengpaß bestand, ist nur noch selten erreichbar (Engpass ist nun der Markt). Vielfach versuchen konkurrierende Unternehmen in der Sättigungsphase ihren Absatz durch Preisreduzierung zu halten. Dabei können die Preise bis zu den Grenzkosten abfallen. Ein solcher Preiskampf führt zu Verdrängungswettbewerb, einer allmählichen Auszehrung und zu einem Schrumpfprozess, der Überkapazitäten vernichtet. In der Sättigungsphase kann durch Entwicklung höherwertiger Produkte, durch neue Ideen, neue Verkaufsargumente allgemein durch Qualitätswettbewerb eine Umsatzsicherung über höhere Preise erzielt werden. Hier bietet sich ein Feld für rentable Investitionen auch bei sonst stagnierendem Markt.

Zu b)
Jetzt ist Zeit, um neue Tätigkeitsfelder, neue Produkte, neue Technologien intensiv zu verfolgen. Eingeführte Produkte sollen zwar solange am Markt gehalten werden, bis deutlich ein Preisverfall oder ein Rückgang der Nachfrage zu spüren ist, der sich trotz entsprechender Anpassung nicht mehr aufhalten lässt. Dieser Grundsatz darf aber nicht davon abhalten, rechtzeitig Nachfolge- oder Substitutionsprodukte zu entwickeln, die umso besser gestaltet werden können, je später sie im Verkauf eingeführt werden müssen. Bestimmte Prozentsätze des Umsatzes sind für die Entwicklung neuer Produkte fest einzuplanen, wodurch zwangsweise eine Zukunftssicherung erreicht wird. Ist eine Marktabkehr von gewissen Erzeugnissen festzustellen oder sind äußerst interessante Neuerungen reif, dann kann vielfach durch Substitutionsprodukte, die den seitherigen Produkten Konkurrenz bieten, eine Weiterbeschäftigung der Unternehmung angestrebt werden. Die ausgebaute Vertriebsorganisation und der Kundenstamm bringen gegenüber neuen Produzenten wesentlich Marktvorteile.

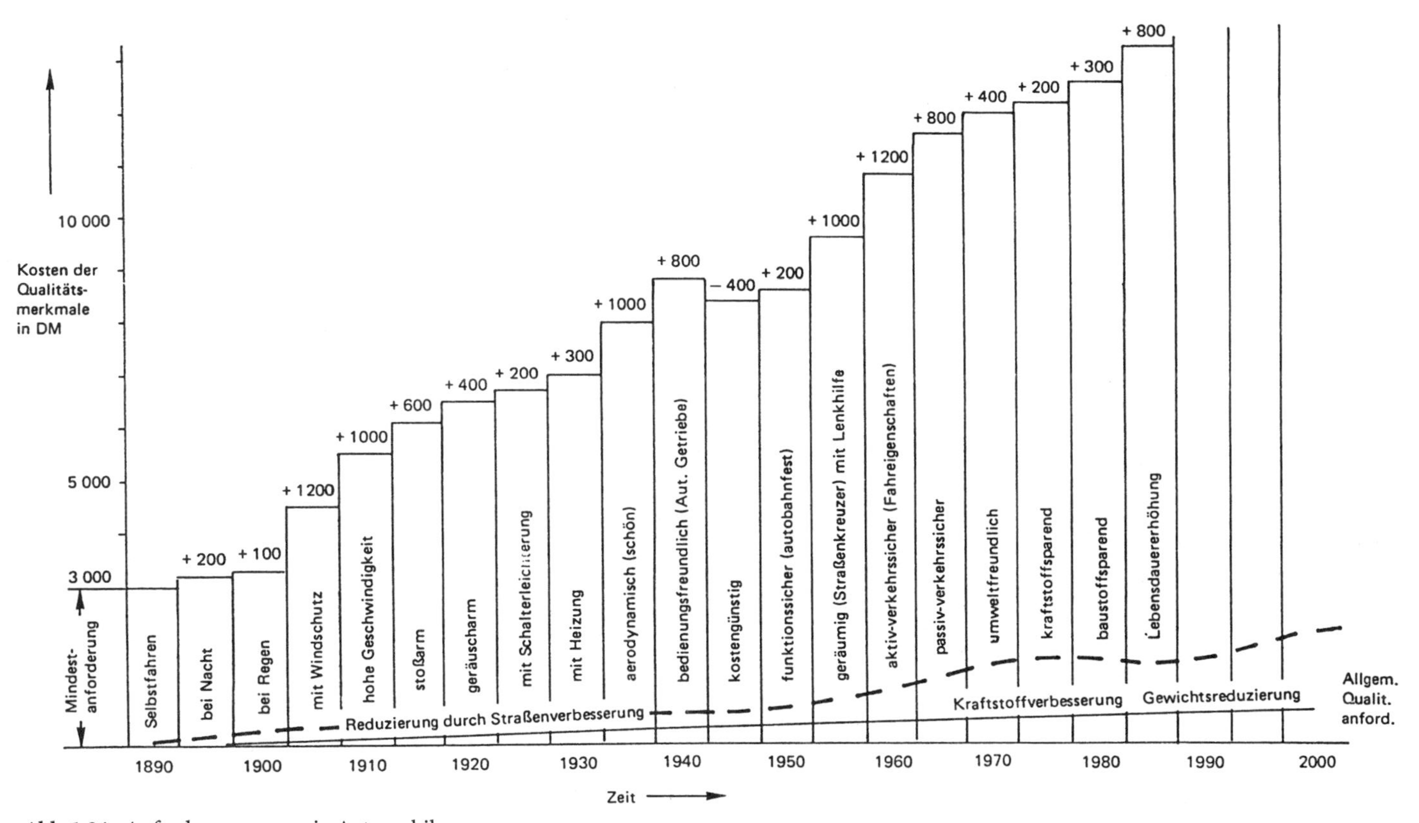

Abb. 1.24. Anforderungen an ein Automobil

6. Abstiegsphase

a) – Offensiv umstrukturieren. – b) – Marktwachstum geht vor Fertigungstiefe – Rechtzeitig aussteigen –

Zu a)

Sind trotz allen Maßnahmen der Rationalisierung oder entsprechender Aktualisierung bestimmte Fertigungen nicht mehr wirtschaftlich zu betreiben, dann muss offensiv umstrukturiert – auf neue Gebiete ausgewichen oder ausgestiegen – werden. Wer nach naheliegenden Aufgaben sucht und rechtzeitig aussteigt, der erhält sich die Handlungsfreiheit. Wer den Strukturwandel missdeutet als Depression oder Rezession wird ohne Alternativen handeln müssen und damit wenig Chancen haben. Zusammenschlüsse, Verkäufe oder rechtzeitige Aufgabe sind meistens weniger verlustreich als allmähliche Auszehrungen.

Zu b)

Für ein Substitutionsprodukt ist spätestens dann die steile Wachstumsphase gekommen, wenn der Einbruch beim Vorgängerprodukt beginnt. Jede Verzögerung um 1 oder 2 Jahre bedeutet Einbußen von 20 bis 30% des Jahresumsatzes (vergl. Typwechsel vom Käfer zum Golf! (Abb. 1.25).

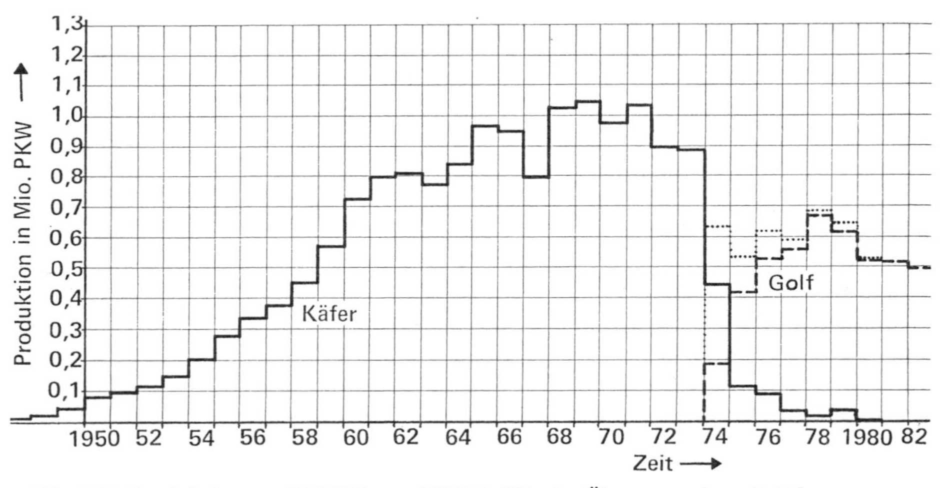

Abb. 1.25. Produktion von VW-Käfer und VW-Golf in der Übergangsphase [1.13]

7. Auslaufphase

a) – Nebengeschäfte nutzen – b) Voller Einsatz für Neuprodukt

Zu a)

Die Auslaufphase bietet oft mit Nebengeschäften, Ersatzteilen usw. noch eine interessante Einnahmequelle. Sie sollte aber von der Hauptaufgabe abgespalten werden und in einem ausgegrenzten selbständigen Unternehmensteil wirken.

Zu b)

Die freiwerdende Kapazität muss lückenlos auf neue Produkte übergeführt werden (Abb. 1.25).

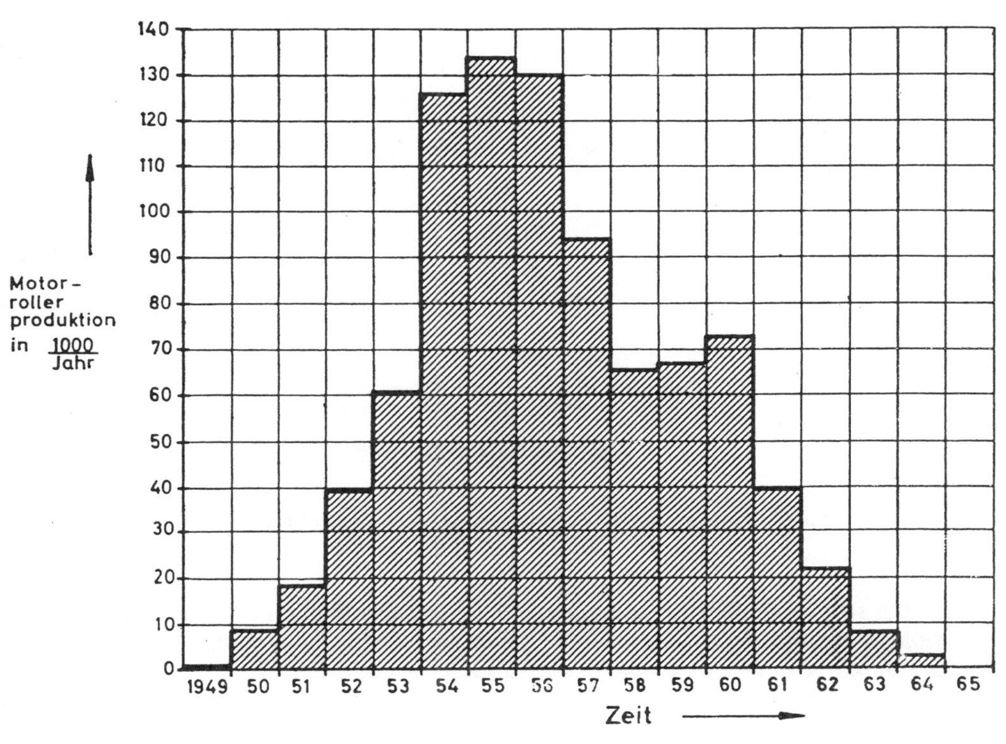

Abb. 1.26. Produktion von Motorrollern in Deutschland [1.14]

2.3 Kosten-Gesetzmäßigkeiten

Als Erfahrungsgesetz, also nur induktiv herleitbar, gilt die Feststellung, dass die Herstellkosten mit zunehmender Produktionsleistung zu senken sind, und dass die darin enthaltenen Fertigungskosten bei jeder Verdoppelung der Produktionsleistung um 20% ± 5% niedriger ausfallen, wenn die Rationalisierungschancen genutzt werden.

Diese Kostendegression ist die Folge mehrerer Reduzierungen aus Komponenten wie:

a) Auslastungsdegression
b) Größendegression
c) Mengendegression
d) Verfahrensdegression
e) Rüstkostendegression
f) Bessere Materialausnutzung

usw.

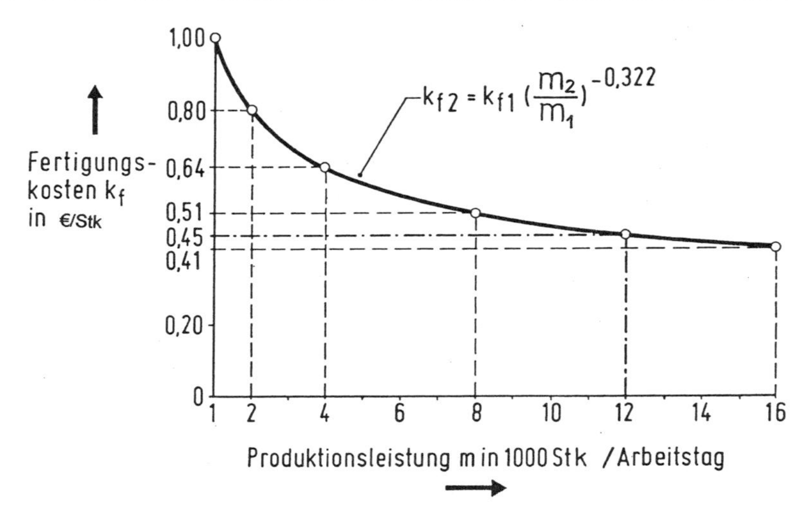

Abb. 1.27. Produktionsleistung und Fertigungskosten technischer Erzeugnisse

Bei sehr hohen Leistungen, wo eine Leistungserhöhung nur noch über multiple Vergrößerung zu erreichen ist, flacht die Leistungsdegression ab und die Kostenkurve tangiert allmählich die Mindestkostenlinie.

Die mathematische Fassung der Fertigungskosten in Abhängigkeit von der Produktionsleistung wird bezeichnet als Leistungsdegression bzw. als „Erfahrungskurve". Für sie ergibt sich die Gleichung:

$$k_{f2} = k_{f1} \left(\frac{m_2}{m_1}\right)^{-g} \quad \text{mit} \quad g \approx 0{,}322$$

Verdoppelung der Produktionsleistung ermöglicht 20 % Fertigungskostenreduzierung. Dies gilt, solange Mehrleistung nicht allein durch Anlagenvermehrung erzielbar ist (Tab. 1.6).

Abbildung 1.28 zeigt als „Einzelbeleg" die Kostendegression beim Übergang von Einzelmaschineneinsatz über unterschiedliche Transferstraßen bis zur Verdoppelung der Fertigungsanlagen, wo eine wesentliche Kostensenkung nicht mehr zu bemerken ist.

Über den gesamten Produktionsbereich wirkt sich die Kostendegression so aus, dass beispielsweise die Herstellkosten im Automobilbau nach Untersuchungen englischer Forscher bis zur Produktionsleistung von 1 Mio Fahrzeugen/a eines Typs eine abfallende Kostenkurve aufweisen (Abb. 1.29). Für andere Produkte und Branchen gelten ähnliche Bedingungen.

Von der internen Kostenseite aus gibt es keine „optimale Betriebsgröße", sondern Vergrößerung bedeutet hier stets eine Chance zur Kostenverringerung. Dagegen kann durch die Beschaffung (Personal und Material) und Distribution, durch progressive Einkaufs- und Vertriebskosten eine Grenze für die Betriebsgröße angemessen erscheinen. Zahlreiche weitere Kostengrößen und Vertriebs-

Tabelle 1.6. Grenzen der Leistungsdegression

Technologischer Vorgang	Derzeitige Taktzeit bei minimalen Kosten min/Takt	Produktionsleistung beim relativen Optimum	
		TStk/Atg	MioStk/a
Urformen			
Großteile	2–1	0,5–1,0	0,12–0,24
Mittlere Teile	1–2	1,0–2,0	0,24–0,48
Umformen			
Großteile	0,2–0,5	5– 20	1,2– 4,8
Mittlere Teile	0,1–0,01	100–100	2,4–24,0
Spanen			
Großteile	1,2–0,8	0,8–1,3	0,20–0,30
Mittlere Teile	0,8–0,4	1,2–2,5	0,30–0,60
Fügen (Montieren)			
Aggregate von Hand	2–1	0,5–1,0	0,12–0,24
Endmontage von Hand	4–1	0,2–1,0	0,06–0,24
Automatisierte Montage	1–0,3	1,0–3,3	0,24–0,80

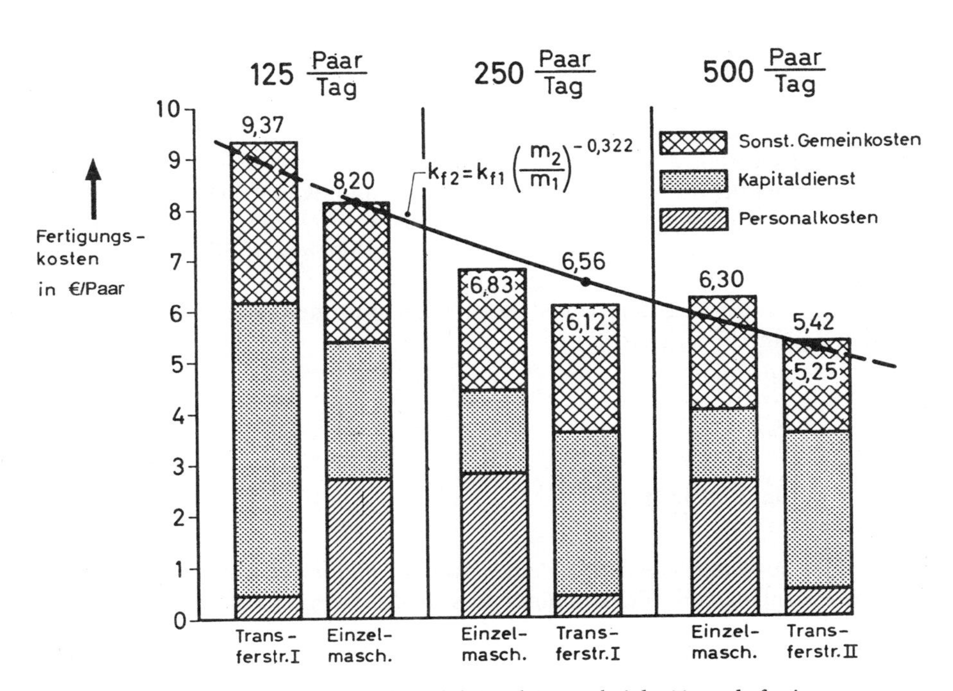

Abb. 1.28. Teil-Fertigungskosten und Produktionsleistung bei der Tragrohrfertigung

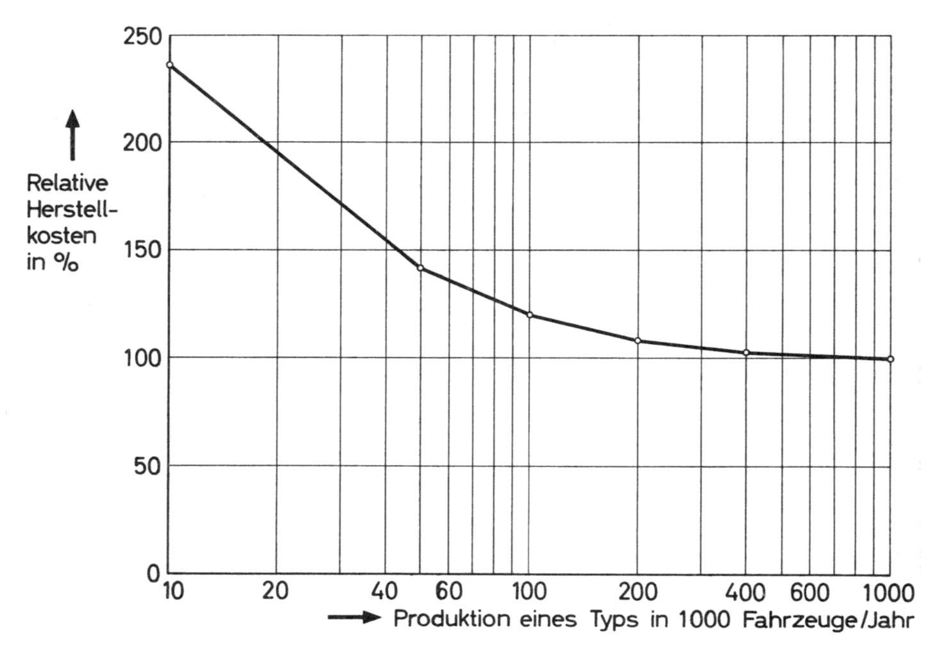

Abb. 1.29. Kostendegression bei der Fahrzeugproduktion (nach Maxy und Silverstone) [1.15]

bzw. Absatzvorteile wie Vereinheitlichung, Auftragsgröße, Selbstwerbung und dgl. bewirken neben der starken Kapitalkraft, dass Großunternehmen bei gleichen Produkten gegenüber kleineren Konkurrenten wirtschaftliche Überlegenheit erwarten können. Weiterhin ergeben sich für multinationale Unternehmen Wettbewerbsvorteile durch die Möglichkeit der Gewinnverlagerungen.

Ein Beispiel für die Auswirkungen dieser Komponenten zeigen die Gewinnzahlen der US-Automobilhersteller in 6 Vergleichsjahren, die deutlich das Wachsen der Gewinnchancen mit der Unternehmensgröße bzw. Produktionsleistung demonstrieren (siehe Abb. 1.30 [1.16]).

In VDI-Richtlinie 2225 [1.17] ist der Kostenzusammenhang in der Gleichung für den Gewinn G dargestellt mit

$$G = 4{,}2 \left(\frac{m}{m_o}\right)^{1/3}$$

mit

m = Produktionsleistung in Stk/a

$m_o = 10^6$ Stk/a

Diese Gleichung berücksichtigt nicht, dass ganz kleine Leistungen nur mit Verlust zu erbringen sind. Die Gleichung muss in der Form erscheinen:

$$G = -a + b \left(\frac{m}{m_o}\right)^{1/3}$$

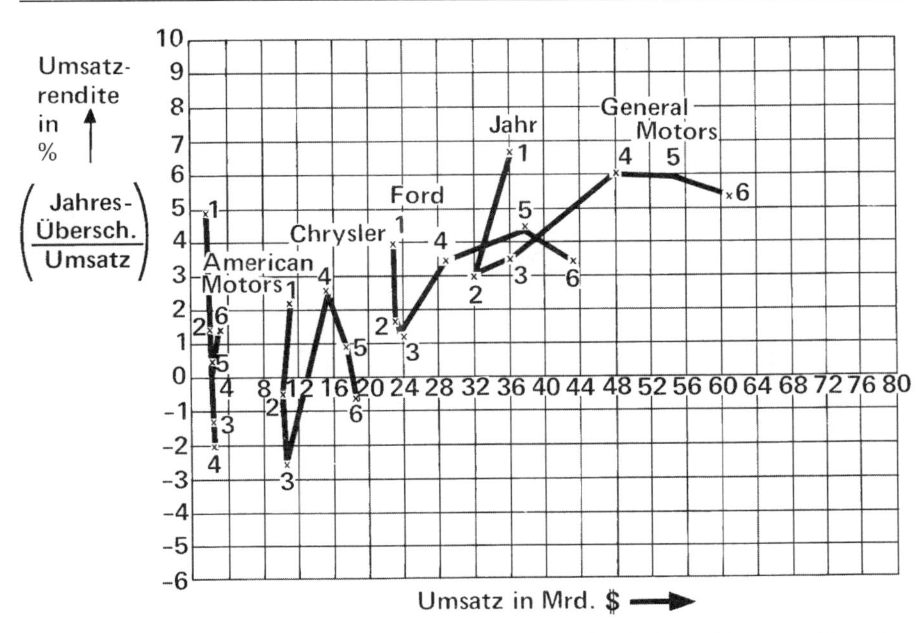

Abb. 1.30. Korrelation zwischen Umsatz und Umsatzrendite bei den Pkw-Herstellern der USA

2.4
Portfolio-Analyse

– Von Chancen zu Zielen, zu Strategien, zu Projekten, zu Aktionen, zu Aufträgen –
Die Größe eines Unternehmens an sich ist keine absolute Stärke. Sie kann zugleich auch eine Schwachstelle darstellen; z. B.: die Größe eines Unternehmens ist eine Stärke bezüglich der Fertigungskosten. Für einfache Einzelprodukte oder Sonderlösungen, im Hinblick auf Flexibilität und kurze Lieferzeiten individueller Produkte jedoch ist Größe eine echte Schwachstelle. Es muss also stets die Unternehmenssituation auf eine bestimmte Aufgabe bezogen werden, um beurteilen zu können, ob hier eine Stärke oder eine Schwachstelle besteht. Unter diesem Aspekt kann auch Abb. 1.31 gesehen werden.

Die externen Verhältnisse wie Märkte, Politik, Umwelt, bieten Chancen und bringen Risiken für die Unternehmen, die jedoch von den einzelnen Unternehmen sehr unterschiedlich zu beurteilen sind.

Ganzheitlich förderlich sind im allgemeinen:

- wachsende Nachfrage,
- steigende Einkommen,
- positive Zukunftserwartung,
- geringe Umweltprobleme

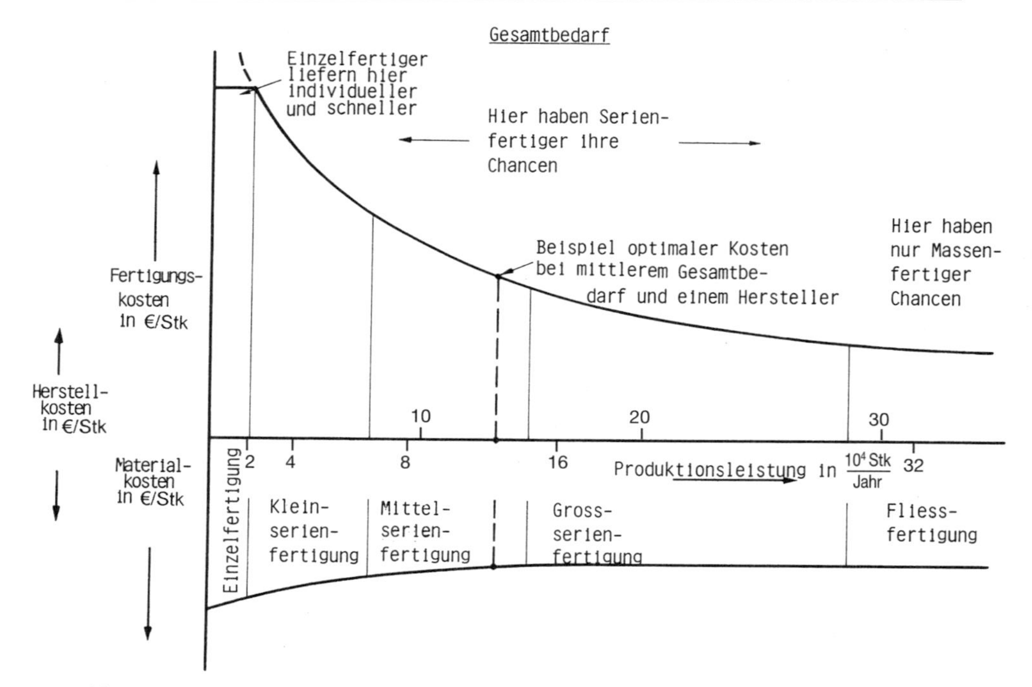

Abb. 1.31. Die Größe des Gesamtbedarfs bestimmt das zweckmäßige Verfahrensprinzip

aber:

- Hortungskäufe bei Kriegsgefahr,
- Weggang von Billigartikeln zu höherwertigen Produkten bei Einkommenswachstum, und
- Nachfragesteigerung für Entsorgungsanlagen bei Umweltschädigung, sind Hinweise, dass hier sehr spezifisch zu urteilen ist, je nach Produktart und Situation.

Kommende Chancen rechtzeitig zu erkennen und bevorstehende Risiken realistisch zu beurteilen, sind Fähigkeiten, die von guten Unternehmern und Planern verlangt werden. Dort, wo Engpässe sind oder sein werden, muss rechtzeitig disponiert werden. Denn, wer anbieten kann, solange noch Engpässe bestehen, solange also über grundsätzliche Liefermöglichkeiten oder über den Termin gekauft wird, bringt Preise am Markt unter, die sich nicht so sehr an den Kosten, sondern am Nutzen des Abnehmers und an der Lieferbereitschaft orientieren. (Vergl. Erfolgshonorar oder Aufwandshonorar).

Zur Beurteilung von Chancen sind vielfach die Entwicklungen zu betrachten, die in Ländern abgelaufen sind, die uns voraus sind, oder es sind Analogien zu suchen zu Produkten, die ähnliche Situationen bzw. Phasen bereits durchlebt haben.

In Abschn. 2.1.1 wurde aufgezeigt, dass unsere Absatzchancen durch den Bedarf bestimmt werden und dass sie sich in Form von Lebenszyklen des Bedarfs darstellen lassen.

In Abschn. 2.3 sahen wir, dass die Unternehmenschancen, an diesem Markt zu partizipieren, von der Unternehmensgröße und von zahlreichen weiteren Einflussgrößen abhängt.

Beide Abhängigkeiten lassen sich zusammen in der Portfolio-Matrix darstellen.

Beziehen wir die Stärken und Schwächen und die Chancen und Risiken unserer Unternehmen auf unsere einzelnen Produkte im Hinblick auf den Markt und im Hinblick auf die Kosten, dann lässt sich in einer Zusammenschau (port folio = Übersichtsblatt) das Produktionsprogramm beurteilen.

Stärke des Marktes ist vorwiegend durch Wachstum oder erhebliche Umstrukturierungen, Innovationen, starke Modetrends usw. zu beobachten und

Chancen der Produkte sind zu erzielen durch niedrige Kosten, großen Marktanteil (Produktionsanteil) unter Ausnutzung der Kostendegression, aber auch durch besondere Attraktivität, Argumente und Patente.

Unter Beachtung dieser Einflussgrößen lässt sich ein Produktfeld definieren, das in der Ordinate die externen Chancen bzw. Risiken aufweist, wobei ein erzielbarer relativer Marktpreis als quantitativer Maßstab anzusetzen ist. Auf der Ordinate sind die intern liegenden Stärken bzw. Schwächen zu notieren. Hierbei können Kosten (gemessen an Kosten des Wettbewerbes) einen Maßstab ergeben. (In Abb. 1.32 ist der relative Marktanteil als Stärkenmaßstab angegeben).

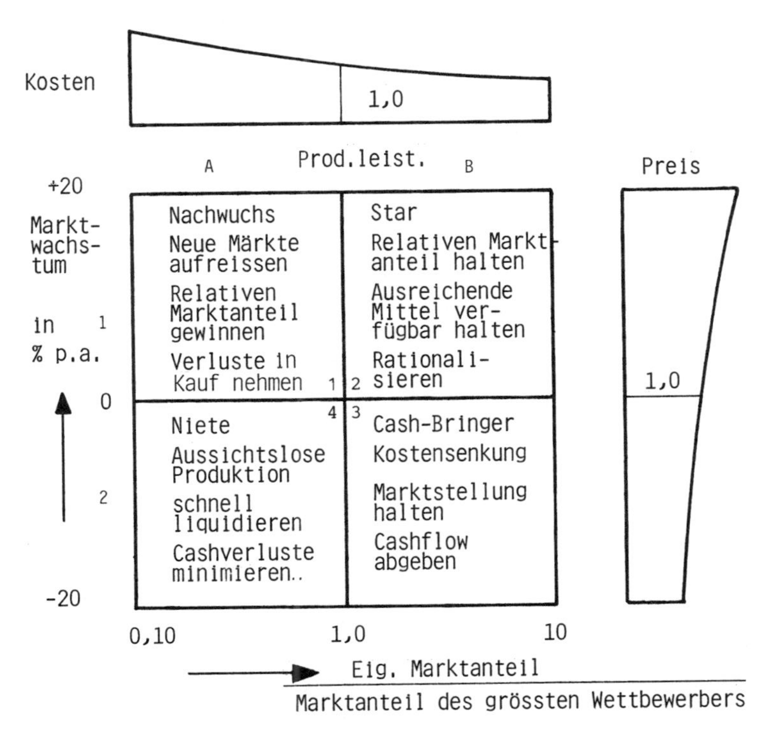

Abb. 1.32. Strategien in Abhängigkeit von Marktwachstum und relativer Größe

Das so definierte Feld zeigt oben links (Feld A 1) hohe Kosten, hohen Preis, oben rechts (Feld B 1) niedrige Kosten, hohen Preis, unten rechts (Feld B 2) niedrige Kosten, niedrigen Preis und unten links (Feld A 2) hohe Kosten, niedrigen Preis. Die Ertragskraft verläuft von unten links nach oben rechts, diagonal steigend. Trägt man als Chance eines Produkts das Marktwachstum in % p.a. ein mit der Größe 0 (Stagnation) in der Mitte und als Stärke den relativen Produktionsanteil (evtl. Marktanteil) mit der Größe 1,0 = Gleichheit mit dem größten Wettbewerber in der Feldmitte, dann entstehen 4 Feldbereiche.

Feld A 1 zeigt die Produkte, bei denen das Unternehmen im wachsenden Markt relativ schwach vertreten ist. Hier sind Anlaufprodukte, bei denen die Wettbewerber stärker im Geschäft sind, die meist entwicklungsfähig erscheinen, also „Nachwuchs" darstellen können.

Feld B 1 weist die Produkte aus, bei denen wir der Größte sind, wo aber erhebliche Mittel erforderlich sind, um diesen Vorsprung bei wachsendem Markt zu halten. Die Produkte werfen zwar Gewinne ab, sie verzehren ihn jedoch und meist noch mehr zum Kapazitätsaufbau. Man nennt solche Produkte „Stars". Echte Innovationen beginnen in diesem Feld und nicht in Feld A 1 !

Feld B 2 beinhaltet die Produkte, die keine weiteren Investitionen zum Kapazitätsaufbau benötigen, die damit fast den gesamten Cash flow (Abschreibungen + Gewinne) abgeben können. Sie werden „Cash Bringer" genannt.

Feld A 2 verweist schließlich auf die „Nieten". Das sind die Produkte, bei denen weder über günstige Kostensituation, noch über besondere Marktlage ein gutes Ergebnis zu erwarten ist. Im Einzelfall können hier immer noch positive Gewinne erzielt werden, insbesondere, wenn besondere Präferenzen bestehen, die sich im Produktmaßstab nicht abzeichnen. Grundsätzlich sind jedoch hier keine hohen Erwartungen sicherzustellen, wenn die Wettbewerber ihre Chancen voll nutzen.

Die Portfolio-Matrix ist an sich mit stufenlosen Maßstäben versehen und braucht nicht in Felder eingeteilt zu werden. Aus praktischen Gründen ist es jedoch zweckmäßig, Felder zu bilden, in denen bestimmte Gesetzmäßigkeiten gelten. Bisher waren nur vier Felder dargestellt. Diese Gliederung zeigt sich für zahlreiche Überlegungen als zu grob, da das gesamte Mittelfeld mit wesentlichen Eigenschaften individuell nicht anzusprechen ist. Daher wird heute oftmals mit einer Dreiteilung der Koordinaten d.h. mit 9 Feldern operiert. Damit ergibt sich das in Abb. 1.33 aufgezeigte Grundschema sowie entsprechend detaillierte strategische Hinweise für die Feingliederung.

Bei der Beurteilung der Produkte muss jedoch der Maßstab kritisch ausgewählt und spezifisch erfasst werden. Es darf nur mit echten Wettbewerbern verglichen und als Markt nur der spezielle Markt der vergleichbaren Produktpalette gesehen werden. Nicht Auto gegen Auto, sondern wirtschaftliche Reiselimousine gegen wirtschaftliche Reiselimousinen oder nicht Fernseher gegen Fernseher, sondern Spitzengerät gegen Spitzengerät. Denn, während der Markt bei Spitzengeräten noch steigt, kann längst bei Einfachstgeräten ein stagnierender oder rückläufiger Markt existieren.

Trägt man unter diesen Aspekten die Produkte mit umsatzproportionalen Kreisflächen in die Felder ein, dann zeigt dieses Portfolio (Umsatzblatt) die Möglichkeiten alternativer Produktstrategien auf. Das Verbleiben im A-Feldbe-

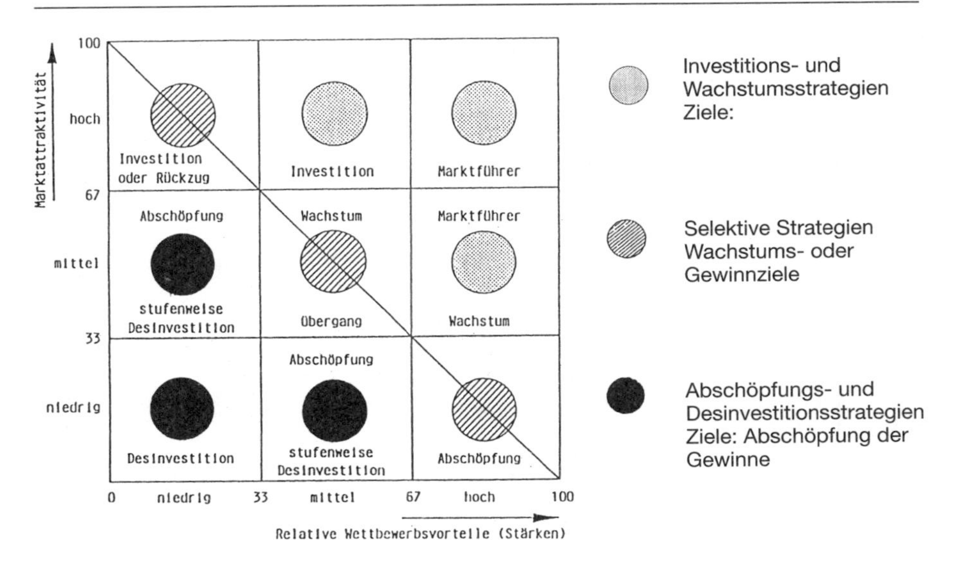

Abb. 1.33. Portfolio-Matrix mit 9 Feldern

reich bedeutet zunächst Wachstumsmaßnahmen meist mit Investitionen mindestens in Höhe des künftigen Marktwachstums.

Das stärkende Ausweichen nach rechts bedeutet im 1-Feldbereich stärkeres Wachsen als die Wettbewerber, um Marktanteile dazu zu gewinnen entweder durch bessere Chancennutzung oder schließlich durch Verdrängung. Dabei sind bei Verdrängung meist noch wesentlich Verkaufsstrategien erforderlich, die neben den Investitionsbelastungen das Unternehmen herausfordern. In Feld B 2 muss „abgesahnt“ werden. D.h. hier kann der Nutzen gezogen werden aus den Investitionen der Aufbauphase. Da jedoch häufig hier ein Verdrängungswettbewerb über den Preis besteht, da die meisten Unternehmen Überkapazität aufweisen, werden die Gewinne in Grenzen liegen. Befindet sich ein Produkt im A 2-Feld, muss schnell ausgewichen werden, entweder direkt in die Liquidation – vor allem wenn frei werdende Resourcen für interessantere Produkte genutzt werden können – oder ist zu überlegen, ob durch relative Vergrößerung aus Feld A 2 in Feld B 2 auszuweichen ist. Ein dritter Weg ist die Umpolung in ein anderes Marktsegment etwa vom Massenmarkt in den Qualitätsmarkt – vom anonymen Produkt in die Markenware. Diese Alternative zeigt die zweidimensionale Portfolio-Darstellung nicht auf. Es muss hier eine dritte Dimension in die Betrachtung einbezogen werden (Portcamera) oder, für ein bestimmtes Produkt müssen die Marktchancen in Abhängigkeit eines zu definierenden „Qualitätsmaßstabes“ aufgezeigt werden. Meist beginnt die Nachfrage nach neuen Produkten mit wenigen Anforderungen (Einfachprodukte). Diese werden jedoch stets gesteigert bis hin zu Hochleistungsgeräten, so, dass sich allmählich ein Absatzpotenzial bildet, das erheblich variiert nach Qualitätsmerkmalen, und diese ändern sich ständig (Abb. 1.34):

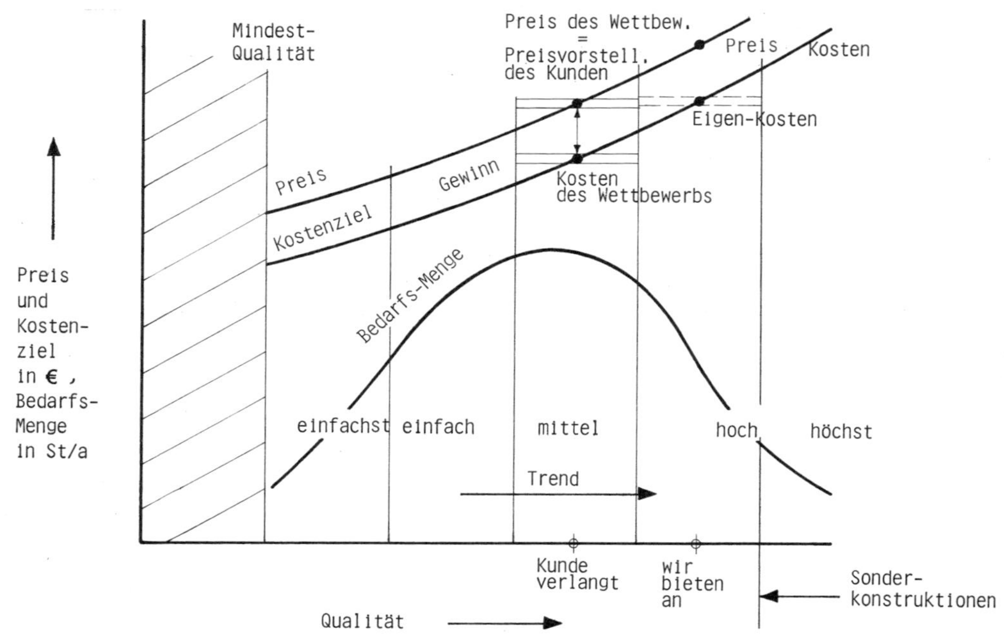

Abb. 1.34. Qualität und Kosten – Qualität und Bedarfsmenge

Das Qualitäts-Mengen-Diagramm zeigt die Verteilung des Bedarfes in Abhängigkeit von Qualitätsmerkmalen: Maschinen, Anlagen, technische Produkte usw. werden am Markt in unterschiedlicher Qualität gefordert:

- Wenige Einfachstprodukte – aber billig
- mittlere Mengen einfacher und mittelqualifizierter Produkte – erhöhter Preis möglich
- kleine Menge hochqualifizierter Produkte – hoher Preis erreichbar
- wenige Höchstqualitätsprodukte – höchster Preis akzeptiert.

Entwickelt man auf Hochqualität oder Höchstqualität, wird vom Kunden gerne die Qualität akzeptiert, jedoch der Preis am Preis des Einfachproduktes des Wettbewerbers gemessen. Ist der Markt in der eigenen Qualitätsstufe sehr klein, muss nötigenfalls der höhere Kostenaufwand selbst getragen werden, um in den Niedrigpreis einsteigen zu können. Hier empfiehlt sich oft zweispurig zu fahren: Einfachstangebote mit stufenweiser Verfeinerung als Zusatz oder Sonderangebote. Auch ist der Übergang von hoher Produktionsleistung und geringer Produktqualität auf hohe Produktionsleistung hoher Qualität zumeist leichter als von geringer Produktionsleistung hoher Qualität auf hohe Produktionsleistung mit hoher Qualität (Abb. 1.35)!

Über einen längeren Zeitraum gerechnet durchlaufen viele Spitzenprodukte das Portfoliofeld in einer U-Form:

Als Imitationsprodukt beginnt ein Produkt in Feld A 1. Es besteht bereits ein Vorläufer, der die grundsätzliche Marktgängigkeit vorgeklärt hat. Durch intensi-

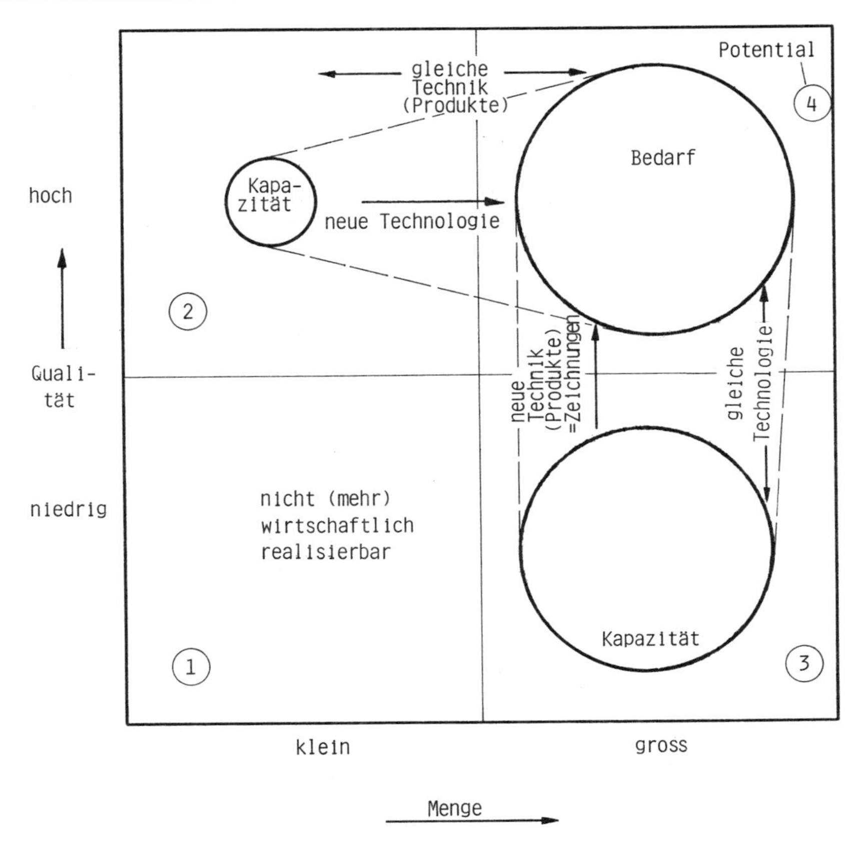

Abb. 1.35. Portfolio-Darstellung des Mengen – Qualitätsproblems

ve Wachstumsanstrengungen kann das A 1-Feld verlassen und das B 1-Feld erreicht werden. Man wird Marktführer.

Innovationen beginnen bereits im Feld B 1 und müssen durch klare Marktsicherung (Patente usw.) vor Imitatoren geschützt werden. Zeigt sich das Produkt als zugkräftig, wird ein steigender Markt zu erreichen sein. Nach Anlauf, Wachstum und Reife folgt die Sättigung. D. h. das Produkt fällt zurück auf die Wachstumslinie 0 oder vielleicht auch bereits in das Gebiet B 2 bzw. A 2. Durch Verbesserungen, Ergänzungen und Modernisierung lässt sich jetzt evtl. der Marktrückgang ganzheitlich beeinflussen (siehe Fernseher, Heizkessel usw.) oder zumindest wird partiell die Verkaufschance durch eigene Stärken verbessert (Rechtsverschiebung).

Entscheidet man sich schließlich für eine Produktzurücknahme und Aufgabe, fällt das Produkt über Feld B 1 aus der Portfolio-Darstellung heraus.

Im Hinblick auf die Investitionen des Unternehmens zeigt die Portfolio-Matrix den erheblichen Kapitalbedarf des 1-Feldbereichs, der im wesentlichen aus Überschüssen des B 2-Feldes oder aus Desinvestitionen des A 2-Feldes zu

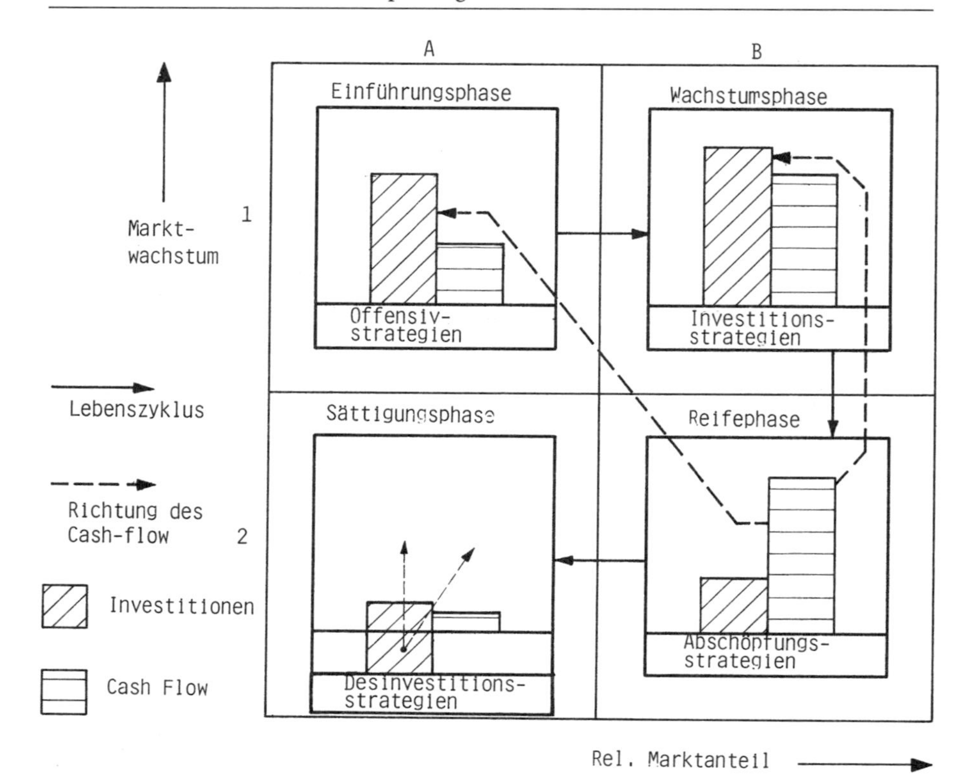

Abb. 1.36. Normstrategien in den Portfoliophasen nach Perlitz [1.18]

decken ist, während im A 2-Feld nur noch Erhaltungs-(Ersatz-) und evtl. wenige Rationalisierungsinvestitionen üblich sind, sofern nicht auf B 2 ausgewichen werden soll (Abb. 1.36).

Ein Vorgänger und eine Ergänzung des Portfolio-Schemas ist die PM-Matrix (Produkt-Markt-Matrix) (Tab. 1.7). Sie zeigt die Entwicklungsmöglichkeiten der Marktstrategien auf und verweist darauf, dass die Schwierigkeiten zunehmen in der Richtung

1. Intensivierung
   für vorhandene Produkte
   im vorhandenen Markt
2. Neue Märkte (z. B. Export)
   für vorhandene Produkte
3. Neue Produkte
   im vorhandenen Markt
4. Neue Produkte
   in neuen Märkten

Deutlich ist diese Schrittfolge in der BRD in der Nachkriegszeit zu beobachten gewesen: Zunächst Aufbau eigener Märkte (50er Jahre), dann Export-

Tabelle 1.7. Grundrichtungen der Planung und ihre Schwierigkeitsgrade

Markt / Produkt	Heutige Märkte	Neue Märkte
Heutige Produkte	Intensivierung Suchen nach mehr Absatz auf heutigen Märkten für heutige Produkte Schwierigkeitsgrad 1 → ∞	Marktentwicklung Suchen nach neuen Märkten für heutige Produkte Schwierigkeitsgrad 2 → ∞
Neue Produkte	Produktentwicklung Suchen nach neuen Produkten für heutige Märkte Schwierigkeitsgrad 4 → ∞	Diversifikation Suchen nach neuen Produkten für neue Märkte Schwierigkeitsgrad 8 → ∞

wachstum (60er Jahre), dann die Produktaufwertung und Erweiterung der Produktionspalette (70er Jahre) und die Innovationsphase (seit Beginn der 80er Jahre).

Mit der IST-Portfolio-Matrix ist zunächst der Stand des Unternehmens und der Beitrag der einzelnen Produkte zu dieser Situation zu beurteilen. Es können direkt notwendige Strategien für die einzelnen Erzeugnisse abgelesen und beurteilt werden, wobei stets die Veränderung beschränkter Resourcen (z. B. Investitionsmittel, Entwicklerkapazitäten, Planungskapazität o. ä.) in die Betrachtung einbezogen werden. Die Aufstellung einer Portfolio-Matrix gehört somit zu den ersten Maßnahmen, die im Rahmen der strategischen Planung zu betreiben sind.

Die SOLL-Portfolio-Matrix für einen künftigen Zeitpunkt oder Zeitraum zeigt die Ziele, die mit den geplanten Strategien erreicht werden sollen, wobei bei der Beurteilung der Zukunft sowohl die eigenen Maßnahmen zu erfassen sind (horizontal), wie auch die Veränderungen des Marktes (vertikal) und die Änderungen bei den Wettbewerbern (horizontal).

Zu diesem Zweck empfiehlt sich auch von wesentlichen Wettbewerbern die Portfolio-Matrix nach qualifizierten Unterlagen oder Schätzungen darzustellen, um die eigenen Möglichkeiten und Grenzen besser beurteilen zu können. Zumindest sind jedoch die Schlüsselprodukte der Wettbewerber im Vergleich zu den eigenen Umsatzzahlen aufzuzeigen. So zeigt beispielsweise Abb. 1.35 die Verschiebung des Qualitätsniveaus von niedrigen Ansprüchen auf höhere Anforderungen, wie dies üblicherweise bei neu eingeführten Produkten geschieht. Hier ist es einem Massenlieferanten, der aus dem niedrigen Anforderungsniveau kommt, wesentlich leichter, die großen Mengen mit hohen Ansprüchen zu produzieren als dem kleinen Spezialisten, der bisher schon die Spezialitäten geliefert hat und der nun versucht, in die großen Mengen einzusteigen. Er braucht ganz neue Technologien mit riesigen Investitionen, während der Größere mit einem neuen Zeichnungssatz, neuen Vorschriften und Qualitätser-

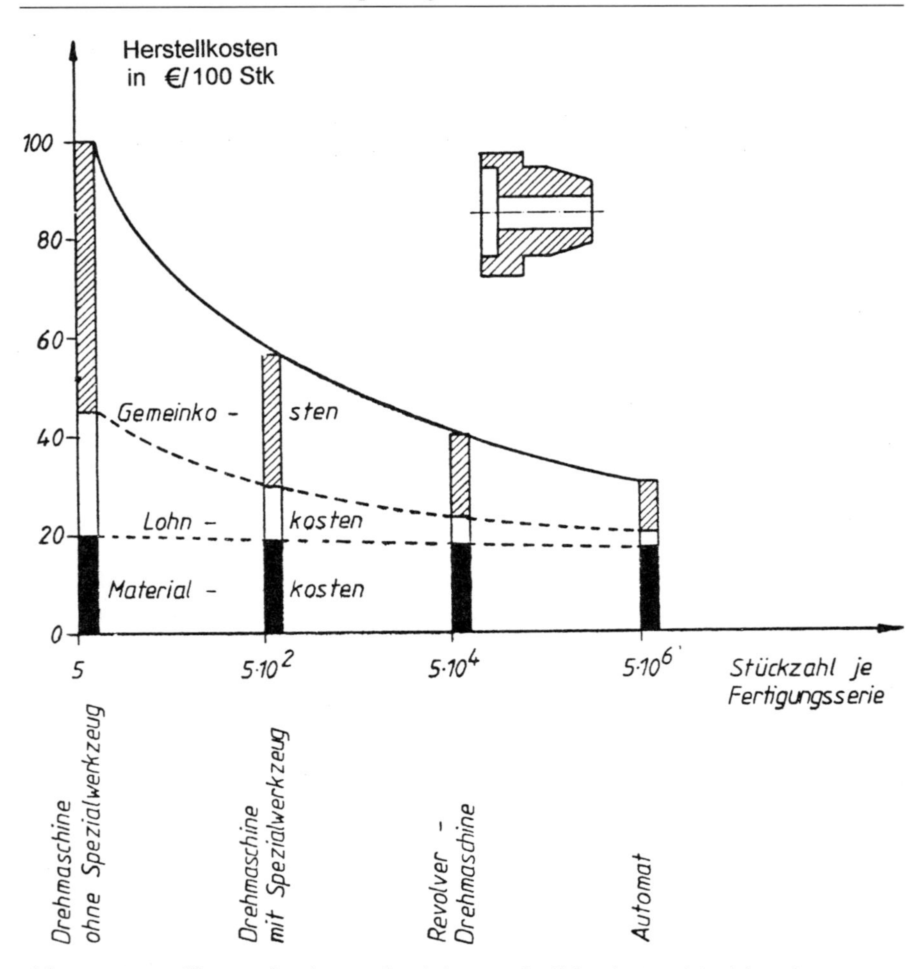

Abb. 1.37. Herstellkosten für ein Duraluminium-Drehteil (nach Kesselring) [1.19]

ziehung seiner Mitarbeiter, aber mit wesentlich weniger Investitionsbedarf die Umstrukturierung bewältigt.

Andererseits zeigt das Bild der Kostendegression bei zunehmender Produktionsleistung, dass es zwar keine Alternative zur Massenproduktion beim Massenmarkt gibt, dass jedoch bei Spezialitäten, die in kleinen Mengen gebraucht werden, der kleine Hersteller Vorteile hat (vgl. Abb. 1.37).

3 Operative Planung – Mittelfristige Planung

Die Operative Planung ist meistens auf 3–5 Jahre als rollende, integrierte Planung aufgebaut. Sie beginnt beim IST-Zustand, zeigt von den Zielen und Strategien ausgehend die erforderlichen Maßnahmenkomplexe (Projekte). Sie leitet dabei die Daten des Folgejahres jeweils aus den Ergebnissen des Vorjahres ab. Neben wirtschaftlichen Grunddaten werden in der Operativen Planung auch strukturelle und organisatorische Änderungen, Systemänderungen und Aktualisierungen von Verhaltensgrundsätzen festgelegt. Für den auf 5 Jahre aufgezeigten Plan wird in jedem Jahr der Planungshorizont um ein Jahr erweitert und die bisherigen Planungen korrigiert und ergänzt. Die Gründe für Änderungen der Pläne oder für das Nichterreichen der vorgegebenen Ziele sind zuvor eindeutig zu klären, so dass die neuen Zielsetzungen verbessert und den Tatsachen angepasst werden können (Abb. 1.38). Diese rollende Planung bringt einen Vergleich der vorgeplanten mit den neugeplanten Werten in Form einer Abweichungsanalyse und zwingt so realistische Planungswerte anzusetzen.

In der Operativen Planung, die jeweils sehr spezifisch auf die einzelnen Produkte, Standorte und Märkte eingehen muss, sollte weitgehende Freiheit für die einzelnen Sparten und Werke bestehen selbständig und kurzfristig Chancen auszunutzen und zu agieren. Dabei muss Ziel- und Strategiekonformität gesichert sein, jedoch die Augenblickssituation genutzt werden. Die Form und Gestaltung der kurz-, mittel- und langfristigen Planung mit den zugehörigen Teilplänen eines mittleren Unternehmens zeigt Abb. 1.39.

Operationen sind die kleinsten wirtschaftlich selbständigen Maßnahmenkomplexe, d.h. dass Operationen ein „Gewinn zuzurechnen“ ist, während bei Teilen davon, den Aktionen das „Gewinnzuteilungsproblem nicht lösbar“ ist. Bei der Investitionsplanung spricht man diesbezüglich von

Projekten (= Operationen) und
Objekten (= Aktionen).

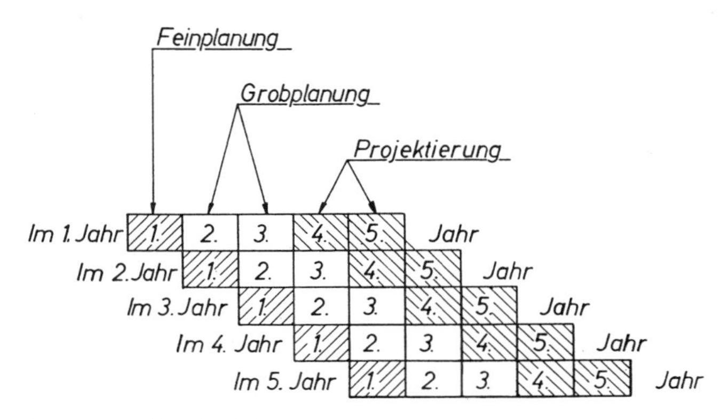

Abb. 1.38. Schema der rollenden Planung

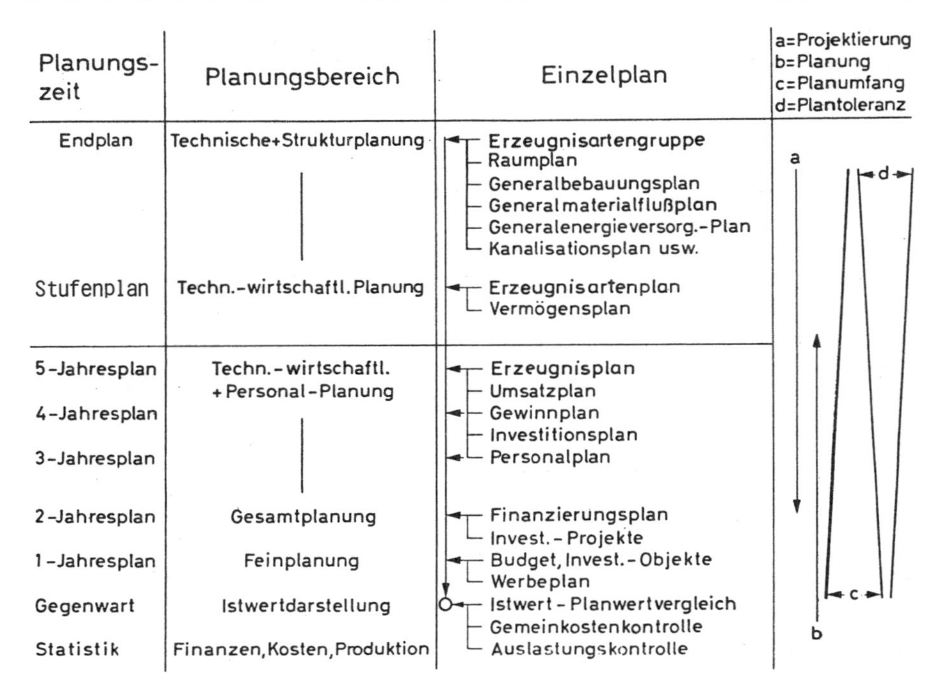

Abb. 1.39. Rollende, integrierte Planung

3.1 Ablauforganisation (Abb. 1.40)

Die Operative Planung kann nur dann offensiv und realistisch sein, wenn sie in gemeinsamer Arbeit aufgebaut, verfolgt und ausgewertet wird. Dabei empfiehlt sich folgende Form des Planungsablaufs für größere Unternehmen: Das Planungssystem wird von einer externen oder internen Planungsstelle entwickelt und mit allen Formularen, Anweisungen und Organisationsrichtlinien in Form eines Planungshandbuchs ausgearbeitet. Der Planungsrahmen wird dabei so abgestimmt. dass alle Pläne, ausgehend von Sachplanungen wie Absatzplan, Entwicklungsplan, Kapazitätsplan und Produktionsplan, zusammenlaufen zu einer langfristigen Rentabilitätsübersicht, die sich aus den Formalplanungen, der Umsatzplanung, Gewinnplanung und Vermögensplanung ergibt. Außer dem Planungshandbuch erhalten alle planenden Stellen ein Planungsjahrbuch mit welt-, volks- und branchenwirtschaftlichen Daten sowie unternehmenspolitischen Zielsetzungen. Ein Planungskalender, der die Termine der Teilplanungen zeigt, sowie eine Übersicht über wichtige Planungsbesprechungen vervollständigen das Planungsmaterial. Vor der ersten Planperiode werden statistische Daten in den Planungsformularen zusammengestellt. Damit sind Basiswerte für die erste Planung gegeben, so dass bereits der erste Planungszyklus realistische Ergebnisse aufweist.

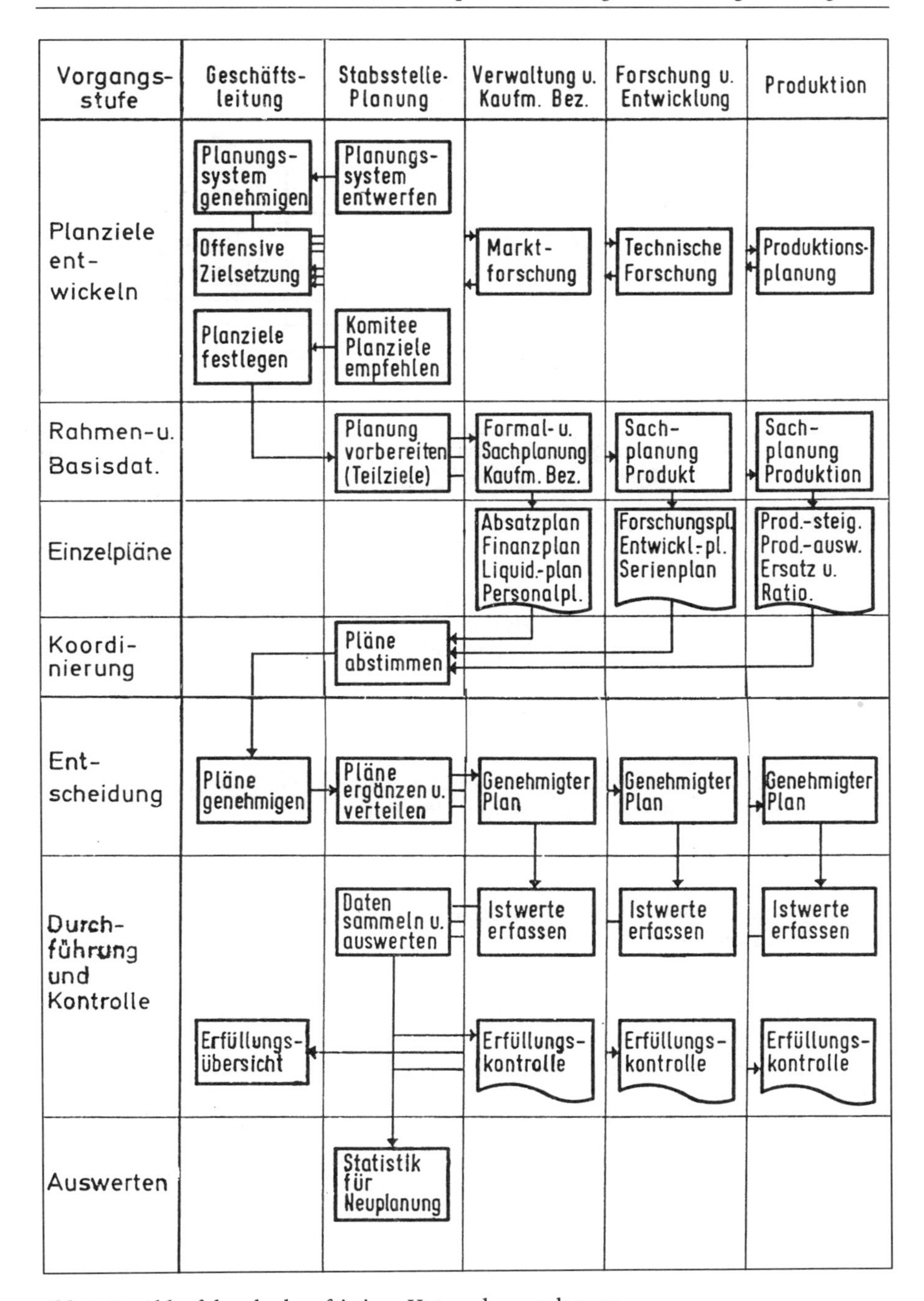

Abb. 1.40. Ablaufplan der langfristigen Unternehmensplanung

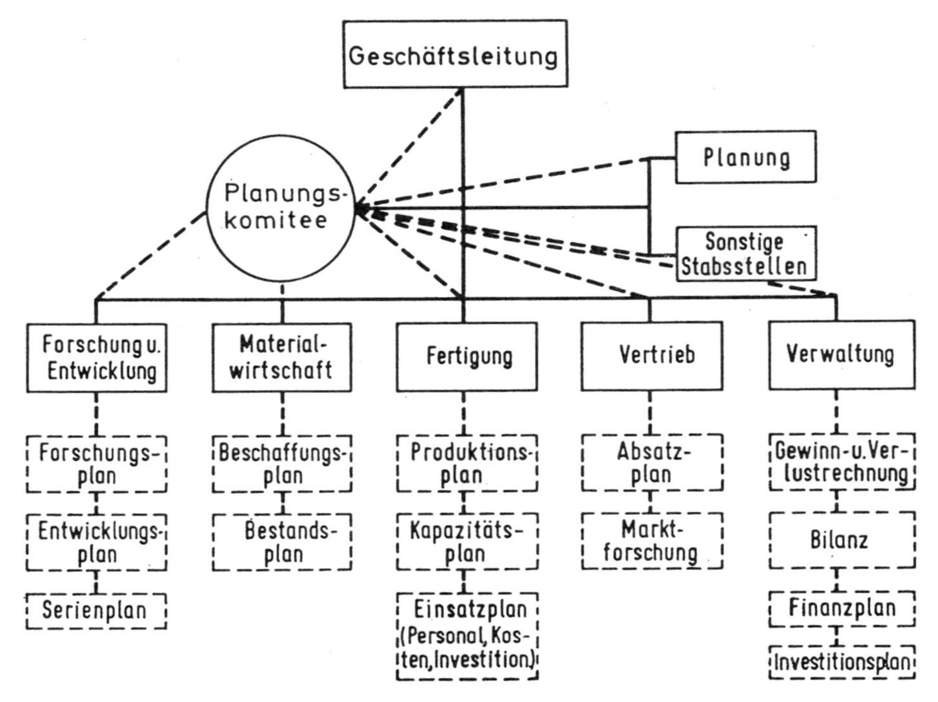

Abb. 1.41. Aufbauorganisation der Unternehmensplanung

Zur Ausarbeitung der Planungen dienen neben den Statistiken der einzelnen Planungsbereiche folgende allgemeinen Unterlagen (Abb. 1.42):

1. Das Planungshandbuch
2. Das Planungsjahrbuch
3. Der Planungsbrief mit Planungskalender
4. Der Planungsbericht

Das Planungshandbuch enthält eine Übersicht über das gesamte Planungssystem, den Planungsrahmen, den Ablaufplan und eine Beschreibung der Teilpläne.

Das Planungsjahrbuch enthält alle aktuellen welt-, volks-, branchenwirtschaftlichen Bestands- und Entwicklungsdaten sowie Eckdaten für Löhne, Tarife, Materialpreise usw. Der Planungsbrief informiert individuell alle mit der Planung Beauftragten mit den Daten, die für ihren Aufgabenteil besonders wichtig und vertraulich sind. Anhand des Planungskalenders werden die Planungsarbeiten koordiniert und im Planungsbericht werden dann alle Daten systematisch zusammengefasst.

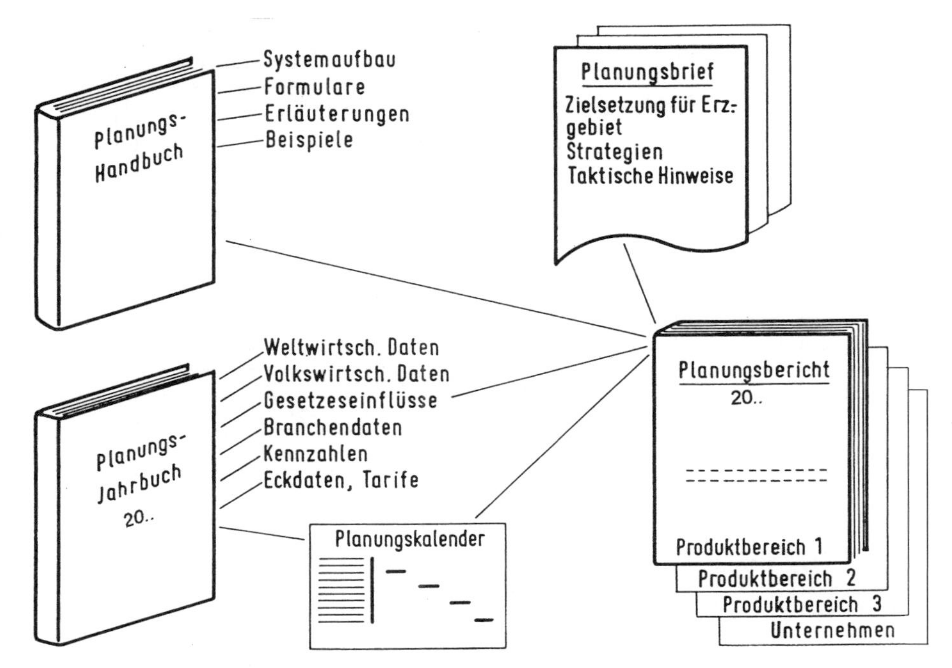

Abb. 1.42. Planungsunterlagen

3.2 Spezielle Arbeitstechniken der Operativen Planung

Während bei der Strategischen Planung vor allem Strukturänderungen und damit Unstetigkeiten bzw. Knicks in den Lebenskurven der Produkte und Branchen zu erfassen sind, können bei der Operativen Planung oftmals noch stetige Wachstumskurven (linear oder expotentiell wachsend) Stagnationen oder überschaubare Auslaufskurven als Entwicklungstendenzen angenommen werden. Mit Verfahren von OR oder mit einfacher Extrapolation oder gar Kennzahlenrechnung sind für 2 bis 5 Jahre voraus die wesentlichen Planungsdaten zu errechnen und meist genügt es nur 2 bis 3 Komponenten als wesentliche Einflussgrößen zu erfassen.

Folgende methodischen Ansätze sind gebräuchlich:

- Mittelwerte der Vergangenheit mit ihrer Streuung
- Gleitende Mittelwerte mit Trendansätzen
- Exponentielle Glättung
- Extrapolation linear oder exponentiell
- Regressionsrechnung
- Rechnungen mit künstlichen neuronalen Netzen (NN-Berechnung)
- usw.

Fernerhin bildet der langfristige Betriebsentwicklungsplan eine wichtige und gute Basis für die operative Planung (Abb. 1.43).

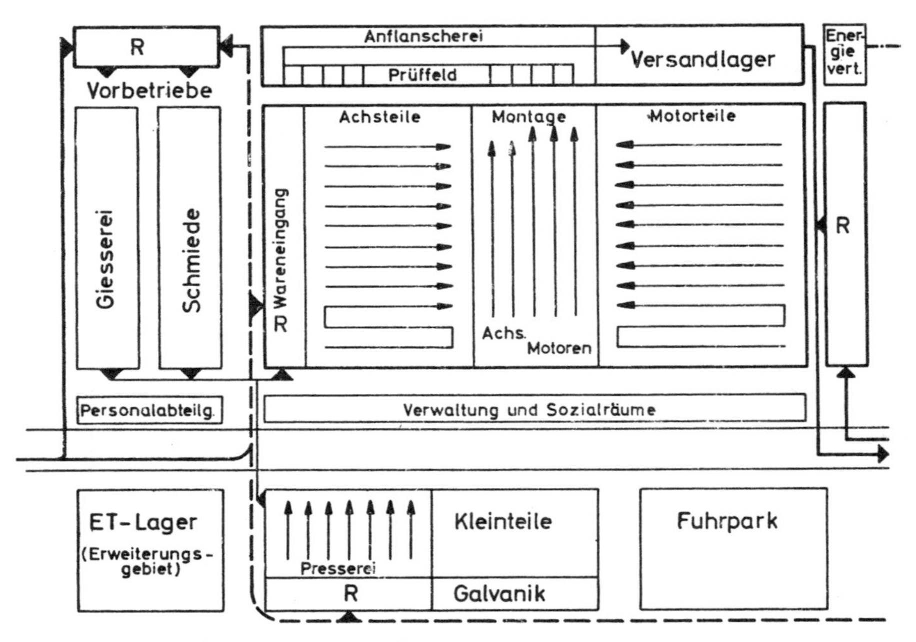

Abb. 1.43. Prinzipskizze einer Aggregatfertigung mit Vorbetrieben

4
Aktionsplanung – Kurzfristige Planung

Die kurzfristige Aktionsplanung befasst sich mit dem Zeitraum der nächsten 1 bis 2 Jahre und stellt eine geschlossene Planung dar, d. h. die einzelnen Teilpläne sind in ihrem wirtschaftlichen Zusammenhang voll erfasst (vergl. Abb. 1.44).

Wenngleich die Zielsetzungen der Planung vom Gewinn ausgehen, so müssen doch die ersten Pläne beim Markt und Absatz beginnen. Der langfristige Absatzplan bedingt den Entwicklungsplan, und den Produktplan. Kurzfristig bestimmen Kapazitäten und Materialsituation die Programmgestaltung. Langfristig sind jedoch über Investitionen, also Maschinen, Betriebsmittel und Gebäude neue Kapazitäten zu schaffen und damit wesentliche Programmänderungen möglich. Ein wichtiges Ziel der Aktionsplanung ist es, eine gute Auslastung zu erzielen. Diese führt einerseits über Vorgabezeitreduzierung zu geringeren variablen Kosten je Einheit. Sie bedingt jedoch auch größere Absatzmengen, was bei gleicher Kapazität, geringere Fixkosten abgibt. Höhere Auslastung ist aber auch zu erreichen durch verstärkte Eigenfertigung oder, soweit dies wirtschaftlich ist, können kleinere Lose gefertigt werden, wodurch Umlaufmaterial zu reduzieren und die Durchlaufzeiten zu verkürzen sind. Der Ausbau von Zielzeitvorgaben zu Prämien bzw. Akkord (= Proportionalprämie) darf erst stattfinden, wenn die äußeren Bedingungen für einen regelmäßigen Auftragsablauf gesichert sind und die Mitarbeiter in den auszuführenden Arbeiten „genügen

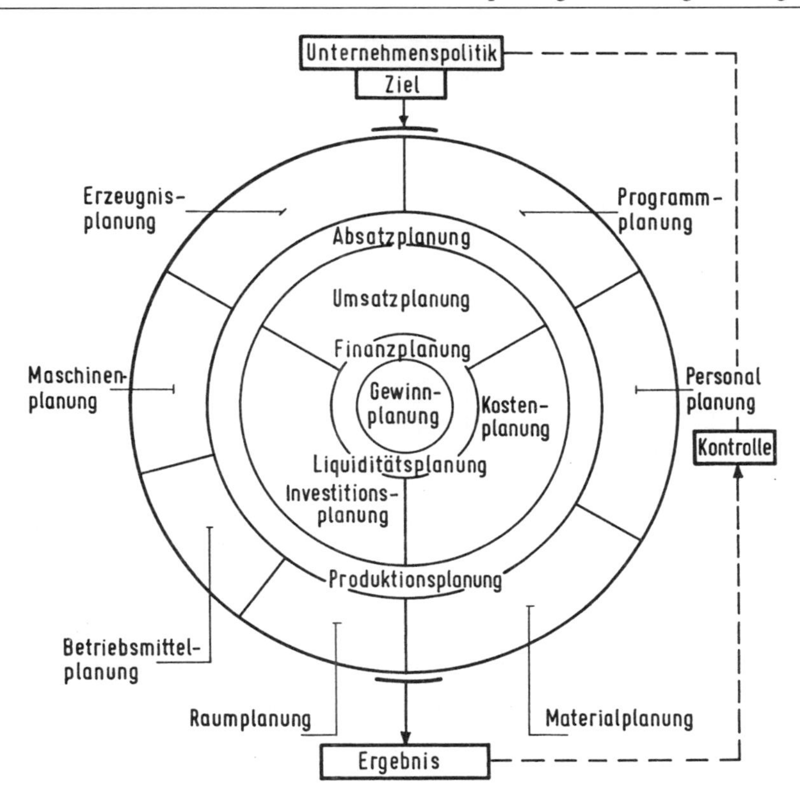

Abb. 1.44. Planungskreise und Planungsbereiche

geschult und geübt" sind. Sonst laufen die Zeiten davon und jede Reduzierung gibt Ärger. Auf technologischer Seite können innerhalb der Jahresfrist durch Fertigungsumstellungen, durch Aufbau von Fertigungslinien für Teilefamilien oder durch zusätzliche Hilfsmittel wie Vorrichtungen oder Montagehilfen Verbesserungen erreicht werden, ohne wesentliche finanzielle Aufwendungen. Schließlich gehört zu den Maßnahmen, die als kurzfristig gelten, auch die Wertverbesserung (= Anwendung der Wertanalyse auf bestehende Objekte). Jedoch ist die Amortisationszeit für die Aufwendung bei Wertverbesserungen meist höher als ein Jahr.

Eine besondere Form der Wertanalyseanwendung, die von der mittleren Führungsschicht zu tragen ist und die relativ schnell Ergebnisse – oft zweifelhafte – bringt, ist die „Gemeinkosten-Optimierung" oder „Gemeinkosten-Wertanalyse". Hier werden alle Gemeinkostenarten (Gemeinkostenmaterialien und Gemeinkostenlöhne) kritisch unter die Lupe genommen, und mit dem Ziel die Kosten um 40% zu senken, wird geprüft, was wirklich an Rationalisierung machbar ist. Qualifiziert durchgeführt, ergeben sich hierbei interessante Ergebnisse; weniger qualifiziert durchgeführt, bringt diese Methode viel Ärger

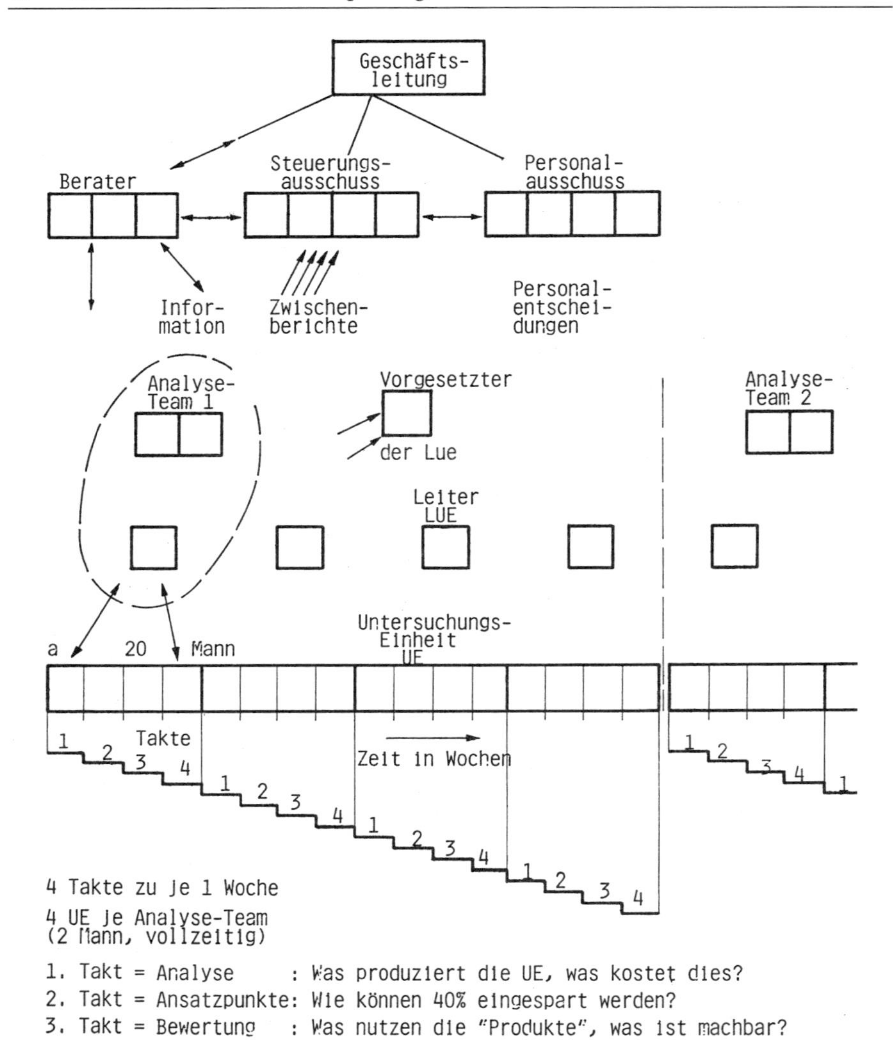

Abb. 1.45. Organisationsschema für die Gemeinkosten-Optimierung

(Abb. 1.45 und 1.46). Im Hinblick auf den zwischenfristigen Marktausbau sind Werbeaktionen und Ausbau von Vertriebsnetzen in geringem Umfang denkbar, jedoch zunächst noch zwischenfristig wenig wirksam.

Als spezielle Arbeitstechnik bei der Aktionsplanung können

- die Ermittlung des „Break Even Point" und
- das Aktionsprogramm zum „Schließen von Ergebnislücken" sowie
- der Einsatz der „Gemeinkosten-Optimierung" gelten.

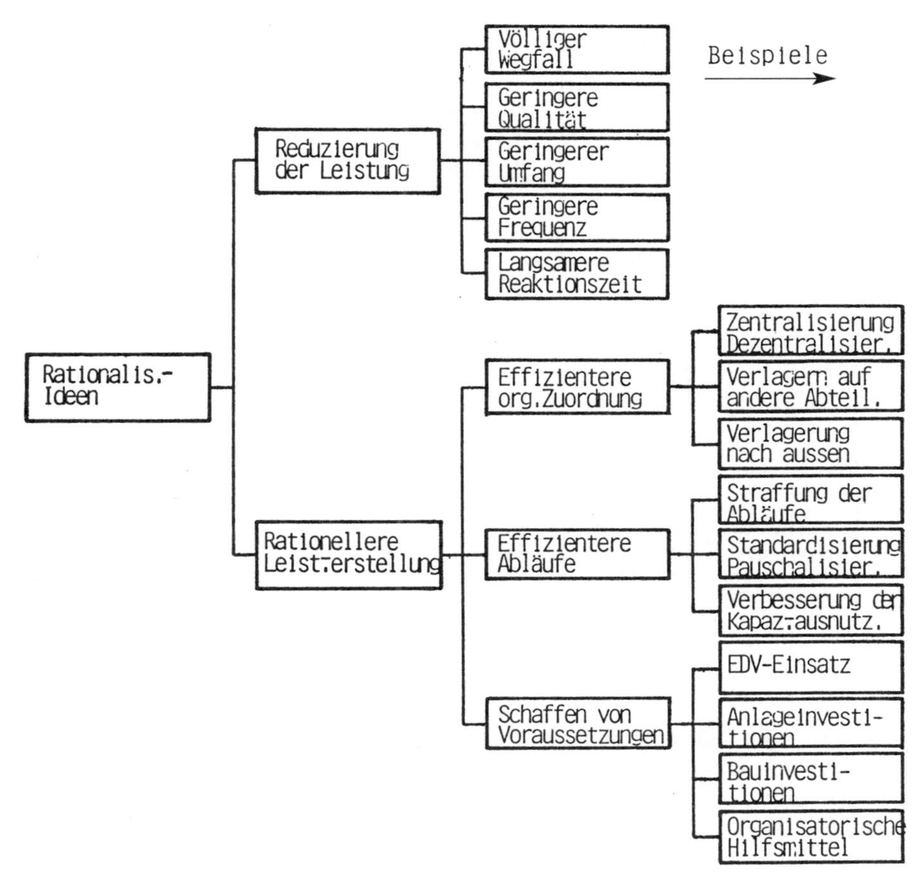

Abb. 1.46. Ansatzpunkte der Rationalisierung – Art der Rationalisierungsidee –

4.1 Gewinnplanung

Üblicherweise wird heute in Deutschland nicht nur der erzielte Gewinn, sondern auch der Plangewinn aus der Bilanz hergeleitet. Diese Art der Gewinnermittlung, bei der es heißt: „Gewinn ist das, was übrig bleibt", zeigt, dass der Gewinn nicht Ausgangspunkt der Planung, sondern höchstens das Ergebnis einer Zusammenfassung aller Pläne darstellt. Eine derartige Gewinnermittlung wird progressive Gewinnplanung genannt. Nach dem erwerbswirtschaftlichen Prinzip ist die langfristige Gewinnmaximierung das Hauptanliegen des Unternehmens. Daher sollte auch der Gewinn am Anfang der Planung und nicht an deren Ende stehen. Einen Weg hierfür zeigt die in den neuen Planungssystemen praktizierte retrograde Gewinnplanung. Dabei wird der Gewinn als Zielgröße vorgegeben und aus dieser Größe können rückwärts die erforderlichen Teilziele der Einzelpläne an realen Möglichkeiten orientiert ermittelt werden. Um bei den

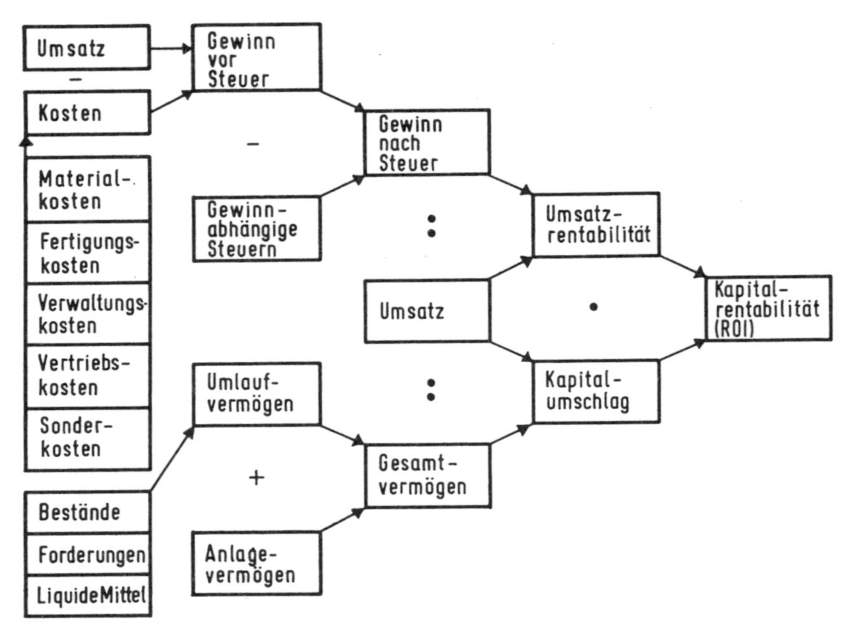

Abb. 1.47. Zusammenführen der Einzelpläne zur Ermittlung der Kapitalrentabilität [1.20]

mittelfristigen Plänen mit realistischen Gewinnansätzen zu operieren, muss zunächst von einem Gewinn ausgegangen werden, der in den letzten Planperioden erreicht wurde. Setzt man diesen Gewinn ins Verhältnis zum eingesetzten Kapital oder Gesamtvermögen, dann stellt die so ermittelte Kapitalrentabilität eine Gewinnbewertung dar. Ist die Kapitalrentabilität wesentlich schlechter als der Branchendurchschnitt, so müssen Aktionen möglich sein, dieses Verhältnis zu verbessern. Liegt er beim Branchendurchschnitt, sind zumeist wesentlich höhere Gewinnansätze unrealistisch. eine Anhebung über den Durchschnitt sollte jedoch in jedem Planansatz sein. Zeigt die Vermögensrentabilität innerhalb der Branche allgemein schlechte Tendenzen, ist die Frage, einer Umstrukturierung des Unternehmens oder Diversifikation zu erörtern. Zur Ermittlung der Kapitalrentabilität in aufbauender Form werden die einzelnen Teilpläne zusammengefasst nach dem Schema von Abb. 1.47. Aus dem Nettoerlös und den Kosten ermittelt man den Gewinn vor Steuer beziehungsweise unter Einbeziehung der Ertragssteuern den Gewinn nach Steuer. Bezieht man diesen Wert auf den Nettoerlös (oder Umsatz), so ergibt sich die Umsatzrentabilität.

Aus der Bilanz oder Planbilanz sind die Vermögenswerte zu entnehmen, die als Nenner bei der Ermittlung des Kapitalumschlags dienen. Aus Umsatzrentabilität und Kapitalumschlag (beides wesentliche Kennzahlen zur Strukturbeurteilung) errechnet sich die Kapitalrentabilität oder das Return on Investment (ROI). Abgesehen von strategischen oder betriebspolitischen Sonderfällen gilt die langfristige Kapitalrentabilität als die wesentlichste Beurteilungsgröße eines Unternehmens. Die Kapitalrentabilität wird in den Planungsperioden zu der

Höhe anwachsen müssen, wie andere günstige Kapitalverwendungen es zulassen würden. Zur weiteren Beurteilung des Gewinns sind die Teilpläne und deren Kennzahlen heranzuziehen. Rationalisierungsaspekte, die bei der Teilzielfestlegung berücksichtigt werden, zeigen sich hierdurch. Die Gliederung der Pläne nach Produktgruppen, die jeweils ihre eigene Kapitalrentabilität nachweisen, lässt notwendige Strukturänderungen erkennen und zeigt, wo kurz- oder mittelfristige Kapazitätsausweitungen zweckmäßig erscheinen. Zu vorbeschriebener Form wird der Gewinn beziehungsweise die Kapitalrentabilität für die kurz- und mittelfristigen Planperioden vorgegeben. Dieser Gewinn ist jedoch nur erzielbar, wenn er durch entsprechende Maßnahmen gesichert ist. Zur Feststellung dieser Maßnahmen dient die Ergebnislückenstudie.

4.2 Ergebnislücke und Break Even Point

Die langfristigen Aktionen leiten sich aus den politischen und strategischen Zielen des Unternehmens ab. Zur Planung kurz- und mittelfristiger Aktionen kann von der Ergebnisanalyse ausgegangen werden. Aus der letzten Bilanz liegen effektive Ergebnisse vor. Unter Annahme gleichbleibender Verhältnisse könnten in der Zukunft auch die Vergangenheitswerte erreicht werden. Durch Personalkostenerhöhung, Materialkostensteigerungen, Auslastungsverringerung und sonstige Unterschiede werden die Ergebnisse der Folgejahre rechenbar verschlechtert (so sind heute Lohn- und Gehaltssteigerungen von etwa 6% p.a. und Materialpreissteigerungen von 3% p.a. als üblich anzusehen). Für zwei oder drei Planjahre werden jeweils die voraussichtlichen Änderungen der Kosten, Einkaufspreise und Auslastungen als Ergebnisverschlechterungen aufgezeichnet (Abb. 1.48).

Für den gleichen Zeitraum wird der nach Abschnitt vorgeplante Gewinn in das Diagramm eingetragen. Zwischen diesen beiden Grenzen besteht nun eine Ergebnislücke. Der entscheidende Schritt von dieser Vorschau zur Planung liegt nun darin, dass die zahlenmäßig ausdrückbaren Ergebnisverbesserungen, die erforderlich sind, um die Ergebnislücken zu schließen, durch einen Aktionsplan belegt werden, in dem auch die personellen und finanziellen Voraussetzungen für die Verbesserung aufgezeigt sind.

Die Aktionen zur Schließung der Ergebnislücken gliedern sich in folgender Form:

1. Auslastungserhöhung
   a) Produktionssteigerung und Absatzsteigerung,
   b) Vergrößerung der Fertigungstiefe und
   c) Übernahme von Auslastungsaufträgen
2. Rationalisierung,
   a) Produktrationalisierung (Produktstudie und Wertanalyse),
   b) Bereichsrationalisierung (Betriebsanalyse und Schwachstellenforschung) und
   c) Fehlerreduzierungsprogramm
3. Verkaufspreiserhöhung
4. Sonstige

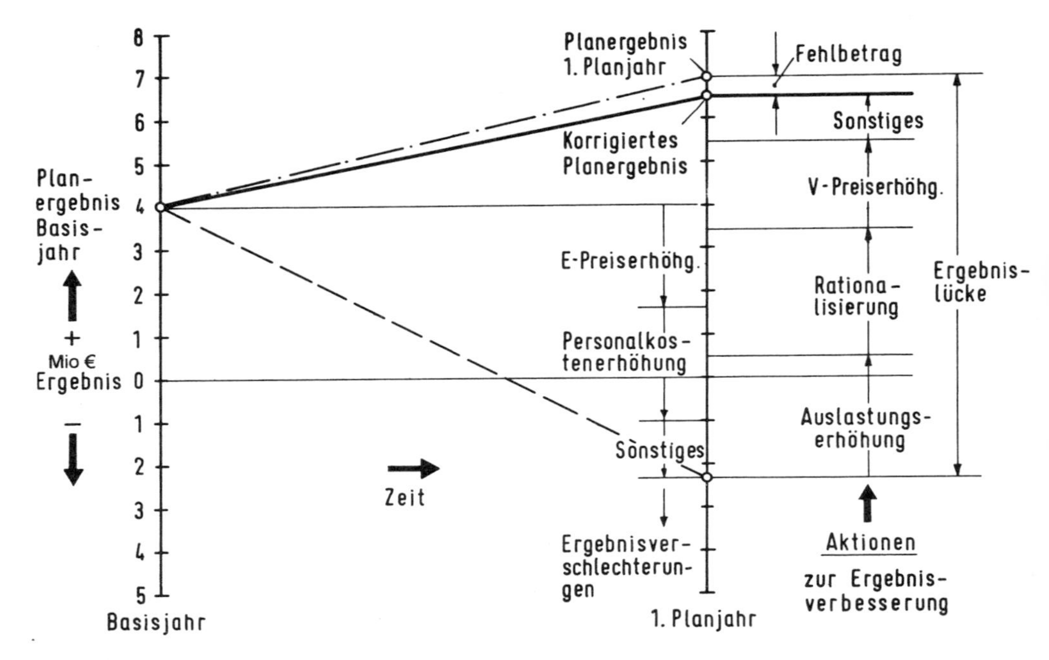

Abb. 1.48. Ergebnislücke und Aktionsplan [1.2]

4.3 Auftragsplanung – Festwertplanung

Während die bisherigen Planungsdaten alle mit gewissen Toleranzen vorgegeben werden mussten, werden die kurzfristigen Produktionsprogramme bzw., Aufträge mit Festwerten und Festterminen versehen. Dies setzt jedoch voraus, dass eine Kapazitätsbelegungsrechnung für alle eingesetzten Resourcen betrieben wird und das ist heute in Industrieunternehmen die Regel. Eine ordentliche Fertigungsplanung, Fertigungssteuerung, Materialwirtschaft und Logistik, mit Aktionen zur Reduzierung des Materialumlaufs und zur Verkürzung der Durchlaufzeiten, sind Maßnahmen, die generell zu lösen sind, unabhängig von den jeweiligen Produkten. Die Vorgabe von Zielzeiten, zunächst nach Erfahrung, dann nach Aufschrieben, dann nach REFA- oder MTM-Werten, bringen erfahrungsgemäß allein 30% Reduzierung des Zeitbedarfs für beeinflussbare Arbeitszeiten. Dabei wird im Rahmen dieser Arbeiten alles das bereinigt, was Störungen im Betrieb bringt wie: Fehlende Aufträge, Materialien, Werkzeuge, Mitarbeiter usw. Eine grobe Zeitschätzung, Kapazitätsplanung, Kapazitätsbelegungsplanung und Auftragsterminierung sorgen hier für gute Auslastung der Mitarbeiter, aber auch der Betriebmittel, da Auftragsengpässe sofort zu Kapazitätsanpassung führen, denn jeder Mitarbeiter will sein Geld bzw. seine „Arbeitsstunden". Bei Zeitlohn wird, bewusst oder unbewusst, die Arbeit gestreckt. Auch durch Auf- oder Ausbau des Betrieblichen Vorschlagswesens werden gewisse Motivierungsschübe, aber auch grobe Fehler angezeigt, die oft kurzfristig Abhilfe ermöglichen. Im Hinblick auf Marktchancenverbesserungen sind kurzfristig nur besondere Verkaufsaktionen angebracht, die über den Preis (bei Billigwaren) oder über Sondermaßnahmen zu realisieren sind. Vorsicht jedoch, dass dadurch das Preisgefüge nicht gefährdet wird oder das Qualitätsbild nicht leidet!

5 Planungsfall – Mannesmann

Als Beispiel wie ein großer Konzern eine strukturelle Anpassung innerhalb von 30 Jahren erreicht hat und sich von einem Montan-Konzern in einen Technologie-Konzern umgewandelt hat, soll die Entwicklung der Firma Mannesmann zwischen 1965 und 1990 aufzeigen. (Siehe: Horst A. Wessel; Kontinuität im Wandel – 100 Jahre Mannesmann).

5.1 Situationsanalyse allgemein

In der Nachkriegszeit war zunächst eine unsichere Entwicklung in der deutschen Stahlindustrie zu beobachten. Konnte und durfte sie überhaupt wieder

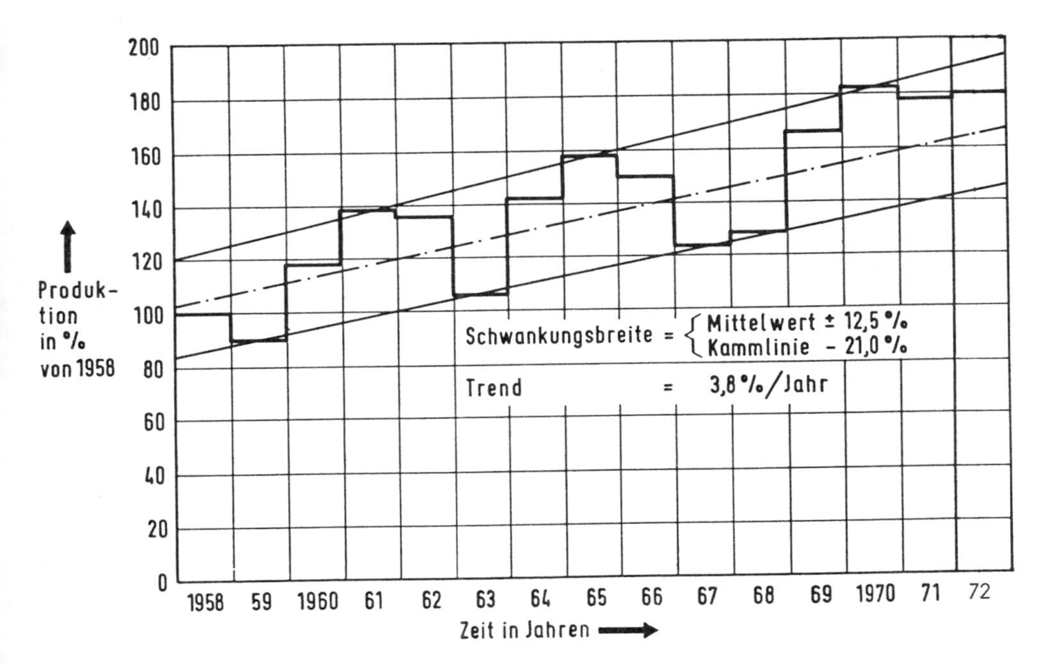

Abb. 1.49. Stahlbauproduktion in der BRD von 1958 bis 1972 zur Zeit der Umstrukturierung von Mannesmann

aufgebaut werden? Oder sollte Deutschland zum Agrarland abgebaut werden? – Glücklicherweise wurde der Wiederaufbau genehmigt und so wurde aus Mannesmann ein Werk im **Kohle**revier Ruhrgebiet, wie es vor dem Krieg gewachsen war, mit eigenen **Erz**gruben, mit **Roheisen**- und **Stahl**werk und vor allem mit einer Produktion von nahtlosen Stahl**rohren**, und in geringem Umfang mit der Weiterverarbeitung der Vorprodukte. Daneben waren die anderen Stahlkonzerne wie Hoesch, Krupp und Thyssen, die alle in ähnlicher Weise von dem Mangel profitierten und gut ausgelastet produzieren konnten. Und was produziert wurde, konnte auch verkauft werden, abgesehen von Zeiten konjunktureller Einbrüche.

5.2 Umweltanalyse

Bereits in dieser Zeit machte sich der Mannesmannvorstand Gedanken, wie sich die Entwicklung in den nächsten zwanzig Jahren vollziehen würde. Es war anzunehmen, dass nach der Wiederaufbauphase in Deutschland ein Rückgang der Nachfrage nach Rohstahl und einfachen Stahlprodukten zu erwarten wäre, so dass Überkapazitäten bei Rohstahl, Walzstahl, Stahlrohren und sonstigen Walzstahlerzeugnissen vorauszusehen waren (Abb. 1.50). Dabei gerieten sicher Erzgruben mit geringem Eisengehalt oder mit hohem Schwefelgehalt sowie tiefliegende Kohlegruben früher in die Verlustzone als günstigere Betriebe.

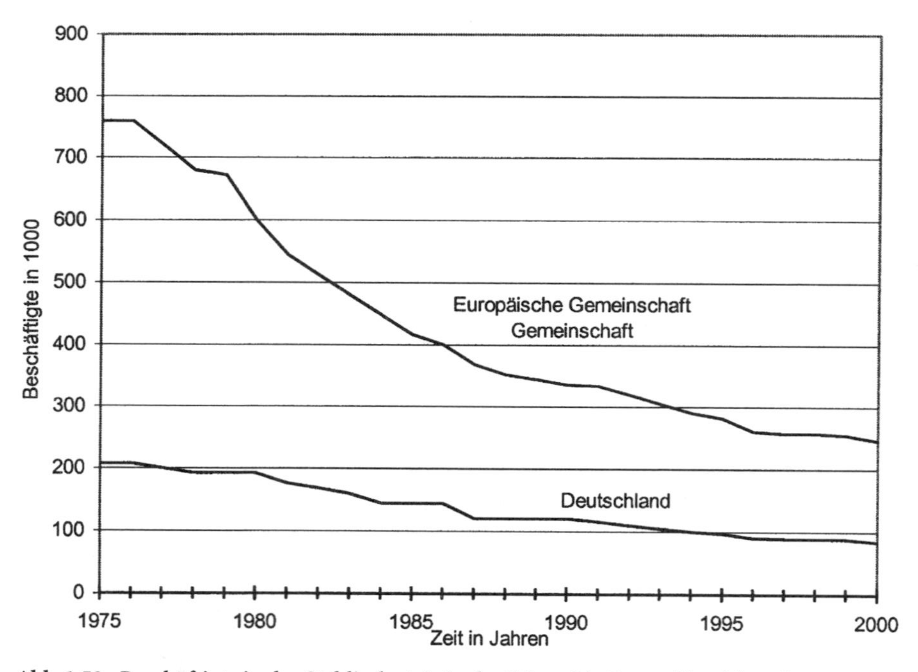

Abb. 1.50. Beschäftigte in der Stahlindustrie in der EG und in Deutschland [1.21]

Der Trend zu größeren Fertigungseinheiten und größeren Unternehmen und nach Produkten höherer Qualität (tiefziehfähigen Karosserieblechen) sowie ein verstärkter Wettbewerb bei kleinen Unternehmen war klar vorgezeichnet. Außerdem wurden die Handelsschranken allmählich abgebaut, so dass ein internationaler Wettbewerb weltweit Konkurrenz erwarten ließ. Dabei konnten in Ländern mit erheblich niedrigerem Lohnniveau die einfachen Produkte wesentlich kostengünstiger produziert werden und selbst bei der Rohrproduktion waren durch Verbesserung des Schweißens viele Einsatzgebiete des nahtlosen Rohres durch geschweißte Rohre abgedeckt worden. Für die deutschen Unternehmen bestand nur die Alternative mit der Flucht nach vorne. Der Abbau auf dem Stahlgebiet musste als Tatsache genommen werden. Aber neue Felder, neue Gebiete der Beschäftigung waren zu suchen.

5.3 Unternehmensanalyse

Die Ausgangslage für Fa. Mannesmann war 1965 recht problematisch. In vielen Bereichen waren die Wettbewerber erheblich größer als Mannesmann und konnten so von der „Größendegression" der Kosten profitieren. Für eine kontinuierliche Produktion vom Rohstahl bis zum Rohr fehlte eine Breitbandstraße, die riesige Investitionsmittel erfordert hätte. Außerdem war es fraglich, ob eine vertikale Produktion überhaupt zweckmäßig war. Der Wettbewerb über die geschweißten Rohre drückte auch bei den nahtlosen Rohren den Preis. Und Rohre selbst sind vom Produkt her wenig wandlungsfähig. Besondere Erfahrungen konnten auch im Vertrieb nur bei wenigen Spezialeinsätzen ausgespielt werden. So blieb nur die Technologie als Rationalisierungsfeld übrig. Politische und andere Dumpingpreise taten ihr übriges, um die Situation zu erschweren. Mit 75% des Umsatzes auf Stahlproduktion und Rohstahlverarbeitung und nur etwa 25% für „sonstige Weiterverarbeitung" wurden die Weichen gestellt für eine Umstrukturierung. Mit Hilfe der Portfolio-Analyse und weiterer Erfahrungsgesetzmäßigkeiten und wissenschaftlicher Instrumentarien wurden systematisch neue Unternehmensziele und zweckmäßige Strategien aufgespürt, wobei kein Ziel unbeachtet blieb und kein Weg ausgeklammert war. Die Anwendung moderner Planungs- und Überwachungstechniken wie Portfolio-Darstellungen und Profit Center-Bildung gehörte dabei zum dauerhaften Instrumentarium.

Folgende Gesetzmäßigkeiten wurden dabei ausgewertet:

- Die Welt ist langfristig der Markt.
- Dort, wo es große Unternehmen gibt, haben langfristig nur Große Gewinnchancen.
- Wachsende Märkte bieten gute Preise und Gewinnchancen. Stagnierende oder schwindende Märkte bringen rückgehende Preise und Gewinne.
- Nur große Unternehmen haben so viel Kapital, wie es ein schnelles Wachstum braucht.
- Der Einstieg in ein neues Feld kann wesentlich schneller erfolgen, durch „Einkaufen" als durch eigene Entwicklung, Technologieaufbau und Markteinführung.

- Großunternehmen sind zu träge und im Oberbau zu teuer, um in Spezialgebieten den Markt auszunutzen. Dort, wo Kleine Chancen haben, dürfen diese nicht durch feste Anbindung an Große gelähmt werden.
- Dort, wo hochqualifizierte Arbeitskräfte sind, dürfen nur hochqualifizierte Arbeiten betrieben werden.
- Nur eine klare Unternehmensplanung kann das Unternehmen vor größeren Überraschungen und vor Gefahren schützen.
- Bis zu 8 (10) Jahren muss eine Zielplanung vorhanden sein; bis zu 4 (5) Jahren kann eine geschlossene Planung aufgezogen werden.

Niemand weiß, wie sich die Zukunft entwickeln wird. Trotzdem gibt es gewisse Indizien, die künftige Situationen vorausahnen lassen. Und hierfür müssen die Planer Gespür und Bewusstsein haben und entwickeln. Wie wird die künftige Welt, der Markt, der Wettbewerb, die Chance für unser Unternehmen aussehen? Dieses Szenario sich realistisch vorzustellen, unrealistische Ansätze zu erkennen und unter den vielen realistischen Weltbildern das der bevorstehenden Welt möglichst frühzeitig aufzuspüren, ist die Aufgabe der Zieldenker. Dabei gilt es sich für Alternativen immer offen zu halten und ungünstige Perspektiven möglichst zeitig ohne große Verluste zu verlassen. Eine klare Übersicht über die Chancen und Risiken der Arbeitsfelder, eine eindeutige Führungsrolle bei den wesentlichen Produkten, und die Entlastung von Produkten mit geringen eigenen Chancen sind Zielvoraussetzungen einer erfolgreichen Zielplanung.

5.4 Zielplanung

Aus diesen Überlegungen wurden im Jahre 1965 von Dr.-Ing. Kroll die Ziele für die Entwicklung des Unternehmens entwickelt und in folgender Form festgeschrieben.

Tabelle 1.8. Unternehmerische Ziele der Mannesmann AG bei der Umstrukturierung 1965

1. Nach weniger als 10 Jahren muss mehr als die Hälfte des Umsatzes aus Verarbeitungsprodukten bestehen.

2. Ausweitung auf Produkte mit:
   a) möglichst langer Wachstumsrate
   b) hohem Kapitalbedarf in Entwicklung, Fertigung und Vertrieb
   c) Rationalisierungsmöglichkeiten durch hohe Produktionsleistung
   d) Chancen für großen Marktanteil

3. Zur Verkürzung der Umstrukturierung geht
   - Erwerb von Unternehmen
   - vor Eigen-Entwicklung, -Produktion und -Marktaufbau

4. Produkte
   ohne Gemeinsamkeiten in Entwicklung, Produktion und Vertrieb in gesonderte, weitgehend selbständige Unternehmensteile ausgliedern.

nach Dr.-Ing. Kroll

Zu 1.: Die Stärken des Unternehmens mit Standort Deutschland, mit hochqualifizierten Mitarbeitern, mit gutem Zugang zum Kapital müssen genutzt werden. Dies geschieht dadurch, dass langfristig entsprechend aufwendige Produkte zu erzeugen sind. Rückzug aus der primitiven Grundstofferzeugung und Übergang zu hochqualifizierten Produkten.

Zu 2.: a): Günstige Chancen verlangen lange Nutzung der Resourcen, daher sollten Produkte gesucht werden, die möglichst lange ein möglichst hohes Wachstum (hohe Preischance) bieten. b): Wo hoher Kapitalbedarf ist, wo viel Kapital vorgestreckt werden muss für Entwicklung, für die Fertigung und im Vertrieb, dort haben große Unternehmen ihre Stärke, die sie ausspielen sollten. c): Für ein Unternehmen, das zu den Großen zählt, sind Produktfelder interessant, wo die Größendegression günstige Kosten erwarten lässt, und wo damit andere Wettbewerber zurückzudrängen sind. d): Ziel eines neuen Produktfeldes soll sein, dort langfristig (partiell oder weltweit) Marktführer, Technologiespitze oder Trendsetter zu werden. Dies sollte von Anfang an im Blick sein und beim Einstieg qualitativ und zeitlich abgeschätzt werden. Ziel-Zeiträume von 10 Jahren und darüber sind kein Grund für ein gesundes großes Unternehmen hier zurückzustecken.

Zu 3.: Je schneller in ein neues Gebiet eingestiegen werden kann, umso größer sind die Chancen, umso kürzer ist die Zeit des Risikos, d. h. die Zeit des Kapitalrückflusses und desto höher ist der erzielbare Marktanteil. Vergl. Abb. 1.51.

Zu 4.: Um eine gute Erfolgstransparenz zu erzielen, sind möglichst kleine Gewinnzuteilungsbereiche (Profit-Centers) zu schaffen. Diese sollen sich individuell entwickeln können und von einer Zentrale nur „an der langen Leine" geführt werden, ohne wesentlich durch zusätzliche Kosten belastet zu werden. Daraus folgt: Produkte ohne Gemeinsamkeit in Entwicklung, Produktion und Vertrieb sind in gesonderte, weitgehend selbständige Unternehmensteile auszugliedern.

- Von der Technologie her ist die partiell größte Einheit anzustreben.
- Bei der Wirtschaftlichkeitsüberwachung ist die kleinste Aufteilung am wirkungsvollsten.

Da Eigenentwicklungen oftmals sehr langwierig werden können und das Risiko dabei von Anfang an zu tragen ist, bietet sich der Zukauf von innovativen kleinen Unternehmen an. Für die Entwicklung neuer Produkte ist Flexibilität oftmals wichtiger als hoher Kapitaleinsatz und hierdurch zeichnen sich kleinere Unternehmen eher aus als große. Sind diese bis zur Wachstumsphase vorgedrungen, dann haben sie oft nicht das Geld für ein schnelles Hochfahren, das der Markt verlangt. Hieraus folgt die Grundregel: Zur Verkürzung der Umstrukturierung geht Erwerb von Unternehmen vor Eigen-Entwicklung, -Produktion und -Marktaufbau. Auch ein teurer Erwerb, verbunden mit einem Umsatzsprung, wird hier günstiger sein als selbständiges Eindringen in bestehende Märkte.

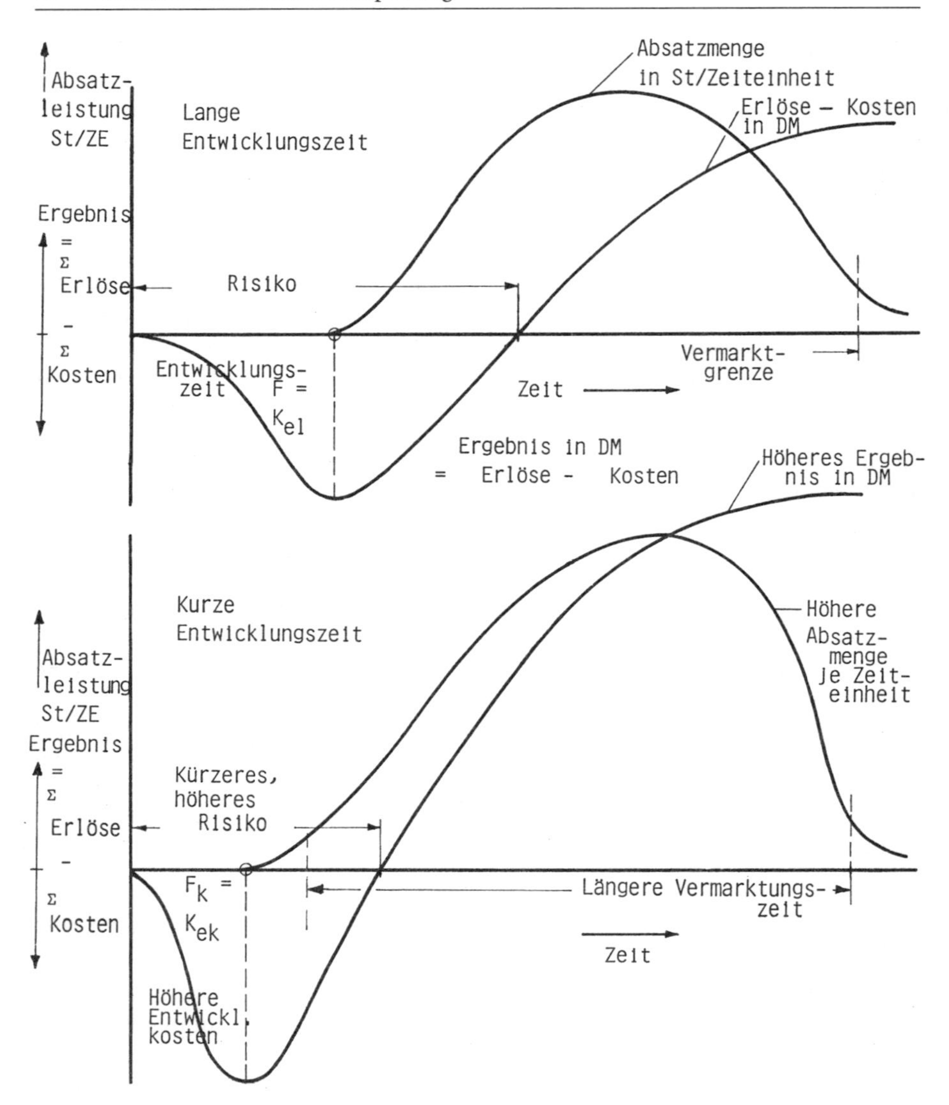

Abb. 1.51. Entwicklungszeit und Gewinnchance bei Innovationen

5.5 Strategische Planung

Die Strategische Planung zeigt die Wege, auf denen die vorgegebenen Unternehmensziele zu erreichen sind. Der Stratege benötigt hierbei Phantasie, um alle denkbaren Alternativen zu erfassen: Um zu wachsen, kann man operieren in Menge, in Qualität und Preis, in bestehenden Produktfeldern, in verwandten, in ganz neuen, in bisherigen, in neuen Märkten im Inland oder international, im

Tabelle 1.9. Strategische Maßnahmen bei der Umstrukturierung von Mannesmann

– Stilllegung	z. B. Zechen
– Verkaufen	z. B. Gruben
– Tauschen	z. B. Stahlerzeugung – Rohre
– Kooperation	z. B. Stranggießen
– Fusion	z. B. Überlegungen bei der Stahlerzeugung
– Zukäufe	z. B. Hydraulik
– Rückziehen	z. B. Chemie
– Diversifikation	z. B. Elektronik
– Innovation	z. B. Mobilfunk
– Aktualisierung	z. B. Transportwesen
– Modernisierung	z. B. Rohrfertigung
– Internationalisierung	z. B. Vertrieb

Wettbewerb in Kooperation oder durch Fusion. Für die Strategische Planung müssen alle Wege offen sein.

Alle diese Wege wurden bei der Umstrukturierung der Mannesmann AG von Fall zu Fall eingesetzt, um letztlich ein einheitlich wirkendes Gesamtunternehmen zu schaffen. Als Beispiel über die Vielfalt der strategischen Maßnahmen, die bei der Umstrukturierung der Mannesmann AG eingesetzt waren, sollen nachfolgend die wichtigsten Stufen des Ausbaus aufgezeigt werden:

a. Stilllegen und Schließen
Ab 1962 wurden wegen Unwirtschaftlichkeit die deutschen Erzgruben geschlossen. Die Schließungen waren mit Entlassungen verbunden, die wegen sonstigem Arbeitskräftemangel zu keiner wesentlichen Arbeitslosigkeit führten.

b. Verkäufe
Im Jahre 1969 wurden die Steinkohlen-Zechen an die Ruhrkohlen AG verkauft, da der eigene Marktanteil sehr klein war und die Zukunftsaussicht stagnierend.

c. Kooperation und Rückzug
Die Stahlproduktion von Mannesmann und Hoesch hätten zusammen einen Marktanteil in Deutschland von ca. 20% ergeben. Dies war die untere Grenze einer als wirtschaftlich angenommenen Produktion. Kooperationsuntersuchungen führten daher zu keinem positiven Ergebnis.

d. Arbeitsteilung mit Thyssen
Mannesmann und Thyssen hatten beide Stahl- und Röhrenwerke, jedoch jeweils nicht groß genug, um international den Wettbewerb zu bestehen. Es bot sich also an, die Werke zusammenzulegen oder aber, mit klaren Lieferverträgen, die Stahlproduktion mit den Walzwerken ganz in das Haus Thyssen einzugliedern und die gesamte Rohrproduktion und -verarbeitung in eine Hand, zu Mannesmann zu geben. Die Aufteilung erfolgte im Jahre 1969 und sie ergab erhebliche Rationalisierungsmöglichkeiten in beiden Bereichen, verbunden jedoch mit gegenseitiger Abhängigkeit bei der Kooperation, die vertraglich festgelegt wurde.

e. Zukäufe
Die Aufnahme neuer Produktfelder wurde größtenteils über Zukäufe angestrebt, wobei der Weg

- über freien Kauf,
- über allmählichen Aufkauf an der Börse oder
- über den Erwerb von Aktienpaketen

fallweise verschieden war. In vielen Fällen zeigen Beteiligungen von genau 50% über viele Jahre hinweg, dass eine gute Zusammenarbeit mit den bisherigen Teilhabern bestand und dass die Selbständigkeit der neuen Produktfelder beibehalten blieb.

- 1967 50% Beteiligung bei Rexroth, einem führenden Unternehmen der Hydraulik mit eigener Gießerei und besten Wachstumschancen.
- 1969 Über Rexroth Beteiligung bei Rauch, Brueninghaus, von Roll und bei Hydromatik, weiteren ergänzenden Hydraulikunternehmen. Das gesamte Gebiet der Ölhydraulik ist damit in einer Spitzenposition abgedeckt.
- 1972 Erwerb von wesentlichen Anteilen von Demag AG als Entwicklungsgebiet der Transporttechnik (über Börse).
- 1980 Hartmann & Braun, ein Messgeräte- und Elektronikunternehmen der Spitzenklasse wird übernommen.
- 1982 Einkauf bei Kienzle-Apparate GmbH in Villingen, einem bedeutenden Feinmechanik- und -Elektronik-Unternehmen zur Ausweitung der Elektronik-Aktivitäten z.B. Herstellung von Druckern mit EDV in Zusammenarbeit mit Tally – (Später wieder Abgabe, da zu enger Wirkungsbereich!)
- 1988 Fichtel & Sachs, ein Werk der Fahrzeugbranche, über Aktienpakete erworben.
- 1990 Einstieg bei Kraus-Maffei, einem Unternehmen für Schwertransportgeräte und Schwermaschinen (früher Panzerwerk usw.)
- 2000 Feindliche Übernahme von Mannesmann durch Vodafone

f. Eigenentwicklungen und Kooperationen
Ab 1990 Ausbau des Digitalen Mobilfunks in Zusammenarbeit mit mehreren deutschen (z.B. ANT) und ausländischen Firmengruppen. Die Firma Mannesmann hat im harten Wettbewerb den Zuschlag für Entwicklung und Ausbau dieses Systems von der Post bekommen.

g. Modernisierung
In den Jahren 1949 bis 1962 wurden vor allem die internen Arbeiten der Rationalisierung gefördert. Beim Stahl-Stranggießen hat Mannesmann mit Voest einen erheblichen Entwicklungsanteil geleistet mit der Aufstellung von Kreisbogen- und später Ovalbogen-Anlagen, so dass die deutsche Vormaterialerzeugung eine Spitzenposition einnehmen konnte. Nach 1965 wurde vorwiegend die Rohrproduktion so modernisiert, dass Mannesmann heute in Technologie und Produktionsmenge die Führungsposition zu recht einnimmt. Es bleibt nicht aus, dass auch einige Ziele in den Sand gesetzt werden und damit den erwarteten

Erfolg nicht bringen. Hier gilt es, den Fehler rasch zu erkennen, sich sofort zurückzuziehen und damit den Schaden zu begrenzen. So waren die Versuche, in der Kunststoffchemie Fuß zu fassen, trotz intensiver Bemühungen nicht erfolgreich, und nur rechtzeitiges Aussteigen verhinderte größeren Schaden. Alles in allem jedoch zeigt, dass durch intensive Planung die Chancen ausgenutzt werden und Risiken zu begrenzen sind. Vom Umsatzzuwachs der letzten 25 Jahre wurden durch Käufe rund $^1/_3$ eingebracht, während $^2/_3$ durch eigenes Wachstum zugelegt wurden. Nimmt man die preisbereinigte Wachstumsrate von 11% für diese Periode als Maßstab der Prosperität, dann kann sich dieses Ergebnis international und auch in Deutschland wohl sehen lassen.

5.6 Operative Planung

In der Operativen Planung, die jeweils ganz spezifisch auf die einzelnen Produkte, Standorte und Märkte eingehen muss, sollte weitgehende Freiheit für die Werke und Sparten bestehen, selbständig und kurzfristig Chancen auszunutzen und zu agieren. Dabei muss die Ziel- und Strategiekonformität gesichert sein, jedoch die Augenblickssituation muss genutzt werden.

Strategien der Kooperation
Um größer und damit mächtiger zu sein, aber auch um bei schwindendem Markt mit zu großen Anlagen noch wirtschaftlich operieren zu können, bietet sich die Kooperation an, bei der Fertigungen zusammengelegt und damit kostengünstiger betrieben werden können. Das beste Beispiel bietet hierfür die Siemens-Bosch-Hausgeräte-Produktion, bei der die Produkte in ihrer Konstruktion vereinheitlicht, im äußeren Bild jedoch differenziert werden, so dass jeder Vertrieb ein volles formal eigenständiges Programm anbieten kann, während die Herstellung in jeweils einem Werk einheitlich und kostengünstig abläuft.

> Getrennt marschieren – vereint schlagen!
> war die Devise von Blücher.
> Vereint fertigen – getrennt verkaufen!
> lautet das industrielle Analogon.

Insbesondere im Hinblick auf die Konkurrenz aus dem Fernen Osten ist heute die Kooperation der europäischen Unternehmen unabdingbar, wenn sie nicht Gefahr laufen wollen, aus dem Wettbewerb auszuscheiden. Der Verzicht auf einen Teil der Selbständigkeit ist eher zu ertragen als das Risiko, in dauernder Abdrängung als randständiges Unternehmen zu operieren.

Strategien der Konfrontation und Verdrängung
Bei einem Anbieteroligopol, d.h. wenn nur wenige Anbieter am Markt sind, wird sich jede Maßnahme, die zu größerem Marktanteil führt, sofort auf die anderen Anbieter auswirken und das bestehende „Gleichgewicht“ stören. Anders beim Aufteilen des Marktes auf eine große Summe von Anbietern. Hier kann der Einzelne wachsen zu Lasten vieler, oft ohne dass dies zunächst von den Wettbewerbern wahrgenommen wird. Ein wachsender Markt erleichtert zwar dieses indi-

viduelle Wachsen, aber ein stagnierender oder gar rückläufiger Markt wird nicht unbedingt das individuelle Wachsen verhindern. Bei den meisten Erzeugnissen hat sich in den letzten Jahren ein Wandel in der Art vollzogen, dass die Produkte äußerlich eine Aufwertung erfahren haben (bessere Lösungen – mehr Funktionen) jedoch im inneren Aufbau – häufig durch kostensenkende Maßnahmen der Wertanalyse begünstigt – eine Reduzierung des Aufwands betrieben wurde auf das „Notwendige" und „Argumentative".

- „Was nicht als „Argument" zählt, entfällt, es wird zur Kostensenkung beitragen".
- „So gut wie nötig!" oder
- „Ein Erzeugnis ist so zu entwickeln, dass alle seine Teile zum gleichen Zeitpunkt, dem vorgesehenen Nutzungsende, gebrauchsuntüchtig werden!"

sind Schlagworte, die diese Entwicklung kennzeichnen.

Als übliche Maßnahmen im Verdrängungswettbewerb zählen:

1. Preismaßnahmen
   a) Preisreduzierung bis unterhalb des Wettbewerbspreises (Grenzkosten, als unterste Grenze!)
   b) Zahlungswettbewerb, (Teilzahlungen, Ratenzahlungen, Leasing)
   c) Dreingabenanreiz
   d) Rücknahmepreise für Altgeräte usw.
2. Qualitätswettbewerb
   a) Quantitativ bessere Lösungen (höherer Erfüllungsgrad)
   b) Zusatzfunktionen und Zusatzeigenschaften
   c) Erhöhte Garantieleistungen
   d) Kundendienstleistungen
   e) Produktprestige (z. B. Marke, Blickfang usw.)
   f) Modische Anreize usw.
3. Marktaktivitäten
   a) Informationskampagnen
   b) Werbefeldzüge
   c) Public Relations-Aktionen

Dass nun Mannesman selbst zum Opfer der Konfrontation wurde, da das Unternehmen zu spät die Aktienaufkäufe von Vodafon beachtete, (Namensaktien wurden erst eingeführt als Vodafon schon die Mehrheit besaß), zeigt, dass bei der Planung auch die Kapitalseite intensiv verfolgt werden muss.

6 Offensive Unternehmensführung

– Was? – hat wer? – wann? – wie? – zu tun? –

Als offensive Unternehmensführung bezeichnet man eine Auswahl und Verfolgung von Strategien, die externe und interne Veränderungsmöglichkeiten und deren Auswirkungen aufspüren, nach wirtschaftlichen Gesichtspunkten bewerten und die vorteilhaftesten Lösungen durchsetzen.

Für uns Techniker sind die Markt- und Kostengesetzmäßigkeiten nur insofern interessant, als wir daraus unsere Entscheidungen ableiten können. Die Betrachtung der Produktzyklen verhilft uns zu einer realistischen Innovationspolitik. Die Kenntnis der Branchenzyklen verweist uns auf die Marktgrenzen und bei langlebigen Gütern auf die + gegenüber dem Maximalbedarf abgesenkte Niveaulinie, die erreicht wird, sobald der Nachholbedarf gesättigt ist. Um diese Linie pendelt die künftige Nachfrage mit zunehmenden Ausschlägen. Die Lebenszyklen der Kulturkreise sollen uns in unsere eigenen Grenzen verweisen, und die Konjunkturauspizien geben Hoffnung und Dämpfung zugleich.

Ebenso können wir aus den Kostenfunktionen unsere Aufgaben ablesen: Die Auslastungs-, Mengen- und Leistungsfunktionen zeigen uns die Vorteile guter Beschäftigung, der Vereinheitlichung, der Massenfertigung und weisen schließlich den Weg für eine unseren betrieblichen Bedingungen angepasste Unternehmenspolitik.

Es ist keine Frage der Geschäftspolitik, ob wir defensive oder offensive Strategien verfechten wollen, sondern eine Frage des Überlebens. Wer sein Unternehmen nicht offensiv betreibt, wird zunächst relativ kleiner, danach absolut kleiner und verschwindet schließlich. Die Umsatzrendite der vier amerikanischen Automobilhersteller zeigt deutlich den Weg:

Die Größeren werden größer und
die Kleineren verlieren von ihrem Anteil.

Um unsere Chancen zu nutzen und die Stärken voll auszureizen, ist ein Aktionsplan aufzustellen, der auf allen Ebenen des Unternehmens und für alle Zeithorizonte wirksame Maßnahmen vorsieht (Tab. 1.10).

Kurzfristig (auf wenige Wochen) sind weder Mengen noch Kapazitäten und Produkte wesentlich zu verändern. Jedoch sind hier Einsparungsmaßnahmen an unnötigen variablen Kosten möglich, die sich im kurzfristigen Kostenminimum auswirken. Diese Maßnahmen sind in der Arbeitszeit-Rationalisierung mit REFA, MTM oder in sonstigen Ziel- und Vorgabezeiten zu erreichen.

Zwischenfristig (auf wenige Monate) sind zwar die Mengen durch besondere Verkaufsmaßnahmen und Fertigungsanstrengungen variabel, soweit noch keine wesentlichen Kapazitäts- und Absatzengpässe bestehen, während Kapazitäten und Produkte kaum auszuweiten sind. Durch die Auslastungsdegression lassen sich wirksam Fixkosten auf größere Mengen umlegen, wodurch formal eine Senkung der Kosten je Erzeugniseinheit erreicht wird. (Hier gilt das Grenzkostendenken.)

Mittelfristige Maßnahmen (für wenige Jahre) können bereits Mengen, Kapazitäten und in geringem Umfang auch Produkte (Wertverbesserung) verändern. Dabei sind Investitionen zur Engpassbeseitigung besonders wichtig und wirksam. Danach folgen Rationalisierungsinvestitionen mit Mechanisierung, Automatisierung (evtl. Robotereinsatz), CNC-Techniken usw. Hierbei werden neben den Vollkosten durch Zusatzinvestitionen weitere Kostenkomponenten beeinflusst.

Langfristig sind schließlich alle Einflussfaktoren variabel, Menge, Kapazität und Produkte. Die richtigen Produkte, richtig entwickelt, technologisch ausgereizt

Tabelle 1.10. Offensivmaßnahmen in Abhängigkeit von der Zeit

Zeitraum	Einflussgrößen			Beeinflußbare Kosten	Strategie und Offensivgebiete, Resourcen
	Absatzmenge	Produktionskapazität	Produkt		
kurzfristig	konstant	konstant	konstant	Teile der variablen Kosten	Kostenminimierung Engpass: kurzfrist. Ausgaben
zwischenfristig k – m	variabel	konstant, vorhanden	konstant	etwa variable Kosten	Auslastungsausnutzung Engpass: Aufträge
mittelfristig	variabel	konstant, teils zu ersetzen	konstant	etwa Vollkosten	Kapazitäten erhalten
zwischenfristig m – l	variabel	variabel	konstant, teils aktualisiert	etwa Vollkosten mit Ersatzinvestitionen	Engpassbeseitigung Produktkapazität
langfristig	variabel	variabel	variabel	Investitionen, Projektkostenrechnung, fast alles veränderlich	Engpass: Attraktive Märkte (Produkte) Programmoptimierung

und zu einem vernünftigen Programm ergänzt, dies muß als langfristiges Ziel formuliert werden.

Analog zum Verschieben der Zeithorizonte zeigt sich, dass auch die Rationalisierungsschwerpunkte immer mehr von den kurzfristigen Aktivitäten auf langfristige Ziele ergänzt wurden (Abb. 1.52):

Zweckmäßigerweise wird von der Geschäftsleitung aus die Offensivaktion betrieben, wobei weitgehend

- die langfristigen Aufgaben im Oberen Management
- die mittelfristigen im Mittleren Management
- die zwischenfristigen im Unteren Management sowie
- die kurzfristigen von den Sachbearbeitern und Organisatoren der Fachgebiete zu bearbeiten sind.

Ein Projektleiter koordiniert die Offensive und sorgt dafür, dass überall die notwendigen Motivierungen, Informationen, Methoden, Techniken und Hilfsmittel zur Verfügung stehen.

Eine offensive Unternehmensführung bedeutet, dass die Unternehmer und alle Mitarbeiter in den einzelnen Ebenen die Aktivitäten von sich aus betreiben, dass sie nicht reagieren auf Veränderungen oder Anweisungen von oben, sondern für ihren Bereich selbständig die Chancen aufspüren und angehen, also selbständig agieren und Veränderungen anstreben.

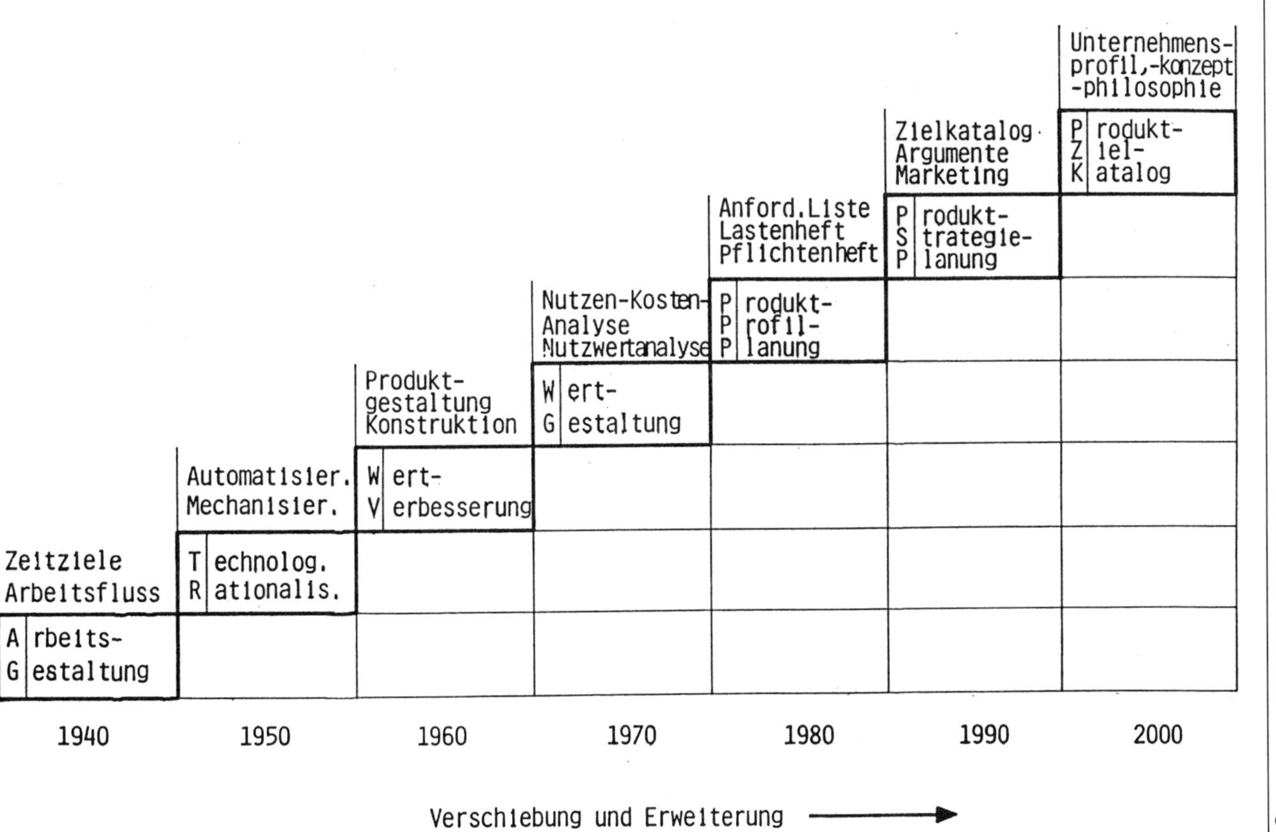

Abb. 1.52. Verschiebung der Rationalisierungsansätze im Fertigungsbereich

Als Gegensatz zur aggressiven Unternehmensführung, bei der vorwiegend die Ausschaltung, ja Vernichtung des Wettbewerbers angestrebt wird, geht die offensive Unternehmensführung davon aus, dass nebeneinander mehr zu erreichen ist als in bloßer Konfrontation.

Beispiel: Kennzahlen zur Unternehmensanalyse und Ergebnislücke
1. Aufgabenteil:
Für einige wichtige Unternehmenskenndaten eines durchschnittlichen Maschinenbaubetriebs mit 333 Mann Belegschaft sind Beziehungsgrößen zu suchen und Werte zu schätzen sowie zu beurteilen: – *Die im Übungsfall zu suchenden Werte sind kursiv eingetragen – Die eingetragenen Werte sind aktuelle statistische Daten eines mittleren Maschinebauunter-nehmens.* Suchen Sie die Werte Ihres Unternehmens!

Lfd. Nr.	Daten	Kurz-zeichen	Einheit	Bezugsbasis		Eigenes Unternehmen	
				Mittelwert in %	Mittelwert in Mio €	Mittel-wert in %	Mittel-wert in Mio €
1	Belegschaft		Mann	–	*333*	–	
2	Umsatz	U	Mio €/a	150,0 T€/Ak	*50,0*		
3	Gesamtkapital	Gk	Mio €	U:Gka =1,50	*33,3*		
4	Eigenkapital	Ek	Mio €	*31%* von Gk	*10,3*		
5	Fremdkapital	Fk	Mio €	*69%* von Gk	*23,0*		
6	Umlaufvermögen	Uv	Mio €	*74%* von Gv	*24,6*		
7	Anlagevermögen	Av	Mio €	*26%* von Gv	*8,7*		
8	Grundstücke und Gebäude		Mio €	*44%* von Av	*3,8*		
9	Maschinen u. Anlagen		Mio €	*23%* von Av	*2,0*		
10	Einrichtungen		Mio €	*19%* von Av	*1,7*		
11	Finanzanlagen		Mio €	*14%* von Av	*1,2*		
12	Gewinn (vor Steuer)	G	Mio €/a	*5,2%* von U	*2,6*		
13	Cash flow	Cf	Mio €/a	*10%* von Gk	*3,3*		
14	Investitionen	I	Mio €/a	*60%* von Cf	*2,0*		
15	Materialkosten	MK	Mio €/a	*42,5%* von GK	*20,1*		
16	Fertigungslöhne	FL	Mio €/a	*7,3%* von GK	*3,5*		
17	Fertigungsgemeinkosten	FG	Mio €/a	*300%* von FL	*10,5*		
18	Sonderkosten	SK	Mio €/a	*3%* von GK	*1,4*		
19	Verwaltungskosten	WK	Mio €/a	*9,5%* von HK	*2,4*		
20	Vertriebskosten	VK	Mio €/a	*19,0%* von HK	*6,7*		
21	Entwicklungskosten	EK	Mio €/a	*5,6%* von U	*2,8*		
22	Gesamtkosten	GK	Mio €/a	$\sum$ 15 bis 21	*546,9*		
23	Variable Kosten	Kv	Mio €/a	*70%* von GK	*33,2*		
24	Fixkosten	Kf	Mio €/a	*30%* von GK	*14,2*		
25	Löhne und Lohnnebenkosten	LN	Mio €/a	*260%* von FL	*9,1*		
26	Gehälter und Gehaltsnebenko.	GN	Mio €/a	17% von GK	*8,1*		

Vorlage 1: Kennzahlen des Unternehmens

Legende: k = Kurzzeichen für Kapital in €.
K = Kurzzeichen für Kosten in €/a.
Gk ≈ Gv.

2. Aufgabenteil: Ermitteln der Kapitalrendite
Ermitteln Sie nach dem Du-Pont-Modell die Kapitalrendite (ROA bzw. ROI) für Ihr Unternehmen. *Die Kapitalrendite für das Vergleichsunternehmen beträgt 3,3 % p. a. bezogen auf das Gesamtkapital und 10,6 % p. a. bezogen auf das Eigenkapital.*

Lösung: *Eintragungen in Mio € oberhalb der Kästchen!*

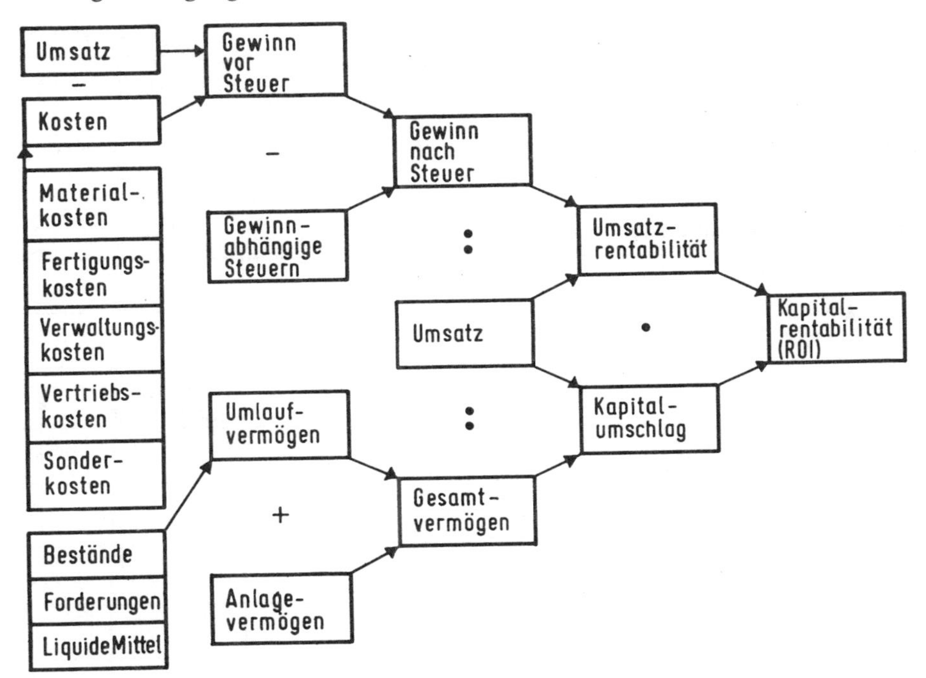

Vorlage 2: Du-Pont-Modell

3. Aufgabenteil: Zeichnerische Darstellung der Ergebnislücke
Im kommenden Jahr ist mit folgenden Veränderungen zu rechnen:

1.	Tariferhöhung für Löhne um	2 % ≡	*9,1 · 0,02*	*= 0,182 Mio €*
2.	Tariferhöhung für Gehälter um	2 % ≡	*8,1 · 0,02*	*= 0,162 Mio €*
3.	Allg. Materialkostenanstieg um	1,2 % ≡	*20,1 · 0,012*	*= 0,241 Mio €*
4.	Absatzmengenreduzierung um	4 % ≡	siehe unten	= 0,324 Mio €
5.	Summe			*= 0,909 Mio €*

Das Schlimmste ist die Absatzreduzierung um 2 %!

Teil a) Ermitteln Sie die Auswirkungen obiger Veränderungen und speziell der Absatzmengenreduzierung unter Annahme, dass sich die variablen Kosten proportional zur Auslastung verhalten und sich die Fixkosten-Verbräuche nicht wesentlich verändern.

Lösung a):

Umsatzreduzierung

$\Delta U = -\,0{,}02 \cdot 50$ *Mio €*	$= -\,1{,}000$ *Mio €*
Reduzierung der variablen Kosten	
$\Delta K_v = 0{,}02 \cdot 0{,}70 \cdot 47{,}40$ *Mio €*	$= \; 0{,}664$ *Mio €*
Verringerter Kostenanstieg wegen geringerem Umsatz	
$\Delta K_x = 0{,}002 \cdot (0{,}182 + 0{,}162 + 0{,}241)$ *Mio €*	$= \; 0{,}012$ *Mio €*
Ergebnisverschlechterung	$= -\,0{,}324$ *Mio €*

Teil b) Skizzieren Sie die Ergebnislücke für eingeplante Ergebnisverbesserung von 5%!

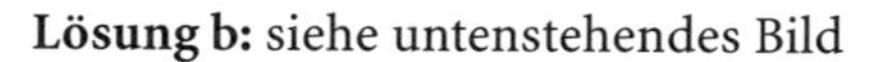

Lösung b: siehe untenstehendes Bild

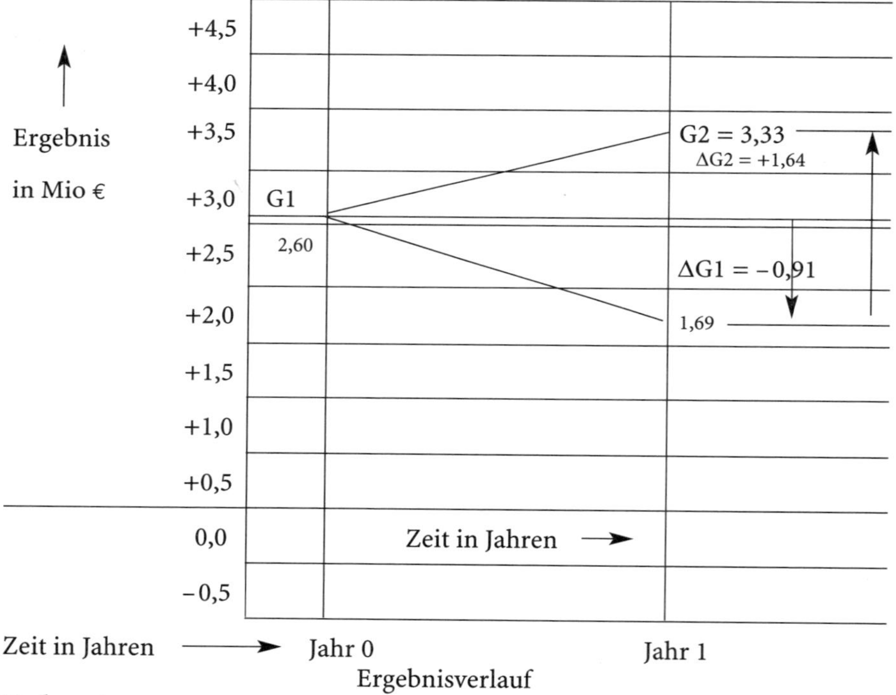

Ergebnisverlauf

Vorlage 3

4. Aufgabenteil: Aktionen zum Schließen der Ergebnislücke

Teil a: Zeigen Sie, welche operablen Möglichkeiten zur Erreichung des Zieles denkbar sind und welche Beiträge diese Aktionen zum Schließen der Ergebnislücke leisten können!

Lösung a: *Siehe Vorlage 4, die bereits fertig ausgefüllt ist!*

Teil b: Zeichnen Sie die Ergebnisdaten der Aktionsplanung in das Bild der Ergebnislücke ein! *Ist bereits erfolgt und ergibt 1,64 Mio € Gewinnzuschlag.*

Teil c: Erstellen Sie eine quantifizierte Aktionsliste für Ihr Unternehmen.

Zielkomplex	Lfd Nr.	Aktionen	Verantwortlich	Qualitative Wirkungen	Quantitative Wirkungen		Termin	
					± €	± T€/Jahr	Anfang	Ende
Preiserhöhung	1	Preis-Absatz-Funktions-ermittlung	VTR	2 % von 49,0 Mio € (50 – 1)	auf $^{10}/_{12}$ Jahre	+ 817	1.3.	
	2	$^{2}/_{12}$ in nächstes Jahr einbringen	BWA	(163 T€/a)		+ 0		
Rationalisierung	3	4 % FL freistellen	BLT	4 % von (3,5 · 1,04 · 1,8) Mio €	auf $^{7}/_{12}$ Jahre	+ 150	1.1.	31.10.
	4	3 % GL freistellen	BLT	3 % von (9,1 – 3,5 · 1,8) ... · 1,02 Mio €	auf $^{8}/_{12}$ Jahre	+ 128	1.1.	31.8.
	5	4 % AG freistellen	PAB	4 % von 8,1 · 1,02 Mio €	auf $^{8}/_{12}$ Jahre	+ 220	1.1	31.9.
	6	Einstellsperre	PAB	–	–	+ 0	sofort	
	7	erforderliche Investitionen	BLT	n = 10 Jahre i = 12 % p. a.	0,5 Mio €	– 89	1.1.	
Bestandssenkung	8	5 % des Bestandes	MW	5 % von 24,6 · 0,08 Mio €	auf $^{6}/_{12}$ Jahre	+ 49	1.1.	31.12.
Einkaufsrationalisierung	9	Harte Preisverhandlung	EKA	1 % von (20,1 · 1,02 · 0,98 Mio €)	auf $^{11}/_{12}$ Jahre	+ 184	1.1	28.2.
	10	Richtpreiskalkulation	EKA	0,5 % von (20,1 · 1,02 · 0,98 Mio €)	auf $^{6}/_{12}$ Jahre	+ 50	1.1.	31.12.
Mehr Eigenfertigung	11	ARV-Liste der Teile +	ARV	1 Mio € mehr Eigenfertigung mit (20 – 5)% DB	auf $^{6}/_{12}$ Jahre	+ 75	1.1.	30.4.
	12	ARV-Liste der erf. Arbeitskräfte	ARV			+ 0		
Wertverbesserung	13	Wertanalyse-Aufbau	WA	Aufwand von 30 T€		– 30	1.1.	31.12.
	14	Wertanalyse-Einsatz	WA	Ergebnis ≈ 5 × Aufwand		+ 75		
Ergebnisverbesserung	15	Auswirkung früherer Maßnahmen				+ 100	1.1.	31.12.
Summe						**1641**		

Vorlage 4: Ziele und quantitative Wirkungen

5. Aufgabenteil: Break Even Point

Teil a: Bei welcher Auslastung (A_B) liegt der Break Even Point, wenn nach qualifizierten Untersuchungen die derzeitige Auslastung (A_A) mit 86,0% ermittelt wurde?

Lösung a):

$$K_f = 14{,}2 \text{ Mio €}$$

$$A_A = 86{,}0\,\%$$

$$G_A = 2{,}6 \text{ Mio €}$$

$$G: \quad K_f = (A - A_B) : A_B$$

$$A_B = \frac{A_A}{\frac{G}{K_f} + 1} = \frac{86\,\%}{\frac{2{,}6}{14{,}2} + 1} = 72{,}7\ \%$$

Der Break-even-point liegt bei *72,7%* Auslastung.

Teil b: Bei welchem Umsatz liegt der Break Even Point?

Lösung b): $\text{Auslastung } A_{100} = 100\,\%$

$$U_{100} = \frac{50{,}0 \text{ Mio €}}{0{,}86} = 58{,}1 \text{ Mio €}$$

$$U_B = 72{,}7\% * 58{,}1 \text{ Mio €} = 42{,}2 \text{ Mio €}$$

Der Umsatz beim Break Even Point liegt bei *42,2 Mio €.*

Teil c: Wie sehen die entsprechenden Zahlen für Ihr Unternehmen aus?

6. Aufgabenteil: Gewinn bei unterschiedlicher Auslastung

Frage: Wie hoch wäre der Gewinn (G_{100}) bei 100% Auslastung, wenn die bisherige Auslastung (A_A) laut vorliegender Erhebung 86,0 % beträgt?

Lösung:

$$U_A = 50{,}0 \text{ Mio €}$$

$$G_A = 2{,}6 \text{ Mio €}$$

$$G_{100}: \quad G_A = (100{,}0 - 72{,}7) : (86{,}0 - 72{,}7)$$

$$G_{100} = \frac{27{,}3}{13{,}8} * 2{,}6 \text{ Mio €} = 5{,}143 \text{ Mio €}$$

Bei 100% Auslastung würde der Gewinn bei *ca. 5,1 Mio €* liegen.

7. Aufgabenteil: Zeichnerische Darstellung des Break Even Point

Ermitteln Sie im folgenden Schema die Lösungen der Aufgaben 5 und 6.

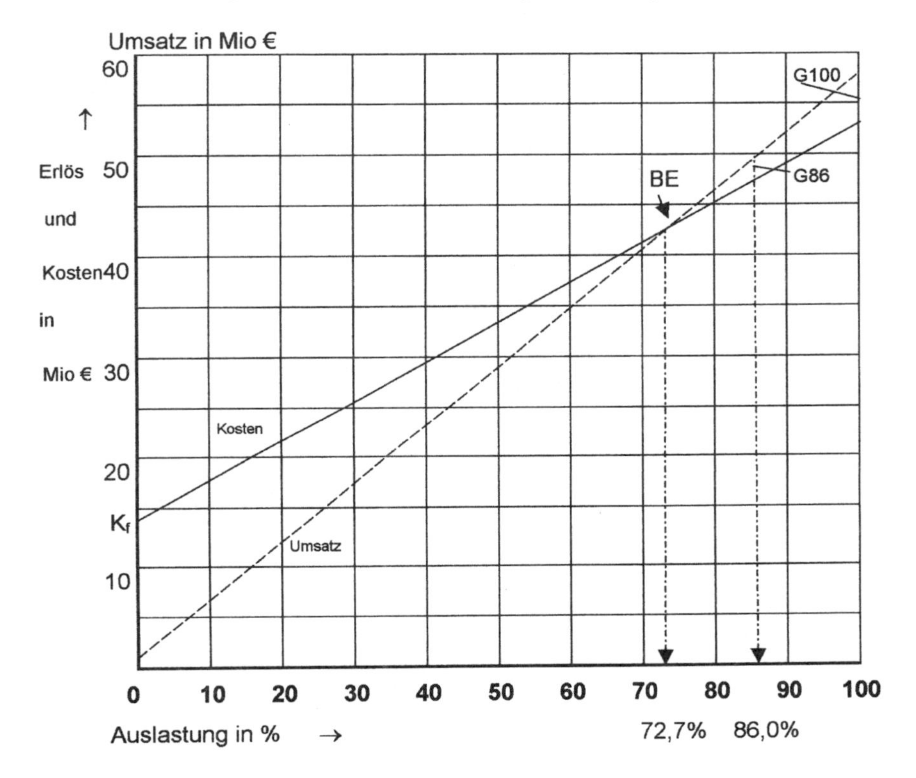

Vorlage 5: Break Even Point

8. Aufgabenteil: Portfolio-Analyse

Das Unternehmen produziert folgende 5 Produktgruppen:

Produktgruppe	Umsatz in Mio €		Marktwachstum in % p. a.	Relative Marktgröße in %
	Eigener Umsatz	Umsatz des größten Wettbewerbers[a]		
1	16	64	+5	*25*
2	8	6	-10	*133*
3	10	20	+15	*50*
4	4	7	-20	*57*
5	12	3	+5	*400*
Summe	50	100	–	–

[a] evt. auch $^1/_3$ des Umsatzes der drei größten Wettbewerber.

a) Welche Strategien empfehlen Sie nach dem Portfoliobild?
(Bitte einzeichnen! Allgemeine Aussagen und Prämissen!)

Mit Produktgruppe 1 + 3 + 5 die Situation halten und möglichst nach rechts verfahren.

b) Sie haben 8 Mio € verfügbares Kapital zu 10% p. a. Verzinsung. Wie teilen Sie dieses Kapital auf, wenn der Produktionszuwachs je Jahr etwa ebenso groß sein kann, wie die zugehörige Investitionssumme und die derzeitige Situation mindestens 2 Jahre zu halten ist?

Überschuss möglichst in das wachstumsstärkste Produkt stecken.

c) Wie sieht das neue Portfoliobild aus? Bitte einzeichnen!

Die erforderlichen Wachstumsinvestitionen sind eingetragen!

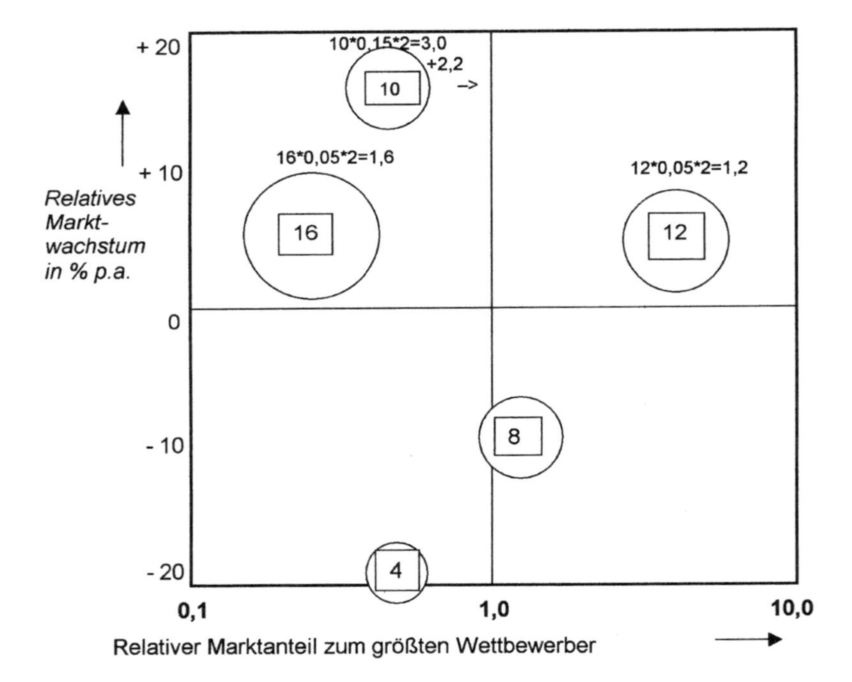

Kapitel 2

Techniken der Produktplanung

1 Grundlagen 90

2 Systematisches Suchen von Produkten 92

3 Systematisches Bewerten von Produkten 100

4 Lastenheft – Pflichtenheft – Entwicklungsauftrag – Grundlagen der Entwicklungsarbeit 113

5 Entwicklungsverfolgung mit Freigabestufen, Begleitkalkulation und Projektmanagement 128

6 Empfehlungen 148

1
Grundlagen

In den letzten Jahren vollzog sich im Entwicklungsbereich ein Prozess der Rationalisierung, der Ergänzung und teils Ablösung intuitiver Verfahren durch rationale, methodische Verfahren sowohl im eigentlichen Entwurfsbereich wie auch bei der Planung und Überwachung der Arbeiten. Die Forderung nach kürzeren Entwicklungszeiten, nach mehr Ideenreichtum und weniger Risiko von Entwicklungsprojekten bedingt, dass bei der Planung, Durchführung und laufenden Verfolgung der Projekte neben den technischen und technologischen Kenntnissen die neuesten psychologischen, organisatorischen und führungstechnischen Erkenntnisse, Hilfsmittel und Techniken eingesetzt werden, um die Entwicklungschancen voll auszureizen und die Risiken zu mindern. Eine kritische Auswahl der Entwicklungsprojekte durch Programm- und Produktanalyse, eine klare Aufgabenstellung durch die Anforderungsliste, durch die Funktionsanalyse, durch Wirtschaftlichkeitsrechnungen, Nutzwert- und Kostenvorgabe, die Zielgliederung und Entscheidungsapostrophierung durch Freigabestufen sowie die laufende Überwachung der Daten durch das Projektmanagement sind wesentliche Voraussetzungen für die Effizienz der Entwicklungsarbeit. Die Produktplanung und Programmplanung als Basis zur langfristigen Unternehmenssicherung muss systematisch betrieben werden und neben der intuitiven Vorgehensweise methodische Ansätze aufweisen. Die nur gefühlsmäßige Beurteilung potentieller Entwicklungsaufgaben muss durch rechnerische Ansätze ergänzt werden, wenngleich weder erzielbare Preise bzw. Erlöse, noch Absatzmengen und Kosten genau zu erfassen sind. Trotzdem ist es möglich, durch quantitative Ansätze realistisch geschätzter Daten Schwerpunkte und Schwachpunkte geplanter Entwicklungen zu erkennen und danach die Entscheidungen vorzubereiten. Die Produktplanung gliedert sich in die Teilbereiche Produktfindung, Entwicklungsverfolgung, und Produktüberwachung. Die weitere Gliederung zeigt Abb. 2.1.

> Die Produktplanung umfasst auf der Grundlage der Unternehmensziele die systematische Suche und Auswahl zukunftsträchtiger Produktideen und deren Verfolgung.

1) Die Produktfindung wird unterteilt in
Ideenfindung (Eruieren),
Ideenauswahl (Selektion) und
Ideendarstellung (Definition).

1.1) Die Ideenfindung geschieht üblicherweise auch in 3 Stufen (vgl. WA-Arbeitsplan nach DIN 69 910) [2.1]und zwar
Ideen aufspüren
Ideen zu Lösungsansätzen kombinieren und
Lösungsansätze zu Lösungen ausarbeiten.

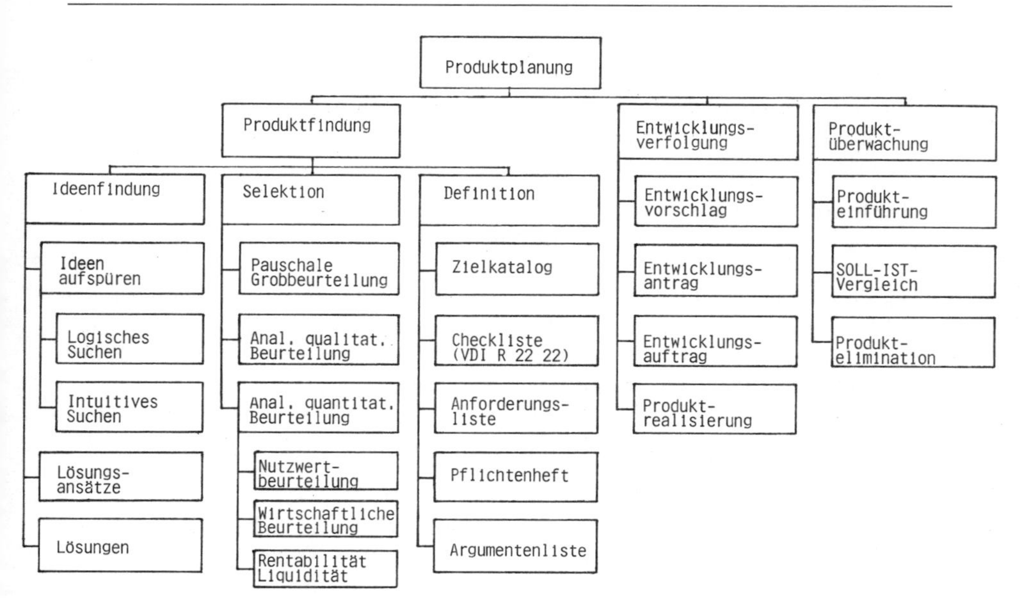

Abb. 2.1. Gliederung der Produktplanung [2.2]

1.2) Die Ideenauswahl (Selektion) muss zunächst aus einer Großzahl von Ideen, die noch recht „weich" formuliert sind, grob aussieben, was keine oder wenig Erfolgsaussichten hat. Dann kann mit allgemeinen qualitativen Beurteilungen etwa nach Prioritäten oder sonstigen Pauschalgewichtungen eine Zwischenauswahl getroffen werden, bis schließlich mit verfeinerten analytischen Methoden wie Nutzwertanalysen, Wirtschaftlichkeitsrechnungen und Amortisations- sowie Rentabilitätsrechnungen eine Bewertung erfolgt, die schon vor Erteilung des Entwicklungsauftrags die Vorteilhaftigkeit der Entwicklung quantitativ gut abschätzen lässt.

1.3) Bei der Ideendarstellung (Definition des Produkts) werden zunächst (im Zielkatalog) die unternehmerischen Ziele formuliert, die mit dem Produkt angestrebt werden, danach werden etwa anhand einer Checkliste, die Anforderungen an das Produkt in der Anforderungsliste (oder in dem Lastenheft) festgeschrieben. Sodann kann nach weiterer Erfahrung im Entwicklungsprozess das Pflichtenheft erstellt werden (evtl. auch Anforderungsliste 2 oder Lastenheft 2 genannt). Hier sind alle Daten erfasst, die von dem Produkt im Hinblick auf Kunde, Hersteller und Umwelt gefordert sind.
Eine Hervorhebung der Besonderheiten des Produkts gegenüber den Wettbewerbsprodukten zeigt schließlich die Argumentenliste, die eine Vertriebshilfe im Sinne wirkungsvoller Absatzgespräche sein soll.

2) Die Entwicklungs- oder Produkt-Verfolgung umfasst alle Arbeiten, die während der Entwicklungszeit betrieben werden, um das Entwicklungsprojekt von den Zielsetzungen aus im Griff zu halten hinsichtlich:

Leistungen	mit dem Pflichtenheft
Terminen	mit Meilensteinen und Freigaben
Entwicklungsaufwand	mit Kosten und Investitionen
Produktkosten	mit Begleitkalkulation
Zuverlässigkeit	mit FMEA o.ä. usw.

Hierfür dient zunächst ein „Entwicklungsvorschlag" mit dem „Entwicklungsantrag" und, wenn das Pflichtenheft genehmigt ist, mit dem „Entwicklungsauftrag".
Während das Pflichtenheft die Funktionen und die Einsatzbedingungen sowie die Eigenschaften des Produkts beschreibt, nennt der Entwicklungsauftrag das, was die Entwicklung an Aufgaben zu erledigen hat, damit nach der Entwicklungsarbeit das Produkt das Pflichtenheft erfüllt.
Zur Entwicklungsverfolgung gehören ferner noch alle Arbeiten bei der „Produktrealisierung" in der Entwicklungs-, Versuchs- und Erprobungsphase, d.h. bei der ersten Produktrealisierung.

3) Die Produktüberwachung, auch „Produktpflege" genannt, betreut den Zeitraum der Produkteinführung, der Produktions- und Nutzungszeit sowie die Maßnahmen der ständigen Aktualisierung, Modernisierung, Überholung und Qualitätssicherung.
Schließlich gehört auch die Ablösung bzw. Produktelimination zur Produktüberwachung.

Die Gliederung der Produktplanung zeigte nur die Aufteilung der Arbeiten, jedoch nicht ihrer gegenseitigen Verflechtungen. Diese sind dagegen in dem „Ablauf der Produktplanung" von T 76 bzw. T 79 des VDI-Taschenbuches dargestellt (Abb. 2.2).

Hier sind alle beschriebenen Arbeitsschritte in ihrer gegenseitigen Verflechtung aufgezeigt und auch zwischenzeitliche Entscheidungsschritte dargestellt.

2 Systematisches Suchen von Produkten

Kreative Kernpunkte der Produktplanung sind das Aufsuchen und Bewerten der Produkte. Daher soll dieses Gebiet noch einmal genauer besprochen werden: Zunächst bestehen für die Realisierbarkeit von Ideen zeitliche Grenzen (Tabelle 2.1).

2.1 Quellen der Kreativität

– Erfahrung – Phantasie – Logik –
Die Kreativität schöpft aus drei Quellen, die nacheinander ausgereizt werden müssen: (Abb. 2.3).

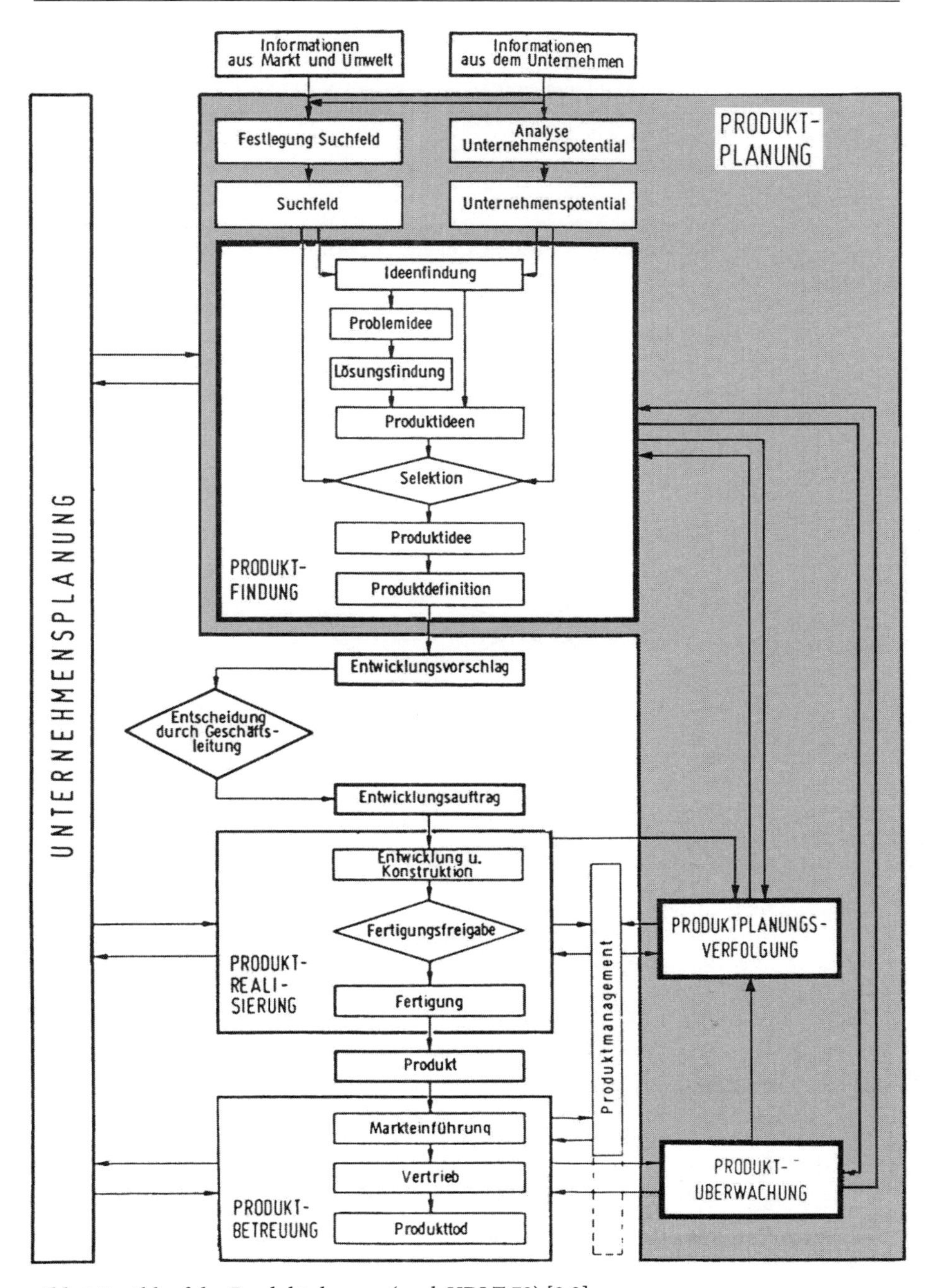

Abb. 2.2. Ablauf der Produktplanung (nach VDI T 79) [2.3]

Tabelle 2.1. Realisierbarkeit von Ideen beim Suchen neuer Produkte

Zeitraum	Mögliche Maßnahmen	Wirkungen
kurzfristig	Kapazitätsanalysen Auslastungen verbessern	Mehr Produkte, Niedrigere Kosten
mittelfristig	Technologie verbessern Produkte verbessern Zuverlässigkeit, Aktualität, Qualität	Niedrigere Kosten, Weniger Reklamationen, Absatzerleichterungen
langfristig	Neue Ideen bei den Produkten Neue Produkte Neue Branchen	Argumente, Marktanreize, Risikoverteilung

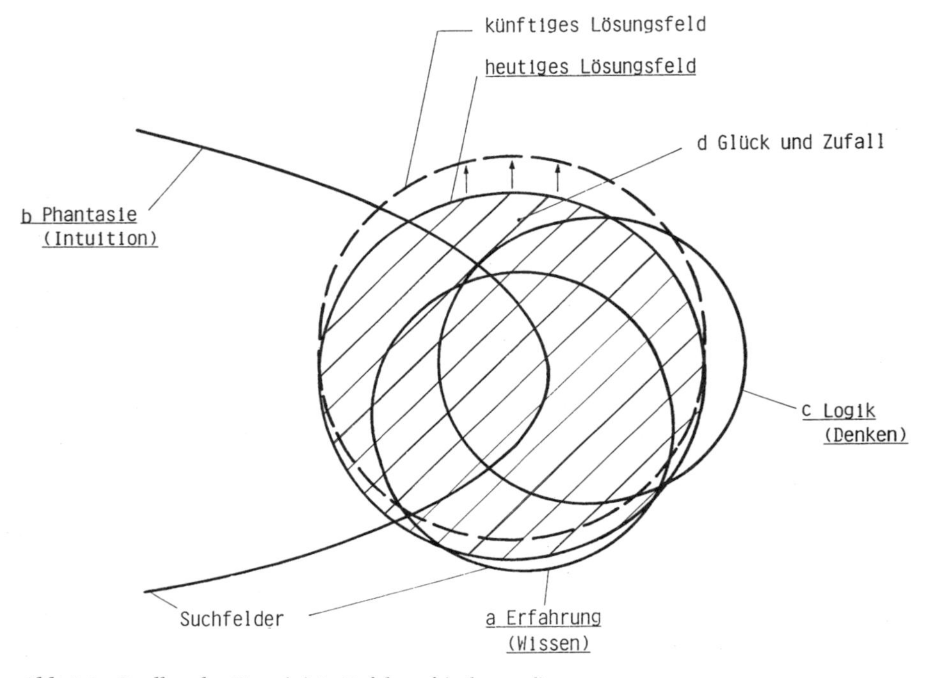

Abb. 2.3. Quellen der Kreativität. Erfolg = f (a, b, c + d)

a) Erfahrung

Vorwiegend auf Daten der Erfahrung bauen auf:

1. Marktforschung (Marketing als aktive Marktpolitik)
2. Entwicklungsforschung (Funktionstechnische Forschung)
3. Technologieforschung (Fertigungstechnische Forschung)

Alle einschlägigen Aufgaben und Probleme werden als „Vorläufige Entwicklungsvorschläge“ von der „Produktplanung“ periodisch gesammelt.

Daneben geben folgende Unterlagen Anregungen:

Wettbewerbsanalyse	(siehe Testberichte)
Produktionsprogrammanalyse	(siehe Formblatt Seite 103)
Entwicklungsprogrammanalyse	(siehe Formblatt Seite 106)
Produktanalyse	
Berichte über aufgegebene Produkte	
Patente und Patentberichte	
Erforschung von Abnehmerproblemen	
Mitarbeit bei externen Forschungsvorhaben	

Die Wettbewerbsanalyse bildet den Anfang der Produktplanung, denn der Markt holt sich zuerst dort seine Maßstäbe und beurteilt die Situation nur nach dem Erreichen und Überschreiten dieser Ziele (Benchmarking, PIMS usw.)

In zunehmendem Maße versuchen heute große Unternehmen durch Beteiligungen an oder Kauf von Unternehmen günstige Ideenpotentiale zu erwerben, um Risiko und Zeit zu sparen.

Die Marktanalyse stellt zunächst nur den externen Status Quo dar. Sie muss daher um die Marktprognose erweitert werden, um die künftige Chance aufzuzeigen.

Die Unternehmensanalyse mit der periodischen Programm- und Produktbeurteilung gibt konkrete Hinweise, wo Stärken und Schwächen sind. Diese müssen jedoch zukunftsbezogen beurteilt werden.

Als spezielle Arbeitstechnik bietet sich hier die Port Folio-Analyse an, mit Hilfe derer Strategien für die verschiedenen Produkte des Programms zu beurteilen und auszuwählen sind.

b) Phantasie

Die eigentlichen Anregungen für Produktverbesserungen, für neue Produkte und Innovationen kommen jedoch aus dem Gebiet der freien und gezügelten Phantasie: Die freie Phantasie nützt vorwiegend das Brainstorming mit seinen vier Grundregeln

1. Deferred judgement	Kritik zurückstellen
2. Free wheeling	Freies Herumfahren bzw. Gedanken freien Lauf lassen
3. Quantity breeds quality	Menge züchtet Qualität bzw. Innovation
4. Spectrum policy	Ganzheitliche Schau

sowie das Brainwriting und weitere Kreativitätstechniken. Gruppenarbeit ist unbedingt für das Ideensuchen einzusetzen.

Als Ausgangspunkt für das freie Ideensuchen können etwa folgende Fragen dienen:

a) Wer kann unsere Produkte noch brauchen?
b) Wo können wir unsere Produkte noch absetzen?
c) Was können unsere Kunden noch brauchen?
d) Welche Verbesserungen sind an unseren Produkten möglich?
e) Wofür können wir unsere Kapazitäten noch einsetzen?

e) Was kann auf unseren Maschinen gefertigt werden?
f) Was kann in unseren Hallen gefertigt werden?
g) Was können unsere Arbeiter fertigen?
h) Was können unsere Angestellten entwickeln?
i) Wo haben wir besonderes „know how"?
k) Wo können wir unser Wissen noch einsetzen?

Die einzelnen Fragen führen uns in spezielle Suchfelder, die zweckmäßigerweise strukturiert werden sollten, wenn wir sie systematisch ausreizen wollen. Zu diesem Zweck können wir mit gerichteter bzw. gezügelter Phantasie etwa Suchfeldhierarchien aufbauen oder Matrizen darstellen zum Kombinieren (Morphologie) oder zum Spezialisieren von Lösungsansätzen. Ein Beispiel einer Suchfeldhierarchie für ein Transportsystem ist in Abb. 2.4 dargestellt.

Um die Ideensuche nicht zu weit von den Unternehmenszielen abtriften zu lassen, können Zielrichtungen angegeben werden wie z. B. in Tabelle 2.2.

Tabelle 2.2. Realisierbarkeit von Ideen beim Suchen neuer Produkte

Zielrichtung	Bedeutung	Beispiele
Produkttreue	mehr, besser, aktueller	Transportmittel sind: Pkw, Lkw, Schiffe, Flugzeuge, ...
Problemtreue	gleicher Lösungsweg, andere Ziele	Guss ist: Stahlguss, Grauguss, Leichtmetall
Technologietreue	wo lässt sich diese Technologie noch einsetzen	Mit Laser kann man: trennen, schweißen, härten, ...
Wissenstreue	gleiches Know-how, andere Anwendungsgebiete	Berater nutzen: Spezialwissen für viele Einsätze

c) Logik

Als dritte Quelle für das Ideensuchen bietet sich die Logik an, mit der zunächst vorhandene Lösungen mathematisch optimiert werden können (in Gestaltung, Dimensionierung, Technologie, Auftragsgröße usw.), die aber auch Kombinationen und Variationen zu entwickeln hilft. Als Beispiele seien die Morphologie oder Verfahren der linearen Optimierung genannt. Das systematische Ausreizen aller Komponenten einer „Konstruktion" gehört auch hierher (Tab. 2.3).

Mit Logik vorbereitete Maßnahmen können weitere interessante Suchfelder aufzeigen:

a) Auflisten aller freien Kapazitäten
b) Auflisten aller leicht zu schaffenden Kapazitäten (Überstunden, Schichtbetrieb, Einstellungen, Kooperation, Programmergänzung durch Handelsware, evtl. später Eigenproduktion usw.)
c) Bewerten der Kapazitäten zu Marktpreisen und mit „Deckungsbeiträgen"
d) Suchen nach allen denkbaren Einsatzmöglichkeiten für die freien und zu schaffenden Kapazitäten.

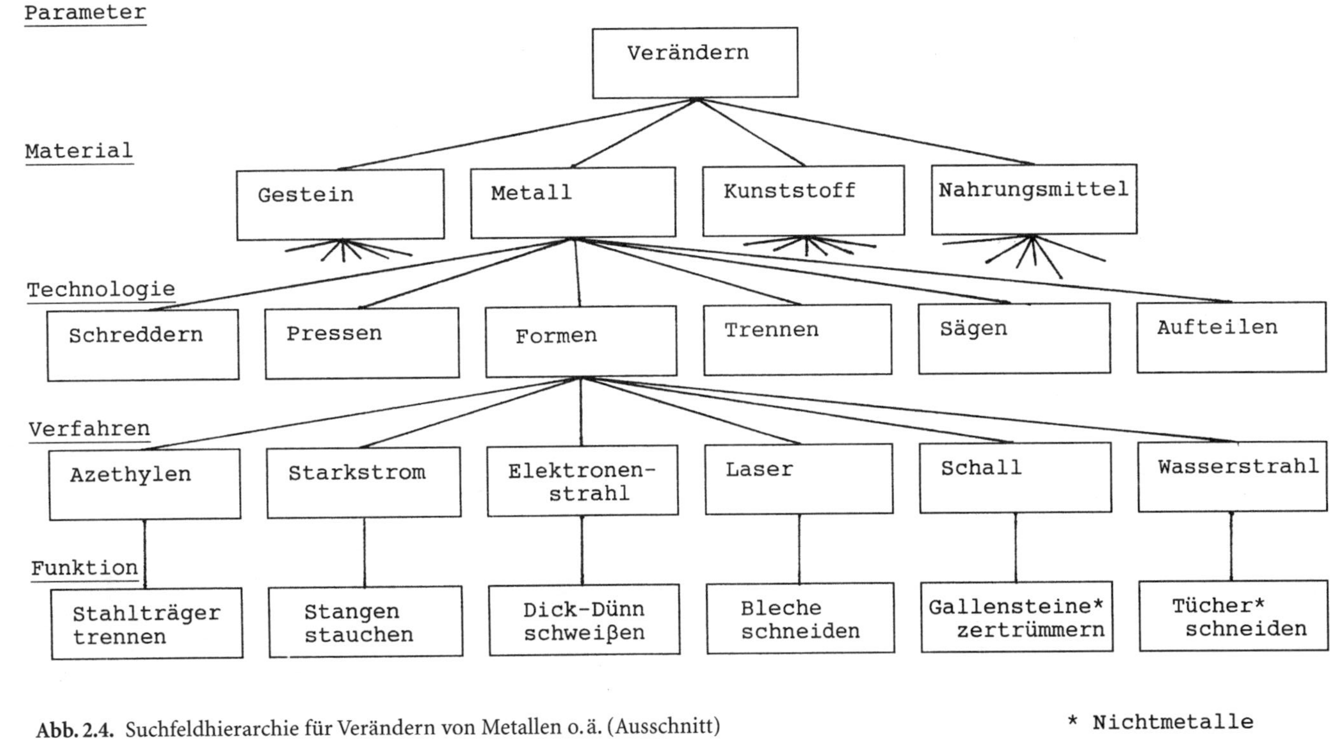

Abb. 2.4. Suchfeldhierarchie für Verändern von Metallen o.ä. (Ausschnitt)

Tabelle 2.3. Bewusstmachen der Komponenten des Konzepts und Entwurfs

Nr.	Ansatzpunkte	Beispiel	Wege
1	Lösungsprinzip	mechanisch elektrisch pneumatisch	Funktionen ändern Funktionsstruktur ändern Funktionsfolge ändern
2	Gestaltung	Form Anbringungsort Anzahl	Vereinheitlichung Zusammenfassen oder, Trennen von Funktionen
3	Material	Metalle Kunststoffe Naturstoffe	Materialliste nach fallenden Kosten Oberflächenvariation
4	Dimensionierung	Vergleichen Berechnen Erproben	Beanspruchungskonstanz Dimensionieren auf Lebensdauer
5	Toleranzen	Vergleichen Berechnen Erproben	Messen statt Prüfen Paaren statt Passen Kosten von Toleranzen
6	Technologie	Urformen Umformen Spanen	Sand-, Kokillen-, Druckguss Fließpressen, Tiefziehen Hobeln, Fräsen, Schleifen
7	Bezugsquellen	Eigenfertigung Fremdfertigung Fremdentwicklung	Richtpreisvergleiche Massenlieferung Jahresabschlüsse

2.2 Ablauf der Produktplanung

Als Beispiel, wie die Produktplanung organisiert werden kann, ist nachfolgend ein Ablaufplan eines Unternehmens mit Kleinserienfertigung aufgezeigt. Die grundsätzliche Organisationsform kann jedoch auch bei Einzelfertigung und normaler Serienfertigung eingesetzt werden (siehe Bild 2.5).

Im Rahmen einer festgeregelten Produktplanung wird das laufende und das künftige Produktspektrum festgelegt.

> Die Produkt- und Programmplanung ist eine periodische Arbeit, die termingemäß einmal im Vierteljahr, Halbjahr oder Jahr abläuft und die Optimierung der Produkte und der Produktionsmengen zum Ziel hat.

Die Unternehmensleitung erstellt hierzu einen Zielkatalog, in dem die langfristigen Unternehmensziele festgehalten sind. Die Zielformulierung darf darin umso weniger konkret sein, je längerfristig die Ziele sind.

Die Entwicklung, das Marketing sowie die Planung und Fertigung sammeln laufend Ideen, die in einem Sammelblatt für Entwicklungsvorschläge zusammengetragen werden. Außerdem wird vor jeder Produktkonferenz das derzeitige Produktionsprogramm nach neuesten Erkenntnissen überprüft und nach der Notwendigkeit für Maßnahmen der Produktpflege durchleuchtet.

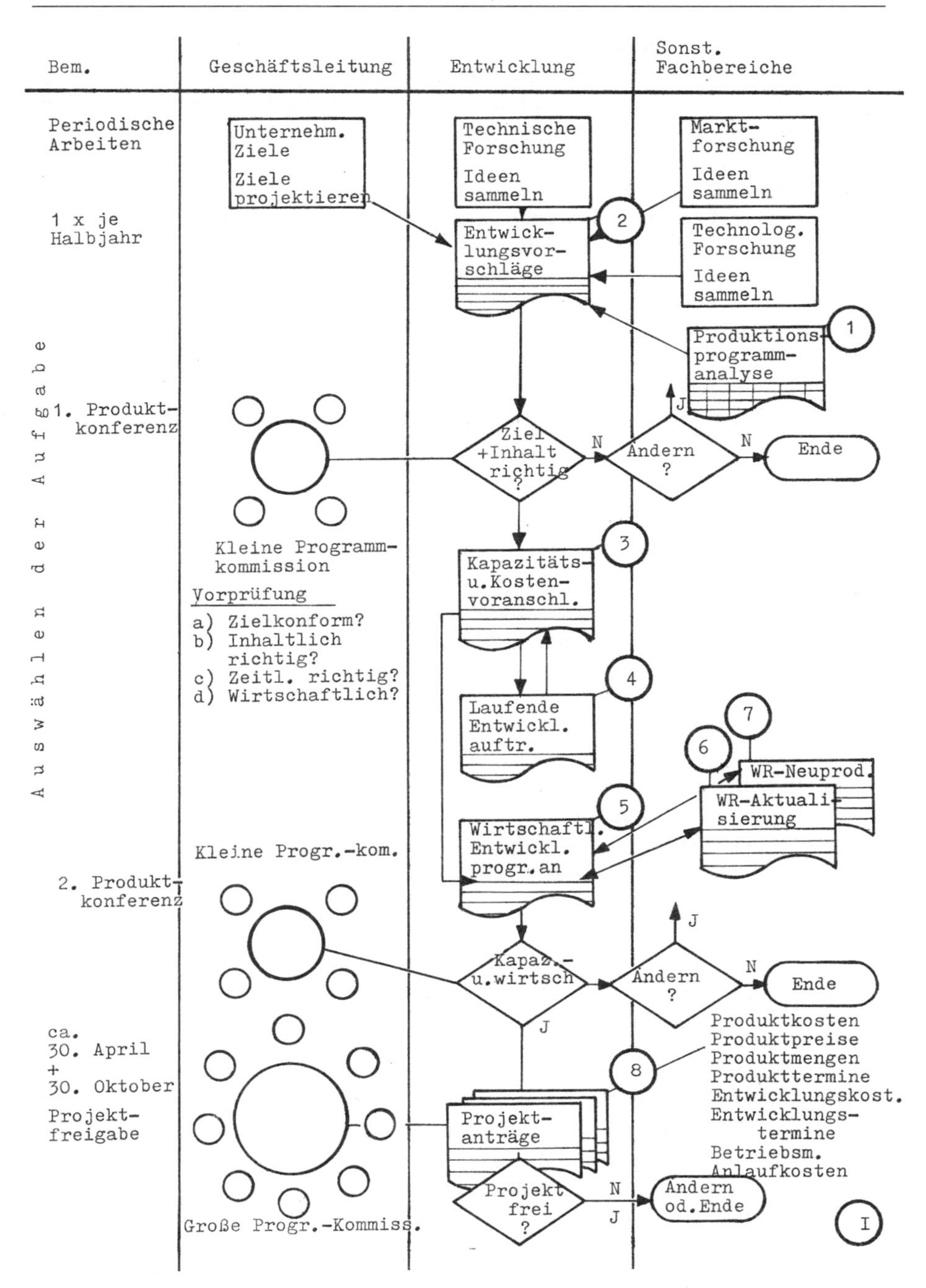

Abb. 2.5. Programm- und Produktplanung

In der ersten Produktkonferenz jedes Semesters (beispielsweise jeweils gegen 30. März und 30. September) klärt eine kleine Programmkommission, welche der unverbindlich eingebrachten Entwicklungsvorschläge zielkonform und vom Umfang her interessant erscheinen, so dass sich Kapazitäts- und Wirtschaftlichkeitsuntersuchungen lohnen.

Die so ausgewählten Projekte werden von einem festzulegenden Team genauer durchleuchtet und in der zweiten Produktkonferenz (etwa 3 Wochen nach der ersten) nochmals gemeinsam so formuliert, dass Projektanträge erstellt und der großen Programmkommission vorgelegt werden können.

Jeweils am Dienstag vor dem 30. April und 30. Oktober entscheidet die große Programmkommission aufgrund der Daten der Projektanträge, welche Aufträge durchgeführt werden sollen und welche abzusetzen oder zurückzustellen sind. Dabei können Terminangaben noch nicht endgültig festgelegt werden, da sie davon abhängen, welche Projekte akzeptiert und welche verworfen werden.

3 Systematisches Bewerten von Produkten

Die Produktbewertung ist schwieriger als die Produktsuche, daher muss sie nicht nur mit Gespür sondern mit viel Logik und möglichst bis hin zur quantitativen Erfassung betrieben werden (Tab. 2.4).

Qualitative Bewertung
Die pauschale Bewertung von Ideen, Lösungsansätzen oder Lösungsvorschlägen muss zunächst durch „Vergleichen und Schätzen“ erfolgen. Erscheint der Vorschlag aussichtsreich, kann eine „Grobrechnung“ mit Kennzahlen oder Richtwerten die Aussage verbessern. Und muss schließlich für die Preisbildung o. ä. genauer gerechnet werden, sind oftmals konstruktive Entwürfe oder Gestaltsmodelle erforderlich, um überhaupt quantifiziert und qualifiziert urteilen zu können.

Quantitative Bewertung
Um Produkte aus der Sicht der potentiellen Kunden zu beurteilen , dient die *Nutzwert*analyse, wie sie heute von allen qualifizierten Testinstituten angewandt wird. Aus der Sicht des Produzenten sind die beiden Kennzahlen: *Rentabilität* des eingesetzten Entwicklungs- und Investitionskapitals und die *Amortisationszeit* bzw. Tilgungsdauer des Kapitals von besonderer Bedeutung und rund 40 % der größeren Unternehmen in Deutschland verlangen Aussagen über diese Größen, bevor die Entwicklungsfreigabe für ein neues Produkt ausgesprochen wird. Kosten- und Gewinnrechnungen können in speziellen Fällen weitere quantitative Beurteilungsmaßstäbe für die Entscheidungen sein. (Target Costing bzw. Kostenziele).

Nach amerikanischen Untersuchungen und eigenen Erfahrungen führen nur 20 % serienreif entwickelter Produkte zu befriedigenden Objekten, wobei nur etwa 30 % des erzielbaren Gewinns ausgereizt wird. Ein Teil des Gewinns geht dadurch verloren, dass nicht die temporären Idealkosten gefunden werden, ein Teil dadurch, dass man den Idealerlös nicht erzielt und ein Teil dadurch, dass die Idealmenge nicht abgesetzt wird (Abb. 2.6).

Tabelle 2.4. Bewertung von Erfolgschancen technischer Produkte

Bewertungskriterium		ErfüllungsGrade								NA × EG
Benennung	Nutz-wert-Anteil	sehr gut		gut		ausreichend		un-genügend		
Risiko	20	Null	10	gering	7	über-schaubar	5	groß	2	
Know how	12	Ver-fahren		Prinzip	7	Idee vorh.	5	Pionier	2	
Konkurrenz	8	verbes-sern	10	kopieren	7	schlecht	5	nicht vorh.	2	
Entwicklungsstand	16	60% vorh.	10	50% vorh.	7	30% vorh.	5	10% vorh.	2	
Entwicklungsgeräte	8	aus-reichend	10	an-passen	7	neu kaufen	5	neu entwi.	2	
Personalstruktur	8	eingear-beitet	10	an-gelernt	7	Grund-kenntnis	5	un-qualif.	2	
Personalkapazität	16	Über-schuss	10	aus-reichend	7	knapp	5	fehlt	2	
Projektleiter	12	hoch-qualifiz.	10	quali-fiziert	7	motiviert	5	Neu-heit	2	
Summe	100							Max.	=	1000

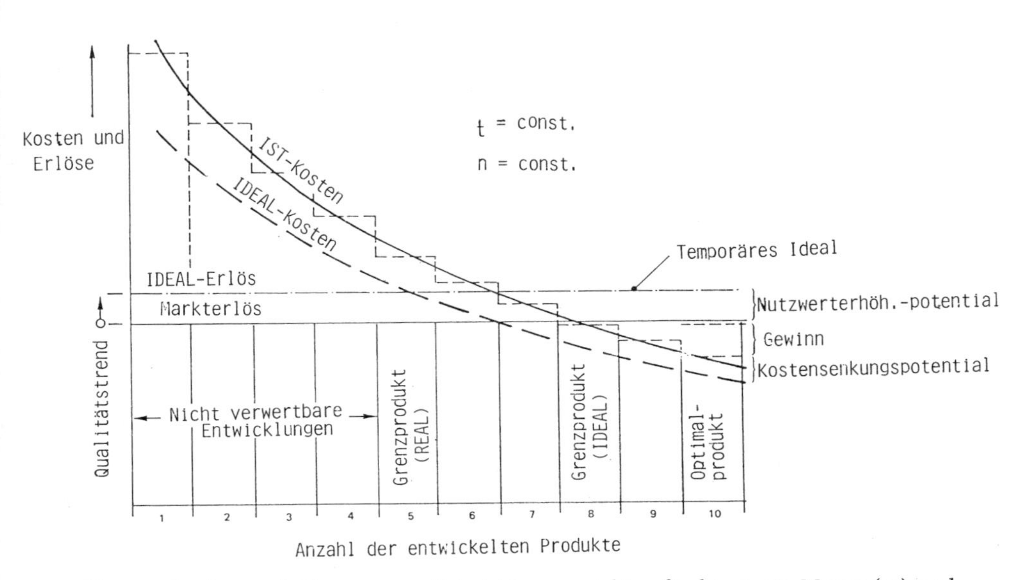

Abb. 2.6. Gewinn und Chancen von Entwicklungsprojekten für konstante Menge (m) und konstante Zeit (t)

3.1 Produktionsprogrammanalyse

> Die Produktionsprogrammanalyse ist eine periodische Untersuchung des Produktionsprogramms im Hinblick auf Absatz, Erlös, Gewinn, Deckungsbeitrag, Rationalisierungsreserven und weitere Kriterien zur Beurteilung der einzelnen Produkte.

Neben der systematischen Untersuchung des Produktionsprogramms mit Hilfe eines Formblatts sind Untersuchungen von Engpässen oder freien Kapazitäten erforderlich, auf die von Fall zu Fall der Deckungsbeitrag zu beziehen ist.

Formblatt: **Produktionsprogrammanalyse** (Tab. 2.5)

Spalte
- (2) Benennung und Identifizierung der Produkte
- (3) Alter in Jahren seit Serienbeginn (evtl. Darstellen als Diagramm von Umsatz und Alter)
- (4) Aktualität (Lebensphase) des Produkts
  - 1 = Einführungsphase
  - 2 = Wachstumsphase
  - 3 = Reifephase
  - 4 = Sättigungsphase
  - 5 = Degenerationsphase
  - 6 = Auslaufphase
- (5) Absatzmengen des vorletzten
- (6) letzten und
- (7) laufenden Jahres in Stück
- (8) Nettoerlös in €/Stk als Durchschnittserwartung für das laufende Jahr
- (9) Nettoerlös (Umsatz) im laufenden Jahr in € (7) · (8)
- (10) Erlöspriorität (Umsatzpriorität)
- (11) Kalkulierte Selbstkosten im laufenden Jahr in €/Stk
- (12) Kalkulatorischer Gewinn in €/Stk (8) – (11)
- (13) Erwarteter Produktgewinn in € (7) · (12)
- (14) Gewinnpriorität des Produkts
- (15) Grenzkosten des Produkts in €/Stk
  (Für Überschläge: 40 % der Fertigungsgemeinkosten sind fix, 60 % der Fertigungsgemeinkosten sind variabel).
- (16) Deckungsbeitrag des Produkts in €/Stk (8) – (15)
- (17) Deckungsbeitrag im laufenden Jahr in € (7) bis (16)
- (18) Deckungsbeitragspriorität
- (19) Hinweise auf erforderliche Aktualisierungsmaßnahmen oder auf sonstige Entscheidungen

Tabelle 2.5. Produktionsprogrammanalyse

Nr	Produktions-programm-analyse / Benennung	Alter	Aktualität	Absatzmenge Planjahr -2 19..	-1 19..	0 19..	Netto-erlös 19..			Selbstkosten	Gewinn 19..			Grenzkosten	Deckungs-beitrag 19..			Bemer-kungen
	Einheit →			Stk	Stk	Stk	€/Stk	T€	P	€/Stk	€/Stk	T€	P	€/Stk	€/Stk	T€	P	
	Spalte →	(3)	(4)	(5)	(6)	(7)	(8)	(9)	(10)	(11)	(12)	(13)	(14)	(15)	(16)	(17)	(18)	(19)
Nr	Gleichung →							(7)·(8)			(8)−(11)	(7)·(12)			(8)−(15)	(7)·(16)		
	HK1C	10	↗	600	800	800	2400	1920		2300	100	80		1610	790	632		
	HK2B	5	→	1300	1200	1400	2600	3640		2600	0	0		1820	780	1092		
	HK3A	3	↗	1000	1100	1200	3000	3600		2800	200	240		1980	1020	1224		
	HK4D	10	↘	300	250	200	4100	820		4000	100	20		2800	1300	260		
	HK5A	2	↗	--	--	100	5200	520		5000	300	30		3500	1700	170		
	Summe	--	--	3200	3350	3700	--	10500		--	--	370 = 3,5 % v. (9)				3378 = 32 % v. (9)		

3.2 Entwicklungsprogrammanalyse

Die Beurteilung neuer Produkte im Hinblick auf künftige Absatzchancen kann analog zur Portfolioanalyse auch auf der Basis der erwarteten Marktentwicklung und der eigenen Stärken erfolgen. Die Marktentwicklung zeigt die Chancen und Risiken, (Zeile 1 von Tab. 2.4). Die Stärken, gemessen am Wettbewerb, sind in den Zeilen 2 und 3 pauschal beurteilt und in den folgenden Zeilen noch verfeinert bzw. spezialisiert. So stellt Tab. 2.4 eine interessante Unterlage dar, auf der Basis des Nutzwertschemas, für die Beurteilung von Entwicklungsprojekten. Das Einsatzgebiet dieses Schemas liegt vorwiegend im komplexen EDV-Bereich. Andere Branchen benutzen analoge Schemata.

Aus wirtschaftlichen Gründen muss die Entwicklung die Priorität bei Produkten nach den Gewinnchancen ΔG setzen, die bei beschränkter Entwicklungskapazität auf den Entwicklungsaufwand m bezogen sind [2.4].
Die Grundgleichung für die relative Gewinnchance C lautet:

$$C = \frac{\Delta G}{m} = \frac{1}{m} [(e_2 - k_2) \cdot n_2 - (e_1 - k_1) \cdot n_1 - (I_2 - I_1)]$$

Unter den zahlreichen, denkbaren Entwicklungsprojekten sind demnach diejenigen zur Durchführung auszuwählen, die:

1. konform zu den Unternehmenszielen liegen und
2. die Vertriebs-, Fertigungs- und Entwicklungskapazität günstig auslasten und
3. einen hohen Gewinn je Entwicklungsstunde abwerfen.
4. Die Möglichkeit einer hohen Verzinsung für zusätzliches Investitionskapital kann ein weiteres Kriterium sein, sofern die Liquidität und das Risiko günstig sind.

Als Hilfsmittel zur Beurteilung potentieller Entwicklungsprojekte bzw. zum Aufstellen von Prioritätsreihen kann das vorliegende Formblatt verwendet werden (Tab. 2.6). Es zeigt im ersten Abschnitt (ohne Projekt), wie sich Mengen, Kosten und Erlös ohne die Entwicklungsarbeit weiterentwickeln werden. (Ansatz für die Periode bis zum Produktionsende, max. 5 Jahre).

Im Abschnitt 2 weist das Formblatt die entsprechenden Zahlen auf für die Annahme, dass das Entwicklungsprojekt erfolgreich abgeschlossen wird. Hierfür sind die vorab zu leistenden Projektkosten sowie der erzielbare zusätzliche Gewinn als Projektgewinn errechnet.

Die Indices bedeuten:

1 = ohne Projekt, d.h., wenn in bisheriger Manier weitergearbeitete wird.
2 = mit Projekt, d.h., wenn die Änderung durchgeführt wird.

Spalte
(1) Menge n_1 in Stk; die noch absetzbare Gesamtmenge bis zum Produktionsende
(2) Nettoerlös (Preis ab Werk) e_1 in €/Stk; Mittelwert für den Planungszeitraum
(3) Kosten k_1 in €/Stk Mittelwert der Vergleichskosten (= Grenzkosten, Herstellkosten oder Selbstkosten, je nach Aufgabenstellung)

(4) Investitionen I in €; nur sofern auch ohne Projekt erforderlich. Der Betrag I kann die Komponenten enthalten
I_A = Entwicklungskosten
I_B = Betriebsmittelinvestitionen
I_M = Markteinführungskosten

(5) Entwicklungsaufwand m in M Mo (= Mann · Monate), geschätzter Wert
(6) bis (10) analog (1) bis (4) bei Durchführung des Projekts

(11) Gewinn G in €, zusätzlicher Gewinn bei Durchführung des Projekts unter Berücksichtigung bzw. Umlage der Projektkosten.
Der zusätzliche „Absolute Projektgewinn“ errechnet sich wie folgt: €) von nutzwertgleichen Objekten

$n_1 = n_2 = n; \qquad e_1 = e_2 = e$

$\Delta G = (k_1 - k_2)\, n - (I_2 - I_1)$

α) von Objekten mit geändertem Nutzwert

(n_1 Ï n_2; e_1 Ï e_2; k_1 Ï k_2; I_1 Ï I_2)

$\Delta G = (e_2 - k_2)\, n_2 - (e_1 - k_1)\, n_1 - (I_2 - I_1)$

χ) von neuen Objekten

$(n_1 = 0; \qquad k_1 = 0; \quad I_1 = 0)$
$\Delta G = (e_2 - k_2)\, n_2 - I_2$

(12) Chance als relativer Projektgewinn C in €

Der Wert C ist jeweils $C = \dfrac{\Delta G}{m}$

(13) Priorität nach (12)

Als Kostenziele zur Beurteilung der Chancen von Entwicklungsarbeiten kann von folgenden Erfahrungswerten ausgegangen werden: Bei einer nicht ganz repräsentativen Auswahl von typischen, realisierten Wertanalyse-Objekten zeigten die Brutto-Einsparungen (ohne Vorauskostenabzug für die Entwicklungsarbeiten)

Werte zwischen 18% bei komplexen Produkten (>150 Teile)
und 30% bei einfachen Produkten (<20 Teile).

Dabei sind die höheren Werte der einfacheren Produkte dadurch bedingt, dass

1. eine Auswahl der besonders einsparungsträchtigen Funktionsgruppen erfolgen konnte und
2. eine intensivere Durchdringung kleinerer Gruppen üblich ist.

In Abhängigkeit von der Typlaufzeit ergaben sich durchschnittlich erzielte Einsparungen

zu: ca. 20% bei Typlaufzeiten von 4 Jahren
ca. 30% bei Typlaufzeiten von 10 Jahren
ca. 40% bei Typlaufzeiten von 20 Jahren und darüber

Tabelle 2.6. Entwicklungsprogrammanalyse

ENTWICKLUNGSPROGRAMMANALYSE	$\Delta G = (e_2 - k_2)\, n_2 - (e_1 - k_1)\, n_1 - (I_2 - I_1)$; $C = \frac{\Delta G}{m}$											
Objekt	Ohne Projekt				Ratio.-Aufw.	Mit Projekt				Durch Projekt		
	Menge	Erlös	Kosten	Invest.		Menge	Erlös	Kosten	Invest.	Gewinn	Rel.G.	Prior.
Einheit	St	€/St	€/St	T€	MMo	St	€/St	€/St	T€	T€	T€/MMo	
Kurzzeichen	n_1	e_1	k_1	I_1	m	n_2	e_2	k_2	I_2	ΔG	C	P

Dabei traten besonders hohe Werte immer dann auf, wenn in einem Gebiet ein neues Lösungskonzept gefunden und auf voller Breite eingesetzt wurde (z.B. Röhre, Transistor, integrierte Schaltungen; oder Sandguss, Kokillenguss, Druckguss; oder Holz, Blech, Kunststoff usw.). Diese Sprünge haben diese Mittelwerte verständlicherweise hochgetrieben. In Abhängigkeit von der Produktart ergaben sich folgende Maximalwerte für Rationalisierungspotentiale (Tab. 2.7):

Tabelle 2.7. Maximalwerte für Rationalisierungspotentiale in Prozent der Vorgabezeit. Nicht in % der Kosten!

Produktart	Rationalisierungs-potential in % der Vorgabezeit pro Jahr	Rationalisierungssprünge
grobmechanisch	3,0	Sparbau Technologiewechsel
feinmechanisch	3,5	Kleinstzeitverfahren, spanlos
elektrisch (grob)	3,0	Materialsubstitution
elektronisch	6,0 (Stufen!)	Röhre bis integrierte Schaltung
energietechnisch	2,5	Größendegression
chemisch	11,5 – 3,0 (Stufen)	Technologiewechsel

Da das Rationalisierungspotential immer dann einen Sprung aufweist, wenn eine wesentlich technische oder technologische Neuerung eingeführt wird, ist dieser Umstand, der oft 20 bis 60% Kostenreduzierung ermöglicht von Fall zu Fall besonders einzukalkulieren.

3.3 Nutzwert der Produkte

Als Nutzwert von Produkten bezeichnet man die Wertschätzung bzw. Wertbemessung die der Abnehmer (Nutzer) des Produkts dem Objekt beimisst. Als Maßstab gilt dabei ein objektiv messbarer Erfüllungsgrad subjektiv bewerteter Anforderungen. Die heute üblichen Verfahren der Nutzwertanalyse werden im Rahmen der „Rationalisierungstechniken" besprochen, sodass hier auf die Durchsprache verzichtet werden kann.

3.4 Wirtschaftlichkeitsrechnung für Neuprodukte

Jedes Neuprodukt ist mit einer Kapitalbindung verbunden, die weit höher sein kann als die Kapitalbindung in einer Maschine, für die heute immer ein Wirtschaftlichkeitsnachweis gefordert wird. Trotzdem ist es bisher nicht üblich, Wirtschaftlichkeitsrechnungen für Neuprodukte zu erstellen. Als Gründe werden benannt: Mangel an Rechenverfahren und Unsicherheit bei den Datenannahmen. Trotzdem soll hier der Nachweis versucht werden, diese beiden Gründe zu widerlegen: Wenn die Projektkosten bekannt sind und über die Absatzmengen erzielbare Erlöse und Kosten hinreichend gute Annahmen vorliegen, lässt sich das Entwicklungsprojekt wie eine Investition darstellen und rechnerisch erfassen. Das vorliegende Beispiel zeigt, dass nicht nur mit einfacher Rechnung, sondern auch mit anschaulicher Grafik der Entwicklungs-prozess darstellbar ist.

In Anbetracht des großen Risikos jeder Entwicklungsarbeit sind für alle Projekte mit mehr als 100 T€ Projektkosten solche Rechnungen mit unterschiedlichen Annahmen (optimistisch, wahrscheinlich und pessimistisch) durchzuführen. Das Ergebnis stellt eine gute Entscheidungsbasis dar.

Beispiel zu 3.4 : Wirtschaftlichkeitsrechnung für Entwicklungsprojekt
Für eine wieder neu aufzunehmende Bodenfräse sind 170 T€ Entwicklungskosten aufzuwenden sowie Anlaufkosten und allmählich ansteigende Produktpflegekosten. Die Absatzzahlen sind für 8 Jahre vom Vertrieb prognostiziert.

a) Wie sieht der Kapitalfluss für i = 10 % p. a. aus? (Siehe hierzu Abb. 2.7).
b) Welche Amortisationszeit wird bei i = 10 % p. a. Verzinsung erreicht?
c) Welche interne Verzinsung ergibt dieses Produkt? (einschließlich Entwicklungskosten).
d) Wie verändern sich die Verhältnisse, wenn mit Preis- und Kostenänderungen zu rechnen ist?

Siehe nachstehendes Datenblatt (Tabelle 2.8) zum Beispiel.

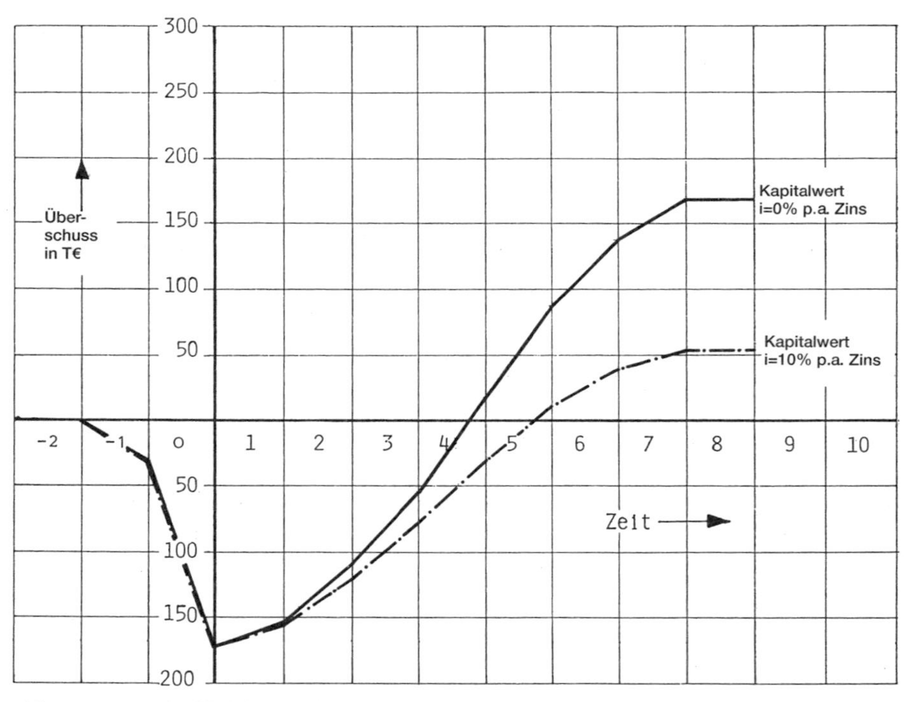

Abb. 2.7. Wirtschaftlichkeitsrechnung für eine Bodenfräse. Tilgungsdauer und Kapitalwert bei i = 0 % und i = 10 % p. a. Verzinsung)

Tabelle 2.8. Entwicklungsaufwand für Gartenfräse

	Wirtschaftlichkeitsrechnung	Planjahr		Entwicklungsaufwand und seine Tilgung für Gartenfräse								
	Gartenfräse 2000 Benennung	-1 Kosten in T€	0									
1	Pflichtenheft	2	–									
2	Entwürfe	8	–									
3	Prototyp	6	–									
4	Erproben + Ausarbeiten	4	–									
5	Arbeitsunterlagen	10	10	Jahr	→							
6	Betriebsmittel	–	120	1	2	3	4	5	6	7	8	Summe
7	Vorserien + Serienbetreuung	–	10	8	6	4	4	5	10	20	40	107
8	Absatzmenge	–	Stk	500	1000	1200	1500	1500	1200	1000	800	8700
9	Erlöse	–	T€	500	1000	1200	1500	1500	1200	1000	800	8700
10	Herstellkosten	–	T€	250	500	600	750	750	600	500	400	4350
11	Verw. + Vertriebskosten 300	€/Stk	T€	150	300	360	450	450	360	300	240	2610
12	Sonstige Kosten 50	€/Stk	T€	75	150	180	225	225	180	150	120	1305
13	Brutto-Gewinn in T€	-30	-140	17	44	56	71	70	50	30	0	168
14	- Zinsfaktor für i = 10% p.a.	1,100	1,000	0,909	0,826	0,751	0,683	0,621	0,564	0,513	0,467	–
15	Kapitalwert für i = 10% p.a.	-33	-140	15	36	42	48	43	28	15	0	54
16	- Zinsfaktor für i = 20% p.a.	1,200	1,000	0,833	0,694	0,579	0,480	0,402	0,335	0,279	0,233	–
17	Kapitalwert für i = 20% p.a.	-36	-140	14	31	32	34	28	17	8	0	-12
18	Interne Verzinsung	r = (10 + 10 · (54/54 + 12)% p.a. = 18% p.a. bei n = 8 (10) Jahren										
19	Amortisationszeit	Aus kumulierten Rückflüssen zwischen Jahr 4 und Jahr 5 mit na = 4,7 a bei i= 10% p.a.										
20	Umsatzrendite	ru = (168/8700) · 100% = 1,93%										
21	Grenzmenge	Schnittpunkt des Tilgungsdiagramms ist für i = 0% p.a. mg = 3750 Stk und für i = 10% p.a. mg = 5750 Stk										

Ergebnisse:
Zu a) Mit 10% p.a. Zinsen auf das eingesetzte Kapital, amortisiert sich der gesamte Aufwand im Planjahr 4,7 (6,7 Jahre nach dem „Start") und am Ende des Projekts weist sich ein Kapitalwert aus von 54 T€. (Siehe Diagramm!)

Zu b) Zur Errechnung einer realistischen Amortisationszeit müssen kalkulatorische Zinsen von 10% angesetzt werden. Mit dieser Verzinsung amortisiert sich das Kapital zum Zeitpunkt 4,7 Jahre bei der Grenzmenge $m_{gr\,10} = 5075$ Stk.

Zu c) Bis zum geplanten Projektende ergibt sich eine interne Verzinsung des eingesetzten Kapitals von 18%. Davon sind jedoch die kalkulatorischen Zinsen von etwa 10% abzuziehen und der Rest wird auch noch etwa zur Hälfte an Steuern abzuführen sein.

Zu d) Da Preissteigerungen sowohl auf der Ausgabenseite (Materialkosten, Löhne usw.) wie auch auf der Einnahmenseite (Verkaufspreise u.ä.) realisiert werden, war bisher ihr Einfluss weitgehend ausgeglichen. Ob dies auch für die Zukunft gilt, ist unsicher, aber anzunehmen.

3.5 Wirtschaftlichkeitsrechnung für Aktualisierungsmaßnahmen

Maßnahmen der Produktpflege dienen dazu, bestehende Produkte zu verbessern, zu modernisieren, zu aktualisieren, um dadurch einen allmählichen Absatzverfall aufzufangen.

Aktualisierungsmaßnahmen sind *grundsätzlich* notwendig„ da Änderungen der Bedürfnisse, der Technik, Technologie, Mode und Konkurrenz dies erfordern. Es ist jedoch eine Frage der Zeit, wann man mit einem kleinen „Face-lifting" auskommt und wann eine große Aktualisierungsmaßnahme erforderlich ist. Zur rechnerischen Erfassung dieses Problems dient eine Wirtschaftlichkeitsrechnung, in der alternative Perioden für die Aktualisierungsmaßnahmen angesetzt sind und jeweils in Abhängigkeit von der Periode der Gewinn errechnet wird.

Realistische Annahmen über die Verkaufsmengen und über die jeweiligen Investitionen einer Aktualisierung sowie die Annahme eines konstanten Aktualisierungszyklus sind Voraussetzungen, die den rechnerischen Ansatz erleichtern. Das vorliegende Formblatt, Tabelle 2.9, kann als Anregung für die Durchführung derartiger Rechnungen dienen. Es zeigt drei Vergleichssituationen:

1. Entwicklung ohne Aktualisierung
   (Allmählicher Absatzverfall)
2. Entwicklung mit periodischer Aktualisierung
   zum Zeitpunkt t_1 mit Periode z_1
3. Entwicklung mit periodischer Aktualisierung
   zum Zeitpunkt t_2 mit Periode z_2

Wenngleich bei der Rechnung sehr viel Annahmen große Streuung aufweisen, lässt sich doch das Risiko von Fehlentscheidungen wesentlich verringern durch Ausschalten solcher Entwicklungen, die aussichtslos sind, was aber ohne Rechnung kaum zu durchschauen und zu belegen ist. Die Rechnung zeigt, dass bei 4- und 5-jährigem Typwechsel praktisch gleiche Gewinne zu erzielen sind.

Tabelle 2.9. Produktaktualisierung nach 4 oder 5 Jahren

Wirtschaftlichkeitsrechnung für Aktualisierung eines Produkts		Planjahr		Projekt Nr.: 3225 Datum: 10. 10. Name:											
				Planjahr											
(0)	Benennung	-1	0	1	2	3	4	5	6	7	8	9	10	Rest	Summe
(1)	Anforderungsliste														
(2)	Entwürfe														
(3)	Prototyp														
(4)	Erproben + Ausarbeiten														
(5)	Arbeitsunterlagen														
(6)	Betriebsmittel														
(7)	Vorserie + Serienbetreuung	T€	0												
(8)	Absatzmenge in St. ohne Projekt	30	60	1000	800	500	300	200	Ende →					Einmalig	
		30	60	←	P₁		→							Periodisch	
(9)	mit Projekt im Jahr 1; z = 4 a			1000	1200	1200	1100	1000	800	500	300	200		alle 4 Jahre	
		30	60		← 800		P₂		→						
(10)	mit Projekt im Jahr 2; z = 5 a			1000	1000	1200	1200	1100	1000	800	500	300	200	alle 5 a	
(11)	Bruttogewinn in TDM ohne Projekt			100	80	50	30	20	einmalig						
(12)	mit Projekt im Jahr 1;			100	120	120	110	periodisch alle 4 a							
		-30	-60	80				-30							
(13)	mit Projekt im Jahr 2;		100	100	120	120	110	100	periodisch alle 5 a						
(14)	Zinsfaktor für 10% p.a.	1,100	1,000	0,909	0,826	0,751	0,683	0,621	0,564	0,513	0,467				
(15)	Ohne Projekt Gewinn T€	0	0	91	66	38	20	12	227; 5 einmalig						
(16)	kum. Gew. T€	0	0	91	157	195	215	227	45; 5						$\rightarrow \frac{45{,}5}{a}$
(17)	Proj. Jahr 1 Gewinn T€	-33	-60	91	99	90	75								$\rightarrow \frac{65{,}5}{a}$
(18)	kum. Gew. T€	-33	-93	-2	97	187	262		262: 4 periodisch alle 4 a						
(19)	Proj. Jahr 2 Gewinn T€	0	-30	-55	66	90	82	68	56						62,4
				+91											
(20)	kum. Gew. T€	0	-30	+6	72	162	244	312	213: 5 periodisch alle 5 a						$\rightarrow \frac{65{,}8}{a}$

3.6 Formulare für Produktanalysen

Die Produktanalyse ist die Vorbereitung von Entscheidungen für eine gewinnoptimale Produkt- und Programmgestaltung.

Das gesamte geplante Programm wird nach Gewinnchancen aufgeteilt in A-Produkte, B-Produkte und C-Produkte. Für die A-Produkte wird nun zunächst anhand von schematisierten Unterlagen eine Studie mit folgenden Hauptschritten ausgearbeitet:

1) Marktanalyse
Die Marktanalyse zeigt die bisherige Absatzentwicklung aller vergleichbaren Produkte und leitet den Trend für weitere Entwicklungen her. Daneben werden die Konkurrenz- und die Preisentwicklungen beleuchtet. Ferner kann die Nutzwertanalyse einen Einblick in die Marktlage ermöglichen.

2) Marktstellung
Die eigene Marktstellung zeigt sich am Marktanteil, an der Elastizität des Marktes gegenüber Preisänderungen, an Lieferzeiten und an der Beurteilung des eigenen Produkts hinsichtlich längerem Einsatz (Lebenskurven).

3) Produktgewichtung
Neben der ABC-Analyse nach der Gewinnchance muss die weitere Verflechtung eines Produkts mit der anderen Produktion (Kuppelprodukte u.ä.) herausgeschält werden. Hierzu gehört die Untersuchung von Kostenschwerpunkten oder Engpassbelegungen (spezifischer Deckungsbeitrag).

4) Zielsetzung
Aufgrund der Chancen des Produkts sind Ziele und dafür erforderliche Aktionen zu planen, die sich auf Mengen, Preise, Kosten und Termine erstrecken. In dieser Form liegt für jedes wesentliche Produkt (oder für jeden Produktbereich) ein Aktionsprogramm vor, das die Voraussetzungen für den Aufbau der Anforderungsliste darstellt.

Anwendung:	Werkzeugmaschinen	Hilfsstoffe
	Druckmaschinen	Gebrauchsgüter
	Elektromaschinen	Verbrauchsgüter
	Fahrzeuge	Dienstleistungen usw.

Empfehlungen
1. Periodisch und regelmäßig Produktionsprogrammanalysen, Entwicklungsprogrammanalysen und Produktanalysen betreiben
2. Gliedern der Geschäftsfelder in Suchgebiete
3. Systematisches, periodisches Produktsuchen
4. Abschätzen der langfistigen Markt- und Absatzchancen
5. Portfolio-Analysen für die Geschäftsfelder
6. Rentabilitäts- und Amortisationsrechnungen für Projekte

4 Lastenheft – Pflichtenheft – Entwicklungsauftrag –

Grundlagen der Entwicklungsarbeit

Das Lastenheft, das Pflichtenheft und der Entwicklungsauftrag sind Unterlagen, die die Ziele und Bedingungen für Entwicklungsprojekte klären, die für eine klare und verbindliche Aufgabenstellung sorgen, bevor durch eine fortgeschrittene Konstruktionsarbeit Sachzwänge geschaffen sind, die Fehlentwicklungen einleiten oder unwirtschaftliche oder termingefährdende Änderungen bedingen. Die Aufgabenstellung selbst muss dabei aus den Zielen abgeleitet sein, die sich als verfolgungswürdig bzw. als besonders gewinnträchtig erwiesen haben.

Vor dem Erstellen eines Lastenheftes ist zu klären, welche Objekte oder unter welchen Bedingungen bestimmte Objekte entwickelt bzw. der Rationalisierung unterzogen werden sollen. Hier kann die Programmanalyse Ansatzpunkte geben.

Ausgangspunkt des **Lastenheftes** sind Marktanalysen, Produktanalysen, Kundenanfragen oder Forschungsergebnisse, ferner Wettbewerbsanalysen, Nutzwert- bzw. Testergebnisse und Kostenuntersuchungen (Tab. 2.10).

Das **Pflichtenheft** als klare Zielformulierung für den Entwickler darf weder seinen Entwicklungsspielraum über das Notwendige hinaus einengen, noch eine zu allgemeine Formulierung der Aufgabe darstellen. Es ist eine auf der Basis der Kundenanforderungen des Lastenhefts gemeinsam festgelegte oder zumindest genehmigte Unterlage folgender Bereiche: Vertrieb, Entwicklung, Arbeitsvorbereitung, Einkauf und Fertigung.

Bei den Wünschen bzw. Quantifizierungen von Forderungen soll klar erkennbar sein, von wem sie ausgehen, damit über eventuell notwendige Änderungen kurzfristig in kleinem Kreis entschieden werden kann.

Besteht ein technischer Vertrieb, kann das Pflichtenheft dort konzipiert und geführt werden. In allen anderen Fällen wird die Entwicklung bzw. Konstruktion für die Betreuung zuständig sein.

Tabelle 2.10. Vereinfachte Darstellung der logischen Reihenfolge der Betriebsfunktionen

Eingang (Input)	Abteilung	Funktion	Ausgang (Output)
Bedürfnisse	Marketing	Produktideen	**Lastenheft**
Lastenheft	Entwicklung	Konzept + Spezifikation	**Pflichtenheft**
Pflichtenh. + Entw.auftrag	Konstruktion	Lösungsideen	Zeichn. + Stücklisten
Zeichnungen + Stückliste	Arbeitsvorbereitung	Prozesse + Technologie	Betriebsmittelplan
Betiebsmittelplan	Arbeitsgestaltung	Arbeitssystemgestaltung	Arbeitsplätze
Arbeitsplätze	Fabrikplanung	Raumordnung	Arbeitsflussplan
Arbeitsflussplan	Arbeitsführung	Kompetenzen	Strukturorganisation

4.1 Begriffsbestimmung

Die Aufgabenstellung für die Entwicklung hat heute viele Bezeichnungen. Vom Zielkatalog über Entwicklungsantrag und -auftrag zur Anforderungsliste zum Rahmenplan, zum Lastenheft, Pflichtenheft, bis zur Spezifikation oder dem Leistungsverzeichnis sind viele Formulierungen gebräuchlich und mit unterschiedlichen Begriffsinhalten angewandt. Daher ist es erforderlich, zunächst die Begriffe zu definieren, bevor mit Ihnen gearbeitet wird.

Im April 1991 wurde die VDI/VDE-Richtlinie 3694 [2.5] veröffentlicht, die sich zwar nur auf den „Einsatz von Automatisierungssystemen" bezieht, jedoch erstmalig eine Empfehlung enthält für die Definitionen und Inhalte von Lastenheften und Pflichtenheften. Der bisher vom VDI verwendete Begriff „Anforderungsliste" wird dabei nicht mehr spezifiziert, sondern nur noch als allgemeine Formulierung angewandt. In diesem Skriptum soll er als Oberbegriff verwendet und für alle aufgelisteten Anforderungen eingesetzt werden, unabhängig von der Quelle, Betreiber, Planer, Hersteller, Umwelt, von der Wichtigkeit (Forderung oder Wunsch), der Detaillierung (Lastenheft bis Leistungsbeschrieb usw.).

Die offiziellen Definitionen der Entwicklungsvorgaben lauten in der VDI/VDE-Richtlinie:

Definition Lastenheft
„Zusammenstellung aller ***Anforderungen des Auftraggebers*** *hinsichtlich Liefer- und Leistungsumfang."*
„Im Lastenheft sind die Anforderungen aus Anwendersicht einschließlich aller Randbedingungen zu beschreiben. Diese sollten quantifizierbar und prüfbar sein. Im Lastenheft wird definiert **WAS** und **WOFÜR** zu lösen ist. Das Lastenheft wird vom Auftraggeber oder in dessen Auftrag erstellt. Es dient als Ausschreibungs-, Angebots- und/oder Vertragsgrundlage."

Definition Pflichtenheft
„Beschreibung der Realisierung aller Anforderungen des Lastenheftes."
„Das Pflichtenheft enthält das Lastenheft. Im Pflichtenheft werden die Anwendervorgaben detailliert und die Realisierungsanforderungen beschrieben. Im Pflichtenheft wird definiert **WIE** und **WOMIT** die Anforderungen zu realisieren sind. *Es wird eine definitive Aussage über die Realisierung des Automatisierungssystems gemacht.* Das **Pflichtenheft** wird in der Regel nach Auftragserteilung **vom Auftragnehmer erstellt**, falls erforderlich unter Mitwirkung des Auftraggebers. Der Auftragnehmer prüft bei der Erstellung des Pflichtenheftes die Widerspruchsfreiheit und Realisierbarkeit der im Lastenheft genannten Anforderungen. *Das Pflichtenheft bedarf der Genehmigung durch den Auftraggeber. Nach Genehmigung durch den Auftraggeber wird das* Pflichtenheft die verbindliche Vereinbarung für *die Realisierung und Abwicklung des Projektes für Auftraggeber und* Auftragnehmer." (Einige *Details* dieser Definition sind hier spezifisch und nicht allgemeingültig!)

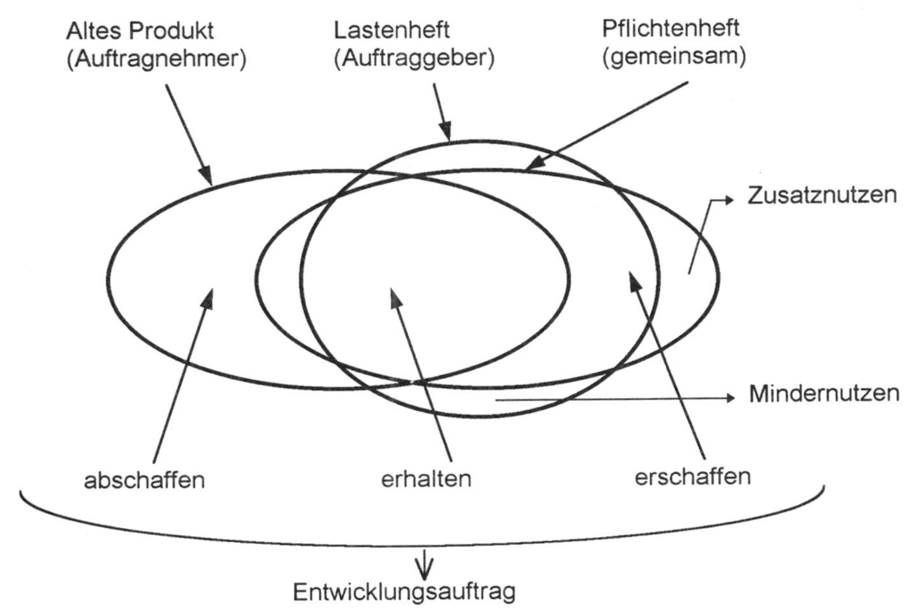

Abb. 2.8. Lastenheft – Pflichtenheft – Entwicklungsauftrag

Entwicklungsauftrag
Da die meisten Produkte Vorgänger haben, also nicht ganzheitlich neu entwickelt werden müssen, sondern Weiterentwicklungen oder Varianten darstellen, richtet sich der Arbeitsaufwand in der Entwicklung, Arbeitsvorbereitung und zum Teil auch in der Fertigung nach dem Umfang des „Neuen" im Lastenheft. Das bedeutet, dass der „Entwicklungsauftrag" zwar den Hinweis auf das Pflichtenheft enthält, jedoch der Arbeitsumfang die drei Komponenten enthalten muss:

1. „Erhalten des verwendbaren Vorhandenen" und
2. „Abschaffen des nicht verwendbaren Vorhandenen".
3. „Erschaffen des Neuen". (Vergl. Abb. 2.8).

4.2 Vom Lastenheft und Pflichtenheft über den Entwicklungsantrag zum Entwicklungsauftrag

a) Lastenheft – Kundenorientiert
Um eine eindeutige Unterlage bei den Verhandlungen zwischen Kunden (= Auftragsgeber) und Verkäufer (= Auftragsnehmer) zu haben, die dann auch Bestandteil des Angebots, des Auftrags sowie der Entwicklung und der Fertigung sein kann, empfiehlt es sich, für die Anfrage ein Standard-Lastenheft zu erarbeiten. Dieses enthält alle üblichen Anforderungen der Kunden, gegliedert in Forderungen (im Grundpreis enthalten) und Wünsche (evtl. gegen Auf- oder Mehr-

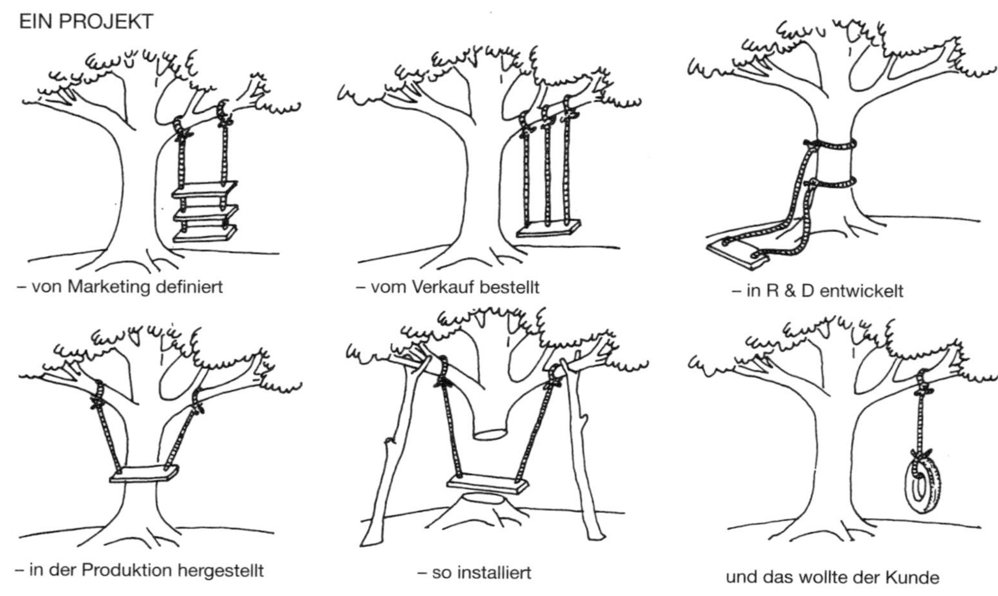

Abb. 2.9. Hier fehlt das Pflichtenheft!

preis). Ferner zeigt das Standard-Lastenheft, unter welchen Bedingungen das Objekt später eingesetzt sein wird und mit welchen Terminen zu rechnen ist.

Das Lastenheft ist die Unterlage, in der aus der Sicht des Kunden und mit Blick auf den Kunden, die Aufgaben, die Wirkungen und Nebenwirkungen des Objekts aufgezeigt werden sowie die Bedingungen, unter denen es eingesetzt werden soll. Das Lasterheft demonstriert, was das Produkt tun muss und wie es ein muss, um die Erwartungen der Kunden zu befriedigen.

b) Pflichtenheft als Grundlage für das Verkaufsgespräch (Abb. 2.9)
Während das Lastenheft als Bestandteil der Anfrage oder als die vom Auftragnehmer geforderte Ergänzung dazu anzusehen ist, müssen im Angebot gewisse Zusatzaussagen getroffen werden, die für den Kunden mit entscheidend sein können, jedoch nur vom Auftragnehmer zu benennen sind. Mit diesen Zusatzangaben, die auch Bestandteil des Angebots sind, wird aus dem Lastenheft das Pflichtenheft, als allseitig verbindliche Vertragsunterlage. Das Pflichtenheft enthält auch Zusatzfunktionen in Form von Optionen sowie „Abstriche“ vom Lastenheft, sofern diese notwendig oder zweckmäßig erscheinen und mit dem Auftraggeber abgestimmt sind.

Im Sondermaschinenbau, im Bauwesen oder allgemein im Individualverkauf von Produkten der Einzelfertigung oder bei Kombinations- oder Variantenprodukten hat sich ein Standard-Pflichtenheft bewährt, in dem in Art einer Checkliste alle Details abgefragt werden, die zu einer raschen Verkaufsverhandlung und Entwicklung nötig sind. Die Entwicklung nimmt nur dann einen Auftrag vom Vertrieb an, wenn das Pflichtenheft in bestimmten, gekennzeichneten Feldern ausgefüllt ist. Damit ist sichergestellt, dass die Entwicklung zügig ablaufen kann und dass alle wesentlichen Entscheidungen zwischen dem Kunden und dem Verkäufer abgesprochen und vorgeklärt sind.

c) Pflichtenheft-Ergänzung: Herstellerorientiert

Der Entwickler braucht zahlreiche Daten für seine Arbeiten, die den Kunden nicht interessieren oder die er nicht wissen soll. Diese Daten dürfen daher nicht im Lastenheft – als externer Unterlage – oder im normalen Pflichtenheft, – als gemeinsamer Unterlage – enthalten sein. Hierzu gehören Programmzahlen, Kosten und Zwischentermine sowie Funktionsgliederungen und Lösungsdetails.

Zwar hat sich heute in vielen Branchen mit starken Auftraggebern und abhängigen Lieferanten bzw. Zulieferern die Situation durchgesetzt, dass der Auftragnehmer eine Offenlegung der Kosten, Technologien und Zeiten fordert, und darauf nur eng begrenzte und differenzierte „Overheads" zubilligt. Dies sollte jedoch nicht die Regel werden bei freiem Wettbewerb.

Das ergänzte Pflichtenheft enthält außer den Daten des Lastenhefts noch *alle* intern erforderlichen Details zu Funktionen, zu Kosten bzw. Aufwand und Investitionen sowie Termine mit Freigabestufen. Daher sind Kosten und Termine „heruntergebrochen" bis zu den verantwortlichen Sachbearbeitern. Denn nur wenn die Aufgaben klar sind, kann auch Verantwortung für einwandfreie und termingerechte Ausführung übernommen werden.

Das **erweiterte Pflichtenheft** zeigt aus der Sicht von Entwicklung, Vertrieb, Arbeitsvorbereitung und Fertigung die Aufgaben (Funktionen) der Objekte, die Kosten mit Investitionen, die zur Realisierung erforderlich sind und die Termine (Meilensteine), die für die Einhaltung des Liefertermins bzw. Serienanlaufs sicherzustellen sind.

Das erweiterte Pflichtenheft kann auch strategische oder taktische Ziele beinhalten, die im gemeinsamen Pflichtenheft oder gar im Lastenheft nicht erscheinen dürfen. In der VDI/VDE-Richtlinie stehen zwar die Hinweise: „*Das Pflichtenheft wird in der Regel nach Auftragserteilung vom Auftragnehmer erstellt, falls erforderlich, unter Mitwirkung des Auftraggebers.*" und „*Das Pflichtenheft bedarf der Genehmigung durch den Auftraggeber.*" Diese Aussagen beziehen sich nur auf den Teil des Pflichtenheftes, der „zustimmungspflichtig" ist. Jedoch sollten im ergänzten Pflichtenheft oder zumindest in einem „Anhang zum Pflichtenheft" wesentliche Daten festgeschrieben werden, die nur für den internen Gebrauch vorgesehen sind.

c) Entwicklungsauftrag – Entwicklungsorientiert

Aufgrund von Kundenanfragen oder Kundenaufträgen bei Einzelfertigung oder von Forschungs-, Vertriebs- oder Entwicklungsanstößen bei Serienfertigung erstellt die Entwicklungsabteilung sogenannte Entwicklungsanträge, in denen für Einzelfertigung und interessant scheinende Objekte Ziele, spezielle Entwicklungsaufgaben, der Entwicklungsaufwand sowie das erwartbare Ergebnis festgehalten werden.

Wird ein Entwicklungs**antrag** genehmigt, dann kann er aufgrund seines Kapazitätsbedarfs endgültig terminiert werden, und er erscheint so als Entwicklungs**auftrag**.

> Der **Entwicklungsauftrag** zeigt, was die Entwicklung tun muss, damit das Objekt alle Anforderungen erfüllt, die im Lastenheft und im Pflichtenheft erfasst sind oder zu erfassen sind.

Bei Einzelfertigung wird meist zuerst das Lastenheft erstellt, dann der Entwicklungsauftrag. Bei Serienfertigung ist die Reihenfolge meist umgekehrt.

4.3 Praktische Handhabung von Lastenheft und Pflichtenheft

Normalerweise kommt das Lastenheft vom Auftraggeber als Teil seines Auftrags bzw. seiner Ausschreibung. Besteht ein technischer Vertrieb, kann dort nach dem Lastenheft das Pflichtenheft erstellt und geführt werden. In allen anderen Fällen wird die Entwicklung bzw. Konstruktion für die Betreuung zuständig sein, da das Marketing oder der Vertrieb nicht wissen, welche Daten alle in der Entwicklung nötig sind, um das Produkt vollständig zu planen.

Der Vertrieb kann zwar im allgemeinen die Daten des Lastenheftes ermitteln und hier insbesondere den kundenbezogenen Anteil herausarbeiten. Die Entwicklung muß jedoch die für sie besonders wichtigen Daten wie quantitative Leistungsdaten und Einsatzbedingungen anfordern sowie alle im Pflichtenheft zusätzlich aufgeführten Größen wie Absatzmengen, Kosten- und Freigabetermine herausarbeiten (lassen). Wesentlich ist jedoch, dass alle für die Entwicklung wichtigen Daten gekennzeichnet und im praktischen Fall erfasst sind, bevor ausgabenentscheidende Entwicklungsarbeiten beginnen. Der Rahmen des Lasten- und Pflichtenheftes ist immer gleich zu gestalten: Nach den Markt- und allgemeinen Zieldaten sind die Funktionen, die Bedingungen, die Kosten von Entwicklung und Fertigung sowie der Kapazitätsbedarf und die Termine zu ermitteln. Der Unterschied zwischen Anforderungslisten der Serienfertigung und der Einzelfertigung liegt vor allem im Datenumfang:

Bei Anforderungslisten für Massen- und Serienprodukte stehen die Markterhebungen, Programm- und Produktanalysen im Vordergrund. Die Funktionsbeschreibung orientiert sich weitgehend an den „Kundenwünschen" und Entwicklungsmöglichkeiten, ohne zu große Rücksichten auf vorhandene Konstruktionen und Fertigungseinrichtungen nehmen zu müssen. Investitionen für Material- und Zeiteinsparungen oder allgemein für Einsparung an variablen Kosten lohnen sich hier auch in größerem Umfang. Die Entwicklungszeiten betragen entsprechend den umfangreichen Planungsarbeiten auch meist mehrere Jahre.

Bei Einzelfertigung überwiegt die auftragsbezogene Entwicklung, bei der „nebenher" einige Neuerungen mitlaufen sollen. Daher stellt das Lasten- und Pflichtenheft hier nur eine präzise Formulierung des Auftrags unter Angabe von Entwicklungsschwerpunkten dar. Um jedoch genügend Spielraum für die Entwicklung offen zu halten, muss der Auftrag so formuliert sein, dass nicht eine bestimmte Ausführung angeboten wird, sondern eine „Problemlösung". Diese Art bindet den Entwicklungsingenieur nicht so sehr wie eine detaillierte Objektbeschreibung. Da bei Neuentwicklungen die zu erwartenden zusätzlichen Entwicklungs- und Betriebsmittelkosten erfasst und der „Änderung" ausgelastet werden, bleibt der Neuentwicklung im Rahmen von Einzelaufträgen nur ein kleiner Spielraum. Das Problem besteht hier in der Kombination von neuen Ideen mit möglichst viel bewährten Funktionsgruppen unter Einsatz vorhandener Betriebsmittel. Entwicklungs- und Investitionskosten müssen in engstem Rahmen bleiben, selbst wenn die Einzelkosten der Herstellung etwas höher sind. Durch Einzelentwicklung an Schwerpunkten (Vereinheitlichung, Prinzipversuchen usw.) muss hier eine allmähliches Produktverbesserung angestrebt werden. Nur selten sind generelle Umstellungen möglich.

Die Darstellung der Funktionen muss weitgehend auf vorhandenen Lösungen aufbauen und nur dort, wo wesentliche Änderungen zweckmäßig erscheinen, kann die Funktionsstruktur abgebrochen werden. Damit gewinnt das Pflichtenheft gerade in der Einzelfertigung besondere Bedeutung. Es liegt als Standardschema vor, kann vielfach vom Projekt-Ingenieur ausgearbeitet werden und bildet damit eine Begleitakte bis hin zum Abnahmeprotokoll. Der Funktionsteil des Pflichtenhefts ist jeweils für eine Produktgruppe individuell zu gestalten, während die übrigen Listenblätter für alle Produktgruppen einheitlich oder gar gleich aufgebaut sein können. Wenn das erste Pflichtenheft einmal erstellt ist, dann bringt jedes weitere Pflichtenheft keine wesentliche Arbeit mehr.

Das Lasten- und Pflichtenheft wird zwar vom Vertrieb, der Entwicklung oder von einem Projektleiter erstellt. Jedoch erlangt es erst Gültigkeit, wenn es von allen entscheidend am Projekt Beteiligten begutachtet und genehmigt ist.

Die Genehmigung kann entweder im Sterndurchlaufverfahren oder im Rahmen von Entwicklungsbesprechungen erfolgen. Stellt sich im Laufe eines Projektes heraus, dass Annahmen des Pflichtenheftes nicht einzuhalten sind, oder dass Verbesserungen möglich und zweckmäßig erscheinen, dann wird das Pflichtenheft über einen ordentlichen Änderungsdienst den neuen Verhältnissen angepasst und ausgetauscht.

In den Anforderungslisten sind drei Komplexe festzulegen:

1) die **Funktionen** (Anforderungen, Bedingungen, Richtlinien)
2) die **Kosten** (Entwicklungskosten, Produktkosten, Erlösziele)
3) die **Termine** und Zeiten (Kapazitätsbelegungen, Entscheidungstermine, Freigaben, Nutzungsdauern usw.)

Zu diesem Zweck sind aus der Produktanalyse (oder einer entsprechenden Voruntersuchung) die Marktchancen, die Risiken und die Konkurrenzsituation zu erfassen und Absatzdaten zu prognostizieren. Bei Entwicklungen für die Einzelfertigung sind statt der Mengendaten genauere Gliederungen in Baukastengruppen, Wiederverwendungsteile o.a. notwendig.

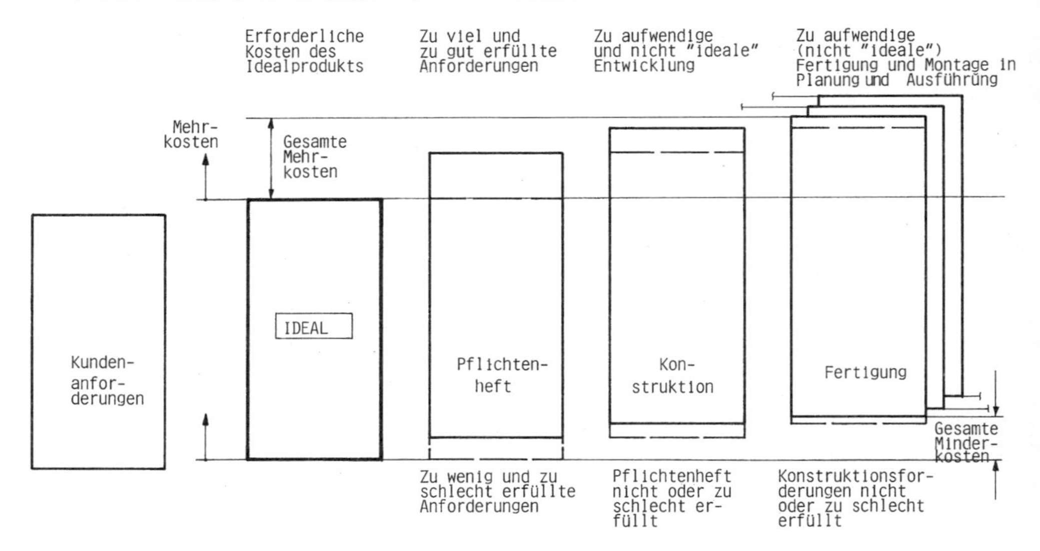

Abb. 2.10. Abweichung von Nutzen und Kosten vom IDEAL

Die Anforderungen sind gegliedert in Eigenschaften mit quantitativen Angaben (Eingabewerte und Ausgabewerte), die sich nicht als Funktionen erfassen lassen, in Bedingungen, die für das gesamte Objekt und als Randbedingungen der Funktionen anzusehen sind (Umweltbedingungen und Auswirkungen) und in Funktionen.

Im allgemeinen Pflichtenheft sind nur die aufgabenbedingten, die Soll-Funktionen aufzuführen, damit der Entwicklungsspielraum möglichst groß ist. Diese Soll-Funktionen können direkt den Anforderungen der Kunden entstammen, können von der Herstellung kommen oder als Umweltbedingungen existieren. Unabhängig von der verursachenden Stelle können sie als Forderungen, als Wünsche usw. erklärt werden. In dieser Form sind sie im Pflichtenheft darzustellen, sofern zwischen Ihnen keine Verknüpfungen bestehen.

Sind die Funktionen voneinander abhängig, so ist die Funktionsstruktur aufzuzeigen, jedoch nur so weit, wie zur Funktionsgruppenbildung aus konstruktiven Gründen notwendig ist. Jede dargestellte Funktion muss so formuliert sein, dass alle praktisch denkbaren Lösungen enthalten sind. Ist das nicht möglich, dürfen nur die übergeordneten Funktionen benannt werden.

Die Soll-Funktionsanalyse der unabhängigen Funktionen oder die strukturierte Funktionsanalyse der abhängigen Funktionen ist die Basis für die Entwurfsarbeiten und für den Vergleich alternativer Lösungen, die so nach den Regeln der Nutzwertanalyse und der Kostenanalyse vergleichbar gemacht werden.

In der Funktionsdarstellung (vgl. Pflichtenheft Tab. 2.14) sind alle Anforderungen als Forderungen (F), als Wünsche (W) oder Sonderwünsche (S) zu bewerten. Daneben erscheinen hier quantitative oder qualitative Ergänzungen zu den Funktionen und zum Objekt. Auch die verursachende „Stelle" der Funktion kann hier notiert werden.

Jede Entwicklungsaufgabe muss überschlägig hinsichtlich ihres Kapazitätsbedarfs erfasst werden. Die klare Festlegung der zu beachtenden Richtlinien wird spätere Reklamationen in Grenzen halten. Die hier anfallenden Kosten werden auf das Projekt verrechnet. Dadurch wird nicht nur die Abrechnung objektiviert, sondern für alle Mitarbeiter eine quantitative Zielsetzung festgelegt, die zusammen mit einer Kapazitätsplanung eine unbedingte Voraussetzung für die Termineinhaltung bietet.

Entwicklungsarbeit lässt sich bei abnehmendem Ertragszuwachs beliebig verlängern. Sie muss damit in einen zeitlichen Rahmen eingebaut werden.

Eine Trennung der typgebundenen (nach Auslauf des Typs nur noch Schrottwert) und der typfreien Kapitaleinsätze soll eine klare Projektbeurteilung in einer angeschlossenen Investitionsrechnung sicherstellen.

Tabelle 2.11. Merkmalliste nach VDI R. 2222 [2.7]

	Hauptmerkmal	Beispiele
1	Geometrie	Größe, Höhe, Breite, Länge, Durchmesser, Raumbedarf, Form, Anzahl, Anordnung, Anschluss, Ausbau und Erweiterung
2	Kinematik	Bewegungsart, Bewegungsrichtung, Geschwindigkeit, Beschleunigung
3	Statik Dynamik Elastomechanik	Kraftrichtung, -größe, -häufigkeit, Gewicht, Last, Verformung, Steifigkeit, Federeigenschaften, Massenkräfte, Stabilität, Resonanzanlage
4	Energie	Leistung, Wirkungsgrad, Verlust, Reibung, Ventilation, Zustand, Druck, Temperatur, Erwärmung, Kühlung, Anschlussenergie, Speicherung, Arbeitsaufnahme, Energieumformung, Materialfluss und Materialtransport
5	Stoff	physikalische und chemische Eigenschaften des Ein- und Ausgangsproduktes, Hilfsstoffe, vorgeschriebene Werkstoffe (Nahrungsmittelgesetz u. ä.)
6	Signal	Ein- und Ausgangsmesswerte, Anzeige, Betriebs- und Überwachungsgeräte
7	Ergonomie	Mensch – Maschine: Bedienung, Bedienungshöhe, Bedienungsart, Formgestaltung, Übersichtlichkeit, Sitzkomfort, Beleuchtung, Arbeitssicherheit, Umweltschutz
8	Herstellung und Herstellungskontrolle	Einschränkungen durch Produktionsstätte: größte herstellbare Abmessung, bevorzugtes Herstellungsverfahren, mögliche Qualität und Toleranzen Ausschussquote, Mess- und Prüfmöglichkeit, besondere Vorschriften und Verfahren (TÜV, ASME, DIN, ISO ...)
9	Montage und Transport	besondere Montagevorschriften, auch für Transport und Fundamentierung, Begrenzung durch Hebezeuge, Bahnprofil, Wege nach Größe und Gewicht
10	Gebrauch und Wartung	Geräuscharmut, Verschleißrate, Anwendung- und Absatzgebiet, Einsatzort (z. B. schweflige Atmosphäre, Tropen ...) Wartungsfreiheit bzw. Anzahl und Zeitbedarf der Wartung, Anstrich, Säuberung, Austausch und Reparatur
11	Kosten	zul. Herstellkosten, Werkzeugkosten, Amortisation, Aufwendungen
12	Termin	Ende der Entwicklung, Netzplan für Zwischenschritte, Lieferzeit

In der Merkmalliste des VDI wird noch eine weitere Unterteilung des Funktionskomplexes als Anregung für die Datenerfassung in den Anforderungslisten vorgegeben. Auch hier wird betont, dass das „aus der Anforderungsliste ersichtliche Problem analysiert und dann abstrakter formuliert werden soll, wobei vom Einzelnen, Zufälligen, Unwesentlichen abgesehen und das Allgemeine, Notwendige, Wesentliche herausgehoben wird. Das Abstrahieren darf aber nicht zu weit getrieben werden".

Eine anders aufgeteilte Gliederungs- oder Anregungsliste für das „Pflichtenheft" zeigt Romerskirch (Tab. 2.12):

Tabelle 2.12. Inhalt eines Pflichtenheftes nach Romerskirch [2.8]

1.	Allgemeines
1.1	Ziel der Neuentwicklung
1.2	Zu berücksichtigende Normen und Vorschriften
1.3	Zu berücksichtigende Patente und Lizenzen
2.	Marktsituation
2.1	Konkurrenzentwicklung
2.2	Marktlücke
2.3	Lücke im eigenen Programm
2.4	Verkaufspreis (und daraus abgeleitet die zulässigen Selbstkosten)
2.5	Frühester Liefertermin
2.6	Voraussichtliche minimale und maximale Absatzmenge
2.7	Absatzgebiete
2.8	Eigenschaften in Bezug auf Transport und Verpackung
2.9	Garantiefrist – anzustrebende maximale Service- und Unterhaltskosten
3.	Beschreibung der technischen Spezifikationen
3.1	Technische Betriebsdaten Leistung, Belastbarkeit, Produktionsmenge, Produktionsarten, Arbeitsprinzip, Drehzahlen, Schnittgeschwindigkeiten, Vorschübe
3.2	Konstruktive Daten Abmessungen, Gewicht, Starrheit, Installation, Montierungsmöglichkeiten, Justiermöglichkeiten, Ausbau, Ergänzung, Automatisierung, einfache und übersichtliche Bedienungsorgane
4.	Qualitätsanforderungen
4.1	Netzspannungen, Frequenzen, Überlastungsschutz
4.2	Genauigkeiten statische, dynamische, Zuverlässigkeit, Funktionssicherheit
4.3	Mechanische Widerstandsfähigkeit, Verschleißverhalten – Laufruhe
4.4	Klimatische Anforderungen, Feuchtigkeit, Wärme, Kälte
4.5	Werkstattrobustheit
4.6	Erreichbare Qualität der hergestellten Werkstücke
5.	Konstruktionsrichtlinien und Vorschriften
5.1	Toleranzanforderungen, Austauschbau
5.2	Verwendung von Normteilen und Wiederholteilen – Teilefamilien
5.3	Richtlinien über ergonomische Gestaltung und Umrüsten
5.4	Erleichterung von Nachregulierungen
5.5	Erleichterung der Reinigung, Unterhalt und Service
5.6	Richtlinien über Automatisierung
5.7	Richtlinien über produktionsgerechtes Konstruieren

Tabelle 2.12 (Fortsetzung)

6.	Qualitätsprüfungen an Prototypen und Serien-Erzeugnissen
6.1	Statische Prüfungen
6.2	Funktions- und Zuverlässigkeitsprüfung
6.3	Prüfung der Umgebungs- und Wärmeeinflüsse – Vibrationen – Drehfehler
6.4	Untersuchung der Arbeitsgenauigkeit
6.5	Überprüfung der technischen Daten
6.6	Überprüfung der Automatisierungsmöglichkeiten
6.7	Überprüfung auf Wartung und Service
7.	Stückzahlen – Termine – Kosten
7.1	Erforderliche Stückzahlen für Amortisation und für Auslegung und Beschaffung von Werkzeugen und Vorrichtungen
7.2	Anzahl der Prototypen-Größe der Nullserie
7.3	Termine für Entwicklung, Prototypenbau, Beginn der Serienfabrikation
7.4	Kosten der Entwicklung inklusiv Prototypenbau Kosten der Herstellung bei Serienfabrikation
7.5	Seriengröße – Menge pro Zeiteinheit

Die Gliederung des **Lastenhefts** für Automatisierungssysteme wird in der VDI/VDE-Richtlinie 3694 in folgender Form empfohlen:

Tabelle 2.13. Pflichtenheft nach VDI/VDE Richtlinie [2.5]

1. Einführung in das Projekt
2. Beschaffung der Ausgangssituation
3. Aufgabenstellung
4. Schnittstellen
5. Anforderungen an die Systemtechnik
6. Anforderungen an die Inbetriebnahme und den Einsatz
7. Anforderungen an die Qualität
8. Anforderungen an die Projektabwicklung

Das **Pflichtenheft** für Automatisierungssysteme enthält die obenerwähnten 8 Elemente des Lastenhefts und die beiden weiteren Gliederungspunkte:

9. Systemtechnische Lösung
10. Systemtechnik (Ausprägung)

ferner einen **Anhang** mit folgenden Punkten:

1. Begriffe und Definitionen
2. Abkürzungen
3. Nomenklatur

Gesetze, Normen, Richtlinien

Als praktikable Unterlage für Unternehmen der Serien- und Massenfertigung hat sich ein Pflichtenheft bewährt mit folgender Gliederung (Tab. 2.14):

Tabelle 2.14. Gliederung der Anforderungen in den vorliegendenden Anforderungslisten [2.6]

1. Allgemeine Zielsetzungen
2. Chancen und Risiken
   a) Wünsche
   b) Bekannte Schwierigkeiten
3. **Spezifikation**
   Leistungs- und Mengendaten
4. Allgemeine Anforderungen
   a) Funktionen (strukturiert und gewichtet)
   b) Eigenschaften
   c) Bedingungen
5. Richtlinien
   a) Normen
   b) Patente und Lizenzen
   c) Vereinheitlichung
6. Kapazitätsbedarf und Finanzierung
   a) Kapazität
   b) Investitionen
   d) Kostenvorgaben
   (nach Verantwortungsbereichen)
7. Aufgabengliederung und Termine
   a) Netzplan
   b) Balkendiagramm

Die Kostenvorgabe für die Produkte basiert auf einer angenommenen Produktionsmenge und Produktionsleistung. Andernfalls ist keine kostengerechte Entwicklung möglich. Für die A- und B-Funktionsgruppen werden einzeln die Kosten vorgegeben. Die Kosten der C-Gruppen können pauschal nach Erfahrungswerten zugeschlagen werden. Da alle Sonderkosten der Entwicklung, der Betriebsmittel usw. noch beeinflussbar sind, ist ihre direkte Verrechnung auf das Produkt angebracht. Zweckmäßigerweise wird eine Investitionsrechnung für die Entwicklung und Einführung des geplanten Produkts erstellt mit Hinweisen auf die Amortisationsmenge und -zeit (vgl. Beispiel Seite 108). Die Definition der verschiedenen Freigabestufen als Meilensteine, ihre Vorgabe und Verfolgung lässt rechtzeitig Terminverzögerungen erkennen und teils vermeiden.

Einfache Entwicklungsaufträge können in Terminlisten verfolgt und eventuell über Balkendiagramme, Plantafeln u.ä. überwacht werden. Für komplexe Aufgaben (umfangreiche Produkte) empfiehlt sich der Einsatz von Netzplänen, die aber nur realistisch sind, wenn sie auf Kapazitätsrechnungen aufgebaut sind.

4.4
Kostenzielvorgabe – Zwischenkalkulation – Begleitkalkulation

Mit dem Pflichtenheft und den sonstigen Randbedingungen der Entwicklung und Fertigung sind die „Idealkosten“ = Mindestkosten eines Objektes festgeschrieben. Alle tatsächlich erreichten Kosten sind günstigstenfalls in dieser Höhe oder sie sind höher als diese Idealkosten. Die Kostenzielvorgaben für die Produktentwicklung basieren auf dem Pflichtenheft und damit auch auf einer vorgegebenen Produktmenge (Stückzahl) und Produktionsleistung (Stück je Jahr), andernfalls ist keine kostengerechte Entwicklung möglich. Für die A- und B-Funktionsgruppen (teuren Gruppen!) werden die Kosten nach Erfahrungswerten aus ähnlichen Gruppen und nach Zielsetzungen vorgegeben, während die Kosten der C-Gruppen pauschal verrechnet werden. Solange die Sonderkosten der Entwicklung, der produktgebundenen Betriebsmittel usw. noch beeinflussbar sind, ist ihre direkte Verrechnung auf das Produkt angebracht. Nötigenfalls wird eine Investitionsrechnung für die Entwicklung und Einführung des geplanten Produkts erstellt. Weitere wesentliche Kostenentscheidungen für ein Objekt werden während der Entwicklungszeit getroffen. Was bei der Entwicklung versäumt wird, kann durch keine nachfolgende Arbeit wieder eingeholt werden. Aus diesem Grund wird in die Zielsetzung der Entwicklung auch ein Kostenziel für das Produkt eingebaut. Bei umfangreichen Produkten, bei denen die Entwicklungsarbeit auf mehrere Mitarbeiter aufgeteilt wird, muss auch das Kostenziel unterteilt werden. Hierfür bietet sich die Kostengliederung nach Funktionsgruppen an, da nur diese Gruppen den gleichen Wirkungsumfang haben, formal austauschbar sind und damit auch in den Kosten substituierbar erscheinen.

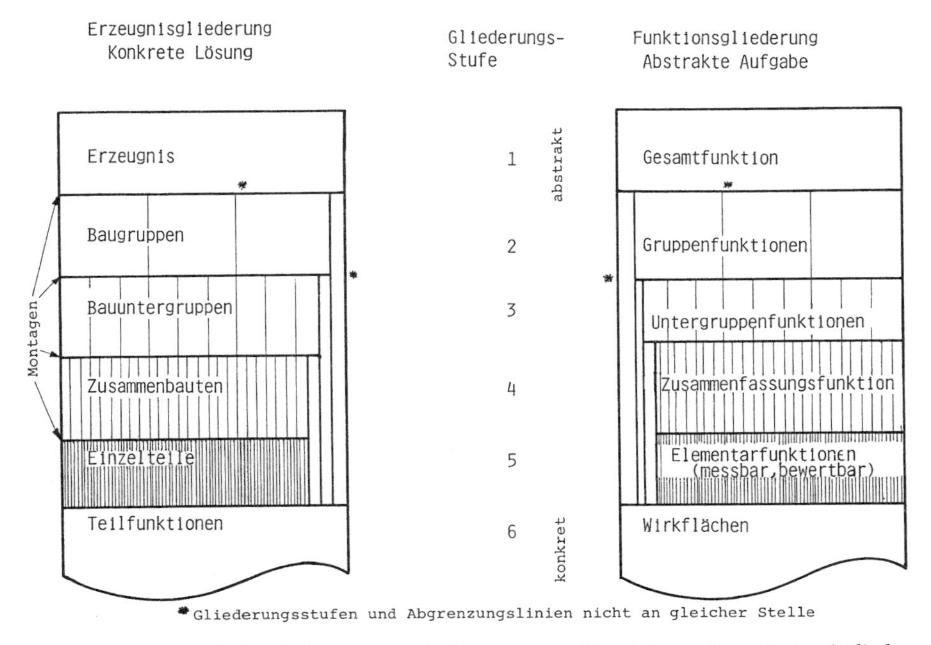

Abb. 2.11. Unterschied zwischen Erzeugnisgliederung und Funktions- (bzw. Kosten-)Gliederung

4.5 Projektüberwachung und Entwicklungssteuerung

Die genehmigten Projekte sind von der Entwicklungssteuerung zu erfassen, zu terminieren und laufend zu verfolgen. Wesentliche Abweichungen müssen dem jeweiligen Entscheidungsgremium gemeldet werden. Dafür werden folgende Hilfsmittel eingesetzt:

1. Formblatt für Kapazitätsbelegungsrechnung
   oder Plantafel für Personalkapazitätsbelegung
   oder EDV-Programm für Resourcenbelegung.
2. Projektüberwachungsbogen in einer Sichtkartei
   oder Projektstatusbericht in einem EDV-Programm.
3. Wochenberichte für jeden Mitarbeiter der Entwicklung
   und des Musterbaus.
4. Lastenheft bzw. Pflichtenheft, das eine
   detaillierte Produktbeschreibung enthält sowie
5. Entwicklungsauftrag, der die auszuführenden
   Entwicklungsarbeiten definiert.
6. Von Fall zu Fall umfangreichere Marktanalysen
   Ferner die üblichen Fertigungsunterlagen.

Innerhalb der Entwicklungszeit gibt es einige Situationen bzw. Meilensteine, wo wesentliche Kostenentscheidungen zu treffen sind, nämlich die Freigaben: Im Entwicklungsauftrag ist festgelegt, wer die Freigaben auszusprechen hat. Bei kleineren Projekten wird mit dem Entwicklungsauftrag von der Geschäftleitung das gesamte Projekt in allen Freigabestufen freigegeben. Bei teureren Projekten und bei größeren Abweichungen vom SOLL kann eine zusätzliche Freigabe des Prototyps und/oder der Betriebsmittel durch die Geschäftsleitung festgelegt werden. In allen andern Fällen werden in den Entwicklungssitzungen die Folgefreigaben ausgesprochen. Aufgrund der Kapazitäts- und Kostenvoranschläge, der Priorität der Projekte und der bereits in der Planungsrechnung für die Grob-

Tabelle 2.15. Kosten- und Gewichtsüberwachung während der Entwicklung

Funktionsgruppe	Vergleichsobjekt		Neues Objekt				
			Letzter Stand vom:		Neuer Stand vom:		Begründung der Abweichung
	Gewicht g/Eh	Kosten €/ Eh	Gewicht g/Eh	Kosten €/ Eh	Gewicht g/Eh	Kosten €/ Eh	

terminierung erfassten Tätigkeiten der Mitarbeiter werden die genehmigten Projekte feinterminiert. Die Planwerte zeigt projektbezogen der Bildschirm oder eine entsprechende Datei (z.B. Balkendiagramm im Pflichtenheft). Bei langlaufenden Projekten müssen in regelmäßigen, etwa vierteljährigen Zwischenkalkulationen und Statusberichten die Kosten überprüft und bei wesentlichen Abweichungen neu genehmigt werden. In gleicher Form sind Gewichts-, Termin- oder sonstige Zielveränderungen ständig zu überwachen (Tab. 2.15).

4.6 Aktualisierung und Auswertung der Lasten- und Pflichtenhefte

Das Pflichtenheft wird bei Serienfertigung nach dem Projektantrag und bei Einzelfertigung als Angebotsunterlage erstellt. Im Laufe der Entwicklungsarbeit oder bereits bei der Durchsprache eines Angebotes werden nun ständige Änderungen an den Festlegungen, an den Produktzielen oder an den erkennbaren Einsatzbedingungen erforderlich. Ferner können veränderte Marktsituationen Neuentwicklungen oder unerwartete Schwierigkeiten eine Veränderung des Konzepts oder bestimmter Daten des Pflichtenheftes bedingen.

Alle wesentlichen derartigen Umstellungen müssen begründet, in ihren Kostenauswirkungen beurteilt und im Pflichtenheft festgehalten werden. Alle unterschriftspflichtigen Stellen haben bei solchen „Nachträgen“ oder „Änderungen“ Einspruchsrecht und sind damit verpflichtet, die mitgeteilten Änderungen im Hinblick auf ihre Auswirkungen zu überprüfen und zu beurteilen. Auf diese Weise sind alle Betroffenen stets über den aktuellen Stand der Entwicklung informiert.

Nach Abschluss der Entwicklungsarbeiten sind die Ergebnisse für Funktionserfüllung, Kosten und Termine sowie nach einiger Zeit auch die erreichten Absatzmengen in einer Projektmappe festzuhalten. Damit sind authentische Unterlagen als Basis für Neuplanungen geschaffen.

4.7 Einführungshinweise

Jede organisatorische Änderung, und die Einführung der Lasten- und Pflichtenhefte stellt eine derartige Änderung dar, verlangt zunächst eine positive Motivierung aller betroffenen Stellen. Dies bedingt, dass an einigen gut gewählten Beispielen, die möglichst auf den Betrieb abgestimmt sind, die Vorteile der klaren Zielsetzung, Aufgabenstellung und des reibungsfreieren Ablaufs aufgezeigt werden. Für kurze Zeit werden auch Einführung- und Anlaufschwierigkeiten verziehen. Eine Wiederholung der Fehler nimmt jedoch der Fachmann nicht hin. Daher sind die ersten Durchläufe mit besonders großer Sorgfalt zu verfolgen, um größere Wiederholungsfehler zu vermeiden. Spätestens nach einem Jahr müssen Lasten- und Pflichtenhefte als feste Organisationsunterlagen für alle Projekte geführt und verfolgt werden.

Dort wo diese Unterlagen eingeführt sind, werden sie jedoch ein wesentliches Hilfsmittel zur Koordinierung und Produktivitätssteigerung aller planenden Bereiche sein.

4.8
Empfehlungen

1. Klären, in welchem Umfang Lastenhefte und Pflichtenhefte einsetzbar sind.
2. Schemata bzw. Formulare für Anforderungslisten sammeln.
3. Formulare für Anforderungslisten erstellen, mit Daten aus der Vergangenheit füllen und optimieren.
4. Checklisten für Verkäufer erstellen, erproben und einführen.
5. Kalkulationshandbuch für Verkäufer erstellen, erproben und einführen.
6. Nutzwertschema für die Produktbeurteilung und Nutzwertfunktionen erfassen und nutzen.
7. Organisation für Anforderungslisten darstellen und Richtlinie für Anwendung erstellen.
8. Offizielle Einführung der Organisation „von oben nach unten".

5
Entwicklungsverfolgung mit Freigabestufen, Begleitkalkulation und Projektmanagement

5.1
Freigabestufen

Als Freigabestufen bezeichnet man Entscheidungsschritte, die *vor* Ausführung der benannten Arbeiten zu erfolgen haben und zur Genehmigung der mit der Arbeit verbundenen direkten Aufwendungen bzw. Ausgaben erforderlich sind. Zu jeder Freigabestufe gehört ein Auftrag, ein Zeitziel für die Arbeiten, ein Aufwandsziel in Arbeitsstunden und € sowie ein Aktionsziel. Eine Freigabe kann sich auf ein Produkt oder auf eine abgegrenzte Produktpalette beziehen (Baureihe, Variantenreihe, Typenreihe usw.). Als wesentliche Freigabestufen bzw. Ausgabeentscheidungen sind zu kennzeichnen (Abb. 2.12):

1) Anforderungsfreigabe
   vor Erstellung einer Anforderungsliste
   eines Lastenheft bzw. eines Pflichtenhefts
2) Entwicklungsfreigabe
   vor dem Entwicklungsbeginn
3) Prototypfreigabe
   vor Beginn des Baues und der Erprobung
   eines Prototyps
4) Betriebsmittelfreigabe
   vor der Detailplanung und Beschaffung
   von Sonderbetriebsmitteln
5) Serienfreigabe
   vor Aufnahme des Produkts in Disposition,
   Bestellung und Fertigung der Serie.

6) Verkaufsfreigabe
   Auch der Verkaufsbeginn kann als Freigabe definiert werden, ist er doch im Rahmen der Entwicklung eines Produkts die wesentliche Entscheidung, ab der erst Rückkoppelungen den Erfolg aufzeigen können. Räumlich begrenzte Verkaufsfreigaben können mitunter das Verkaufsrisiko mindern.

Sachlich interessant ist auch der Rentabilitätspunkt, d.h. die Absatzmenge, bei der die Vorauskosten amortisiert sind, ausgehend von Vollkosten und Nettoerlösen. Dieser Punkt soll möglichst bald errechnet werden.

Projektanträge (Entwicklungsanträge)
Der Projektantrag muss alle wesentlichen technischen, technologischen und wirtschaftlichen Daten zeigen, die durch das Projekt ausgelöst werden. Dabei sind die einzelnen Zwischenstufen darzustellen, bei denen das Projekt abgebrochen werden kann, sofern sich zeigt, dass die Erwartungen nicht zu erfüllen sind oder die Unternehmenspolitik andere Entscheidungen erzwingt.

Neben der schriftlichen Begründung kann auch durch ein einfaches Diagramm (auf dem Zeit und Absatzmenge als Abszisse und Projektkosten und Produktkosten als Ordinate aufgetragen sind), die Risiko- und Chancenbeurteilung des Projekts erfolgen. Diese Darstellungen geben einen schnellen und guten Einblick in das Projekt.

Schrittweise Projektkostenvorgabe mit Freigabestufen (vgl. Abb. 2.12)
Kostenzielvorgaben bzw. Target Costing und Begleitkalkulation bzw. mitlaufende Kalkulationen sind die Instrumentarien, die das Vorgeben und Einhalten von Kosten- und Investitionszielen während der Entwicklungsphasen sichern sollen. Dabei ist es erforderlich, dass vor allen wesentlichen Kostenentscheidungen, die als Freigabestufen bezeichnet werden, überprüft wird, ob in der abgeschlossenen Periode die zugehörigen Kostengrenzen eingehalten waren und ob voraussichtlich auch die geplanten Kosten- und Absatzziele noch realistisch sind, oder ob gar die Projekte abgebrochen werden müssen.

1. Anforderungsfreigabe
Die Anforderungsfreigabe ist die Genehmigung und der Auftrag zur Erstellung eines Lastenhefts bzw. eines Pflichtenhefts für das benannte Produkt. Die Anforderungsfreigabe ist bei Serienprodukten vom Vertrieb oder von der Entwicklung zu beantragen und von der Geschäftsleitung zu genehmigen. Für die Ausarbeitung der Anforderungsliste ist die Entwicklung federführend verantwortlich und die Fachbereiche sind zur Mitwirkung verpflichtet. Die Anforderungsfreigabe kann formlos erteilt werden, sie muss aber folgende Daten beinhalten:

1. Produktabgrenzung
2. Ziel der Produktentwicklung
3. Voraussichtlicher Aufwand
   a) für Anforderungslisten
   b) für Vorauskosten (1. Schätzung)
   c) für künftige Produktion (Umsatz o.ä.)
4. Rentabilitätspunkt (1. Ermittlung)
5. Terminplan

Für die Anforderungsliste ist ein vorliegendes Schema verbindlich. Bei wesentlichen Änderungen der Anforderungen ist ein Änderungsantrag zu stellen und zur Genehmigung an alle betroffenen Stellen einzureichen.

2. Entwicklungsfreigabe
Die Entwicklungsfreigabe ist die Genehmigung und der Auftrag, die vorbenannte Entwicklung zu betreiben. Die Entwicklungsfreigabe basiert auf einer genehmigten, aktualisierten Anforderungsliste und ist von der Entwicklungsleitung zu stellen. Für die Genehmigung ist die Geschäftsleitung zuständig.

Der Entwicklungsauftrag wird auf einem festliegenden Formblatt erstellt und bezieht sich auf die stets zu aktualisierende Anforderungsliste. Erfolgen wesentliche Änderungen der Anforderungen, sind entsprechende Auftragsergänzungen erforderlich. Durch die Entwicklungsfreigabe werden die Aufwendungen des Entwicklungsbereichs projektbezogen verrechenbar und entsprechend den Vorgabewerten überprüfbar. Vorauskosten der Arbeitsvorbereitung sind auch hier schon zu erfassen (z.B. Wertstudienaufwendungen usw.).

3. Prototypfreigabe
Die Prototypfreigabe ist die Genehmigung und der Auftrag zur Erstellung eines oder mehrerer Prototypen sowie zur Anfertigung derjenigen Betriebsmittel, die aus wirtschaftlichen Gründen schon zur Prototypherstellung zweckmäßig sind. Die Prototypfreigabe ist nach der aktualisierten Anforderungsliste von der Entwicklungsleitung zu beantragen und von der Geschäftsleitung zu genehmigen. Der Antrag für die Prototypfreigabe erfolgt formlos. Er muss jedoch folgende Daten beinhalten:

1. Umfang (Anzahl und Sonderausführungen) der zu erstellenden Prototypen
2. Aktualisierter und benannter Stand der Anforderungsliste.

Die Anforderungsliste enthält jetzt verbindliche Angaben über

a) Kosten für den Prototyp, unterteilt in
   Entwicklungskosten (Arbeitsstunden und €)
   Arbeitsvorbereitung (Arbeitsstunden und €)
   Fertigung (Arbeitsstunden und €)
   Versuchserprobung (Arbeitsstunden und €)
b) Übersicht über weitere Kostenanfälle
c) Zeitplan für Arbeiten

4. Betriebsmittelfreigabe
Die Betriebsmittelfreigabe ist die Genehmigung und der Auftrag zur Arbeitsplanung und zur Erstellung der Betriebsmittel, die typgebunden auf das Produkt zu verrechnen sind, soweit sie nicht schon bei der Prototypfreigabe in Auftrag gegeben wurden.

Die Betriebsmittelfreigabe wird von der Entwicklungsleitung beantragt, wobei die Termine nach dem Serienanlauf errechnet werden müssen. Die Genehmigung als wesentliche Ausgabenentscheidung obliegt der Geschäftsleitung. Noch unklare Bauteile sind in der vorläufigen Stückliste zu kennzeichnen und deren Behandlung ist mit der Beschaffungsabteilung zu klären. Die Betriebsmittelfreigabe erfolgt schriftlich, aber formlos mit folgenden Mindestangaben:

1. Gesamte Betriebsmittelkosten in €.
2. Jetzt freizugebende Betriebsmittelkosten in €, unterteilt in Eigenleistungen und Fremdleistungen.
3. Belastung der geplanten Produktion mit Sonderkosten für Betriebsmittel in €/Stk.
4. Terminplan.

5. Serienfreigabe
Die Serienfreigabe ist die Genehmigung zur Disposition, Bestellung, Einlagerung und Fertigung von Teilen und Aggregaten für das Serienprogramm. Die Serienfreigabe wird von der Entwicklungsleitung beantragt und von der Geschäftleitung genehmigt.

6. Verkaufsfreigabe
Auch der Verkaufsbeginn kann als Freigabestufe definiert werden, ist er doch im Rahmen der Entwicklung eines Produkts die wesentliche Entscheidung, ab der erst Rückkoppelungen den Erfolg aufzeigen können. Räumlich begrenzte Verkaufsfreigaben können mitunter das Produktrisiko mindern.

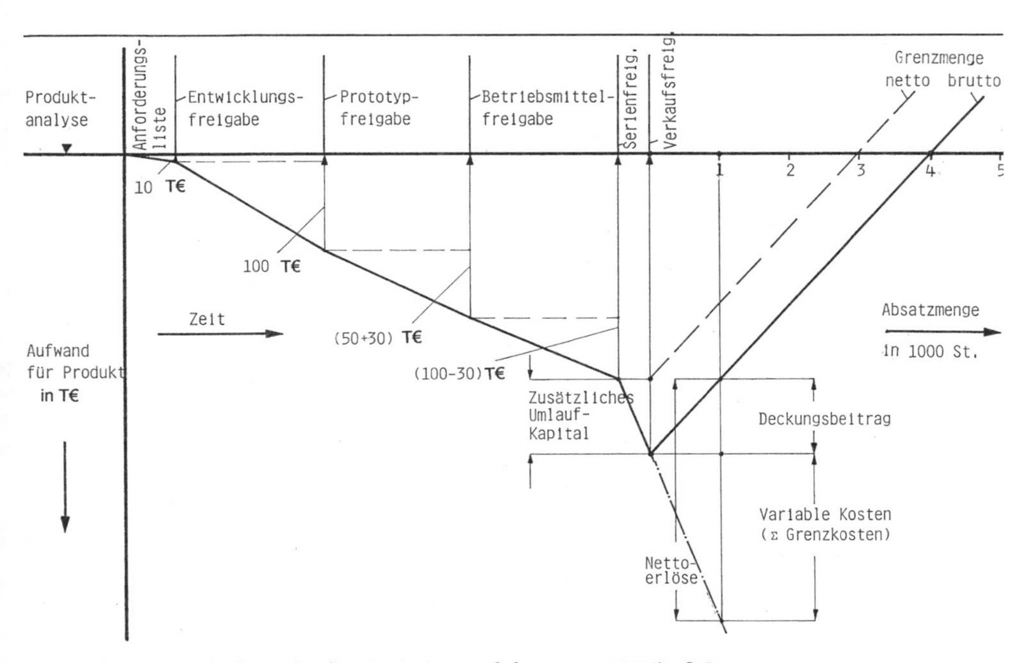

Abb. 2.12. Freigabestufen für ein Serienprodukt von ca. 10 Mio € Gesamtumsatz

5.2
Zwischenkalkulation – Begleitkalkulation

Mit dem Pflichtenheft und den sonstigen Randbedingungen der Entwicklung und Fertigung sind die „Idealkosten" = Mindestkosten eines Objektes festgeschrieben. Alle tatsächlich erreichten Kosten sind günstigstenfalls in dieser Höhe oder sie sind höher als diese Idealkosten. Die Kostenzielvorgaben für die Produktentwicklung basieren auf dem Pflichtenheft und damit auch auf einer vorgegebenen Produktmenge (Stückzahl) und Produktionsleistung (Stück je Tag), andernfalls ist keine kostengerechte Entwicklung möglich. Für die A- und B-Funktionsgruppen (teuren Gruppen!) werden die Kosten nach Erfahrungswerten aus ähnlichen Gruppen und nach Zielsetzungen vorgegeben, während die Kosten der C-Gruppen pauschal verrechnet werden. Solange die Sonderkosten der Entwicklung, der produktgebundenen Betriebsmittel usw. noch beeinflussbar sind, ist ihre direkte Verrechnung auf das Produkt angebracht. Nötigenfalls wird eine Investitionsrechnung für die Entwicklung und Einführung des geplanten Produkts erstellt. Die wesentlichen Kostenentscheidungen für ein Objekt werden während der Entwicklungszeit getroffen. Was bei der Entwicklung versäumt wird, kann durch keine nachfolgende Arbeit wieder eingeholt werden. Aus diesem Grund wird in die Zielsetzung der Entwicklung auch ein Kostenziel für das Produkt eingebaut. Bei komplexen Produkten, bei denen die Entwicklungsarbeit auf mehrere Mitarbeiter aufgeteilt wird, muss das Kostenziel unterteilt werden. Hierfür bietet sich die Kostengliederung nach Funktionsgruppen an, da nur diese Gruppen den gleichen Wirkungsumfang haben, formal austauschbar sind und damit auch in den Kosten substituierbar erscheinen. Damit kann jeder Mitarbeiter für seinen Entwicklungsbereich eine klare Aufgabengliederung mit Funktionen, Kosten und Terminen erhalten (Abb. 2.13).

Nach dem Erstellen des Pflichtenheftes wird die Konzeption festgelegt, d.h. die wesentlichen Funktionsgruppen oder Baugruppen werden fixiert. Für alle Funktionsgruppen sind folgende Festlegungen zu treffen:

1. Welche Baueinheiten sollen verwendet werden?
2. Welche Baueinheiten sind zu überarbeiten?
3. Wie hoch dürfen die Herstellkosten für zu überarbeitende oder neue Baueinheiten sein?
4. Welche Baueinheiten sind wertanalytisch zu bearbeiten?

Zur Kostenbeurteilung kann entweder eine „Kurzkalkulation" verwendet werden oder der Konstrukteur nimmt möglichst bald mit der Arbeitsvorbereitung und Kalkulation Kontakt auf. Für vorhandene Funktionsgruppen sind IST-Kosten bekannt. Für abzuändernde oder neue Funktionsgruppen schätzt der Entwicklungsfachmann in Anlehnung an bekannte Konstruktionen die relative Kostenverteilung. Zusammen mit dem gegebenen Kostenziel für das Gesamtprodukt ergeben sich daraus Herstellkostenziele für die einzelnen Funktionsgruppen. Danach kann eine ABC-Gliederung der Funktionsgruppen nach ihren Kosten erfolgen. Die Kosten der Funktionsgruppen werden als Paretokurve dargestellt. Zeigt sich, dass die gesteckten Kostenziele nicht einzuhalten sind, wird

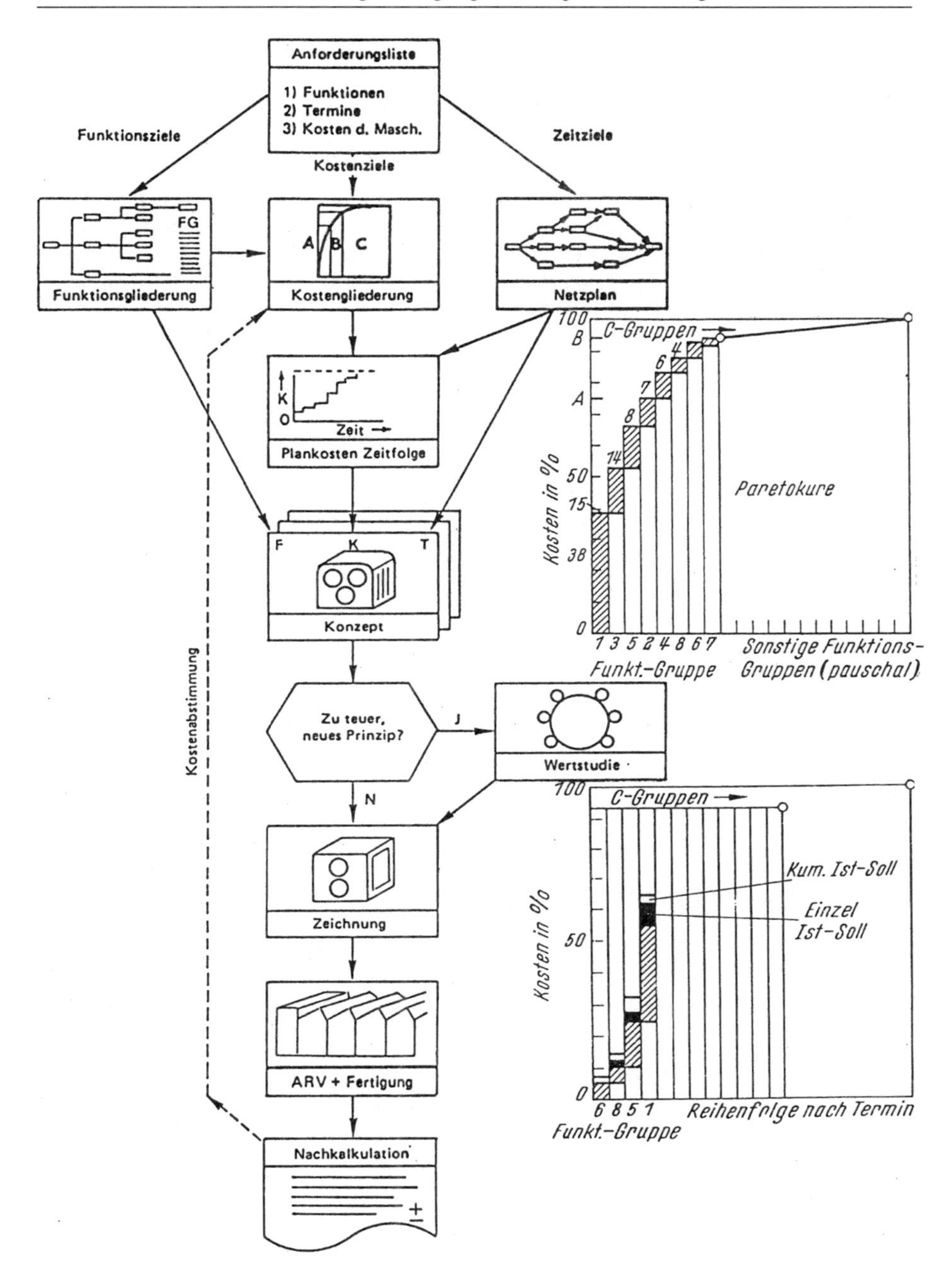

Abb. 2.13. Ablaufplan der Entwicklung mit Funktionskosten und Termingliederung

zuerst über Wertstudien nach Kostensenkungsmöglichkeiten gesucht, bevor das Kostenziel erhöht wird.

Zur Koordinierung aller Maßnahmen, die für die Planung, Entwicklung und Durchführung großer Projekte notwendig sind, wird eine Gruppe „Entwicklungssteuerung" oder Projektmanagement aufgebaut, oder es werden Produktleiter, Typbegleiter oder Wertanalytiker eingesetzt, die der Unternehmensleitung direkt unterstellt sind. Sie sind von der Projektierung bis zum Produktionsanlauf für das Erzeugnis verantwortlich. Sie haben für diese Aufgabe Auskünfte von allen Stellen des Unternehmens einzuholen und für die notwendigen Informationen für alle Stellen zu sorgen. Funktionserfüllung, Kosten und Termine sind von ihnen nebeneinander zu überwachen. Und wo Unregelmäßigkeiten zu beobachten sind, haben sie für einen Ausgleich zu sorgen. Der Produktleiter o. ä. stellt den Ablaufplan für die Produktentwicklung und -fertigung im Detail zusammen und ist für seine Einhaltung verantwortlich. Er trägt für termingemäße Aufnahme von Produktion und Absatz eines gewinnbringenden (funktional einwandfreien) Erzeugnisses die Verantwortung und betreut später die Weiterentwicklung des Produkts und seiner Herstellung.

Einsatzgebiete der Entwicklungssteuerung mit Funktions-, Zeit- und Kostenverfolgung (der mitlaufenden Kalkulation) sind:

- der Maschinenbau
- der Fahrzeugbau
- der Stahlbau
- die Bauwirtschaft (Hoch- und Tiefbau)
- die Elektrotechnik
- usw.

Auch für die Fabrikplanung ist eine analoge Vorgehensweise gebräuchlich.

5.3 Projektüberwachung und Entwicklungssteuerung

Die genehmigten Projekte sind von der Entwicklungssteuerung zu erfassen, zu terminieren und laufend zu verfolgen. Wesentliche Abweichungen müssen dem jeweiligen Entscheidungsgremium gemeldet werden. Dafür werden folgende Hilfsmittel eingesetzt (Abb. 2.14 bis 2.16):

(9) Formblatt für Kapazitätsbelegungsrechnung
(10) oder Plantafel für Personalkapazitätsbelegung
oder EDV-Programm für Resourcenbelegung
(11) Projektüberwachungsbogen in einer Sichtkartei
oder Projektstatusbericht in einem EDV-Programm
(12) Wochenberichte für jeden Mitarbeiter der Entwicklung und des Musterbaus
(13) Pflichtenheft bzw. Lastenheft, das eine detaillierte Produktbeschreibung enthält sowie Entwicklungsauftrag, der die auszuführenden Entwicklungsarbeiten definiert.
(14) Von Fall zu Fall umfangreichere Marktanalysen. Ferner die üblichen Fertigungsunterlagen.

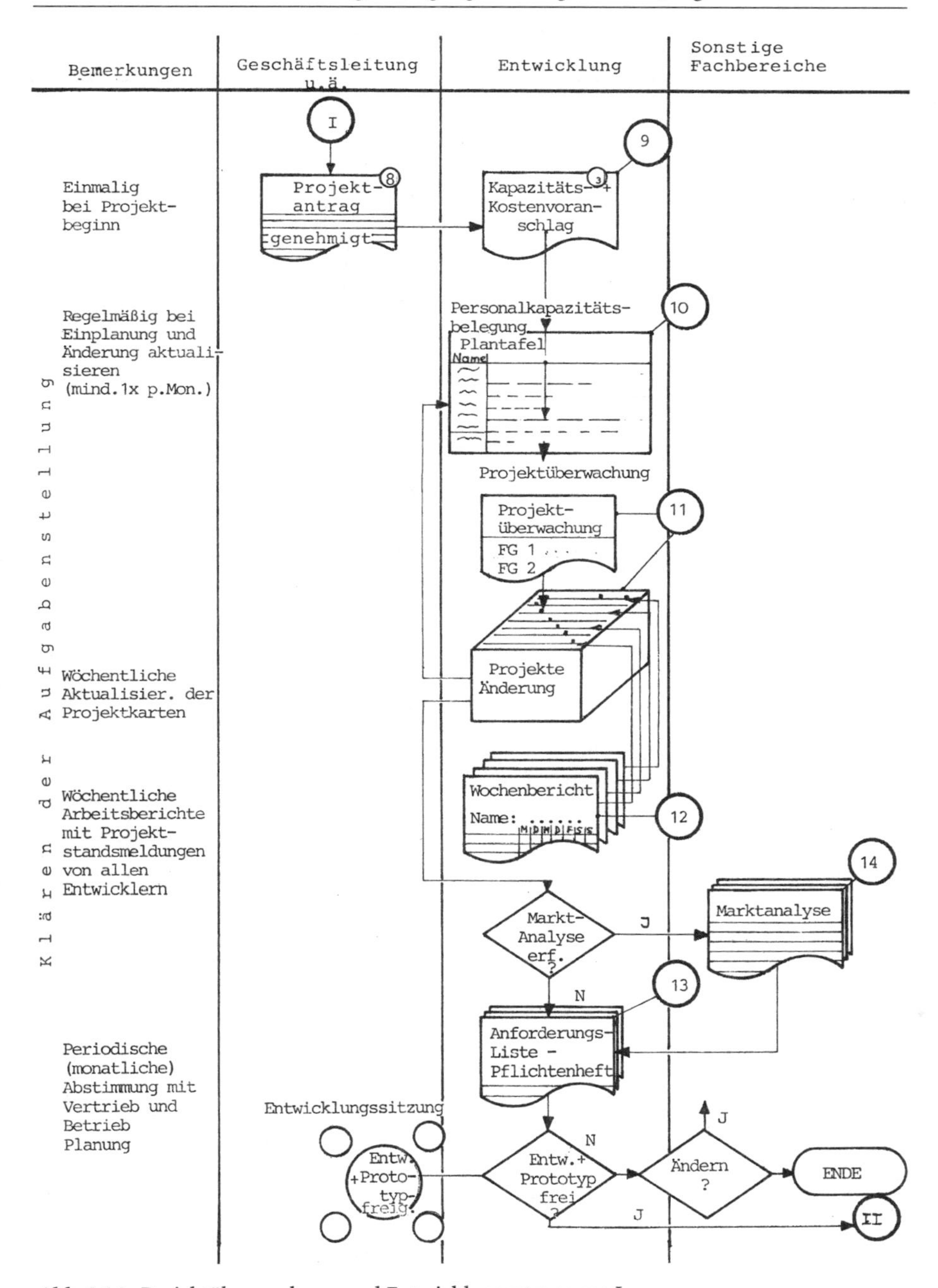

Abb. 2.14. Projektüberwachung und Entwicklungssteuerung I

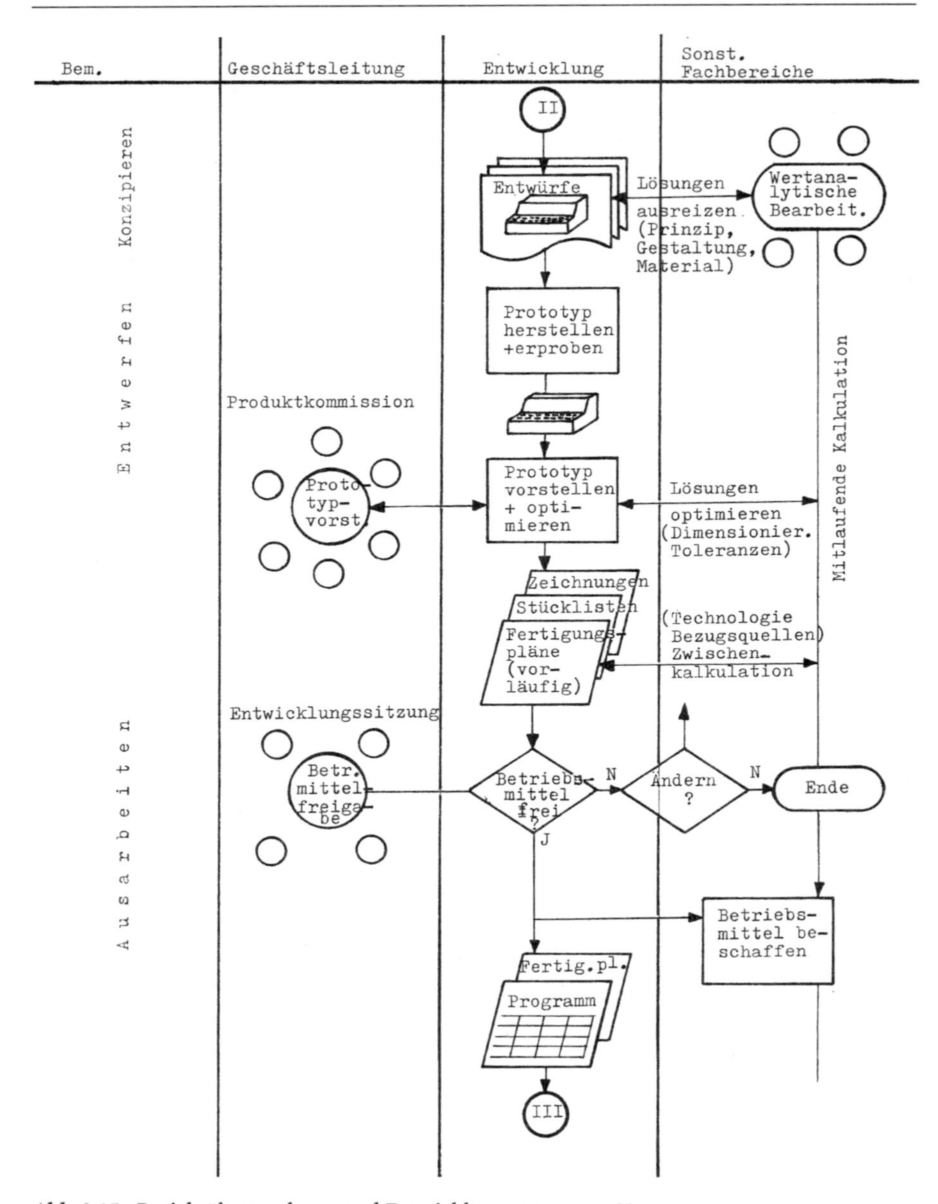

Abb. 2.15. Projektüberwachung und Entwicklungssteuerung II

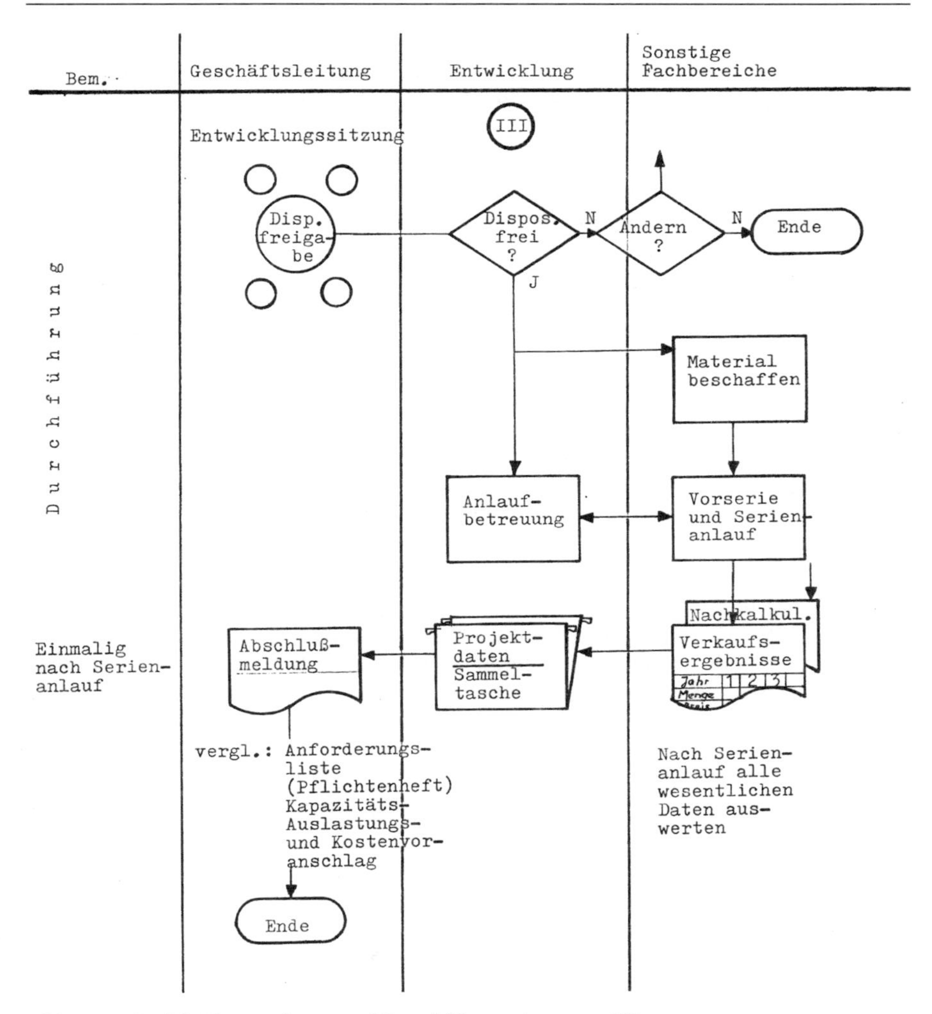

Abb. 2.16. Projektüberwachung und Entwicklungssteuerung III

Innerhalb der Entwicklungszeit gibt es einige Situationen, wo wesentliche Kostenentscheidungen zu treffen sind, nämlich die Freigaben: Im Entwicklungsauftrag ist festgelegt, wer die Freigaben auszusprechen hat. Bei kleineren Projekten wird mit dem Entwicklungsauftrag von der Geschäftleitung das gesamte Projekt freigegeben. Bei teureren Projekten und bei größeren Abweichungen vom SOLL kann eine zusätzliche Freigabe des Prototyps und/ oder der Betriebsmittel durch die Geschäftsleitung festgelegt werden. In allen andern Fällen werden in den Entwicklungssitzungen die Folgefreigaben ausgesprochen.

Aufgrund der Kapazitäts- und Kostenvoranschläge (3), der Priorität der Projekte und der bereits in der Planungsrechnung (9) für die Grobterminierung erfassten Tätigkeiten der Mitarbeiter (10) werden die genehmigten Projekte feinterminiert. Die Planwerte zeigt, projektbezogen, der Bildschirm oder eine entsprechende Kartei. Durch Wochenberichte, in denen für jede Aufgabe eine stets aktualisierte Restzeit vermerkt wird, können SOLL-IST-Abweichungen der Bearbeitungszeiten sehr schnell erkannt werden. Jede Abweichung sowohl der Termine wie auch der Produktkosten ist vom Entwicklungsleiter auf ihre Auswirkungen im Kapazitätsplan bzw. in der Vorkalkulation zu überprüfen und nötigenfalls sind entsprechende Umdispositionen vorzunehmen.

Die hier aufgezeigten Arbeiten laufen parallel zu allen Entwicklungsstufen von der Marktanalyse bis Projekt-Abschlussmeldung. Sofern erforderlich, wird vor dem Entwicklungsbeginn eine umfangreiche Marktanalyse vorgenommen. Auf jeden Fall wird von der Entwicklungsabteilung zusammen mit der Marketing usw. eine Anforderungsliste bzw. ein Pflichtenheft erstellt, das von allen betroffenen Stellen als verbindliche Entwicklungsunterlage abgezeichnet wird. Erst mit diesen Unterschriften, der **Prototypfreigabe**, wird die Entwicklung und eventuelle Herstellung eines Prototyps freigegeben. Der Prototyp wird nach einer ersten Abstimmung der Produktkommission vorgestellt, die für die Optimierung zuständig ist.

Um Zeit zu sparen, können parallel zur Prototypoptimierung die Fertigungsunterlagen erstellt werden. die Freigabe von Geldern für die Betriebsmittelbeschaffung (soweit diese Betriebsmittel nicht bereits für den Prototyp erforderlich sind), bedingt jedoch eine spezielle **Betriebsmittelfreigabe**. Die Zuständigkeit hierfür ist eventuell unterschiedlich festzulegen.

Um den Anlauftermin nicht zu gefährden, Kapital nicht vorzeitig zu binden und das Risiko von Änderungen zu verringern, wird zum spätest möglichen Zeitpunkt die **Dispositionsfreigabe** ausgesprochen. Danach kann Serienmaterial beschafft werden und die Vorserie und Serie beginnen. Eine Anlaufbetreuung der Entwicklung soll mithelfen, die ersten Schwierigkeiten abzubauen und rückkoppelnd Erfahrungen in die Entwicklung einbringen.

Alle wesentlichen Daten des Projekts werden in einer Sammelmappe erfasst, um für künftige Projekte bessere Ausgangsdaten vorzufinden. Eine Abschlussmeldung nach Ende der Vorserie unterrichtet die Geschäftsleitung über Zielerfüllung und erkennbare Abweichungen gegenüber den Vorgaben des Entwicklungsauftrages. Parallel zur Produktentwicklung ist eine wertanalytische Bearbeitung vorgesehen, die das Ziel hat, Nutzwert und Kosten der Entwicklungsobjekte zu optimieren. Zu diesem Zweck werden, ausgehend von der Anforderungsliste und von den ersten Entwürfen bewusst nochmals alle Anforderungen überprüft, eventuell abgewandelt und ergänzt. Ferner wird sichergestellt, dass alle interessanten Lösungsprinzipien, Materialien und Gestaltungsmöglichkeiten ausgereizt sind und die Dimensionierung, Toleranzen, Technologien und Bezugsquellen optimiert wurden. Die Mitlaufende Kalkulation schützt vor großen Überraschungen.

Ziele für Entwicklungszeiten und Entwicklungskosten
Da auch im Entwicklungsbereich rund 80 % aller Zeiten für zeitlich abschätzbare Routinearbeiten anfallen, können auch Entwicklungszeiten mit angemessener Toleranz geschätzt bzw. Zielzeiten hierfür vorgegeben werden. Lediglich grundsätzliche Neuentwicklungen haben ein größeres Risiko während Variantenkonstruktionen oder Änderungskonstruktionen meist gut planbar sind.

Um Entwicklungszeiten und -kosten auf eine realistische Basis zu bringen, sind möglichst viele abgeschlossene Entwicklungsprojekte im Hinblick auf ihren Zeitverbrauch zu erfassen. Um die Arbeiten zu quantifizieren, können dabei Einflussgrößen ermittelt und auch zeitlich bewertet werden, wie dies in einem Betrieb des Sondermaschinenbaus geschehen ist. Dort ergaben sich am Brett für Entwicklungsarbeiten folgende drei Einflussgrößen, nach denen sich die gesamte Entwicklungszeit abschätzen ließ:

Anzahl und Format der Zeichnungen.

Z. B.

1 DIN A1 = 3,5 Normalzeichnungen
1 DIN A2 = 1,8 Normalzeichnungen
1 DIN A3 = 1,0 Normalzeichnungen
1 DIN A4 = 0,6 Normalzeichnungen

oder Zeitaufwand nach Schwierigkeitsgrad

Änderung = 0,1
einfach = 0,6
mittel = 1,0
schwierig = 1,6,

wobei Vergleichsmuster zur Beurteilung vorliegen.

Die Zeichnungsart beeinflusst auch den Aufwand, wie

Rohteilzeichnung = 0,6
Bearbeitungszeichnung = 1,0
Zusammenstellungszeichnung = 1,1

Berücksichtigt man fernerhin, dass für Zeichnen, Stücklistenarbeiten und Zeichennebenarbeiten ebensoviel Zeit benötigt wird, wie für Projektieren und Konstruieren, und dass eine DIN A3 Bearbeitungszeichnung mittleren Schwierigkeitsgrads vom Projektieren bis zum Stücklisten Fertigstellen etwa 13 h benötigt, dann sind damit genügend Planungskennzahlen für detaillierte Zeitabschätzungen während der Entwicklungsphase vorhanden.

Wesentlich niedriger liegen nach der Anlaufperiode die Zeiten und ihre Einflussgrößen bei CAD-Arbeiten, die auch für die weitere Planungen Vorteile bieten, sodass eine Umstellung auf diese Arbeitsweise fast überall erforderlich ist.

Beispiel: Ziele für Entwicklungszeiten (Tab. 2.16)
Für eine Neukonstruktion wurde abgeschätzt wie viele Teile und zugehörige Zeichnungen zu erstellen oder abzuändern sind, sowie welche Größen welche

Schwierigkeitsgrade und welche Arten von Zeichnungen benötigt werden. Die Untenstehende Tabelle zeigt, wie hieraus der Zeitaufwand zu ermitteln ist.

Folgende Abkürzungen sind hier verwendet:

1 Ma = 12 MMo = 12 · 4 MWo = 12 · 4 · 5 MAtg
1 Mannjahr = 12 Mannmonate = 48 Mannwochen = 240 Manntage
= 12 · 4 · 35 Mh
= 1680 Mannstunden

Der Zeitbedarf T_e für 50,12 Normalzeichnungen (siehe oben) bei 13 Mannstunden je Normalzeichnung (Mh/Nz) und 35 Mannstunden je Mannwoche (Mh/MWo) sowie 4 Mannwochen pro Mannmonat (MWo/MMo) und 12 Mannmonate je Mannjahr (MMo/Ma) ergibt sich zu

$T_e = 50{,}12 \cdot 13 : 35 \cdot 4 \text{ MMo} = 4{,}65 \text{ MMo} = 0{,}3878 \text{ Ma}$

d.h. 1 Mann auf 4,6 Monate
oder 4,6 Mann auf 1 Monat (falls Simultaneous engineering möglich ist!)
oder 1,5 Mann auf 3,0 Monate, wenn eine Entwicklungszeit von 3 Monaten verlangt wird und Parallelarbeit möglich ist.
(Ein Mann vollzeitig und ein Mann halbtägig)

Die angegebenen Faktoren und insbesondere die 13 h/Nz sind im jeweiligen Unternehmen anhand abgeschlossener Projekte zu überprüfen und gegebenenfalls zu korrigieren. Analoge Auswertungen und Zeitbedarfsrechnungen führten

Tabelle 2.16. Entwicklungszeiten, abhängig von 4 Einflussgrößen

		Faktorentabelle			
		Größe	Schwierigkeit	Zeichn.-art	
		DIN A 1 3,5 DIN A 2 1,8 DIN A 3 1,0 DIN A 4 0,6	Änderung 0,1 Einfach 0,6 Mittel 1,0 Schwierig 1,6	Rohteil- 0,6 Bearbeit. 1,0 Zus.stell. 1,1 – –	
Auswertungsblatt					
Nr.	Zeichnungsnummer	Auswertung			Produkt
1	112 315 03 03	1,8	0,6	1,0	1,08
2	112 320 04 01	1,0	1,0	0,1	1,00
3	112 320 15 13	1,8	1,6	1,0	2,88
4	112 316 04 01	3,5	0,6	1,1	2,31
5	112 361 12 14	1,8	1,0	1,0	1,80
6	usw.	usw.			usw.
Summe = Anzahl Normalzeichnungen (Nz) =					50,12

bei CAD-Arbeiten zu etwa 4 h/Nz. Die ermittelten Werte sind jedoch realistische Plandaten, sobald die Anzahl der erforderlichen Neuteile und der Änderungsteile gut abschätzbar ist, da die große Anzahl der einzelnen Schätzungen einen Fehlerausgleich bewirkt.

Formal lässt sich der Zeitbedarf darstellen als abhängige Größe von den drei Einflussgrößen Zeichnungsart, Schwierigkeitsgrad und Format. Liegt für eine größere Anzahl ausgeführter Zeichnungen bzw. Entwicklungsarbeiten der Zeitbedarf vor, dann lassen sich mit der „multiplen Regression" (mit Excel) die Faktoren der obigen Faktortabelle errechnen. Oder, unter Einbeziehung weiterer Einflussgrößen, können mit „Künstlichen neuronalen Netzen" (auch mit Excel) die gesuchten Zeitwerte für die einzelnen Zeichnungen bzw. Entwicklungsarbeiten ermittelt werden. Eine Gleichung für das manuelle Errechnen der Entwicklungszeiten lassen die Künstlichen neuronalen Netze jedoch nicht ermitteln. Dies ist jedoch auch nicht erforderlich, da, nach Eingabe der Grunddaten, der Rechner die Zeiten so schnell ausgibt, dass andere Rechnungen nicht interessant erscheinen.

Sind für Vorkalkulationen oder sonstige schwierige Rechnungen im Unternehmen bereits Rechnungen mit Künstlichen neuronalen Netzen eingeführt, ist mit geringem Zusatzaufwand das Grundschema für Vorkalkulationen von Entwicklungsarbeiten zu schaffen. Die Kalkulationen selbst sind dann, ausgehend von den erfassten Einflussgrößen, in Sekundenschnelle zu erstellen.

5.4 Projektmanagement

Während bei der Unternehmensplanung vorwiegend periodisches Denken vorherrscht, wie Umsatz je Monat, Quartal oder Jahr, bzw. Gewinn je Periode im Profitcenter oder Gesamtunternehmen, steht bei der Produktplanung das Denken in Produkttypen, Absatzmengen, in Selbstkosten, Preisen und Lebenszyklen im Vordergrund. Für die einzelnen Produkte sind über Kalenderterminen jeweils individuelle Maßnahmenkomplexe auszuführen, die in ihrer Gesamtheit als Projekte bezeichnet werden. (Siehe DIN 69900 bzw. 69 901 [2.9]).

Die Projekte beginnen mit einer klaren Zielsetzung etwa in Form einer Anforderungsliste. Sie führen über ein Pflichtenheft, über Konzepte, Entwürfe und Konstruktionen zur Fertigungsplanung. Bei Serien- und Massenfertigung sind zumeist auch noch folgende Arbeitsschritte im Projektmanagement zu erfassen: Musterfertigung, Vorserienfertigung und Fertigungsplanung bis hin zum Serienanlauf. Alle diese Arbeiten werden bei der wirtschaftlichen Produktplanung durch das Projektmanagement erfasst, ausgeführt und verfolgt.

Als Projektziele sind zu ermitteln und zu quantifizieren:

1. Funktionen der zu entwickelnden Produkte
2. Termine für wesentlich Abschnitte der Entwicklung (Meilensteine oder Freigabestufen)
3. Produktions- und Vertriebsmengen nach Perioden
4. Gesamtmenge mit Zwischenkontrollen bis Ende des Lebenszyklus
5. Kosten- und Preisziele
6. Restriktionen durch andere Projekte

7. Resourcenbeanspruchung bis hin zum Personalbedarf
   (Als Kapazitätsbedarf für Projekte kann bei Serien- und Massenfertigung nur 60% bis 70% der Gesamtkapazität vergeben werden, da 30% bis 40% der Kapazität für Produktpflege der laufenden Serien einzusetzen ist).

Das Ende eines Entwicklungsprojekts ist üblicherweise anzusetzen, wenn die kurzfristigen Ziele erreicht sind und die weiteren Arbeiten in den normalen periodisch ablaufenden Prozess übergegangen sind. Langfristziele wie Produktgewinn, Absatzmengen usw. können erst später den Projekten zugeordnet werden. Sie sind jedoch dann auch projektbezogen zu ermitteln, damit zur Schätzung bei Folgeprojekten auch quantitativ und qualitativ überprüfte Nachrechenwerte als Vergleichsdaten vorliegen.

Das Projektmanagement ist eine Organisationsform, die einige der Probleme beseitigt, die unsere meist hierarchische Organisation mit sich bringt: Projekte durchlaufen mehrere Hierarchiestufen und bewegen sich zwischen zahlreiche Hierarchieebenen. Gerade die schwierigen Übergänge zwischen den einzelnen Fachbereichen, die miteinander arbeiten, können durch das Projektmanagement dadurch beherrscht werden, dass aus jedem betroffenen Bereich ein Mitarbeiter in der Projektgruppe ist. Damit wird erreicht, dass viele Aufgaben nicht nacheinander sondern überlappt oder parallel bearbeitet werden können. Und da in der Gruppe jeder nicht nur für seinen Fachbereich sondern für das gesamte Projekt mit verantwortlich ist, ist er auch interessiert, dass die Arbeiten seiner Kollegen gut ablaufen, selbst dann, wenn manchmal eigene Vorteile aufzugeben sind.

Projektmanagement in der Entwicklung ist einzusetzen

a) Für Produkte der Einzelfertigung
   z. B.: Transferstraßen, Sondermaschinen, Anlagenerstellung, Großbauten usw.: Hier hat es sich bewährt die Projektarbeiten mit standardisierten Strukturplänen zu erfassen und als Standardnetzpläne nicht nur zu planen sondern bis zur Endabnahme zu überwachen. Je nach augenblicklicher Auslastung können dann auch die Meilensteine nach Erfahrungswerten abgeschlossener Projekte ziemlich genau gesetzt werden.
b) Für Produkte der Serienfertigung
   z. B. Universalmaschinen, Möbel, Bekleidungs- und Schuhkonfektion oder allgemein, wenn in Losen, in Teilefamilien und auf zugehörigen Fertigungslinien gefertigt wird:
   Hier beschränkt sich das Projektmanagement meistens nur auf die Forschungs- und Entwicklungsarbeiten, während die technologische Planung als übliche Facharbeit mit festen Routinen in der Arbeitsvorbereitung abläuft.
c) Bei Produkten der Massenfertigung
   wie Automobile, Fernseher, Stückgüter und Schüttgüter usw.:
   Hier hat sich schon seit Jahrzehnten das Projektmanagement bewährt, und mit Hilfe der Netzplantechnik werden regelmäßig Typwechsel und Neutypeneinführungen mehrstufig geplant und koordiniert. Die Vorentwicklung betreibt zur Abstimmung der vielen Einzeluntersuchungen Projektmanagement, ebenso die Entwicklung und Konstruktion. Die nachfolgende Fertigungsvorbereitung, die für die Betriebsmittelplanung (Maschinen, Transferstraßen, Anlagen, Roboter, Vorrichtungen usw.) für das Layout, die Vorgabe-

zeiten und damit auch für den Personalbedarf zuständig ist, betreibt ebenfalls typabhängiges Projektmanagement.
Damit die einzelnen Planungen aufeinander abgestimmt sind, finden nun regelmäßig gemeinsame Koordinierungssitzungen der einzelnen Projektmanager statt in Form eines Projekts für das gesamte Produkt. Auch hier werden die Vorgesetzten durch Statusberichte über den Stand der Arbeiten regelmäßig informiert.

Den Kern im Projektmanagement des Entwicklungsbereichs bildet die Projektgruppe. Sie rekrutiert sich aus dem Projektmanager bzw. Teamleiter, der sich auszeichnet durch eine ganzheitliche Sicht des Projekts, ohne besondere Vorliebe für ein bestimmtes Fachgebiet. Dann sind alle betroffenen Fachgebiete vertreten durch einen sporadisch oder auf Projektdauer ganzzeitig zugeordneten Fachmann etwa aus Vorentwicklung, Konstruktion, Erprobung, evt. auch Fertigungsvorbereitung und Qualitätssicherung. Diese Fachleute vertreten zwar in allen Fragen ihr Fachgebiet, unterordnen sich jedoch in größeren Belangen dem Gesamtprojekt. Die Gruppe sollte jedoch nicht mehr als 6 Mitglieder umfassen. Bei langlaufenden Projekten finden in regelmäßigem Abstand Informations- und Entscheidungssitzungen mit den Fachvorgesetzten statt, zuerst etwa quartalsweise, dann monatlich, dann wöchentlich und gegen Ende zu sogar täglich. Hierbei werden wesentliche Probleme besprochen und Entscheidungen gefällt, die den Kompetenzbereich der Projektgruppe übersteigen.

Eine Nutzen-Kosten-Betrachtung für das Projektmanagement bei der Entwicklung zeigt zunächst auf der Nutzenseite:

1. (Was?) Klare Aufgabenstellung durch die gemeinsam erstellten Pflichtenhefte
2. (Wann?) Kürzere Terminvorgaben möglich und verbesserte Termintreue durch die vorzeitige Information über zu erwartende Aufgaben und Engpässe
3. (Wer?) Koordinierungsprobleme werden in der Gruppe abgefangen bevor sie sich in den Fachbereichen auswirken
4. (Wie?) Weniger Nacharbeiten und Korrekturen, da Risiken, Schwachstellen und Fehler früher erkannt werden.

Auf der Kostenseite ist mit folgendem Mehraufwand zu rechnen:

1. Vermehrter Personalaufwand für die aufwendigere Planungsarbeit; (teils jedoch kompensiert durch weniger Nacharbeiten)
2. Ausbildungskosten und Hilfsmittelbeschaffung (Hard- und Software) für das Projektmanagement
3. Regelmäßige Beanspruchung von bestimmten Mitarbeitern auch außerhalb der Projektgruppe.

Die Darstellung von Bild 2.17 (nach Burkhardt, Siemens) zeigt, dass der prozentuale Anteil der PM-Kosten bei geringem Projektvolumen relativ stark ins Gewicht fällt, während er mit zunehmendem Projektvolumen erheblich sinkt. Dies erklärt auch, dass bei kleineren Projekten, die natürlich auch besser zu überschauen sind, viel seltener ein komplettes Projektmanagement betrieben wird. Zumeist wird hier zwar ein Projektplan, evt. sogar als Netzplan, erstellt, aber die Verfolgung der Projekte wird dort häufig sehr oberflächlich betrieben unter Inkaufnahme des Verlusts der obengenannten Vorteile.

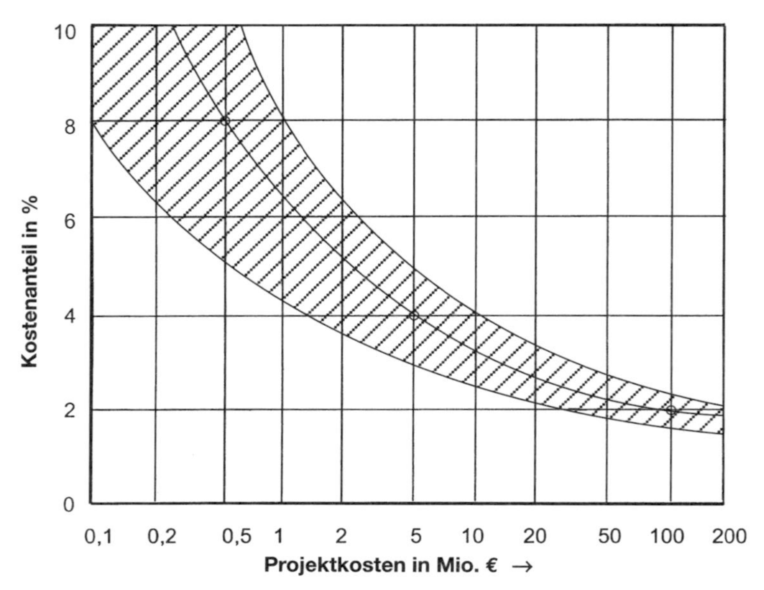

Abb. 2.17. Kosten des Projektmanagements in Abhängigkeit vom Projektvolumen (Anlehnung an Burghardt, M., Projektmanagement, Siemens AG)

5.5 Entwicklungsberater und Wertanalyse

Neben dem Projektmanagement und organisatorischen Hilfen, wie Anforderungslisten, Freigabestufen und mitlaufenden Kalkulationen, haben sich in den letzten Jahren vielerorts Außenstellen der Arbeitsvorbereitung oder Wertanalysestellen bewährt in folgenden Formen:

- **Verbindungsstellen**
Schwerpunkt: Vorinformation der ARV über kommende Projekte und Information der Entwicklung über Terminprioritäten.

- **Betreuerstellen**
Schwerpunkt: Einzelinformationen über Technologie, Kosten und wirtschaftliche Produktgestaltung.

- **Beraterstellen**
Breite Hilfestellung für fertigungsgerechtes, kostengerechtes und wertgerechtes Konstruieren durch vermehrte Informationsvermittlung

- **Wertanalysestellen**
Neben Einzelberatungen veranlasst der Wertanalytiker bei den Objekten, bei denen die Kostenziele nicht eingehalten sind oder wo interessante neue Lösungswege zu erwarten sind, Wertstudien, die – ausgehend von den Funktionen der Zielsetzung (SOLL-Funktionen) – das Entwicklungsgebiet voll auszureizen helfen. Die Wertgestaltung in dieser Form ist als Dienstleistung der Rationalisierung anzusehen und hilft mit, die Kostenziele einzuhalten (Abb. 2.18).

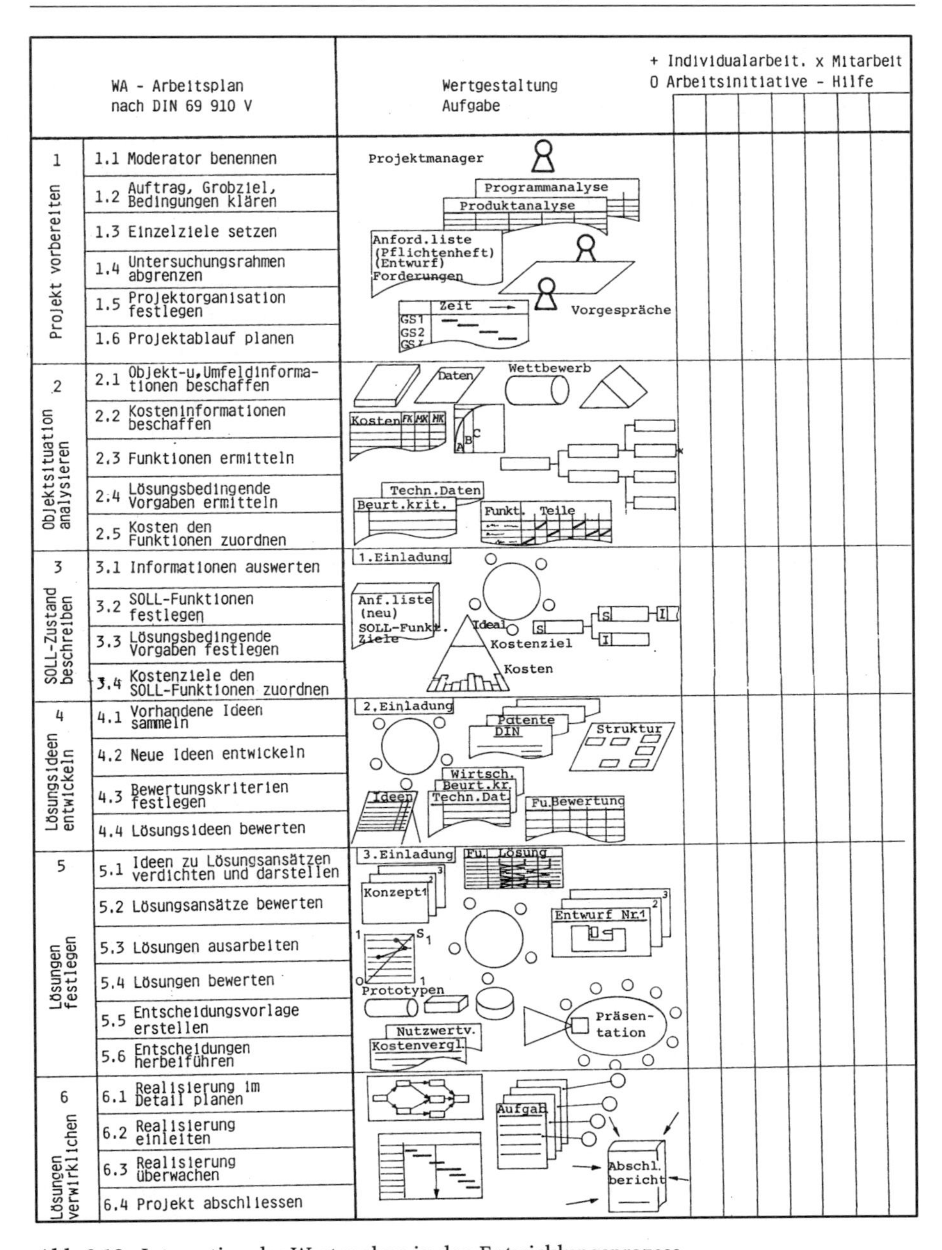

Abb. 2.18. Integration der Wertanalyse in den Entwicklungsprozess

- **Richtlinie für wirtschaftliches Konstruieren**

Der Wunsch, eine Richtlinie für wirtschaftliches Konstruieren herauszubringen und breit zu publizieren und dadurch das Problem wertgerechten Konstruierens ein für allemal zu lösen, besteht vielerorts. Die Enttäuschung wird aber groß sein, wenn diese Zielsetzung mit einer Konstruktionsrichtlinie angestrebt wird. Nicht nur die Preise, sondern auch die Preisrelationen, Kosten und Kostenrelationen, die Verfahren und Verfahrensgrenzen ändern sich ständig. Damit kann eine solche Richtlinie nur grundsätzliche Methoden zur Beurteilung der Wirtschaftlichkeit aufzeigen, Kriterien und Einflussgrößen herausstellen und anhand von Beispielen, die jedoch von Zeit zu Zeit zu überprüfen und zu aktualisieren sind, Hinweise über Verfahrensvorteile und -grenzen sowie technologisch günstige Lösungssätze bieten.

Preise und Kosten können nur für einen sehr beschränkten Zeitraum in ihren Größen benannt oder für einen etwas längeren Zeitraum als sogenannte Relativpreise oder Relativkosten dargestellt werden.

Folgende Gebiete gehören in eine derartige „Richtlinie für wertgerechtes Konstruieren" oder in speziellen Unterlagen erfasst:

1) Grundlagen der betriebsüblichen Kalkulationen wie
   a) Formulare,
   b) Richtsätze für Lohn,
   c) Richtsätze für Maschinenkosten,
   d) Materialkostenrichtpreise,
   e) Hinweise über langfristige Engpässe,
   f) Relativkosten.
2) Grundlagen über Zeiten
   a) Richtwerte für Bearbeitungszeiten in Abhängigkeit von Toleranz und Oberflächengüte,
   b) Richtwerte für Rüstzeiten für verschiedene Maschinenarten
   c) Planzeitwerte für Montagearbeiten.
3) Technologische Daten
   a) Toleranzgrenzen der Fertigungsverfahren (Form- und Lage-Toleranzen, eventuell mit Kosten),
   b) Abmessgrenzen der Fertigungsverfahren,
   c) Wirtschaftliche Grenzmengen der Verfahren,
   d) Maschinenkatalog,
   e) Vorrichtungskatalog.
4) Unterlagen über fertigungsgerechtes Konstruieren
   a) Norm- und Werksnormteil-Liste,
   b) Gegenüberstellung konstruktiver Lösungen mit Kostenrelationen (z. B. Schraubverbindungen, Schweißquerschnitte, Gusskonstruktionen).
5) Checkliste zum schematischen Überprüfen von Konzepten usw.

Die „Richtlinie für Wertgerechtes Konstruieren" muss jährlich überarbeitet und mit neuen Preistabellen versehen werden. Dabei kommt es nicht so sehr auf die Einbeziehung von speziellen Rabatten oder Sondervergünstigungen einmaliger Lieferaufträge an, sondern darauf, dass die Entwicklung ihre Auswahl zwischen Alternativen nach realistischen Kostenbeurteilungen treffen kann. Bei Gewinnsätzen von 5% der Kosten ist es entscheidend, ob das einzelne Produkt kostengünstig oder nur funktionsgerecht entwickelt wurde. Die Entwicklungsberatung kann entweder durch Spezialisten erfolgen, die je nach Unternehmensgröße, teilzeitig oder vollzeitig in der Entwicklung tätig sind und von „Brett zu Brett" gehen. Eine andere Form empfiehlt die MTU. Dort wurde die Aufbauorganisation der Arbeitsvorbereitung nach Funktionsgruppen gegliedert, so wie sie bei der Entwicklung vorhanden waren. Die einzelnen Arbeitsvorbereiter konnten dadurch alle Belange ihrer Funktionsgruppe mit ihren Partnern in der Konstruktion fachgerecht besprechen, unabhängig von der jeweiligen Technologie.

Für die gemeinsame Abstimmung und für die technologischen Vorarbeiten wurde ein voller Tag je Woche eingeplant. Mit Unterschrift unter der Zeichnung bestätigt der Arbeitsvorbereiter, dass die Zeichnung fertigungstechnisch akzeptiert ist, bevor das Teil freigegeben wird. Durch diese Maßnahmen konnten nicht nur wesentliche Einsparungen an direkten Fertigungskosten erzielt werden, sondern auch zahlreiche Änderungen und Terminverzögerungen vermieden werden.

5.6
Einsatz der EDV beim Planen und Steuern von Entwicklungsprojekten

Die Netzplantechnik wurde um 1965 in Deutschland in der militärischen Entwicklung mit speziellen Rechnerprogrammen und in der zivilen Industrie zunächst ohne EDV eingeführt. Der Aufwand erwies sich dabei für die Planung der Projekte als vertretbar. Jedoch erwiesen sich die vielen Änderungen, die während der Durchführung notwendig waren, als so aufwendig, dass die Netzplantechnik nur ganz selten für die Steuerung eingesetzt wurde.

Inzwischen bietet aber der Markt für die Planung und Steuerung von Entwicklungsprojekten mehrere EDV-Programme, die keine Großrechenanlagen mehr erfordern sondern auf dem PC laufen mit allen notwendigen Auswertungen und Darstellungsformen. Jedes größere Projekt in Industrieunternehmen, in der Architektur und in Baubüros sollte heute mit einem EDV-Programm geplant und verfolgt werden. Dafür ist es erforderlich, dass mindestens ein Mitarbeiter eine qualifizierte Ausbildung in Netzplantechnik und in allen zugehörigen Auswertungen erhält, und dass er diese Techniken im Nachhinein an einem abgeschlossene eigenen Projekt einsetzt und erprobt. Damit schafft er sich Erfahrungswerte, die bei jedem neuen Projekt vorhanden sein und genutzt werden müssen. Wenn möglich sollte der Planer Kontakt aufnehmen mit Kollegen evt. aus anderen Werken oder Unternehmen, die dort Projektmanagement betreiben und Erfolg dabei haben.

Die Weitergabe von Daten aus dem Projektmanagement an Vorgesetzte oder Fachbereichsleiter und an sonstige Mitarbeiter muss stets in der Sprache und Form erfolgen, in der diese Herren üblicherweise denken:

Für die Darstellung des Netzplans interessieren sich nur Mitarbeiter mit konstruktiv logisch strukturiertem Denken. Andere lesen lieber Funktionen und Diagramme. Die Dritten, vor allem Kaufleute, sind mit Tabellen leichter und besser zu informieren, und einfache Mitarbeiter legen Wert auf genaue Termine und quantifizierte Vorgaben.

Alle diese Datenauswertungen bietet heute moderne Software für das Projektmanagement. Welches Programm für Sie zur Zeit das günstigste ist, lässt sich hier leider nicht sagen: Da die Buchlebensdauer meistens wesentlich länger sein wird als die Aktualität der Software, kann es nicht Aufgabe eines Buches sein, differenzierte Angaben über die gerade aktuellsten Softwareprogramme zu offerieren. Das müssen für den fraglichen Zeitpunkt neue Zeitschriftenartikel und die jeweiligen Werbeprospekte der Softwarehersteller tun. Denn bis ein Buch geschrieben, redigiert, gedruckt und vertrieben ist, sind derartige Routinen bereits durch erweiterte, verbesserte und aktuellere ersetzt. Ein Buch soll und kann aber darauf hinweisen, welche Kriterien von den einzelnen Softwarepaketen zu erfüllen sind und worauf bei der Auswahl der Projektmanagementprogramme zu achten ist.

5.7 Produktüberwachung – Produktpflege

Die Entwicklung hat nicht nur die Aufgabe immer wieder neue Produkte aufzuspüren und aufzubauen, sondern 30% bis 40% ihrer Kapazität ist oftmals notwendig, um die Produkteinführung zu unterstützen und um die laufenden Produkte regelmäßig zu aktualisieren, zu verbessern und mit neuen „Argumenten" zu versehen. So kann z.B. bei der Automobilindustrie folgender Rhythmus beobachtet werden:

Heute:	Neues Modell
4 Jahre später:	Kleines Face-Lifting
wieder 4 Jahre später:	Großes Face-Lifting
wieder 4 Jahre später:	Neues Modell usw.

Ob nun solche Aktualisierungen kontinuierlich oder in einzelnen „Schüben" ablaufen, ist eine Frage der betrieblichen Organisation und der Verkaufsstrategie. Die Systematische Produkt-Elimination zur Bereinigung des Produktprogramms und zur Konzentration auf Neuheiten gehört schließlich auch zur Produktüberwachung.

6 Empfehlungen

1. Darstellen des bisherigen Entwicklungsablaufs als „picturelles" Ablaufschema (vgl. Abb. 2.18, S. 146).
2. Ablaufpläne der „Freunde oder Fremden und Wettbewerber" suchen und hinsichtlich Nutzung einzelne Ideen beurteilen.
3. Überprüfen, welche EDV-Programme für die Planung und Steuerung existieren und für das eigene Haus empfehlenswert sind.
4. Erfassen und einplanen der Wertanalyse-Techniken, die im Ablaufplan wichtig sind, wie Projektmanagement, Zielvorgaben, Funktionsgliederung, Zielgliederung, Kreativitätsförderung usw.
5. Überprüfen aller Überlappungsmöglichkeiten, Konzentrieren auf wenige, wichtige Entscheidungspunkte um „Simultaneous Engineering" anzustreben.
6. Erstellen einer Richtlinie für die Kapazitäts- und Terminplanung und sicherstellen, dass ihre Einhaltung allseitig akzeptiert und beachtet wird.

Kapitel 3

Techniken der Investitionsplanung

1 Grundlagen und Zusammenhänge 150

2 Investitionsstrategien im Rahmen der Unternehmenspolitik . . 152

3 Investitionsbudget 156

4 Investitionsrechnungen 162

5 Investitionsrichtlinie und Organisation 192

6 Vorgehen beim Aufbau und Ausbau der eigenen Organisation . . 210

7 Empfehlungen 214

1 Grundlagen und Zusammenhänge

„Der Aufwand für eine Investitionsentscheidung ist umgekehrt proportional zum Investitionsbetrag: Je höher der Betrag, desto schneller fällt die Entscheidung“.

Diese Feststellung von Parkinson [3.1] weist auf die fundamentalen Schwächen unserer Investitionspolitik hin:

Eine falsche Investitionspolitik, falsche Ansätze bei den Investitionsstrategien und falsche Beurteilungen der Investitionsrisiken führten oftmals zu einer Veraltung unserer Fabriken zur „Englischen Krankheit“, zur Kapitulation vor der „Japanischen Gefahr“. Was im Ansatz falsch gemacht wird, kann durch eine schlüssige, auch durch eine dynamische Investitionsrechnung nicht ausgebügelt werden.

Die Investitionsstrategie, die sich ständig den Veränderungen anzupassen hat und realistische Daten, die auf statistisch gesicherten Kennzahlen, Nutzungsdauern, Auslastungen usw. beruhen, bilden die Basis für das Konzept einer ganzheitlichen Investitionspolitik. Nicht einzelne Kostenvergleiche oder Einzelprodukte, sondern nur eine „Integrierte Investitionsplanung“ mit rechnerischer Erfassung von Notwendigkeit, Wirtschaftlichkeit, Liquiditätssicherstellung und Risikobeurteilung kann eine langfristige Unternehmenssicherung gewährleisten.

Insbesondere die Umstrukturierung von konventioneller Fertigung in eine automatisierte Fertigung, der Einsatz von Beschickungsanlagen und von Robotern bedingt realistische Abschätzungen von Nutzungsdauern und Betriebskosten. Hierüber liegen oft keine eigenen Erfahrungswerte vor, weshalb sehr „vorsichtig“ und damit investitionsfeindlich disponiert und entschieden wird.

Die Unternehmensentwicklung ist wirtschaftlich-technischen Gesetzen unterworfen, die so zwingend sind wie die technisch-physikalischen Gesetze. Nur wer die Gesetzmäßigkeiten der Wirtschaftsentwicklung kennt, kann seine Maßnahmen so einrichten, dass er für sein Unternehmen die möglichen Chancen wahrnimmt. Das Studium dieser Gesetzmäßigkeiten ist damit die Basis für die Wirtschafts- und Unternehmensplanung.

Zuerst ist Klarheit zu schaffen über mögliche und zweckmäßige Unternehmensziele, die jedoch nicht allein an den Wünschen der Geschäftsleitung sondern an den Möglichkeiten der Märkte und der Unternehmenspotentiale auszurichten sind.

Um die Chancen und Risiken für die Unternehmensentwicklung zu erkennen, sind alle aufgezeigten Bereiche zu analysieren. Um die eigenen Stärken und Schwächen zu erkennen, sind die Auswirkungen der eigenen Maßnahmen auf die interne und externe Sphäre zu beurteilen.

Sind die **Unternehmensziele** festgelegt, dann bieten sich verschiedene Strategien an, sie zu verwirklichen. Dabei ist der Unternehmer nur scheinbar frei in der Wahl seiner Strategien. Wie später gezeigt wird, erfordern bestimmte Markt- und Unternehmenslagen auch bestimmte Strategien, soweit wirtschaftliche Erfolge erzielt werden sollen.

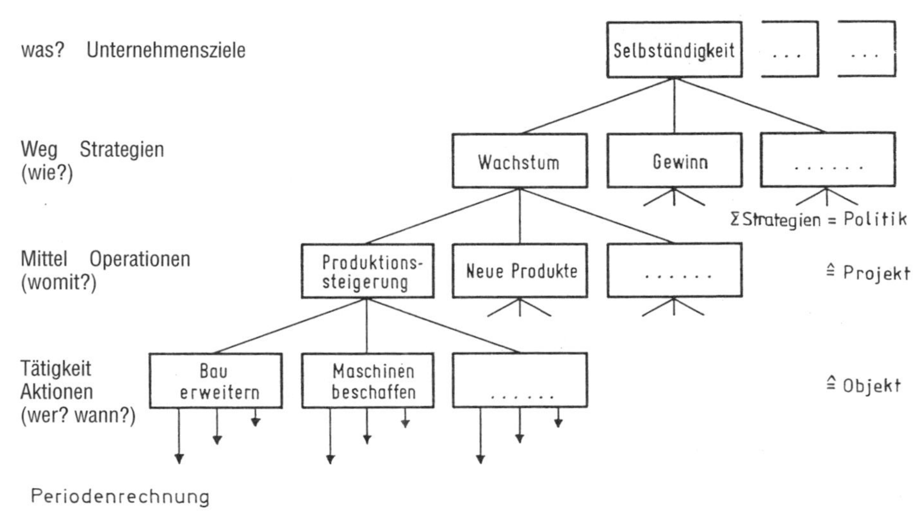

Abb. 3.1. Gliederung der Unternehmensziele

Strategien sind Grundprinzipien der Unternehmensführung im großen:

Beispiele:

Qualitätsspitze in bestimmten Produktsparten (Daimler-Benz)

Markteroberung durch Niedrigstpreise bei guter Qualität von Massenprodukten (Aldi)

Spitzenqualität bei Prestigeprodukten (Porsche) usw.

Die Gesamtheit der Strategien nennt man die Unternehmenspolitik. Sie ist das unternehmerische oder auf das Unternehmen ausgerichtete Handeln zur Verwirklichung der Unternehmensziele. Die konkreten Auswirkungen von Strategien werden durch Operationen durch ein Handlungsbündel erreicht. Die hierfür erforderlichen Investitionen werden zusammengefasst als Investitionsprojekte bezeichnet.

Operationen (= Projekte im Sinne der Investitionsplanung) sind in sich abgeschlossene Handlungen, für die das Gewinnzuteilungsproblem lösbar ist. Sie sind der letzte wirtschaftlich selbständig betrachtbare Maßnahmenkomplex.

Beispiele:

Entwicklung und Bau eines bestimmten Modells (S-Baureihe)

Neue Niederlassung gründen (Zusätzlicher Umsatz)

Größere Fertigungstiefe nutzen (Eigenfertigung der Karosseriebleche)

Eine Gliederung von Operationen (Projekten) bis hin zu den einzelnen funktional selbständigen Handlungen bzw. Aktionen führt zu den einzelnen Objekten der Investition.

Aktionen sind die Einzeltätigkeiten oder Einzelhandlungen im Rahmen einer Operation. Die hierfür zu beschaffenden Betriebsmittel, Einrichtungen und Bauten nennt man bei der Investitionsplanung **Objekte**.

Kurzfristiges Parieren bei unternehmerischen Maßnahmen bezeichnet man als Taktik. oder, positiv formuliert:

Taktik bedeutet planvolles Verhalten und kluges Berechnen unter Einsatz aller technischen und wissenschaftlichen Hilfsmittel, auf voller Breite und mit allen erfolgversprechenden Alternativen. Investitionsentscheidungen müssen so vorbereitet werden, dass das Entscheidungsgremium nicht über komplexe Bereiche oder über technische Details zu befinden hat, sondern dass die Alternativ-Vorschläge nach betriebswirtschaftlichen Gesichtspunkten beurteilt werden können. Die Entscheidungsvorbereitung durch Investitionsplanung und Investitionsrechnungen ist die Basis für eine sichere Entwicklung und wirtschaftliche Fertigung der Unternehmen.

Als **Investition** bezeichnet man die Umwandlung von flüssigem Kapital (Geld) in Realvermögen (langfristig gebundenes Kapital). Das Ergebnis dieses Umwandlungsprozesses, nämlich das Objekt, in dem das Kapital gebunden ist, nennt man ebenfalls Investition. Mit der Investitionsplanung wird die langfristige Unternehmensentwicklung festgelegt. Die Zielrichtungen für die Planungen sind durch die Investitionspolitik gegeben. Zwar liegen wesentliche Anregungen einer erfolgreichen Investitionspolitik außerhalb des Rationalen in der unternehmerischen Intuition und Phantasie. Manche Hinweise für die Unternehmensentwicklung können jedoch auch aus den ökonomischen, sozialen und strukturellen Zusammenhängen herausgelesen werden und so als Grundprinzipien einer erfolgreichen Investitionspolitik gelten.

2
Investitionsstrategien im Rahmen der Unternehmenspolitik

Die meisten Investitionen führen erst mittel- oder langfristig zu einem Einnahmenüberschuss und zu positiver Verzinsung. Sie bedingen daher eine mittel- oder langfristige Planung. Bei langlebigen Produkten darf diese Planung nicht ausgehen von bisherigen Verbrauchszahlen oder von Trendrechnungen nach Vergangenheitswerten, sondern sie muss direkt aufbauen auf künftigen Verbrauchern, ihren Bedürfnissen und auf Veränderungen bei den Verbrauchergruppen. Hier muss sie die Absatzchancen messen. Sofern sich eine Investition nicht sicher innerhalb des Planungshorizonts amortisiert, sollte lieber auf die Investition verzichtet werden als ein Risiko auf eine Liquiditätsgefährdung einzugehen. Sofern aber eine Investition bei realistisch geschätzter Nutzungsdauer ohne Liquiditätsgefahr eine befriedigende Verzinsung abwirft, muss investiert werden, wenn nicht das Feld an mutigere Wettbewerber freigegeben werden soll.

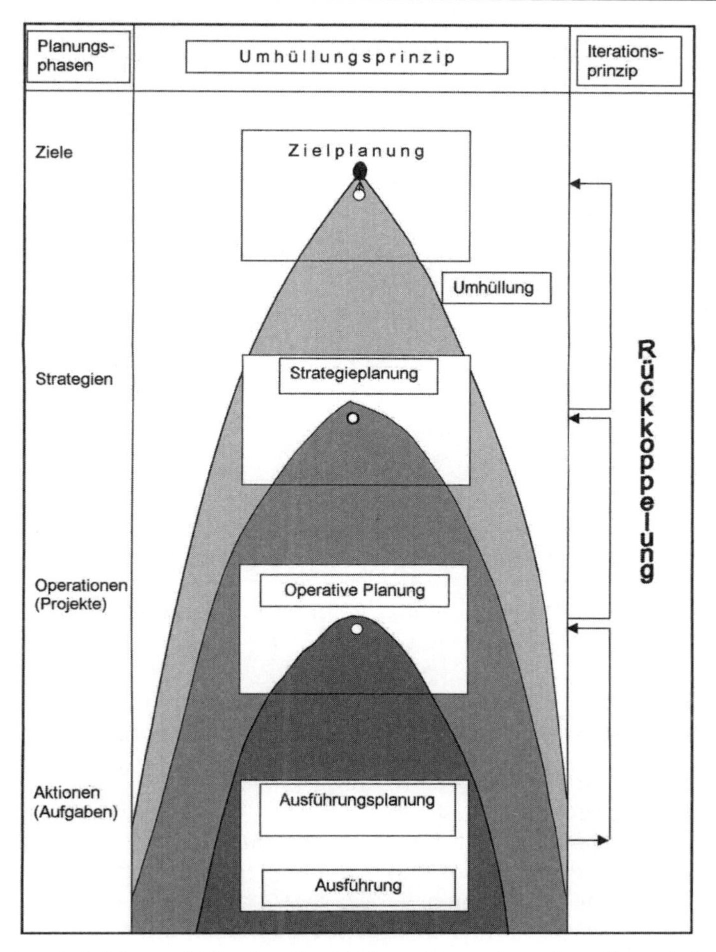

Abb. 3.2. Ganzheitliche, umhüllende, allmählich verfeinernde und rückkoppelnde Planung (in Anlehnung an Gälweiler)

2.1 Ziele, Projekte und Objekte von Investitionen

Die Zielsetzungen der Unternehmensleitung müssen, soweit möglich, in Projekte zusammengefasst werden, für die das Gewinnzuteilungsproblem lösbar und somit die Verzinsung des vollen eingesetzten Kapitals zu errechnen ist. Unternehmerische Investitionen haben im Regelfalle einen wirtschaftlichen Zweck. Durch Einsatz von Investitionsmitteln soll neues Kapital geschaffen bzw. Kapitalvermehrung erzielt werden. Der Wertzuwachs als Rendite oder Verzinsung des eingesetzten Kapitels errechnet sich nach der Beziehung

$$\text{Rendite} = \frac{\text{Ertrag} - \text{Aufwand}}{\text{Kapital}}$$

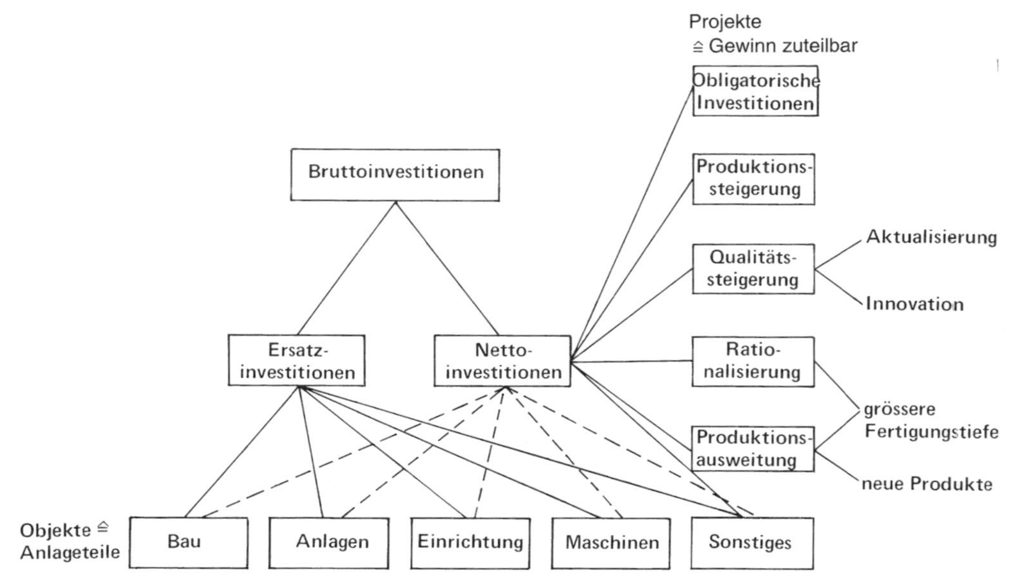

Abb. 3.3. Gliederung von Investitionen nach Projekten und Objekten [3.2]

Danach ergibt sich einen sachliche Gliederung der Investitionen nach Abb. 3.3:

1. **Investitionen zur Sicherung des Ertrags:**
   a) Ersatzinvestitionen
   (Ein Betriebsmittel wird durch ein gleichartiges ersetzt. – Reine Ersatzinvestitionen gibt es in der Praxis kaum. (Begründung?)
   b) Obligatorische Investitionen
   Neben den wirtschaftlichen Investitionen sind zahlreiche Investitionen durch gesetzliche, soziale oder ethische Auflagen bedingt. Für diese kann nur die relative Wirtschaftlichkeit im Vergleich zu technischen Alternativen ermittelt werden, oder man stellt als Alternative das Gesamtunternehmen in Frage.

2. **Investitionen zur Steigerung des Ertrags**
   a) Produktionsmengensteigerung
   (größere Produktionsleistung gleicher Produkte)
   b) Aktualisierung (Qualität)
   (verbesserte, weiterentwickelte oder sonst aktualisierte Produkte bis zu Substitutionsprodukten und Innovationen: Produktpflege, Typwechselkosten usw.)
   c) Produktionsausweitung (Art)
   (neue Produkte und größere Fertigungstiefe)
   d) Rationalisierung
   (Gesamtkostensenkung)

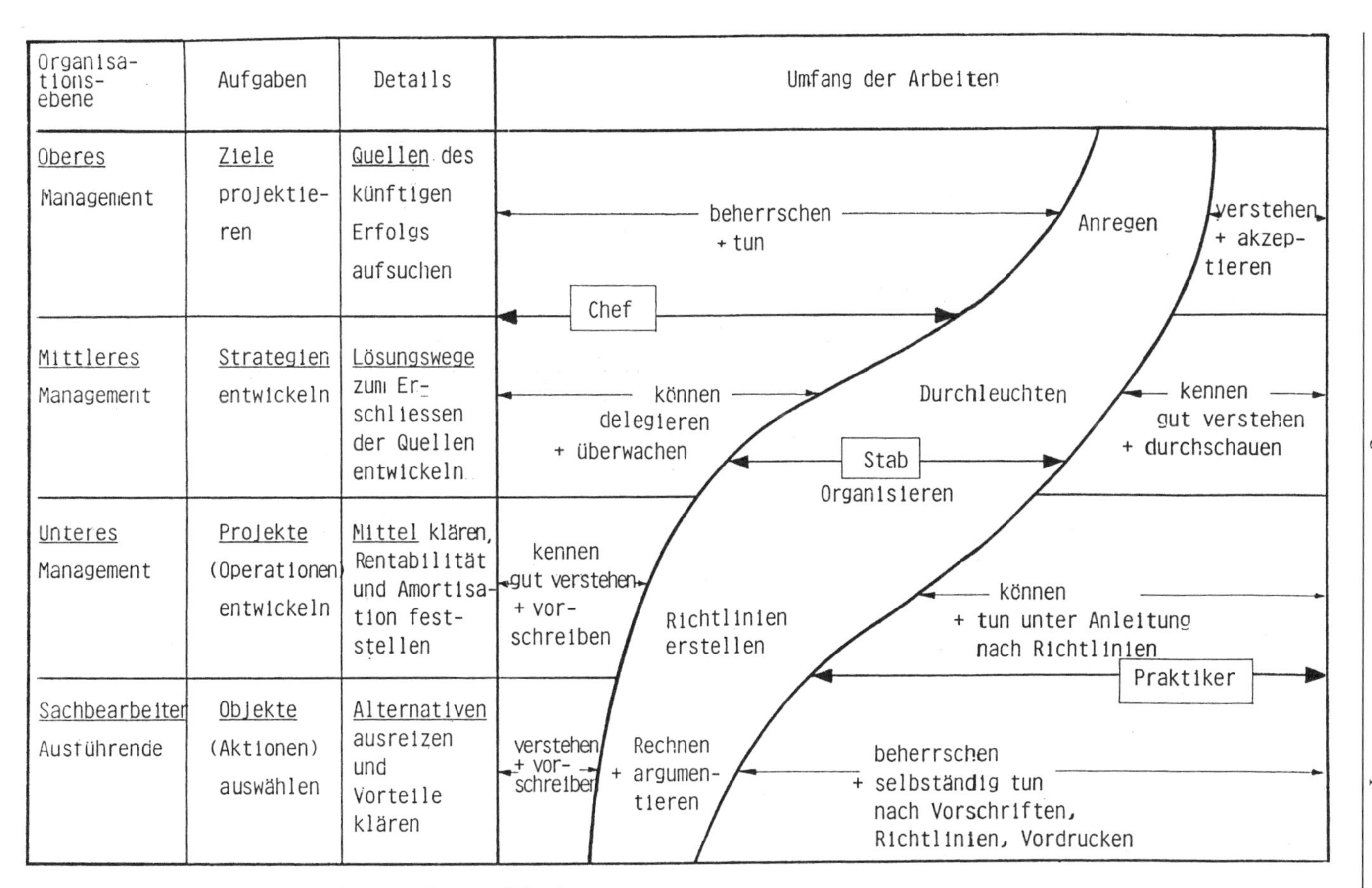

Abb. 3.4. Aufgabenverteilung und notwendige Qualifikation

Nur für derart mit wirtschaftlichen Zielsetzungen versehene Investitionskomplexe können Rentabilitäts- und Amortisierungsrechnungen ausgeführt werden. Sachlich sind diese Projekte jedoch meistens noch zu gliedern in:

Bauinvestitionen	(mit Grundstücken)
Anlageninvestitionen	(fest mit Bau verbunden)
Einrichtungsinvestitionen	(Mobilien außer Maschinen)
Maschinen	(mit Fundament und Grundausrüstung)

Für diese Investitionen sind jeweils verschiedene Mitarbeiter mit ganz unterschiedlichen Qualifikationen zuständig. Im Budget eines Projekts sind daher für Planung Überwachung diese Posten zu trennen (Abb. 3.4).

3 Investitionsbudget

Die Investitionsplanung ist ein Teilgebiet der Unternehmensplanung. Sie basiert auf den Ergebnissen abgelaufener Perioden und auf den Erwartungen für kommende Perioden. Üblicherweise bildet das frei verfügbare Kapital also die Überschüsse aus dem Jahresabschluss den Grundstock für das Investitionsbudget. In zunehmendem Maße wird jedoch von der Industrie Fremdkapital zur Finanzierung eingesetzt, dessen Anteil am Gesamtkapital von 70 % im Jahre 1970 auf fast 80 % in neuerer Zeit in der Fertigungsindustrie angewachsen ist. Die goldene Investitionsregel, nur etwa so viel Fremdkapital aufzunehmen wie Umlaufvermögen vorhanden ist, wird nur noch selten beachtet (Abb. 3.5).

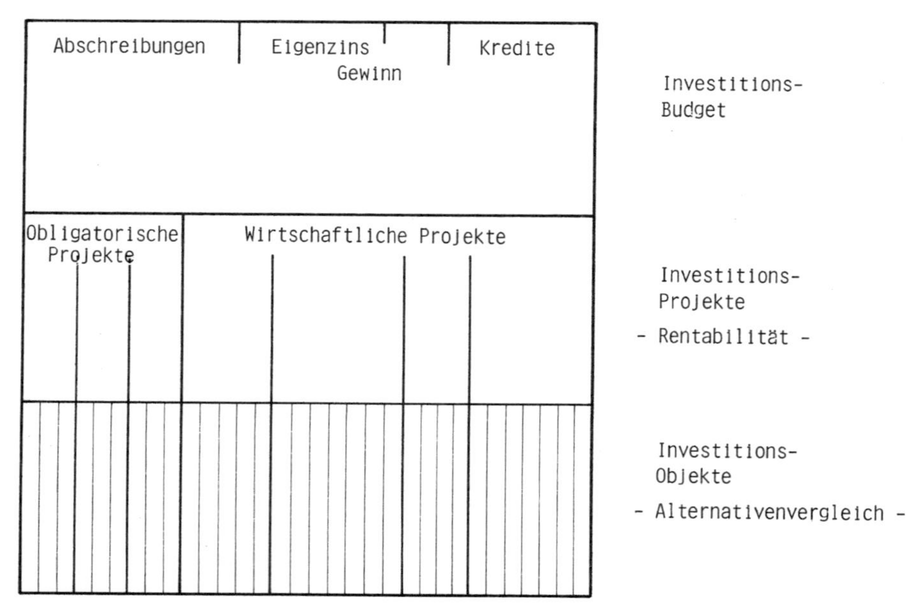

Abb. 3.5. Gliederung des Investitionsbudgets in Projekte und Objekte

3.1
Cash flow als Basis

Aufgrund der Absatzerwartungen der Vermögensverhältnisse und zahlreicher innerbetrieblicher und außerbetrieblicher Entwicklungen, legt die Unternehmensleitung oder eine übergeordnete Instanz die Unternehmenspolitik, die Absatz- und Umsatzdaten fest. Hieraus ergeben sich die Aufgaben für Produktionsveränderungen und für die Betriebsentwicklungen sowie die Kosten bzw. Ausgaben (Abb. 3.6).

Auf der anderen Seite werden die im Planungszeitraum verfügbaren Kapitalbeträge ermittelt aus:

Abschreibungen und Gewinn nach Steuer ≈ Cash flow

sowie aus Fremdgeldern, die gegen entsprechende Verzinsung aufzunehmen sind sowie abzüglich auszuschüttendem Gewinn, kurz-, mittel- und langfristiger Rückzahlung von Schulden u. ä. Dieses investierbare Kapital aus Gesamtbudget – etwa nach Quartalen oder Monaten verplanbar – bilden die Grundlage für Investitionsüberlegungen. Zur Beurteilung der Notwendigkeit oder Zweckmäßigkeit des Kapitaleinsatzes werden Projekte gebildet, für die das Gewinnzuteilungsproblem lösbar ist, da nur für solche Fälle die Verzinsung des gesamten eingesetzten Kapitals berechnet werden kann. Für gesetzliche Investitionen sind Notwendigkeitsnachweise zu erbringen und für Ersatz- und Rationalisierungs-

Jahr	Bereich	Vorgang	Detail
1	Produktion	Σ Erzeugnis · Menge · Erlös	Absatz
	Finanz-planung ↓	Einnahmen – Ausgaben	Kapitalinformation
		Gewinn + Abschreibungen	Marktforschung ↓
		Cash flow ± Sonstiges	
2		↓ Investierbares Kapital (z.B.: 10 Mio €)	
	Investierungs-planung ↓	↓ Zielprojektion + Kapaz.-rechn. Investitionsprojekte →	Produktionssteigerung Qualitätssteigerung Rationalisierung + Ersatz Produktionsausweitung usw. ↓
		↓ Projektanträge(z.B. 10 · 1 Mio €) ←	Investitionsrechnung (Projekte Zins, Liquidität.....)
		Investierungsobjekte →	Maschinen Einrichtungen Bauten, Anlagen usw. ↓
		↓ Objektanträge(z.B. 10 · 10 · 100 T€) ←	Investitionsrechnung (Objekte, Kosten,.....)
		Aufbau →	Technische Abnahme ↓
3	Produktion	Σ Erzeugnis · Menge · Erlös	Investitionsrechnung (Kontrolle)

Abb. 3.6. Planungszyklus (vereinfachte Darstellung)

investitionen wird ein Etat und eine Mindestverzinsung festgelegt. Jedem Projekt wird ein eigenes Budget zugeteilt, das zwar verschiedene Investitionsarten zusammenfasst, in sich jedoch völlig abgeschlossen betrachtet werden kann. Die spätere Verbuchung der Investitionen, gewissenhaft und projektgetreu, ermöglicht es, Erfahrungswerte für künftige Investitionsmaßnahmen zu sammeln.

3.2 Finanzierungsalternativen

Große Unternehmen können über den Kapitalmarkt Finanzmittel beschaffen. Kleine Unternehmen kommen wesentlich schwerer an Geld. Der Nachweis der Kreditwürdigkeit erfordert hier wesentlich mehr Ideen. Kaum ein Unternehmen arbeitet ohne Fremdgeld. Im Falle einer Investition erhebt sich daher stets die Frage: Soll investiert werden oder soll ein Teil des teuersten Fremdgeld abgelöst werden. Selbst bei formaler Eigenfinanzierung disponiert man über Fremdkapital. Folgende Formen der Finanzierung werden heute unterschieden:

1. **Eigenfinanzierung**
   = Zusätzliche Einzahlungen der Unternehmer bzw. Eigentümer.

Die hierfür zu verrechnenden Zinsen sind dabei so hoch anzusetzen, wie die Zinsen bei anderweitiger Verwendung des Kapitals bei gleichem Risiko ausfallen würden. Die Wirkungen der Investition auf das gesamte sonstige gebundene Kapital muss dabei in die Rechnung eingehen. Würde die Investition unterbleiben, dann könnte das „teuerste ablösbare Fremdgeld" zurückgezahlt werden. Damit ist der Zinssatz dieses Geldes die Mindestverzinsung für jede freie Investition.

2. **Selbstfinanzierung**
   = Einbehaltene Gewinne und Rücklagen.

Nicht ausgeschüttete oder nur teilweise ausgeschüttete Gewinne und aufgelöste Rücklagen bilden die häufigste Form der Finanzierung mit Eigenmitteln. Auch hier gilt für die notwendige Verzinsung das gleiche wie bei der Eigenfinanzierung.

3. **Fremdfinanzierung** und erforderlicher Zinssatz
   = Fremdgeld oder Geld aus Rückstellungen.

Unternehmerische Investitionen haben im Regelfall einen wirtschaftlichen Zweck. Durch Einsatz von Investitionsmitteln soll neues Kapital geschaffen bzw. eine Kapitalvermehrung erzielt werden. Den auf das Kapital bezogenen Wertzuwachs nennt man Rendite oder Verzinsung des Investitionskapitals. Nach dem wirtschaftlichen Grundprinzip ist das Kapital dort einzusetzen, wo es die höchste Rendite gibt (Abb. 3.10 Seite 166 und 3.20 Seite 187).

4. **Leasing** als Finanzierungsalternative
Der Erwerb eines Investitionsgutes durch eine Leasinggesellschaft und die Nutzung beim Produzenten gegen periodisch anfallende Leasinggebühren ist eine häufig diskutierte und in manchen Bereichen (EDV, Kopierautomaten, Fuhrpark

usw.) viel praktizierte Form der Finanzierung. Die Investitionsgüter werden dabei von der Leasinggesellschaft bezahlt, aktiviert und abgeschrieben. Dort fallen Gewerbeertrags- und Vermögenssteuer an, während der Benutzer die gesamten Leasinggebühren als laufende Kosten sofort abbuchen kann (Abb. 1).

Die Grundleasingszeit beträgt normalerweise 40% bis 90% der betriebsüblichen Nutzungsdauer (entsprechend der Afa-Tabellen), danach kann

a) ein Anschluß-Leasing-Vertrag erfolgen,
b) eine Veräußerung mit Erlösbeteiligung oder
c) in Kauf des Objekts.

Folgende Vorteile bieten sich für den Benutzer:

1) Kein Kapitaleinsatz zu Beginn der Anschaffung.
   Dadurch höhere Liquidität in der Anfangsphase.
2) Nutzungs-Gewinn und Aufwand fallen jeweils über längeren Zeitraum gleichzeitig an.
3) Risiko zum Teil bei Verleaser.
   (ist jedoch in seiner Kalkulation abgedeckt!)

Als Nutzer-Nachteile sind klar herauszustellen:

1) Trotz formal günstiger Kosten ist Leasing wesentlich teurer als Selbstkauf, da vom Leasing-Geber einkalkuliert sind:
   a) Zusätzliche Verwaltungskosten
   b) Zusätzliche Risikoabdeckung
   c) meist höhere kalkulatorische Zinsen
   d) wesentlich kürzere Nutzungsdauern als der technischen Nutzungsdauer entspricht
   e) Risiko aus dem Verkauf des Restgutes
2) Leasing verführt leicht zu „Anschaffungen", die bei Kauf nicht realisiert würden.

Ein Zeichen, welche Reserven im Leasing-Geschäft liegen, sind die hohen Wachstumsraten der Unternehmen, die vorwiegend ihre Produkte durch Leasing vertreiben.

5. Auswärtsvergabe statt Investitionen
In der Aufbauphase ist schnelles Wachsen am Markt wichtiger als große Fertigungstiefe. Hier soll möglichst viel von auswärts beschafft werden, wenn dadurch das Kapital für Marktwachstum günstig einzusetzen ist. Obgleich am einzelnen Produkt weniger zu verdienen ist, kann doch durch die größere Absatzmenge der Gesamtgewinn erhalten bleiben. Der höhere Marktanteil beim Erreichen der Sättigungsgrenze ist dann eine gute Ausgangsbasis für die Konsolidierung. Produkte die auf Einzweckmaschinen, auf Sondermaschinen oder in voll auszulastenden Großanlagen gefertigt werden können, müssen langfristig in eigener Regie gefertigt werden.

Dagegen wird stets zu überprüfen sein, ob für Erzeugnisse oder Teile, für die nur begrenzter Bedarf besteht, so dass eigene Anlagen nicht voll auszulasten wären, ein Unterlieferant nicht günstigere Fertigungsbedingungen bieten kann.

Trotz seines kalkulatorischen Gewinns kann er oft unter den Selbst- oder Herstellkosten der Fertigerzeugnishersteller produzieren.

3.3 Gliederung des Investitionsbudgets in Projekte und Objekte

Der gesamte Investitionsbetrag, der in einer Planungsperiode verfügbar ist, wird als Investitionsbudget bezeichnet. Die Summe der Finanzierungsmittel für alle Projekte muss innerhalb dieses Budgets liegen. Für jedes einzelne Projekt (außer obligatorischen Investitionen und Kleininvestitionen) wird bei der Projektierung der erforderliche Investitionsbetrag, die zu erwartende Rendite (interne Verzinsung) und die Amortisationszeit errechnet. Die Projekte können dabei Komponenten des Baus, der Anlagen, der Einrichtungen und Maschinen sowie Patente, Lizenzen und ähnliche „Software" umfassen. Für jede einzelne Komponente eines Projekts wird wiederum eine Investitionsrechnung gefordert, sofern der Investitionsbetrag >10000 € bis >20000 € beträgt. Die hierbei möglichen Rechnungen können aber nur als Kostenvergleiche mit anderen Betriebsmitteln, Anlagen o. ä. ausgeführt werden, wobei der Mindestzinssatz als Kalkulationszins angesetzt sein muss. Eine Rendite oder Amortisation lässt sich hier höchstens im Hinblick auf die Investitionsdifferenz alternativer Investitionen ermitteln (Abb. 3.7).

3.4 Budgetüberwachung, Projektüberwachung, Objektüberwachung

Bei der Investitionsüberwachung werden die bei der Investitionsplanung ermittelten Zahlungsvormerkungen als SOLL-Werte erfasst und die laufenden Zahlungsanforderungen als IST-Werte fortgeschrieben. Die Differenz aller Projekte darf dabei nur gering ausfallen, da einerseits die Gelder nicht vorzeitig bereitgestellt werden dürfen und zum anderen Anforderungen, die später vorgesehen sind, durch die Finanzmitteldisposition nicht abgedeckt sind. Daher verlangt das Finanz- und Rechnungswesen zurecht eine Vorschau über die Fälligkeit von Investitionsmitteln zunächst pauschal für die Projekte und später genauer, für die einzelnen Betriebsmittel. Wird ein Betriebsmittel (Maschine, Vorrichtung oder Einrichtung usw.) angeliefert, dann erstellt eine dafür verantwortliche Stelle (Verfahrensentwicklung o.ä.) eine Prüfkarte, die sicherstellt, dass die Anlage kritisch abgenommen wird, dass Störungen des Betriebsmittels während der Garantiezeit zu Lasten der Lieferanten beseitigt werden und dass kurz vor Ende der Garantiezeit eine Mängelliste erstellt wird, wo die Beseitigung aller restlichen Schwierigkeiten im Rahmen der Garantieleistung gefordert wird. Auch für die Erfassung von Instandhaltungskosten über längere Zeiträume wird die Prüfkarte eine wichtige Unterlage darstellen. Während des Investitionsprozesses erfolgt die Investitionskontrolle, die sich erstreckt auf:

1. Einhalten der Projektsummen der einzelnen Fachabteilungen sowie der Preise der Objekte
2. Einhalten der Termine (evtl. über Netzplan).

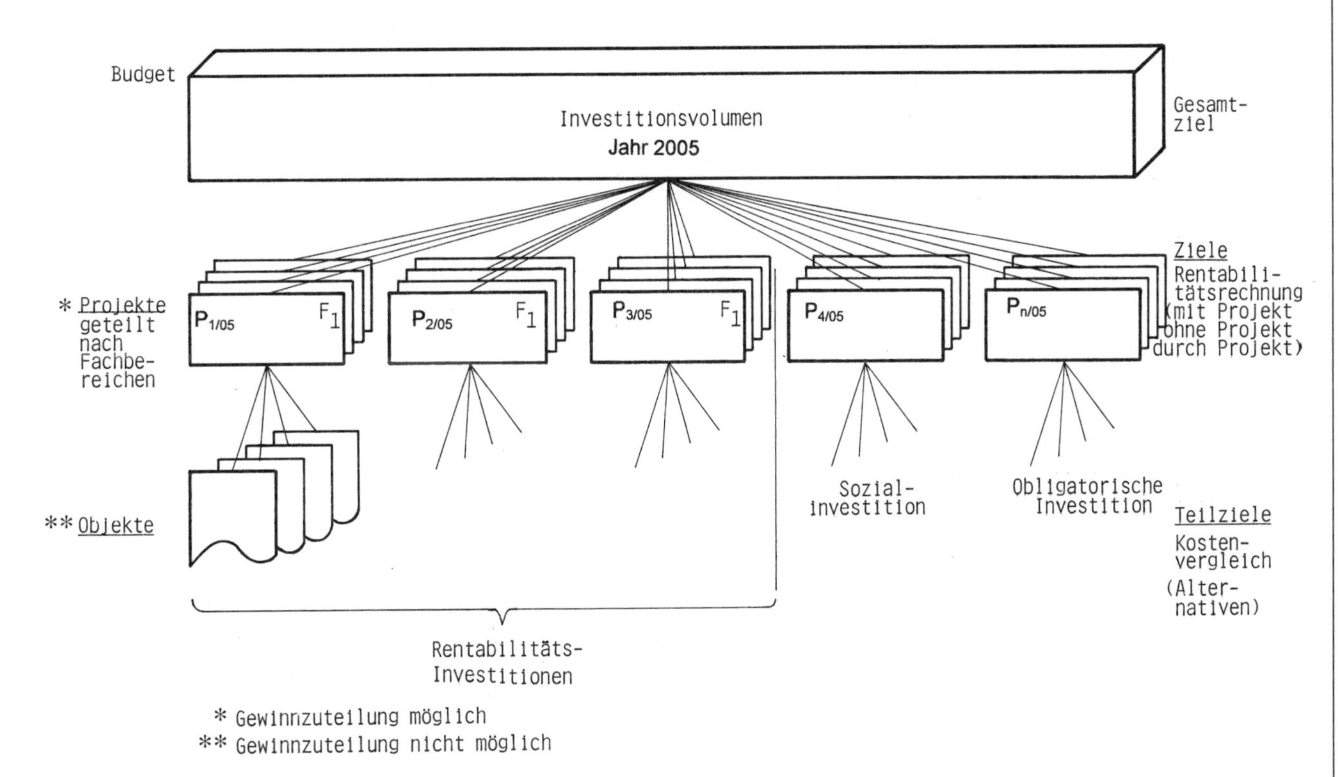

Abb. 3.7. Gliederung des Investitionsbudgets in Projekte und Objekte

3. Quantitatives und qualitatives Übereinstimmen zwischen Bestellung und Lieferung
4. Funktionale und leistungsmäßige Überprüfung der Lieferung
5. Wirtschaftlichkeitsüberprüfung
6. Garantieleistungen

4 Investitionsrechnungen

Für die Investitionsplanung und -rechnung sind drei Ausgangssituationen in Praxis und Theorie gebräuchlich, die jeweils zu anderen Ansätzen führen.

Statische Investitionsrechnungen (Erfassen einer repräsentativen Periode): Für die Beurteilung einer Investition wird bei diesem Vorgehen eine als repräsentativ angesehene Periode zugrunde gelegt. Dabei sind die Ansätze so abzustimmen, dass sie dem Durchschnitt der gesamten Investitionslaufzeit entsprechen. Die Anwendbarkeit der daraus abgeleiteten statischen Investitionsrechnungen sollte auf kurze Zeiträume oder auf kleinere Investitionen (Teilprojekte) beschränkt bleiben.

Dynamische Investitionsrechnungen (Erfassen eines isolierten Projekts): Wird ein Investitionsvorhaben so weit gefasst, dass sich die von ihm ausgelösten Einzahlungs- und Auszahlungsströme über die volle Nutzungsdauer oder bis zu einem vorbestimmten Planungshorizont isoliert betrachten lassen, dann kann ein solches Projekt nach finanz-mathematischen Gesichtspunkten bewertet werden. Da beliebige Einzahlungs- und Auszahlungsströme zu erfassen sind, spricht man von dynamischen Investitionsrechnungen. Sie sind meist mit höherem Rechenaufwand versehen als statische Verfahren.

Ganzheitliche Investitionsrechnungen (Erfassen des gesamten Investitionsbudgets): Neuere Entwicklungen gehen von einer Totalplanung aus und versuchen alle Investitionsvorhaben eines Planungszeitraums im Rahmen optimaler Programmgestaltung integriert zu betrachten und die einzelnen Alternativen in ihrer gegenseitigen Abhängigkeit darzustellen. Zur Beurteilung von Investitionen für die Industrie sind jedoch aus diesen Ansätzen noch keine praktischen Ergebnisse zu erwarten.

Wirtschaftlichkeitsrechnungen WR				
Sonder-Probleme	Wirtsch. Schnittgeschw.	Wirtsch. Bechaffungs- und Losgröße	Eigenfertigung. versus Fremdbezug	Wirtsch.-rechnung für Investitionen
				WR = IR

Investitionsrechnungen IR				
Investitionsbeurteilung nach Wirtschaftlichkeit	Risikobeurteilung	Liquiditätsbeurteilung (Amortisation)	Kapazitätsrechnung (Auslastung)	Sonderprobleme

Abb. 3.8. Gegenüberstellung von Wirtschaftlichkeitsrechnungen und Investitionsrechnungen

Der Investitionsprozess läuft ab nach dem „Logischen Arbeitsplan zur Lösung komplexer Probleme", der im folgenden Bild dargestellt ist (Abb. 3.9):

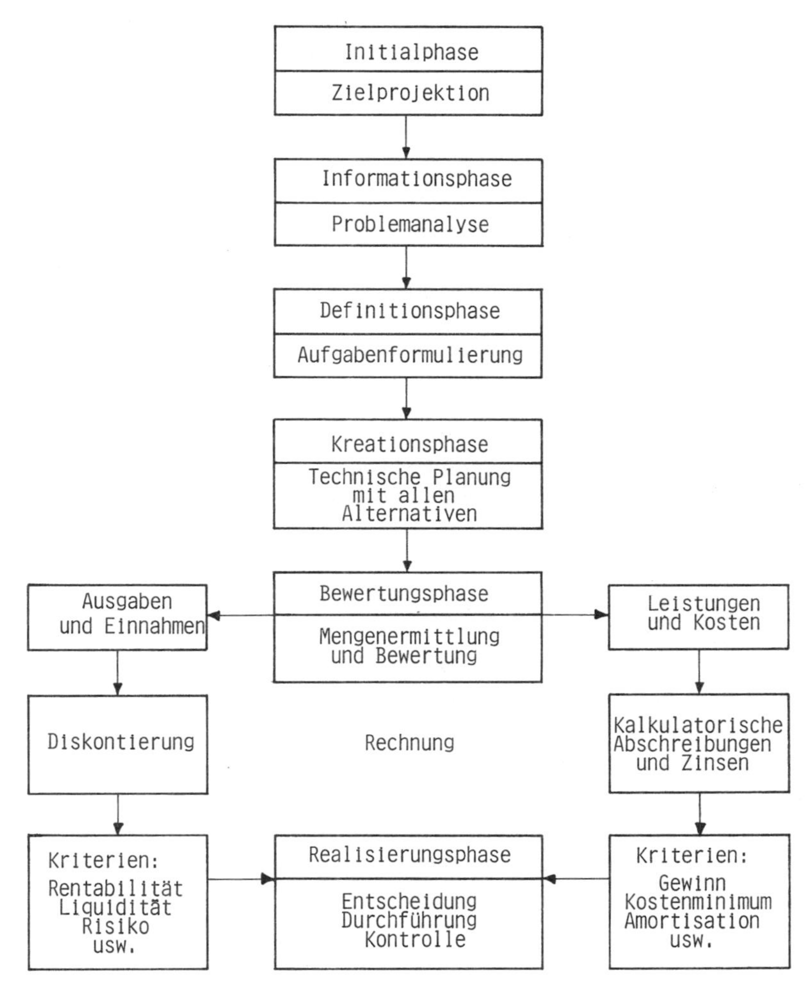

Abb. 3.9. Ablaufplan des Investitionsprozesses

1. **Initialphase** (Zielprojektion)
   In der Initialphase werden Anregungen zu Investitionsmaßnahmen gegeben. Es werden Ziele grob fixiert und Alternativziele aufgesucht.
2. **Informationsphase** (Problem-Analyse)
   Um die Ziele zu erreichen, sind sie in Teilziele zu gliedern sowie alle notwendigen Voraussetzungen, Möglichkeiten und Auswirkungen zu erkunden. Das

Sammeln der Grundinformationen für die Projektauswahl ist eine umfangreiche und risikoreiche Arbeit (IST-Zustandserfassung, Kapazitätsplanung usw.).

3. **Definitionsphase** (Aufgabenstellung)
   Unter der Vielzahl der Möglichkeiten zweckmäßiger Kapitalanlagen sind diejenigen zu näherer Untersuchung auszuwählen und zu definieren, die im Hinblick auf das Unternehmensziel günstig liegen und guten Erfolg versprechen. Hier sind nicht nur Rationalisierung, sondern auch unternehmerische Intuition und Phantasie gefragt. Dies ist der schwierigste und entscheidende Schritt bei der Investitionsplanung.
4. **Kreationsphase** (Technische Planung mit allen Alternativen)
   Die Kreationsphase umfasst das Feststellen der Mittel, mit denen die Verwirklichung der Vorhaben quantitativ und qualitativ möglich ist. Die Planung muss dabei alle denkbaren Alternativen erfassen (soweit wirtschaftlich vertretbar!).
5. **Bewertungsphase** (Eigentliche Investitionsrechnung)
   Um die Vorteilhaftigkeit der Investition zu erkennen und die Alternativen vergleichen zu können, müssen alle Auswirkungen der Investition auf einen gemeinsamen Nenner gebracht werden. Die Vergleichsgröße für alle Sachwerte und Dienstleistungen ist ihr Geldwert. Die Geldwerte werden entweder in Form von Zahlungen (Ausgaben und Einnahmen) notiert, wobei die Zahlungszeitpunkte mit entscheidend sind oder, wo dies nicht möglich oder zu aufwendig ist, in Form von Kosten und Leistungen erfasst. Da sich die Auswirkungen der Investitionen auf einen längeren Zeitraum beziehen, müssen Umbewertungen vorgenommen werden.
6. **Realisierungsphase**
   Zur Realisierung gehört zunächst die Investitionsentscheidung, die auf den Daten der Rechnung aufgebaut. Kapitalwert, Rendite, Amortisationszeit, Kosten, Risiko und Personalfreistellung sind einige der Faktoren, die quantifiziert in die Entscheidung eingehen können.

Außer diesen rechenbaren Größen sind zahlreiche Imponderabilien maßgeblich bei den Investitionsentscheidungen beteiligt, die umso stärker wiegen, je mehr Unsicherheiten in den Annahmen der Ausgangsdaten liegen.

4.1 Kriterien

Zur langfristigen Kapitaldisposition in Form von Investitionen dienen die in der Praxis gebräuchlichen Beurteilungskriterien:

- Notwendigkeit (Kapazität)
- Rentabilität (Verzinsung)
- Liquidität (Amortisation)
- Risiko (Streuung von Rentabilität und Liquidität)

Der Notwendigkeitsnachweis wird erbracht durch Darstellung von Auflagen, Vorschriften, Kapazitätsrechnungen oder Risikohinweisen. Die Rendite (interner Zinssatz, rate of return) ist der Zinssatz des durch eine Investition jeweils gebundenen Kapitals. Oder: anders formuliert: Als Rendite oder interne Verzinsung bezeichnet man den Zinssatz, bei dem die Summe der Barwerte einer durch eine Investition ausgelösten Zahlungsreihe 0 wird. Neben dem der Finanztheorie entnommenen Begriff der Rentabilität wird vielfach auch der betriebswirtschaftliche Begriff Wirtschaftlichkeit verwendet. Dabei gilt folgende Definition:

$$\text{Wirtschaftlichkeit} = \frac{\text{Bewertete ausgebrachte Leistung}}{\text{Kosten der Leistung}}\,.$$

Sind Leistung und Kosten einander zuzuordnen, dann lässt sich die **absolute Wirtschaftlichkeit** in Form der Rendite errechnen.

Zwischen mehreren Alternativen, die zur gleichen Leistungserstellung dienen und nur Teile eines Projekts darstellen, lässt sich wegen der Nicht-Lösbarkeit des Zuteilungsproblems die absolute Wirtschaftlichkeit nicht ermitteln. Es kann nur die **relative Wirtschaftlichkeit** festgestellt werden, die aussagt, welche der Alternativen beim Kalkulationszinssatz die niedrigeren Kosten bzw. Ausgaben verursacht.

Die **Liquidität** wird durch die Kapitalrückflusszeit (pay-out, pay-off- oder pay-back-period) charakterisiert. Das ist die Zeitspanne, innerhalb derer der Investitionsbetrag durch Rückflüsse amortisiert wird. Oder, anders formuliert: Die Liquiditätsbeschränkungen durch eine Investition sind aufgehoben, wenn die kumulierten Mittelrückflüsse unter Berücksichtigung von Zinsen gleich dem Investitionsbetrag sind (der kumulierte Cash-flow = 0).Das **Risiko** einer Investition wird durch Alternativplanungen mit jeweiliger Rentabilitäts- und Amortisationsrechnung abschätzbar. Die stochastische Auswertung der Rechnungen mit Hilfe der Wahrscheinlichkeitsrechnung zeigt hier neue Ansatzpunkte (Problem der unsicheren Erwartung).

1. Das wirtschaftliche Grundprinzip

Unternehmerische Investitionen haben im Regelfall einen wirtschaftlichen Zweck. Durch Einsatz von Investitionsmitteln soll neues Kapital geschaffen bzw. eine Kapitalvermehrung erzielt werden. Den auf das Kapital bezogenen Wertzuwachs nennt man Rendite oder Verzinsung des Investitionskapitals. Nach dem wirtschaftlichen Grundprinzip ist das Kapital dort einzusetzen, wo es die höchste Rendite ergibt (Abb. 3.10).

Ordnet man die Investitionen nach Höhe ihrer Rendite und entsprechend dem Investitionsbetrag über der Kapitalachse an, dann ergibt sich eine Treppenkurve mit nebenstehendem Trend. Der Schnittpunkt dieser Kurve mit der Eigen- oder Fremdzinslinie grenzt die Nutzinvestitionen gegenüber den Fehlinvestitionen ab. Aus Gründen der Liquidität oder der Verschuldung muss teilweise auf Nutzinvestitionen verzichtet werden. Als Eigenzinslinie gilt der Zins, der durch Auswärtsvergabe flüssiger Eigenmittel zu erwirtschaften wäre. Für langfristige Fremdzinsen kann bei üblichem Zinsniveau etwa folgender Ansatz gelten:

Tabelle 3.1. Komponenten der internen Verzinsung

Komponenten der internen Verzinsung	Zinsniveau		
	niedrig	normal	hoch
Nomineller Fremdzins	6	9	12
Kapitalbeschaffungsgebühren	1	1	1
Risiko	1	1	1
Eigeninteresse	0–3	1–4	2–6
Ertragssteuern usw.	1–4	1–5	2–7
Σ = Notwendige interne Verzinsung	9–15	13–20	18–27

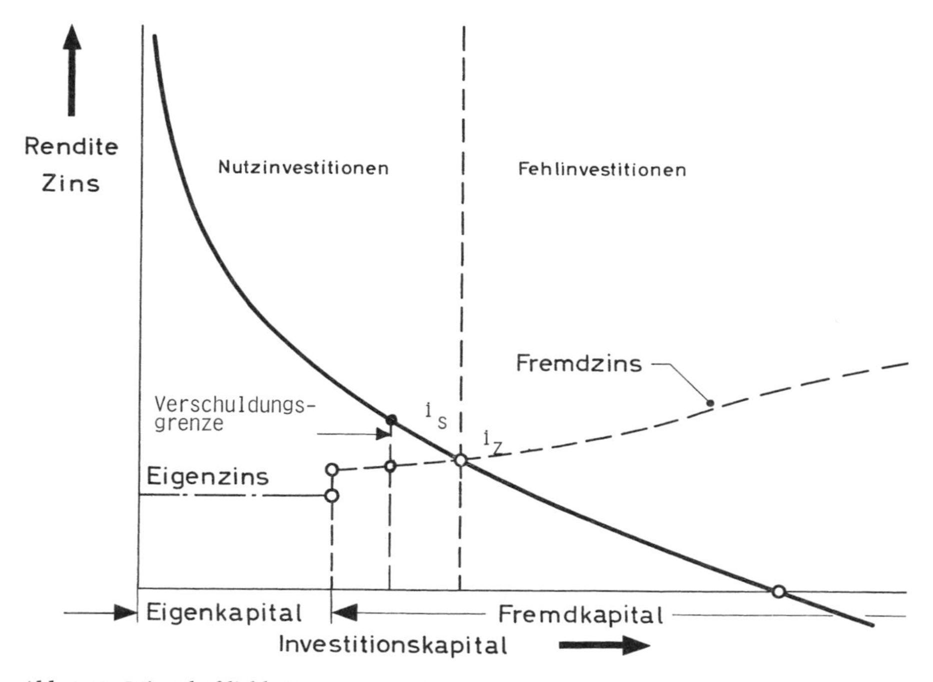

Abb. 3.10. Wirtschaftlichkeit von Investitionen

Zwar sind Investitionen ohne eigenen Gewinn nicht als unwirtschaftlich zu betrachten, jedoch besteht Eigeninteresse nur bei einer Verzinsung nach Steuer von mindestens 1 bis 3% p.a. Zinssätze von 9 bis 20% p.a. für fremdfinanzierte Investitionen sind damit als normal anzusehen.

Für jede Investition ist der Zinssatz des teuersten ablösbaren Geldes einzusetzen. Wird dieser Zins nicht erreicht, so ist diese Investition zu unterlassen und das Fremdgeld abzulösen.

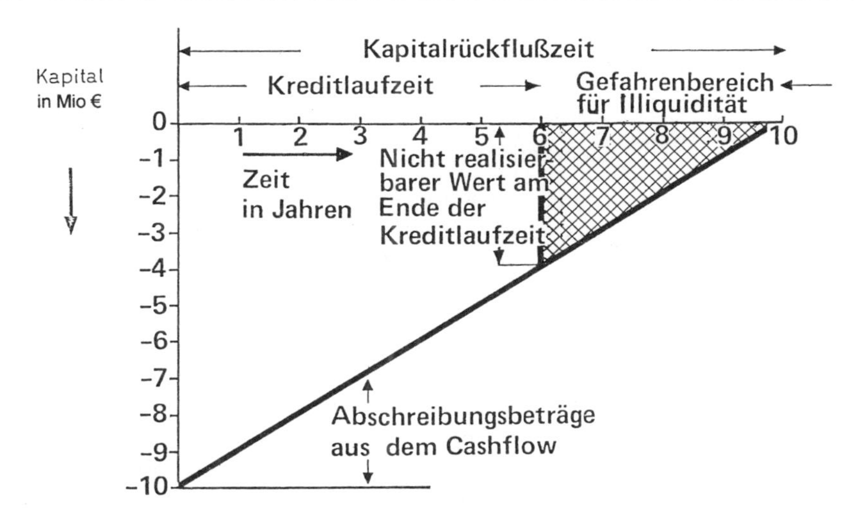

Abb. 3.11. Keine langfristigen Investitionen mit kurzfristigem Kredit finanzieren

2. Liquiditätsforderung beachten

Durch eine Investition darf die Liquidität eines Unternehmens zu keinem Zeitpunkt gefährdet sein (Abb. 3.11).

Die Beachtung der Liquiditätsforderung für das Unternehmen schränkt somit die Befolgung des Wirtschaftlichkeitsprinzips ein.

Werden langfristige Investitionen mit kurzfristigem Kapital finanziert, so reicht der Kapitalrückfluss in Form der verrechneten Abschreibungen nicht aus, den Kredit termingemäß zurückzuzahlen. Die Ermittlung der Amortisationszeit oder Kapitalrückflusszeit als spezielle Form der Investitionsrechnung soll über den Zeitraum der Liquiditätsbeschränkung durch die Investition Aufschluss geben.

3. Unsicherheiten abschätzen

Da die Ermittlung der Verzinsung und der Amortisationszeit auf zahlreichen Annahmen über künftige Entwicklungen aufbaut, ist sie stets mit Unsicherheiten behaftet. Diese sollen durch die Beurteilung des Risikos mit Hilfe von Alternativplanungen abgeschätzt werden. Zwar sind heute bereits Ansatzpunkte für die stochastische Auswertung von Investitionsrechnungen vorhanden. In den meisten Fällen reicht jedoch eine Planung mit 3 verschiedenen Ansätzen zur Beurteilung des Risikos aus.

4. Kennzahlen bilden nach optimalen Vorbildern

Zur Beurteilung der Mengenansätze bei Investitionsplanungen müssen Kenngrößen gebildet werden, die sicherstellen, dass grobe Ansatzfehler vermieden, „Reserveansätze" verhindert und strukturelle Veränderungen rechtzeitig erkannt werden. Als solche Kennzahlen gelten beispielsweise die Investitionsquote, Richtwerte über Nutzungsdauer und Instandhaltungskosten. Wenn mit einer gesunden Aufwärtsentwicklung eines Unternehmen gerechnet wird, sollte, über einen längeren Zeitraum betrachtet, eine

$$\text{Investitionsquote} = \frac{\text{Gesamtinvestitionen}}{\text{Steuerbilanzabschreibung}} > 1{,}3/1 \text{ angestrebt werden.}$$

Mit diesem Satz wird einerseits der Substanzerhaltung und zum anderen einem angemessenen Vermögenswachstum Rechnung getragen. In den einzelnen Teilbereichen eines Unternehmen müsse, je nach Entwicklungsmöglichkeiten, entsprechend höhere oder niedrigere Sätze erzielt werden. So sind in Bereichen, in denen die Produktionssteigerung unter 4% je Jahr liegt, Investitionen, die höher sind als die Abschreibungen, nur selten zweckmäßig. Niedrige Investitionsquoten bei Konkurrenten sind immer als Warnung zu betrachten. Entweder werden dort schlechte Marktentwicklungen erwartet oder stehen größere Ausweitungsstufen bevor, für die Kapital gesammelt wird. Die eine wie die andere Situation verlangt Vorsicht. Für Bauten, Anlagen und Maschinen müssen Produktivitätsziffern unter Berücksichtigung der Größendegression oder Kostendegression gebildet und zur Bewertung herangezogen werden (Vergleich: frühere Kosten · Kostensteigerungsindex).

Bei der Projektplanung (Abb. 3.12) werden alle erforderlichen und wünschenswerten Investitionsmaßnahmen so zusammengefasst, dass dem Projekt ein bestimmter Gewinn zuzuordnen ist. Für die wünschenswerten, jedoch nicht notwendigen Investitionsanteile bzw. Teilprojekte (z. B. einbezogenen Rationalisierungsinvestitionen) muss zunächst durch einen Rentabilitätsnachweis die Vorteilhaftigkeit nachgewiesen werden. Anschließend wird für das Gesamtprojekt die Rentabilität rechnerisch belegt. Die Amortisationsrechnung ergibt im Zusammenhang mit den Finanzierungsüberlegungen des Unternehmens Hinweis auf die Liquiditätssicherung. Da die Liquiditätssicherung vor Rentabilitätsüberlegungen stehen muss, können hier interessant scheinende Investitionen ausscheiden, sofern sie nicht durch Projektkürzung um nicht notwendige Anteile (ggf. zu Lasten der Rentabilität) in den Finanzierungsrahmen eingepasst werden können. Die Risikobeurteilung und der Vergleich der Investitionsmaßnahme mit alternativen Einsatzmöglichkeiten des Kapitals bilden die Basis für die Investitionsentscheidungen.

4.2 Dynamische Verfahren

Werden bei Investitionsrechnungen alle Zahlungen diskontiert, (d. h. mit Zinsen auf einen einheitlichen Zeitpunkt bezogen) sodass beliebige Zahlungsströme erfasst werden können, dann spricht man von dynamischen Investitionsrechnungen (Tabelle 3.2).

Theoretische Grundlagen
Zur Darstellung der verschiedenen Formen von Investitionsrechnungen werden die Grundgleichungen und Beurteilungskriterien der verschiedenen Ansätze dargestellt und in dem nachfolgenden Beispiel erläutert.

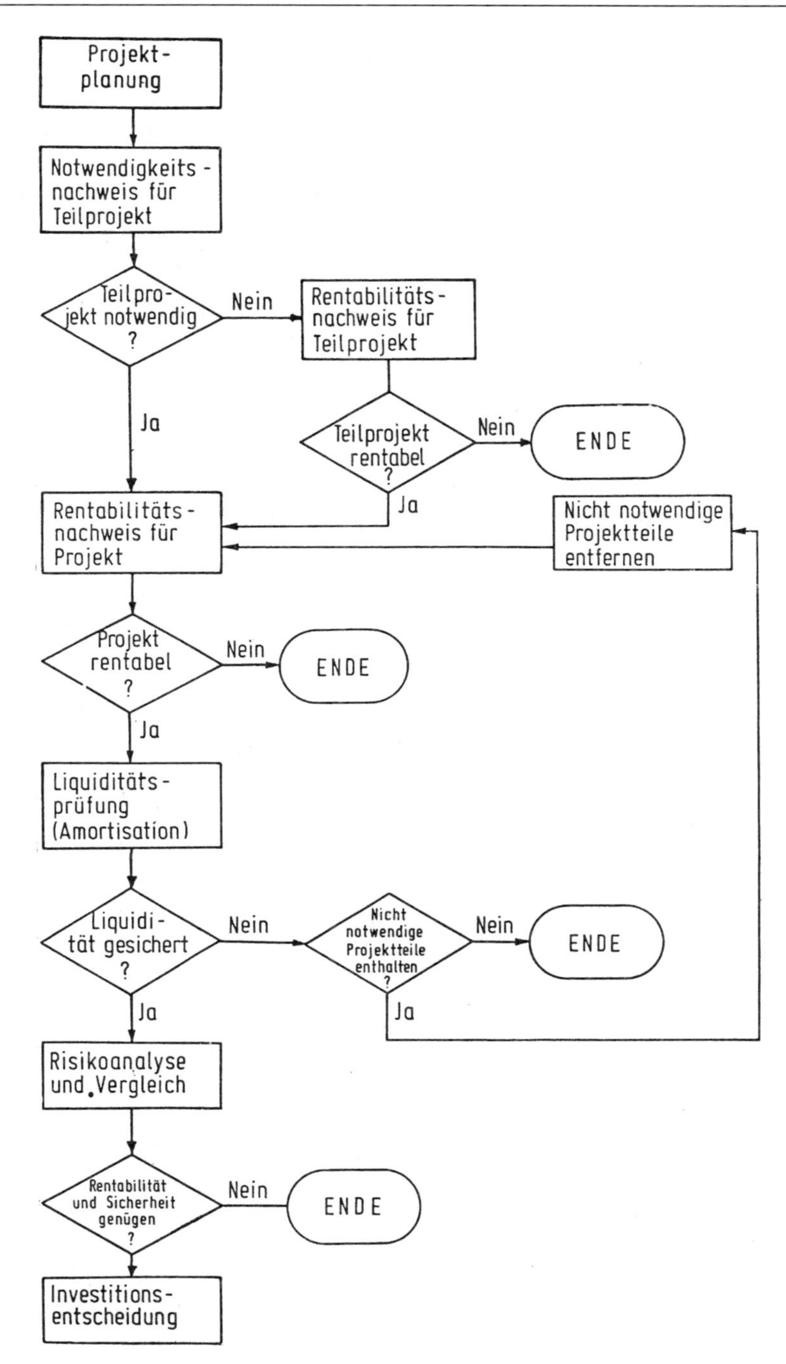

Abb. 3.12. Formale Überprüfung von Investitionen nach Notwendigkeit, Rentabilität, Liquidität und Risiko

Leitbeispiel:

Durch Anschaffung einer Maschine um	I_0 = 100000 €
mit Liquidationserlös am Ende der Nutzungsdauer von	L = 5000 €
soll eine Einsparung an variablen Kosten (Rückfluss)	R = 25000 €/a
(von 20000 auf 30000 € stetig steigend)	
über einen Zeitraum erzielt werden von	T = 5 Jahren.
Für das eingesetzte Kapital wird ein Zinssatz verrechnet von	i = 10% p.a.

Wie wirkt sich diese Maßnahme aus?

Folgende Zeichen werden verwendet:

- I_0 Investitionsbetrag (Anschaffung + Aufstellung + zus. Umlaufverm. + ...+ ...) in €
- L Liquidationserlös am Ende der Nutzungsdauer in €
- K Kosten je Zeiteinheit in €/a
- k Kosten je Leistungseinheit in €/Eh
- C_0 Kapitalwert = Barwert der Einnahmen abzüglich Barwert der Ausgaben in €
- R Rückfluss (cash flow) = Einnahmen – Ausgaben ≈ Gewinn + Abschreibungen in €
- G Gewinn (über Kalkulationszins) in €
- Z Zins über gesamte Laufzeit von n Jahren in €
- r Rendite (Interner Zinssatz) in 1/a
- i Kalkulationszinssatz in 1/a
- q 1 + i = Zinsfaktor in 1/a
- n Zeitabstand vom Bezugspunkt in Jahren

$$\alpha = \frac{1}{(1+i)^n} = \frac{1}{q^n}$$ = Abzinsungsfaktor für nachschüssige Verzinsung

$$\kappa = \frac{i\,(1+i)^n}{(1+i)^n - 1} = \frac{(q-1)\,q^n}{q^n - 1}$$ = Kapitalwiedergewinnungsfaktor für nachschüssige Verzinsung

Tabelle 3.2. Investitionsrechnung für 100 T€ mit 10% p.a. Verzinsung

Benennung	Zeit in Jahren, Zahlungen in €					
	0	1	2	3	4	5
Investition	– 100000	–	–	–	–	+ 5000
Einsparungen	–	+ 20000	+ 22500	+ 25000	+ 27500	+ 30000
Zinsfaktor als Bruch	$\frac{1}{(1+0{,}10)^0}$	$\frac{1}{(1+0{,}10)^1}$	$\frac{1}{(1+0{,}10)^2}$	$\frac{1}{(1+0{,}10)^3}$	$\frac{1}{(1+0{,}10)^4}$	$\frac{1}{(1+0{,}10)^5}$
als Dezimale	1,0000	0,9091	0,8264	0,7513	0,6830	0,6209
Abgezinste Zahlung	– 100000	+ 18182	+ 18594	+ 18783	+ 18783	+ 21732
Σ	– 100000	– 81818	– 63224	– 44441	– 25658	– 3926

Die Summe aller auf den Investitionszeitpunkt abgezinsten Zahlungen: = – 3926 €.

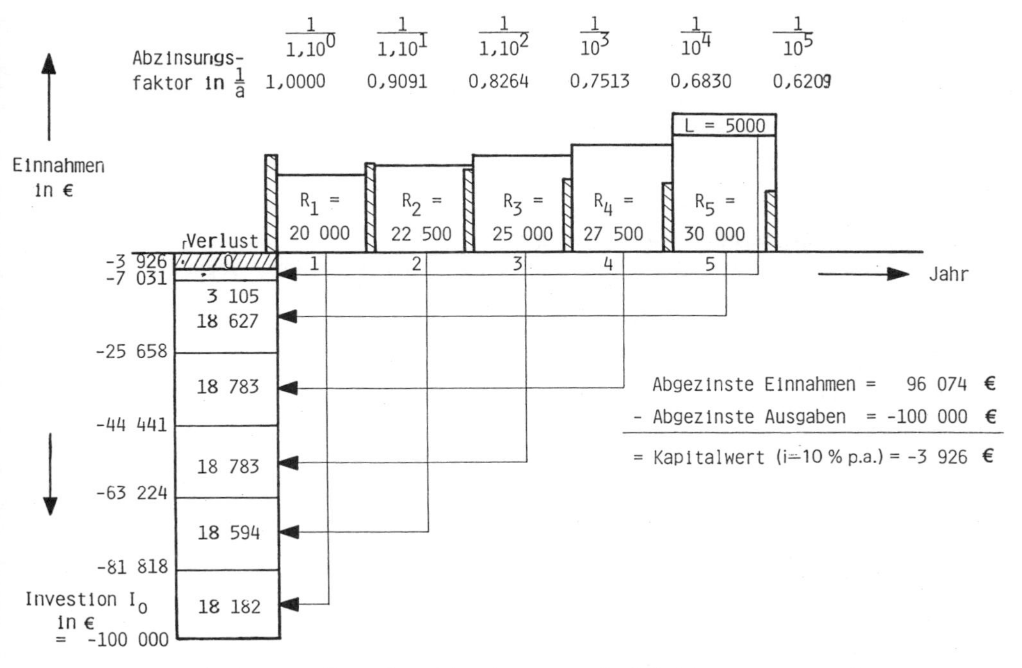

Abb. 3.13. Grafische Darstellung der Diskontierungsmethode bei i = 10% p. a. Verzinsung

1. Kapitalwertmethode (Abb. 3.13)
Grundgleichung:

$$C_0 = \frac{R_1}{q^1} + \frac{R_2}{q^2} + \frac{R_3}{q^3} \dots + \frac{R_n}{q^n} + \frac{L}{q^n} - I_0$$

Kriterium: $C_0 = \max = > 0$
Prämissen: Zuteilungsproblem lösbar. Annahme eines Zinssatzes
Anwendungsber. Erweiterungsinvestitionen, Rationalisierungsinvestitionen

Tabelle 3.3. Schema der Kapitalwertmethode bei i = 10% p. a. Verzinsung

Jahr	Nominalbeträge in €			Abzinsungs-faktor für i = 10% p. a.	Abgezinste Beträge in €		
	Investition	Ein-sparungen	Liqui-dation		Investition	Ein-sparungen	Liqui-dation
0	-100000	0	0	1,0000	-100000	0	0
1	0	20000	0	0,9091	0	18182	0
2	0	22500	0	0,8264	0	18594	0
3	0	25000	0	0,7513	0	18783	0
4	0	27500	0	0,6830	0	18783	0
5	0	30000	5000	0,6209	0	18627	3105
Σ	-100000	125000	5000	-	-100000	92969	3105

Beispiel: $C_0 = (92969 + 3105 - 100000)$ € $= -3926$ €

Der Kapitalwert beträgt bei 10% p.a. $C_0 = -3926$ €. Unter Annahme eines gleichmäßigen mittleren Rückflusses von R = 25000 €/a wäre der Kapitalwert $C_0 = 2126$ €. Der Verlust ist bei der statischen Rechnung kleiner, da entsprechend der Aufgabenstellung, die Überschüsse zum größeren Teil erst in den späten Jahren anfallen.

2. Annuitätenmethode (Gewinnvergleich)

Die Barwerte der Investition und die Barwerte der Rückflüsse werden mit Hilfe der Kapitalwiedergewinnungsfaktoren in gleiche Annuitäten (Jahresbeträge) umgerechnet, sofern sie nicht bereits im Ansatz als konstant bleibende jährliche Zahlungen vorgegeben sind.

Grundgleichung:	$\Delta G = A_R - A_I$
Kriterium:	$\Delta G \geq 0$
Prämissen:	Zuteilungsproblem lösbar. Reininvestition zu gleichen Bedingungen wie im Ansatz.
Anwendungsgebiete:	Wo bereits konstante Annuuitäten auf der Rückflussseite gegeben sind sowie für Ersatzinvestitionen (unterschiedliche Nutzungsdauer).

Beispiel:

Annuität der abgezinsten Rückflüsse A_R (ohne Restwert)

$A_R = 92969 \cdot 0{,}2638$ €/a $= 24525$ €/a

Annuität der „verzehrten" Investition und des Restwerts) A_I

$A_I = -[(100\,000 - 5\,000) \cdot 0{,}2638$ €/a $+ 5000 \cdot 0{,}10$ €/a $]$

$A_i = -25561$ €/a

Gewinndifferenz $\Delta G = -1036$ €/a

Die Annuitätenmethode weist einen Verlust aus von $\Delta G = -1.036$ €/a.
Die abgezinsten jährlichen Verluste ergeben als Summe $\sum = -3926$ €, den Kapitalwert!

3. Rentabilitätsrechnung – Interne Zinssatzmethode

Grundgleichung:

$$C_0 = \frac{R_1}{q^1} + \frac{R_2}{q^2} + \frac{R_3}{q^3} \ldots + \frac{R_n}{q^n} + \frac{L}{q^n} - I_0$$

Kriterium:	$q \Rightarrow \max$ bzw. $i \Rightarrow \max$ (Da die Gleichung im allgemeinen nicht nach q auflösbar ist, werden Näherungen angewandt).
Prämissen:	Zuteilungsproblem lösbar, vollständige Alternativen, Reininvestition zum errechneten Zinssatz möglich.
Anwendungsbereich:	Erweiterungsinvestitionen, Rationalisierungsinvestitionen. Dort wo der Einsatz dieser Methode möglich und nicht zu aufwendig ist, sollte sie angewandt werden, da hier das beste Beurteilungskriterium vorliegt.

Tabelle 3.4. Schema der Rentabilitätsrechnung (Interne Zinssatzmethode)

Jahr	Nominalbeträge in €			i = 10% p.a.		i = 8% p.a.	
	Investition + Liquidation	Rück-flüsse	Einnahmen-überschuss	Ab-zinsungs-faktor	Abgez. Einnahmen-überschuss	Ab-zinsungs-faktor	Abgez. Einnahmen-überschuss
0	-100000	0	-100000	1,0000	-100000	1,0000	-100000
1	0	20000	20000	0,9091	18182	0,9259	18518
2	0	22500	22500	0,8264	18594	0,8573	19289
3	0	25000	25000	0,7513	18783	0,7938	19845
4	0	27500	27500	0,6830	18783	0,7350	20213
5	5000	30000	35000	0,6209	21732	0,6806	23821
Σ	-95000	125000	30000	-	-3926	-	1686

Interpolationsgleichung:

$$r = i_1 + (i_2 - i_1) \cdot \frac{C_1}{C_1 - C_2}$$

$$r = \left[8 + (10 - 8) \cdot \frac{1686}{1686 + 3926} \right] \% \text{ p.a.}$$

r = 8,6% p.a. Das Eingesetzte Kapital verzinst sich somit zu 8,6% p.a.

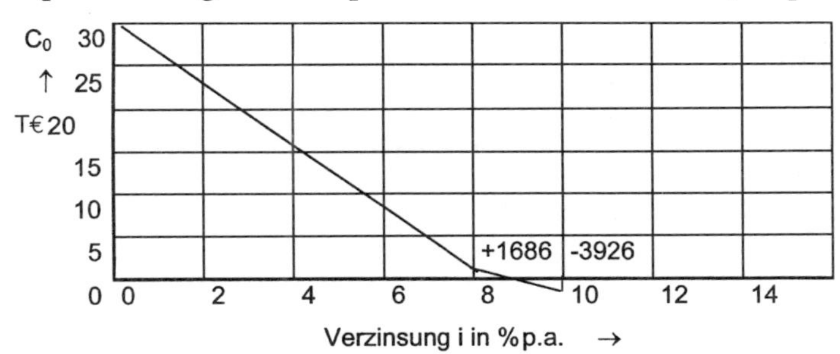

Abb. 3.14. Interpolation der Kapitalverzinsung

4. Amortisationsrechnung

Grundgleichung: $0 = \frac{R_1}{q^1} + \frac{R_2}{q^2} + \frac{R_3}{q^3} + \ldots + \frac{R_n}{q^n} + \frac{L}{q^n} - I_0$

Kriterien: $n \leq n_w$ bei vorgegebener Verzinsung ist Zuteilungsproblem lösbar, Zinssatz festgelegt, vollständige Alternativen.

Anwendungsbereich: Ermittlung des zeitlichen und Liquiditätsrisikos

Interpolationsgleichung

$$n = n_v + \frac{C_v}{C_v - C_n}$$

Index v bzw. n bedeuten *v*or bzw. nach dem Vorzeichenwechsel

Tabelle 3.5. Schema der Amortisationsrechnung

Jahr	Nominalbeträge in € (ohne Zinsen)				Barwerte in € bei i = 8% p.a.		
	Investition + Liquidation	Rückflüsse	Einahmen-überschuss einzeln	Einahmen-überschuss kumuliert	Abzinsungs-faktor	Abgezinster Einnahmen-überschuss einzeln	Abgezinster Einnahmen-überschuss kumuliert
0	-100000	0	-100000	-100000	1,0000	-100000	-100000
1	0	20000	20000	-80000	0,9259	18518	-81482
2	0	22500	22500	-57500	0,8573	19289	-62193
3	0	25000	25000	-32500	0,7938	19845	-42348
4	0	27500	27500	-5000	0,7350	20213	-22135
5	0	30000	30000	25000	0,6806	20418	-1717
6	5000	0	5000	30000	0,6806	3403	+1686
Σ	-95000	125000	30000	–	–	1686	–

<u>O</u>hne Zinsen (und ohne Liquidationserlös)

$$n_{\underline{o}} = n_v \left(4 + \frac{5000}{5000 + 25000}\right) = 4{,}17 \text{ Jahre (Mittelwertsbetrachtung)}$$

Mit <u>8</u>% p.a. Verzinsung (da bei 10% die Amortisationszeit überschritten wäre).

$$n_{\underline{8}} = \left(4 + \frac{22135}{22135 - 1686}\right) \text{Jahre} = 5{,}08 \text{ Jahre}$$

Die Rechnung zeigt, dass bei 8% p.a. Zins der volle Planungszeitraum und ein Teil des Liquidationserlöses zur Amortisation benötigt werden und dass selbst ohne Zinsen über 4 Jahre Amortisationszeit anfällt.

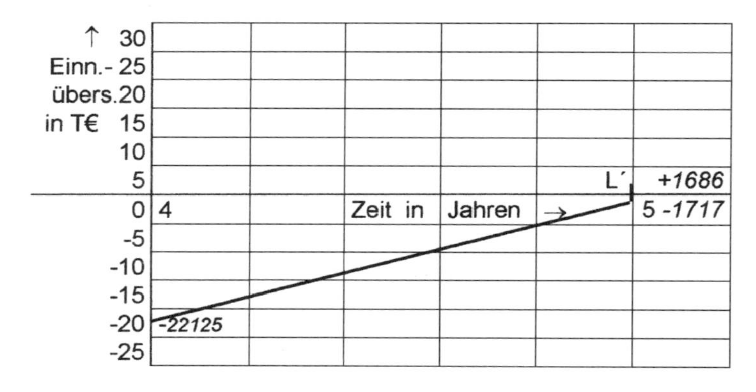

Abbildung 3.15. Rückfluss im 5. Jahr einschließlich Liquidationserlös L'

Erst durch den Liquidationserlös amortisiert sich die Investition.

4.3 Statische Investitionsrechnungen

Werden bei Investitionsrechnungen die Zahlungen einzelner Perioden durch einen Mittelwert ersetzt, also dynamische Veränderungen ausgeschaltet, dann können die Investitionsrechnungen meist vereinfacht werden. Die so vereinfachten Verfahren nennt man statische Investitionsrechnungen. (Vielfach werden auch Investitionsrechnungen ohne Zinsberücksichtigung als statische Verfahren bezeichnet).

1. Einnahmenüberschussrechnung
Bei der Einnahmenüberschussrechnung bleibt der Zeitfaktor außer Ansatz. Die Zahlungen der einzelnen Perioden werden ohne Diskontierung zusammengefasst.

Grundgleichung:

$$C_0 = \Sigma R + L - I_0$$

Kriterium:

$$C_0 \geq 0$$

Prämissen:

Vernachlässigung von Zinsen zulässig.
Einnahmen und Ausgaben einander zuordenbar.

Anwendungsbereich:

Grobe Überschläge und kurzfristige Maßnahmen.
Alternativinvestitionen (Auswahlproblem)
Ersatzinvestition (Ersatzzeitpunkt)
Rationalisierungsinvestitionen (Kostenminimum)

Beispiel

$$C_0 = 5 \cdot 25000 \text{ €} + 5000 \text{ €} - 100000 \text{ €}$$

$$C_0 = 30000 \text{ €}$$

Es entsteht ein Einnahmenüberschuss von 30000 € = 30% des Investitionsbetrags.

2. Gewinnvergleichsrechnung bzw. Kostenvergleichsrechnung mit Restwertberücksichtigung

Grundgleichung <u>m</u>it Restwertberücksichtung:

$$\Delta G_m = R - (I_o - L) \cdot \kappa - L \cdot i$$

<u>O</u>hne Restwertberücksichtigung:

$$\Delta G_o = R - I_o \cdot \kappa$$

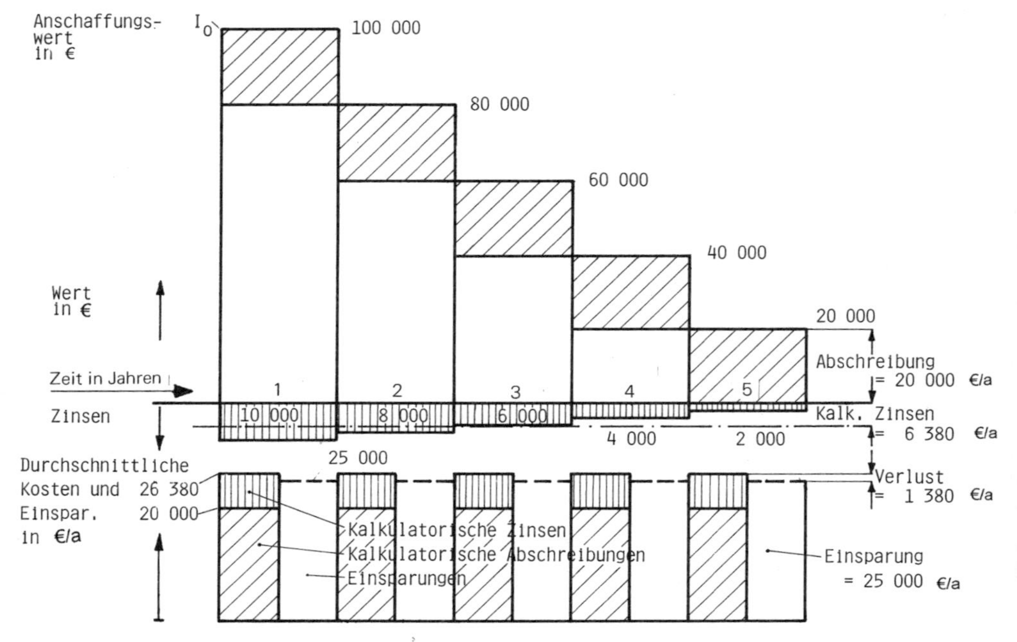

Abb. 3.16. Kostenvergleich bei i = 10% p.a. Verzinsung (ohne Restwertberücksichtigung)

Kriterium:

$$\Delta G \geq 0$$

Prämissen:

Erlösseite muss bekannt, gleich oder vernachlässigbar sein.

Anwendungsbereich:

Alternativinvestitionen (Auswahlproblem)
Ersatzinvestitionen (Ersatzzeitpunkt)
Rationalisierungsinvestitionen (Kostenminimum)

Beispiel (mit und ohne Restwertberücksichtigung):

$$\Delta G_m = 25000\ \frac{€}{a} - 95000 \cdot \frac{0{,}26380}{a} - 5000\ €\ \frac{0{,}10}{a} = -\ 560\ \frac{€}{a}$$

$$\Delta G_o = 25\,000\ \frac{€}{a} - 100\,000\ € \cdot \frac{0{,}26380}{a} = -\ 1380\ \frac{€}{a}$$

Es wird um 560 bzw. 1380 €/a weniger Zins als 10% p.a. errechnet.

3. Rentabilitätsrechnung
Die Rendite kann entweder für nachschüssige Verzinsung oder für kontinuierliche Verzinsung des gebundenen Investitionsbetrags errechnet werden.

a) Kontinuierliche Verzinsung (Näherung ohne Zinseszins)
(die Zinsen werden laufend zugerechnet aber nicht mitverzinst).

Grundgleichung:

$$r = \frac{2}{n} \cdot \frac{\Sigma R + L - I_0}{I_0}$$

Kriterium: $r \geq i$ = geforderte Verszinsung

Prämissen: Zuteilungsproblem lösbar. Sofortige Reininvestition.

Anwendungsgebiet: Grobe Schätzungen der Rendite.

Beispiel:

$$r = \frac{2}{5a} \cdot \frac{5 \cdot 25000\,€ + 5000\,€ - 100000\,€}{100000\,€}$$

Die Verzinsung errechnet sich zu r = 12% p.a.

b) Nachschüssige Verzinsung ohne Zinseszinsen (Abb. 3.17)
(Die Zinsen werden jeweils erst am Jahresende zugerechnet aber nicht mitverzinst).

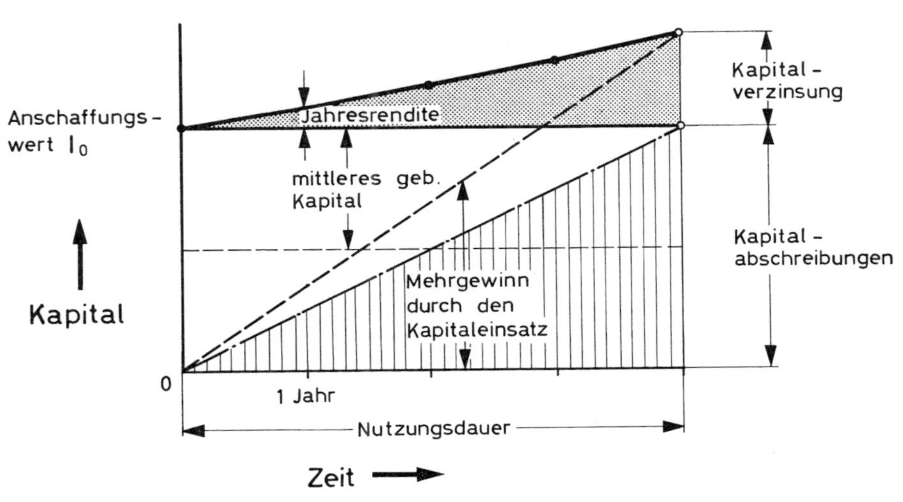

Wirtschaftlichkeitskriterium: $\frac{\text{Jahresrendite}}{\text{mittl. geb. Kapital}}$ = Maximum

Abb. 3.17. Rentabilitätsrechnung

Grundgleichung:

$$r = \frac{2}{n+1} \cdot \frac{\Sigma R + L - I_0}{I_0}$$

Kriterium: $r \geq i$ = geforderte Verszinsung

Prämissen : Zuteilungsproblem lösbar

Anwendungsbereich: Einfache Investitionsfälle

Beispiel:

$$r = \frac{2}{6\,a} \frac{125\,000\,€ + 5000\,€ - 100\,000\,€}{100\,000\,€} \cdot 100\,\%$$

$r = 10\,\%$ p.a. Die Rendite beträgt etwa 10 % p.a.

c) **Nachschüssige Verzinsung mit Zinseszinsen** (Abb. 3.18)
(Die Zinsen werden jeweils erst am Jahresende zugerechnet und mitverzinst).

1. Näherung für $L \ll I_0$ und $L \cdot i \ll R$

$$R = (I_0 - L) \cdot \kappa + L \cdot i$$

$\kappa = \dfrac{R - L \cdot i}{I_0 - L}$, da i noch unbekannt ist, folgt Näherung:

$\kappa = \dfrac{R}{I_0} = \dfrac{25\,000\,€/a}{100\,000\,€}$ und $\kappa = 0{,}250/a$

Aus der κ-Tabelle folgt für n = 5 Jahre: i = 8 % p.a.

2. Näherung

$$\kappa = \frac{25\,000 - 5\,000 \cdot 0{,}8}{100\,000 - 5\,000} \cdot 1/a = 0{,}25895/a$$

$i = 9{,}3\,\%$ p.a.

Die Verzinsung errechnet sich durch lineare Interpolation zu etwa 9,3 % p.a.

3. Näherung

$$\kappa = \frac{25\,000 - 5\,000 \cdot 0{,}09}{100\,000 - 5\,000} \cdot 1/a = 0{,}2584/a, \ (\kappa_{9\,\%} = 0{,}2571/a)$$

Die Verzinsung errechnet sich zu i = 9 % p.a.

4. Amortisationsrechnung
a) Ohne Zinsen

Grundgleichung:

$$n_0 = \frac{I_0\,(-L)}{R}$$

(L nur berücksichtigen, wenn L zur Amortisation erforderlich ist!).

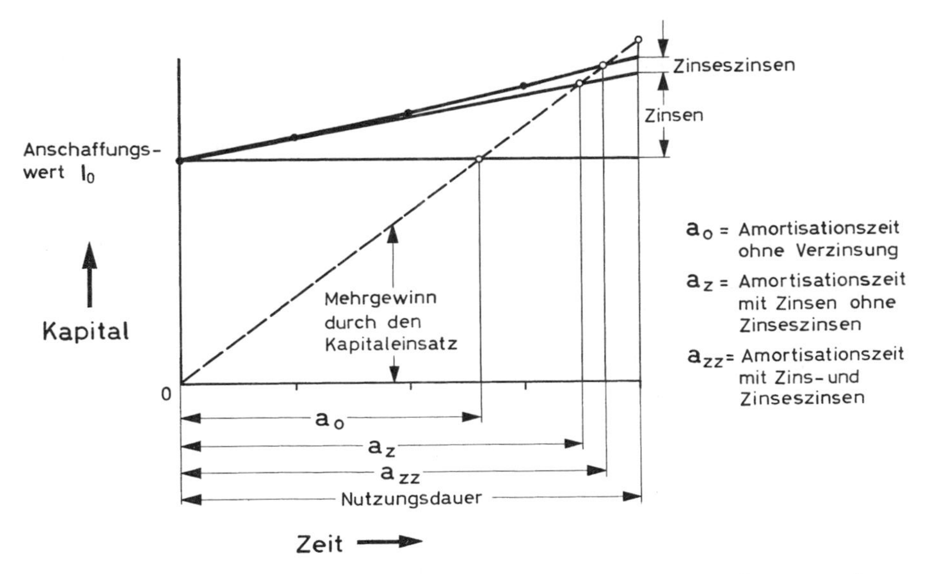

Abb. 3.18. Amortisationsrechnung

Kriterium der Wirtschaftlichkeit:

$n_0 \leq n_w$ mit n_w = wirtschaftliche Nutzungsdauer

Prämissen: Keine Zinsausgaben für Fremdkapital erforderlich oder in R berücksichtigt.

Anwendung: Überschlagsrechnungen zum Abschätzen des zeitlichen und Liquidationsrisikos.

Beispiel:

$$n_0 = \frac{100\,000\ €}{25\,000\ €/a}$$

$n_0 = 4{,}0$ Jahre

Die Amortisationszeit ohne Zins beträgt nach dieser Rechnung 4,0 Jahre.

b) Mit kontinuierlicher Verzinsung (Näherung ohne Zinseszinsen)

Grundgleichung:

$$n_z = \frac{I_0\,(-\,L)}{R - {}^1/_2 \cdot I_0 \cdot i}$$

Kriterium:

$n_z = n_w$

Prämissen: Kapitalrückfluss wird sofort ab Investitionszeitpunkt reinvestiert zum Zinssatz i. Zinseszins vernachlässigbar.

Anwendung: Wo statische Amortisationsrechnungen zulässig sind. Errechnen des zeitlichen und Liquiditätsrisikos bei Kapitalverzinsung.

Beispiel:

$$n_z = \frac{100\,000\ €}{25\,000\ €/a\ -\ {}^1/_2 \cdot 100\,000\ € \cdot 0{,}10/a} = 5 \text{ Jahre}$$

c) Mit nachschüssiger Verzinsung (Näherung)

Grundgleichung:

$$n_{zn} = \frac{I_0\,(\,-\,L)}{R - [(n+1)/2n)] \cdot I_0 \cdot i}$$

Kriterien, Prämissen und Anwendung wie bei b)

Beispiel:

$$n_{zn} = \frac{100\,000\ €}{25\,000\ €/a - (6/10) \cdot 100\,000\ € \cdot 0{,}10/a}$$

n_{zn} = 5,26 Jahre ohne L zu berücksichtigen und

n_{zn} = 5,00 Jahre, bei Einrechnung von L.

Die Amortisationszeit beträgt etwa 5 Jahre bei 10% p.a. Verzinsung des jeweils gebundenen Kapitals.

5. Investitionsgrenzwertrechnung

Durch Investitionsrechnungen soll geklärt werden, ob durch Investitionen Gewinn zu erzielen ist, sei es durch Einsparung von variablen Kosten, wie Fertigungslohn oder durch Erhöhung des Ertrags. Dabei steht im einfachsten Falle einer einmaligen Ausgabe, nämlich der Investition (I_o) zum Zeitpunkt 0 eine Reihe von Einnahmen in Form der zusätzlichen Gewinne (Rückflüsse R) gegenüber. Der Investitionsbetrag darf dann nicht höher sein als die Summe der abgezinsten Gewinne, die durch die Investition ausgelöst werden.

$$I_0 \leq \frac{R_1}{q^1} + \frac{R_2}{q^2} + \frac{R_3}{q^3} + \ldots + \frac{R_n}{q^n}$$

oder, bei gleichmäßigem Einnahmestrom

$$R = R_1 = R_2 = R_3 = \ldots = R_n$$

$$I_0 \leq R \cdot \left(\frac{1}{q^1} + \frac{1}{q^2} + \frac{1}{q^3} + \ldots + \frac{1}{q^n}\right)$$

$$I_0 \leq R \cdot \frac{1}{\kappa}$$

Anders formuliert: Der Kapitaldienst (Abschreibungen und Zinsen) für die Investition darf nicht höher sein als die zugehörigen Gewinne bzw. Einsparungen:

$$I_0 \cdot \kappa \leq R$$

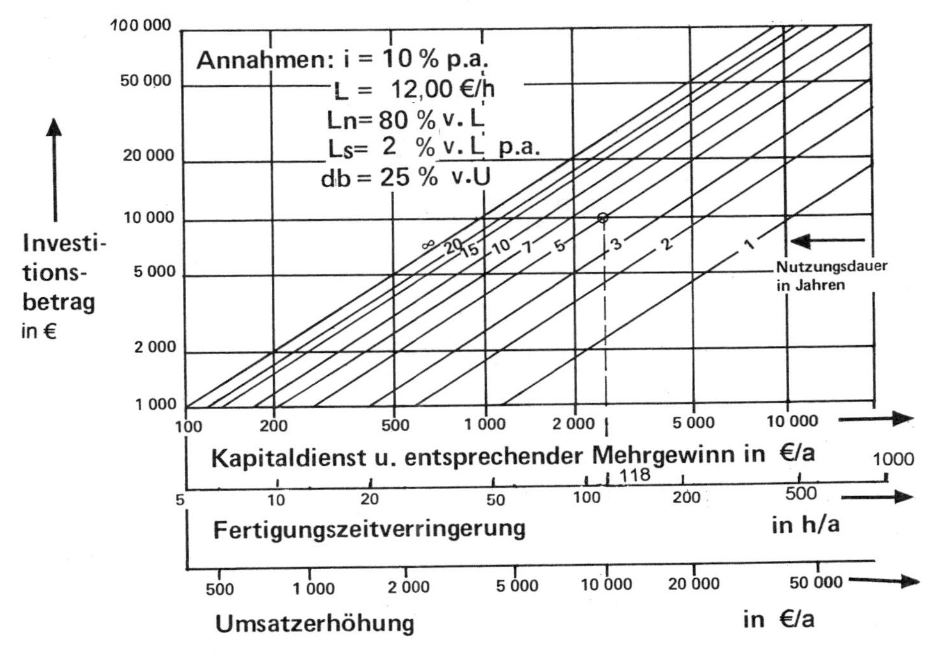

Abb. 3.19. Investitionsbetrag und Kapitaldienst als Gegengröße zu Mehrgewinn, Fertigungszeitverringerung und Umsatzerhöhung

Für die Gleichheitsbedingung ließ sich diese Beziehung als Diagramm (Abb. 3.19) darstellen, wobei drei Abszissenachsen eingetragen wurden. Über der ersten Achse zeigt sich der Zusammenhang zwischen Investitionsbetrag und erforderlichen Einsparungen an variablen Kosten allgemein.Die zweite Achse bringt die Relation zu erforderlichen Fertigungszeitverringerungen, wenn nur diese ausgelöst werden, und die dritte Achse zeigt die notwendigen Umsatzsteigerungen für einen angenommenen Anteil von Abschreibung + Gewinn (Cashflow) zum Umsatz.

Für den praktischen Gebrauch haben sich Tabellen bewährt, in denen die oben dargestellten Beziehungen für die betrieblichen Verhältnisse errechnet sind. Diese Tabellen können bei kleinen und mittleren Investitionen für die obige Bedingungen einigermaßen zutreffen, zur Beurteilung der Zweckmäßigkeit dienen, und selbst bei größeren Maßnahmen sind Überschlagsrechnungen mit Hilfe dieser Tabellen gebräuchlich.

a) Allgemeiner Investitionsgrenzwert

Für allgemeine Investitionen, deren Auswirkungen in einem höheren Gewinn der Folgeperioden auszudrücken ist, kann die Gleichheitsbedingung in folgender Form dargestellt werden:

$$I_a = \frac{1}{\kappa} \cdot R$$

Tabelle 3.6. Allgemeine Investitionsgrenzwerte

Allgemeine Investitionsgrenzwerte in €				Zinssatz i = 10% p.a.			
Hilfsgröße $1/k$	1,73554	2,48688	3,79075	4,86831	6,14439	7,6063	8,51356
Ersparnis in €/a	Nutzungsdauer in Jahren →						
	2	3	5	7	10	15	20
1000	1736	2487	3791	4868	6144	7606	8514
1200	2083	2984	4549	5842	7373	9128	10216
1400	2430	3482	5307	6816	8602	10649	11919
1600	2777	3979	6065	7789	9831	12170	13622
1800	3124	4476	6823	8763	11060	13691	15324
2000	3471	4974	7582	9737	12289	15213	17027
2500	4339	6217	9477	12171	15361	19016	21284
3000	5207	7461	11372	14605	18433	22819	25541
3500	6074	8704	13268	17039	21505	26622	29797
4000	6942	9948	15163	19473	24578	30425	34054
4500	7810	11191	17058	21907	27650	34228	38311
5000	8678	12434	18954	24342	30722	38032	42568
6000	10413	14921	22745	29210	36866	45638	51081
7000	12149	17408	26535	34078	43011	53244	59595
8000	13884	19895	30326	38946	49155	60850	68108
9000	15620	22382	34117	43815	55300	68457	76622
10000	17355	24869	37908	48683	61444	76063	85136

Mit der Nutzungsdauer n und dem Zusatzgewinn R als Parameter ist diese Beziehung für i = 10% p.a. in der vorstehenden Tabelle dargestellt. Die Werte des Tabellenfeldes zeigen die maximal zulässigen Investitionsbeträge I_a (Tab. 3.6).

Beispiel: Allgemeiner Investitionsgrenzwert
In einer Automatendreherei fallen ölige Späne an, die entweder nach dem Abtropfen als Wirrspäne oder gebrochen als Bruchspäne verkauft werden können.

Eine Kostenuntersuchung zeigt, dass, unter Berücksichtigung der Betriebskosten, durch Ölrückgewinnung und den höheren Erlös für die Bruchspäne 250000 €/a Mehrgewinn zu erzielen sind. Wie viel darf die Brech- und Schleuderanlage höchstens kosten, wenn sie voraussichtlich 7 Jahre genutzt werden kann? (Siehe Tabelle 3.6!).

Der Investitionsgrenzwert beträgt etwa 12171 · 100 T€ = 1,217 Mio €.

b) Grenzwerte für Rationalisierungsinvestitionen

Rationalisierungsinvestitionen zur Einsparung von Fertigungszeit zu beurteilen, gehört zu den täglichen Aufgaben des Arbeitsstudienmannes. Sei es, dass der Einsatz eines teuren Werkzeugs, einer Sondervorrichtung oder Sondermaschine zu bewerten ist, stets sind zu Einsparungen an Fertigungs-, Transport- oder Hilfszeiten entsprechende Investitionsbeträge zu ermitteln. Sofern Kapitaldienst und Personalkosten die entscheidenden Kostenarten darstellen, kann ihr einfacher Zusammenhang wieder tabellarisch ausgewertet werden.

Für den Investitionsgrenzwert I_r derartiger Rationalisierungsmaßnahmen gilt:

$$I_r = \frac{1}{\kappa} \cdot \Delta T \cdot L \cdot (1 + f_n) \cdot k_s$$

Dabei sind:

ΔT = eingesparte Fertigungszeit in h/a
L = Lohnsatz in €/h
f_n = Lohnnebenkostenfaktor (0,70 – 0,90)
k_s = Lohnsteigerungsfaktor
(von Zeit und Lohnsatz abhängig! Zwischen 1,00 und 1,05)) und
f_s = Lohnsteigerungsrate z. B. 0,03 bei 3 % Lohnsteigerung je Jahr.

Zur Berücksichtigung von jährlich etwa gleichen Lohnsteigerungsraten von f_s kann folgender Ansatz dienen:

$$I_r = \Delta T \cdot L \cdot (1 + f_n) \cdot \left(\frac{f_s^0}{q^1} + \frac{f_s^1}{q^2} + \frac{f_s^2}{q^3} + \frac{f_s^3}{q^4} + \ldots\ldots + \frac{f_s^{n-1}}{q^n} \right)$$

$$I_r = \Delta T \cdot L \cdot \frac{(1 + f_n)}{f_s} \cdot \left(\frac{1}{(q/f_s)^1} + \frac{1}{(q/f_s)^2} + \frac{1}{(q/f_s)^3} + \frac{1}{(q/f_s)^4} + \ldots\ldots + \frac{1}{(q/fs)^n} \right)$$

Mit $\frac{q}{f_s} = q'$ kann näherungsweise ein κ'-Wert errechnet werden und damit I_r zu

$$I_r = \Delta T \cdot L \cdot (1 + f_n) \cdot \frac{1}{f_s} \cdot \frac{1}{\kappa'}$$

Dabei $\kappa' = \kappa$-Wert für den um den Lohnsteigerungssatz reduzierten Zinssatz:

Beispiel: Zinssatz i = 12 % p. a. und Lohnsteigerungssatz ist $f_s = 2\%$ p. a., dann wird κ' angesetzt mit $i' = (12 - 2)\%$ p. a. = 10 % p. a. Mit diesem Ansatz wurde die nachstehende Grenzwerttafel errechnet.

Beispiel: Rationalisierungsinvestition
Für das Anschrauben eines Deckels von Servolenkungen war der Einsatz eines Pressluftschraubers vorgesehen. Mit einem Einfachschrauber war die Montagezeit um 160 h/a höher als beim Einsatz eines Mehrfachschraubers.

Wie viel darf der typgebundene Mehrfachschrauber teurer sein als der Einfachschrauber, wenn die Nutzungsdauer mit 5 Jahren angenommen wird? (Siehe Grenzwerttabelle 3.7).

Für 5 Jahre Nutzungsdauer errechnet sich ein Investitionsgrenzwert von 28,2 T€.

Durch Änderung der Lohn- oder Lohnnebenkostensätze im Excel-Formular sind die Werte an veränderte Ausgangsdaten leicht anzupassen.

c) Grenzwerte für Erweiterungsinvestitionen
Investitionen, die der Ertragssteigerung dienen, müssen sich durch die im erhöhten Ertrag verrechenbaren Abschreibungen und Gewinne amortisieren

Tabelle 3.7. Grenzwerte für Rationalisierungsinvestitionen

Investitionsgrenzwerte für Zeiteinsparungen

Hilfsgröße	80,2468	118,1009	179,6694	234,2896	301,9526	385,175	441,8262
Zeiteinsparung in h/a	Nutzungsdauer in Jahren →						
	2	3	5	7	10	15	20
100	7867	11579	17615	22970	29603	37762	43316
120	9441	13894	21138	27563	35524	45315	51980
140	11014	16210	24661	32157	41444	52867	60643
160	12588	18526	28183	36751	47365	60420	69306
180	14161	20841	31706	41345	53286	67972	77969
200	15735	23157	35229	45939	59206	75525	86633
250	19668	28946	44037	57424	74008	94406	108291
300	23602	34736	52844	68909	88810	113287	129949
350	27536	40525	61651	80393	103611	132168	151607
400	31469	46314	70459	91878	118413	151049	173265
450	35403	52103	79266	103363	133214	169930	194923
500	39337	57893	88073	114848	148016	188811	216581
600	47204	69471	105688	137817	177619	226574	259898
700	55071	81050	123303	160787	207222	264336	303214
800	62939	92628	140917	183757	236826	302098	346530
900	70806	104207	158532	206726	266429	339860	389847
1000	78673	115785	176146	229696	296032	377623	433163

Lohnsatz L = 12 €/h, Lohnnebenkosten = 80 % von L.
Zinssatz i = 10 % p. a., Lohnsteigerung = 2 % p. a.

und verzinsen. In erster Näherung wird sich bei gleichbleibender Kosten- und Erlösstruktur aus Vergangenheitswerten eine Relation zwischen Abschreibungen und Ertrag bzw. Gewinn und Ertrag ermitteln lassen. Mit diesen Werten lässt sich dann für Erweiterungsinvestitionen ein Grenzwert I_e errechnen, für den folgende Beziehung gilt:

$$I_e = \frac{1}{\kappa} \cdot \Delta E \cdot (g_a + g_g)$$

ΔE = Ertragssteigerung in €/Jahr
g_a = Abschreibequote = Abschreibung/Ertrag
g_g = Gewinnquote = Gewinn/Ertrag
$g_a + g_g$ = Kapitaldienstquote = Kapitaldienst/Umsatz bzw. Ertrag

Sofern Investitionen sowohl Einsparungen wie auch Ertragssteigerungen ermöglichen, sind die Grenzwerte zu addieren.

Beispiel: Kapazitätsausweitung
Durch Anschaffung einer weiteren Druckgussmaschine um 500000 € soll der Umsatz einer Gießerei um 600 000 €/a erhöht werden. Ist diese Kapazitätsaus-

Tabelle 3.8. Grenzwerte für Erweiterungsinvestitionen

Investitionsgrenzwerte für Erweiterungsinvestitionen in €

Hilfsgröße 0,25/$\kappa\rightarrow$	0,43388	0,62172	0,94769	1,21708	1,5361	1,90157	2,12838
Umsatzerhöhung in €/a	Nutzungsdauer in Jahren →						
	2	3	5	7	10	15	20
10000	4339	6217	9477	12171	15361	19016	21284
12000	5207	7461	11372	14605	18433	22819	25541
14000	6074	8704	13268	17039	21505	26622	29797
16000	6942	9948	15163	19473	24578	30425	34054
18000	7810	11191	17058	21907	27650	34228	38311
20000	8678	12434	18954	24342	30722	38031	42568
25000	10847	15543	23692	30427	38403	47539	53210
30000	13017	18652	28431	36512	46083	57047	63851
35000	15186	21760	33169	42598	53764	66555	74493
40000	17355	24869	37908	48683	61444	76063	85135
45000	19525	27977	42646	54769	69125	85571	95777
50000	21694	31086	47385	60854	76805	95079	106419
55000	23864	34195	52123	66939	84486	104586	117061
60000	26033	37303	56861	73025	92166	114094	127703
65000	28202	40412	61600	79110	99847	123602	138345
70000	30372	43520	66338	85196	107527	133110	148987
75000	32541	46629	71077	91281	115208	142618	159629
80000	34711	49738	75815	97366	122888	152126	170270
85000	36880	52846	80554	103452	130569	161633	180912
90000	39050	55955	85292	109537	138249	171141	191554
95000	41219	59063	90031	115623	145930	180649	202196
100000	43388	62172	94769	121708	153610	190157	212838

Investitionsgrenzwert für Erweiterungsinvestitionen bei 25% Deckungsbeitrag mit 10% p.a. Verzinsung.

weitung bei einer geforderten Kapitalverzinsung von 10% p.a. wirtschaftlich, wenn die Maschine voraussichtlich 7 Jahre einzusetzen ist und im bisherigen Umsatz 25% für Kapitaldienst und Gewinn verrechnet werden konnte? (Siehe Tabelle 3.8).

Die Maschine darf maximal 730 T€ kosten.

d) Investitionsgrenzwerte für Mehrschichtbetrieb

Beim Ausbau eines Unternehmens wurde erwogen, ob Zweischichtbetrieb eingeführt werden soll oder ob die Kapazität für Einschichtbetrieb zu erweitern ist. Sehr einfache Arbeitsplätze[1] sind sicherlich einschichtig zu belegen. Sehr teure Arbeitsplätze sind im Zwei- oder gar Dreischichtbetrieb auszulasten.

[1] Arbeitsplatz = Maschine + Vorrichtungen + Installationen + Bauanteile + Raum für Personal + Ersatzteile + soweit diese Objekte von der Entscheidung beeinflusst werden.

Tabelle 3.9. Wirtschaftliche Grenze für Mehrschichtbetrieb

Benennung	Zeichen	Einheit	1. Schicht (Index 1)	2. Schicht (Index 2)	3. Schicht (Index 3)
Schichtzeit	Ts	h/a	2000	2000	2000
Lohnsatz	L	€/h	10,00	12,00	18,00
Lohnnebenkostensatz	Ln	1	0,80	0,80	0,80
Nutzungsdauer	n	a	12	10	8
Zinssatz	i	% p. a.	15	15	15
Wiedergewinnungsfaktor	κ	1/a	0,18448	0,19925	0,22285

Wo liegen die Grenzen, wenn folgende Daten gegeben sind und jeweils volle Auslastung zu erwarten ist? (I_{gr} = Investitionsgrenzwert in €).

a) Grenze zwischen Ein- und Zweischichtbetrieb

$$2\, I_{gr}\, \kappa_1 + 2\, T_s\, L_1\, (1 + f_n) = I_{gr}\, \kappa_2 + T_s\, L_1\, (1 + f_n) + T_s\, L_2\, (1 + f_n)$$

$$I_{gr1/2} = \frac{T_s\, (L_2 - L_1)\, (1 + f_n)}{2\, \kappa_1 - \kappa_2} = \frac{2000(h/a) \cdot (12{,}00 - 10{,}00)\, (€/h) \cdot (1 + 0{,}80)}{(2 \cdot 0{,}18448 - 0{,}19925)/a}$$

$$= 42\,425\ €$$

b) Grenze zwischen Zwei- und Dreischichtbetrieb

$$3\, I_{gr}\, \kappa_2 + 3\, T_s\, L_1\, (1 + f_n) + 3\, T_s\, l_2\, (1 + f_n) = 2\, I_{gr}\, \kappa_3 + 2 T_s\, (1 + f_n)\, (L_1 + L_2 + L_3)$$

$$I_{gr2/3} = \frac{T_s (2\, L_3 - L_2 - L_1)\, (1 + f_n)}{3 \kappa_3\ -\ 2\, \kappa_2} = \frac{2000\, (h/a) \cdot (2 \cdot 18{,}00 - 12{,}00 - 10{,}00)\, (€/h) \cdot (1 + 0{,}80)}{(3 \cdot 0{,}19925 - 2 \cdot 0{,}22285)/a}$$

$$I_{gr2/3} = 331\,470\ €$$

Arbeitsplätze, die mehr als 42 T€ kosten, sollten zweischichtig und Arbeitsplätze, die mehr als 330 T€ kosten, sollten dreischichtig ausgelastet werden, wenn die Kapazität im Ein- bzw. Zweischichtbetrieb nicht ausreicht.

4.4 Ganzheitliche Investitionsrechnung

Das wirtschaftliche Grundprinzip besagt, dass das frei verfügbare Investitionskapitel dort einzusetzen ist, wo es die größte Rendite erbringt. Dies bedeutet, dass bei der Projektierung alle unternehmenszielkonformen, interessant scheinenden Investitionen im Hinblick auf ihre Wirtschaftlichkeit zu untersuchen sind, und dass die Priorität für Ihre Verwirklichung nach der zu erwartenden Verzinsung zu setzen ist. Sofern keine anderen Gründe dagegen sprechen, wird eine gewinnwirtschaftliche Rangreihe aller derartigen Projekte gebildet, die aufzeigt, welche Projekte im Rahmen des verfügbaren Eigenkapitals zu realisieren sind und ob eventuell auch Fremdkapital einzusetzen zweckmäßig ist. Jede In-

Tabelle 3.10. Investitionsprojekte eines Planungszeitraumes

Proj. Nr.	Benennung	Invest.-Betrag in Mio €	Interne verzins. in % p.a.
1	Vergrößerung der Automatendreherei	1,800	17,0
2	Erstellen einer Presserei	2,400	9,2
3	Ausbau der Druckgießerei	2,800	27,6
4	Ersatz einer Fertigungslinie durch eine Transferstraße	1,100	5,6
5a	Erstellen einer Ölrückgewinnungsanlage ohne Spänebrecher	0,600	21,2
5b	Erstellen einer Ölrückgewinnungsanlage mit Spänebrecher	1,000	23,6
6	Bau einer eigenen Wärme-Kraft-Anlage	4,400	9,4
7	Erwerb eines Zulieferbetriebs	1,200	16,6
8	Rationalisierungsstufe 1	1,400	24,0
9	Rationalisierungsstufe 2	2,600	16,2
10	Rationalisierungsstufe 3	3,300	12,0

vestition muss mindestens den Zinssatz des teuersten ablösbaren oder einzusetzenden Kapitals erbringen. Ein Beispiel einer derartig ganzheitlichen Investitionsplanung zeigen die Tabelle 3.10 und Abbildung 3.20.

Zu einer ganzheitlichen Investitionspolitik gehört neben der Überprüfung der Wirtschaftlichkeit die Beurteilung der Liquiditätssituation – durch Tilgungs- und Amortisationsrechnungen, die Beurteilung des Risikos (Problem der unsicheren Erwartungen) sowie die Beurteilung der Auswirkungen der Investitionen auf Steuern und Abgaben. Die Liquiditätsfrage wurde schon vorab verhandelt.

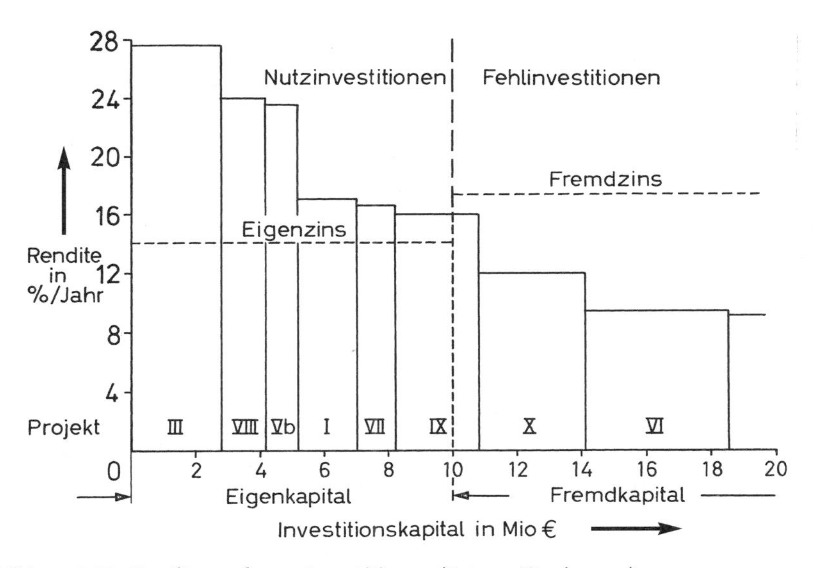

Abbildung 3.20. Rendite geplanter Investitionen (Interne Verzinsung)

Bei der Projektplanung (Tab. 3.10) werden alle erforderlichen und wünschenswerten Investitionsmaßnahmen so zusammengefasst, dass dem Projekt ein bestimmter Gewinn zuzuordnen ist. Für die wünschenswerten, jedoch nicht notwendigen Investitionsanteile bzw. Teilprojekte (z.B. einbezogene Rationalisierungsinvestitionen) muss zunächst durch einen Rentabilitätsnachweis die Vorteilhaftigkeit nachgewiesen werden. Anschließend wird für das Gesamtprojekt die Rentabilität rechnerisch belegt. Die Amortisationsrechnung ergibt im Zusammenhang mit den Finanzierungsüberlegungen des Unternehmens Hinweis auf die Liquiditätssicherung. Da die Liquiditätssicherung vor Rentabilitätsüberlegungen stehen muss, können hier interessant scheinende Investitionen ausscheiden, sofern sie nicht durch Projektkürzung um nicht notwendige Anteile (ggf. zu Lasten der Rentabilität) in den Finanzierungsrahmen eingepasst werden können. Die Risikobeurteilung und der Vergleich der Investitionsmaßnahme mit alternativen Einsatzmöglichkeiten des Kapitals bilden die Basis für die Investitionsentscheidungen.

4.4.1 Problem der unsicheren Erwartung

Investitionen als zukunftsorientierte Maßnahmen sind mit Unsicherheiten behaftet, die durch Abschätzen des Risikos beurteilt werden sollen. Die Verfahren hierfür sind:

1. Verändern des Zinssatzes
   a) Erhöhen des Kalkulationszinssatzes um einen Risikozuschlag.
   b) Diskontieren mit gestuften Zinssätzen, die mit der Zeit anwachsen.
   c) Doppeltes Diskontieren (2. Zinssatz soll zeitlich steigendes Risiko abdecken).
2. Verändern der Ausgangswerte
   Die Ausgangswerte wie Investitionen, Nutzungsdauer, Rückflüsse o. ä. werden als veränderlich betrachtet, und zwar sind die Streubereiche umso breiter zu wählen, je größer die Unsicherheit ist und je mehr die Zahlungen vom Bezugspunkt entfernt liegen.

   a) Annahmen von drei Werten:

   Pessimistischer Wert:
   Unter ungünstigen, jedoch noch realistischen Bedingungen zu erreichen.

   Erwarteter Wert:
   Mit größter Wahrscheinlichkeit zu erreichen.

   Optimistischer Wert:
   Unter sehr günstigen, jedoch realistischen Bedingungen zu erreichen.

   Die Investitionsrechnung erfolgt für alle drei Annahmen, wobei eventuell für den Investitionsbetrag, da er relativ genau zu ermitteln ist, nur ein Wert oder zwei Werte eingesetzt werden. Die Ergebnisse werden ebenfalls als pessimistische, wahrscheinlichste und optimistischste ausgewiesen.

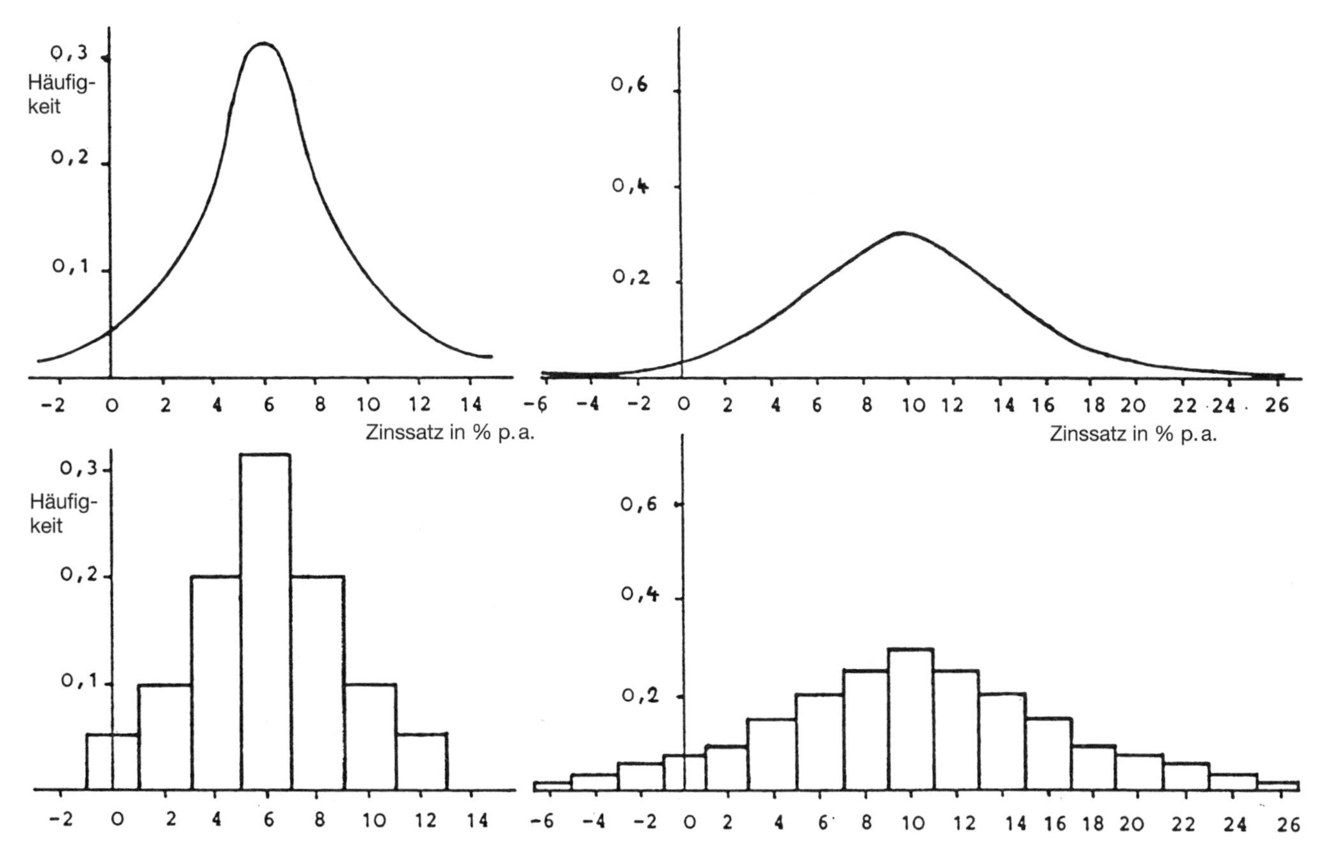

Abbildung 3.21. Stetige und diskrete Darstellung der Normalverteilung der Verzinsung eines Investitionsprojektes (nach Lücke) [3.3]

b) Annahme von Häufigkeitsverteilungen

Anstelle der drei Schätzungen werden für die einzelnen Basiswerte stetige oder diskrete Häufigkeitsverteilungen festgelegt. Als Ergebnis von rechnerunterstützten Auswertungen werden für die gesuchten Größen wie interne Rendite oder Amortisationszeit stochastische Ausgaben mit Häufigkeitsverteilungen ausgedruckt.

Das Abschätzen der Unsicherheiten und das Beurteilen ihrer Grenzen und Auswirkungen gibt der Investitionsrechnung eine weitere Chance als Hilfsmittel zur langfristigen Zukunftssicherung der Unternehmen.

4.4.2 Berücksichtigung von Steuern

Die bisherigen Überlegungen basieren auf innerbetrieblichen Betrachtungen. Der „interne Zinsfuß", die „Verzinsung vor Steuer", waren die Beurteilungskriterien. Diese Betrachtungsweise ist solange ausreichend, solange die Steuern erfolgsneutral oder erfolgsproportional sind, da ein höherer Gewinn vor Steuer zugleich auch höheren Gewinn nach Steuer bedeutet. Werden jedoch Investitionsalternativen verglichen, bei denen eine unterschiedliche Besteuerung oder Abschreibungsmöglichkeit besteht, dann sind auch steuerliche Auswirkungen mit zu erfassen. Hierzu gehören folgende Fälle: Subventionierte Investitionen (Schaffung neuer Arbeitsplätze), Investitionen in besonders geförderten Gebieten, Investitionen im Ausland mit anderen Abschreibungs- und Steuersätzen, Investitionen mit besonderem Risiko usw. Für alle diese Fälle gilt die Regel, dass nach Ermittlung des Gewinns zunächst die Steuerbeträge abzusetzen sind, und dass dann die danach erzielten Gewinne nach Steuer (eventuell unter Einbeziehung von Transferbegrenzungen) als Wertungsmaßstab heranzuziehen sind.

4.4.3 EDV-Einsatz bei der Investitionsplanung und Investitionsrechnung

Die vorliegenden Formen der Investitionsrechnungen sind mathematisch nicht so schwierig, dass sie den Einsatz von EDV-Anlagen bedingen würden. Einige Gründe sprechen jedoch dafür, für besondere Auswertungen EDV-Anwendung vorzusehen:

1. **Dateien und Routinen**
   Die Schematisierung der Rechnungen ermöglicht es, nur wenige Ausgangsdaten zu erfassen, ihre Veränderungen mit der Zeit durch Faktoren oder Kennzahlen festzulegen und die Rechnung und Auswertung dem Rechner zu übertragen. Folgende Möglichkeiten sind heute angewandt:

   Alle wesentlichen Grunddaten, wie Zinssätze, Nutzungsdauern, Instandhaltungssätze, Produktionsprogramme, Absatzzahlen, Beschaffungspreise usw. sind in Hintergrunddateien festgehalten, sodass sie bei den einzelnen Rechnungen nicht speziell erfasst werden müssen und bei allen vergleichbaren Rechnungen stets mit gleichen Ansätzen erscheinen.

Für alle Berechnungen werden Softwareroutinen verwendet, die nach einmal erarbeiteten oder beschafften und optimierten Verfahrensweisen die Ergebnisse stets vergleichbar ermitteln. Damit wird der Aufwand für quantitative Investitionsbeurteilungen so gering, dass die Forderung von Investitionsrechnungen kaum Zusatzarbeit bringt. Selbst einfache bildliche Darstellungen können routinemäßig von den Druckwerken ausgegeben werden, wodurch Entscheidungen auch bei langfristigen und komplexen Investitionen wesentlich erleichtert und sicherer werden.

2. **Modularprogramme**
   Für den Bereich Investitionsplanungen und Investitionsrechnung bieten die EDV-Anlagenhersteller und zahlreiche Software-Häuser fertige Bausteine an, um alle anfallenden Erfassung- und Auswertungsarbeiten darzustellen. Diese Programme sind ohne großen Aufwand an die betrieblichen Verhältnisse anzupassen und können auf kleinen Anlagen oder sogar auf dem PC eingesetzt werden.

3. **Individuelle Planungsrechnungen**
   Bei großen Unternehmen lohnt sich der Aufbau eines eigenen Systems der Unternehmensplanung, bei dem die anfallenden Rechnungen mit Prognoseverfahren, Risikobeurteilungen, Sensibilitätsanalysen und sonstigen Auswertungen gekoppelt sind.

4. **Unsichere Erwartungen**
   Zahlreiche Daten der Investitionsrechnung sind unsicher. Wie ihr Spielraum das Gesamtergebnis der Rechnung beeinflusst, kann durch eine Sensibilitätsanalyse aufgezeigt werden. Hierfür werden entweder Wahrscheinlichkeitsverteilungen für das Erreichen bestimmter Daten vorgegeben oder mit der bekannten Dreiwerteschätzung wird das Ergebnis und seine Streuung bzw. Varianz errechnet. Umfangreiche Rechnungen können hier von marktüblichen EDV-Programmen übernommen werden.

5. **Bildliche Darstellungen**
   Eine bildliche Darstellung der Ergebnisse von Investitionsrechnungen ist dann zweckmäßig, wenn die Abhängigkeit der Ergebnisse von mehreren Daten aufgezeigt werden soll. Ein Drucker, der an die EDV-Anlage angeschlossen ist, kann hierbei sehr aussagefähige Bilder liefern (z. B. Verzinsung in Abhängigkeit der Auslastung, der Nutzungsdauer, der Kostenentwicklung usw.).

Beispiel: Veränderlicher Rückfluss
Für das Leitbeispiel von Seite 170 seien drei Rückflussreihen angenommen und der Restwert vernachlässigt. Wie hoch ist die interne Verzinsung i in Abhängigkeit von der Nutzungsdauer n. Folgende Werte sind vorhanden:

$I_0 = 100$ T€
$R_o = 30$ T€/a, $\rightarrow$ $\kappa_o = 0{,}30 \cdot 1/a$
$R_w = 25$ T€/a, $\rightarrow$ $\kappa_w = 0{,}25 \cdot 1/a$
$R_p = 8$ T€/a, $\rightarrow$ $\kappa_p = 0{,}20 \cdot 1/a$

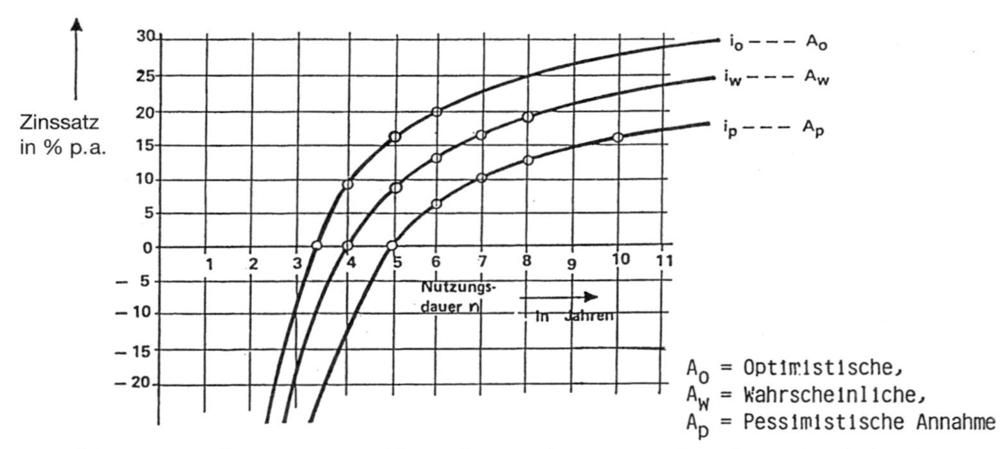

Abb. 3.22. Erzielbarer Zins i in Abhängigkeit von der Nutzungsdauer bei optimistischen (i_o), wahrscheinlichen (i_w) und pessimistischen (i_p) Schätzungen

Aufgrund der Beziehung $\frac{R}{I_0} = \kappa$ ergeben sich 3 κ-Werte, für die, unter Annahme von n, jeweils i zu ermitteln ist. (Interpolation aus Tabelle oder mit Rechner nach untenstehender Gleichung). Für vier Werte von n ist κ leicht zu errechnen:

$$\kappa = \frac{i\,(1+i)^n}{(1+i)^n - 1}$$

mit $n = 0 \rightarrow i = -\infty$

$n = 1 \rightarrow i = \kappa - 1$

$n = \frac{1}{\kappa} \rightarrow i = 0$

$n = \infty \rightarrow i = \kappa$

5 Investitionsrichtlinie und Organisation

Der Investitionsprozess wird in gut organisierten Unternehmen in 3 Stufen durchgeführt. Zunächst erfolgt eine Projektierung, die im allgemeinen auf Erfahrungs- und Richtwerten aufbaut, danach die detaillierte Planung, und nach der Investierung die Kontrolle mit technischer und wirtschaftlicher Überprüfung der Investitionsauswirkungen.

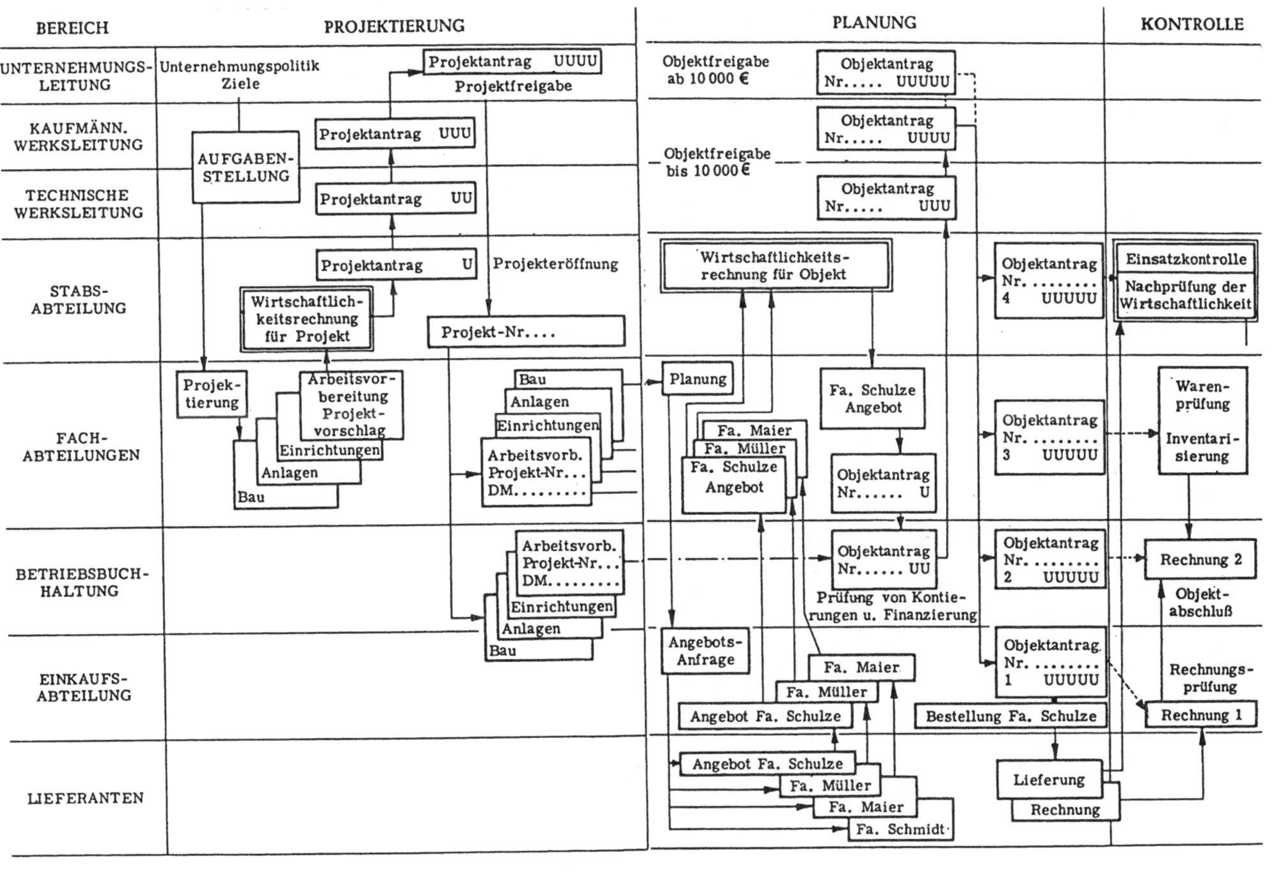

Abb. 3.23. Organisatorischer Ablauf des Investierungsprozesses

5.1 Schematisierte Investitionsrechnungen

Werden Investitionsrechnungen in den Rahmen der Investitionsplanung eingefügt, dann müssen sie schematisiert und so vereinfacht werden, dass sie von den Antragstellen für Investitionen oder von den Planern ohne wesentlichen Zeitaufwand zu erstellen sind. Außerdem sind in einem Investitionshandbuch für die einzelnen Kenngrößen Richt- und Vergleichswerte vorzugeben, damit der Spielraum der subjektiven Beeinflussung der Rechenergebnisse möglichst klein ist. Beiliegend sind einige Schemata für Investitionsrechnungen, Notwendigkeits- und Wirtschaftlichkeitsvergleiche aufgezeigt, die als Muster für eigene Formblattgestaltungen dienen können. Es hat sich als zweckmäßig erwiesen, derartige Vergleichsrechnungen zu schematisieren, um dadurch den Rechnungsgang zu beschleunigen und die Ergebnisse verschiedener Rechnungen vergleichbar zu machen. In einem, nach solchen Überlegungen entwickelten Vergleichsformular werden die Kostenarten für jedes Betriebsmittel weitgehend einzeln erfasst und ausgewertet.

Die Hauptschwierigkeiten liegen dabei jedoch nicht in der mathematischen Lösung des Wirtschaftlichkeitsproblems, sondern in der wirklichkeitsnahen Erfassung der technischen Daten und in einer verursachungsgerechten Umrechnung auf die Produktionseinheiten oder Zeiträume. Erfahrungsgemäß benötigt man für einen fein detaillierten Angebotsvergleich 4 Std. und für einen Verfahrensvergleich 6 bis 10 Std. je nach Umfang. Die Einsparungen, die durch diese Entscheidungsvorbereitung zu erzielen sind, liegen jedoch um ein Vielfaches höher als dieser Aufwand.

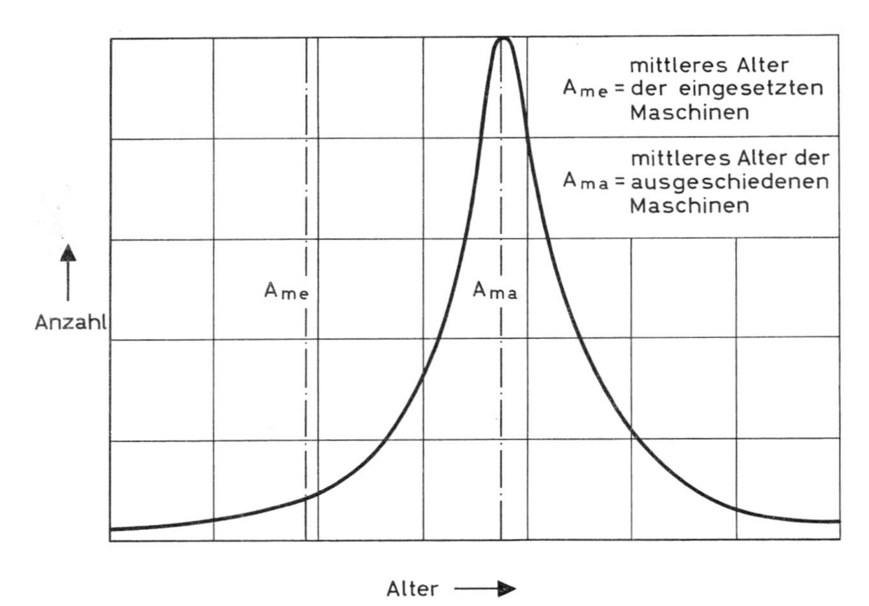

Abb. 3.24. Altersverteilung ausgeschiedener Universalmaschinen

Da die Wahl der Nutzungsdauer der Investition wesentlich das Ergebnis der Investitionsrechnung beeinflusst, sind einige Bemerkungen hierzu erforderlich: Bei Maschinen bilden die in den AfA-Sätzen festgelegten Nutzungsdauern keinen direkten Maßstab für die Festlegungen der Wirtschaftlichkeitsrechnungen, da sie keine individuelle Aussage über Maschineneinsatz und -beanspruchung beinhalten. Es ist jeweils eine besondere Abschätzung der Nutzungsdauer erforderlich, die bei Universalmaschinen relativ gut, bei Sondermaschinen jedoch recht schwer festzulegen ist. Andererseits zeigt die Statistik über eingesetzte oder ausgeschiedenen Maschinen eben so wenig die wirtschaftliche Nutzungsdauer der Maschinen (Abb. 3.24 und Abb. 3.25). Deutlich ist im 2. Bild der Unterschied zwischen der Nutzungsdauer von Sonder-Bohrmaschinen und Universal-Bohrmaschinen (2. Maximum) zu erkennen. Für Investitionsrechnungen ist im allgemeinen die wirtschaftliche Nutzungsdauer einzusetzen. Für diese gilt folgende Überlegung:

Die wirtschaftliche Nutzungsdauer geht vom Einsatzzeitpunkt bis zu dem Zeitpunkt, an dem mit einem neuen Investitionsobjekt, das seinen vollen Kapitaldienst tragen muss, ein höherer Gewinn zu erzielen ist, wenn für das bisherige Objekt nur noch seine variablen Kosten und effektive Wertminderungen verrechnet werden. Bei Investitionsrechnungen in Form von Kostenvergleichen müssen alle Daten unter Berücksichtigung ihrer Veränderlichkeit erfasst werden. Die in der Gegenwart fällige Investition und die daraus abgeleiteten Abschreibungen und Zinsen sind nach den tatsächlichen Anschaffungswerten zu beurteilen. Die laufenden Kosten wie Löhne, Energiekosten, Instandhaltungskosten usw. sind dagegen mit den „Durchschnittswerten während der gesamten

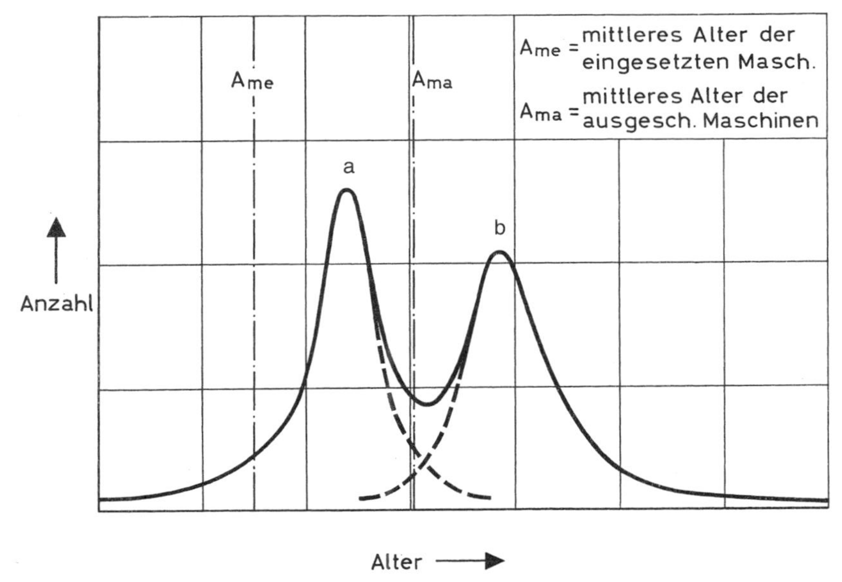

Abb. 3.25. Altersverteilung ausgeschiedener Bohrmaschinen (a = Sondermaschinen, b = Normalmaschinen)

Nutzungsdauer“ anzusetzen, was bei Löhnen mit einer Steigerungsrate von ca. 3 % p.a. und Betriebsmitteln mit 10jähriger Nutzungsdauer bei gleichbleibendem Zeitbedarf einen Ansatz von rund 110 % des Lohnsatzes des ersten Nutzungsjahres bedingt. Durch diese Ansätze können Kostenvergleiche als „semidynamische“ Investitionsrechnungen angesehen werden. Bei Einzweckmaschinen kann das durchschnittliche, langfristige Fertigungsprogramm als Basis für die Auslastungsermittlung dienen. Bei Vielzweck- oder Universalmaschinen muss dagegen ein „Repräsentatives Fertigungsprogramm“ gebildet werden. Zu diesem Behuf erfasst man alle Teile eines bestimmten Zeitraums, die auf den im Vergleich stehenden Betriebsmitteln bearbeitet werden sollen. Das Programm ist dabei so zusammenzustellen, dass es als repräsentativ für die wirtschaftliche Nutzungsdauer der Maschine mit der kürzesten Nutzungsdauer angesehen werden kann. Dieses Repräsentativprogramm gibt dann Auskunft über die tatsächlich zu erwartende „normale“ Auslastung der Maschinen. Die willkürliche Annahme einer bestimmten Auslastung führt stets zu einer unrealistischen Rechnung.

Teilkostenvergleiche

Bei den meisten vergleichbaren industriellen Fertigungsprozessen liegen die Hauptunterschiede der Kosten im Kapitaldienst (den Abschreibungen und Zinsen für die Fertigungsmittel) und den Personalkosten (Fertigungslöhnen und Lohnnebenkosten). Diese Kostenarten sind jedoch ohne wesentlichen Aufwand direkt erfassbar, sofern die Annahme über die Nutzungsdauer und die Nutzwerte der Fertigungsmittel hinreichend sicher sind. Werden für die Planung an Hand von Erfahrungen und statistischen Unterlagen Richtwerte ausgearbeitet, dann kann für eine große Anzahl der Betriebsmittel neben dem normalen technischen Angebotsvergleich nach einem festliegenden Schema ein einfacher Wirtschaftlichkeits- oder Notwendigkeitsnachweis vorgelegt werden.

Für einfache Wirtschaftlichkeitsnachweise reicht mitunter der Investitionsgrenzwert bezogen auf die Investitionsdifferenz der alternativen Investitionen. Als Anhang zum Investitionsantrag empfiehlt sich jedoch ein Schema, in dem die unterschiedlichen Kapital- und Personalkosten in folgender Form aufgeführt sind:

Benennung	Einheit	Alternative 1	Alternative 2	Alternative 3
Investiton	€			
Wirtschaftliche Nutzungsdauer	a			
Kapitalwiedergewinnungsfaktor	1/a			
Auslastung	h/a			
Kapitaldienst	€/a			
Personalkostensatz ≈ (1,8* Lohnsatz)	€/h			
Personalkosten	€/a			
Vergleichskosten	€/a			

Diese Rechnung zeigt insbesondere auch, ob die Kapazität der einbezogenen Alternativen ausreicht für die geplante Produktionsmenge je Jahr.

5.2 Beantragung von Projekten

Aufgrund der Absatztendenzen, der Vermögensverhältnisse und zahlreicher innerbetrieblicher und außerbetrieblicher Entwicklungen legt die Unternehmensleitung oder eine übergeordnete Instanz die Unternehmensziele fest. Hieraus ergeben sich die Aufgaben für Produktionsveränderungen und für die Betriebsentwicklung. Nach einem Rahmenplan werden zunächst alle größeren Vorhaben (Projekte, die gewöhnlich aus mehreren Objekten oder Einzelinvestitionen gebildet werden) eines vorliegenden Zeitabschnitts erfasst und die dafür erforderlichen Mittel errechnet. Zu diesem Zweck ermittelt jedes Werk seinen Investitionsbedarf für Produktionssteigerung, Produktionsausweitung, Rationalisierung und Ersatz, jeweils gegliedert nach Bau, Betriebsanlagen, Einrichtungen und Maschinen. Für die einzelnen Projekte zeigt die Wirtschaftlichkeitsüberprüfung (vgl. Abschnitt xx) die Vorteilhaftigkeit der Realisierung auf. Für die günstigen Projekte stellt nun etwa die Stabsabteilung für Investitionen oder eine sonstige beauftragte Stelle Projektanträge. Die technische und die kaufmännische Werksleitung überprüfen diese Projektanträge und reichen sie der Unternehmensleitung oder einer übergeordneten Instanz zur Genehmigung ein. Die genehmigten Projekte erhalten eine Kontierungsnummer, auf die die einzelnen Fachabteilungen, im Rahmen des für sie freigegebenen Betrages, Objektanträge ausstellen können.

Beispiel: Rentabilität und Amortisation
Ein chemischer Betrieb will die Produktion eines eingeführten Erzeugnisses steigern und plant hierfür auf einem neuen Gelände eine Fabrik, für die folgende Ausgangsdaten vorliegen:

Grundstück	3,0 Mio €	Fixkosten	6,0 Mio €
Gebäude	9,0 Mio €	(ohne Abschreibungen)	
Anlagen und Maschinen	11,5 Mio €	Variable Kosten	800 €/t
Umlaufvermögen	4,5 Mio €	Erlös	2000 €/t
Summe	28,0 Mio €		

Für die nächsten 10 Jahre lautet die Absatzprognose:

Jahr	1	2	3	4	5	6	7	8	9	10
Absatz in 1000 t	0	12	16	18	18	18	17	16	14	10

Nach 10 Jahren sollen die Gebäude mit 30 %, die Anlagen und Maschinen mit 0 % bewertet werden. Wie hoch ist die Kapitalrendite und die Amortisationszeit?

Tabelle 3.11. Rechenschema für Rentabilitätsermittlung

Nr.	Jahr → Vorgang ↓	Einheit	0	1	2	3	4	5	6	7	8	9	Jahr 10				
			Investition	Uml.-verm. + FK	Produktion.	Produktion.	Produktion.	Produktion.	Produktion.	Produktion.	Produktion.	Produktion.	Produkt. ende	Grundstück	Gebäude	Umlaufverm.	Summe
1	Ausgaben	Mio €	*+23,5*	*+10,5*	*+15,6*	18,8	20,4	20,4	20,4	19,6	18,8	17,2	*14,0*	–	–	*4,5*	194,7
2	Einnahmen	Mio €	–	–	*24,0*	32,0	36,0	36,0	36,0	34,0	32,0	28,0	*20,0*	*3,0*	*2,7*	–	283,7
3	Einnahmenüberschuss	Mio €	*–23,5*	*–10,5*	*8,4*	13,2	15,6	15,6	15,6	14,14	13,2	10,8	*6,0*	*3,0*	*2,7*	*4,5*	89,0
4	i_1 = 10% p.a. Abzinsungsfaktor	1	1,000	0,909	0,826	0,751	0,683	0,621	0,565	0,513	0,467	0,424	0,386	Σ_{10} = 16,2	–	–	–
5	Barwert einzeln	Mio €	*–23,500*	*–9,545*	6,938	9,913	10,655	9,688	8,814	7,387	6,146	4,597	6,253	–	–	–	37,346
6	Barwert kumuliert	Mio €	–23,500	–33,045	–26,107	–16,194	*– 5,539*	*+4,149*	12, 963	20, 350	26, 519	31, 093	37,346	–	–	–	–
7	i_2 = 25% p.a. Abzinsungsfaktor	1	1,000	*0,800*	0,640	0,512	0,410	0,328	0,262	0,210	0,168	0,134	0,107	–	–	–	–
8	Barwert einzeln	Mio €	–23,500	*–8,400*	5,376	6,758	6,396	5,117	4,087	3,029	2,218	1,497	1,733	–	–	–	*4,256*
9	i_3 = 30% p.a. Abzinsungsfaktor	1	1,000	*0,769*	0,592	0,455	0,350	0,269	0,207	0,159	0,123	0,094	0,073	–	–	–	–
10	Barwert einzeln	Mio €	–23,500	*–8,075*	4,973	6,006	5,460	4,196	3,229	2,290	1,624	1,015	1,183	–	–	–	*–1,599*

Ergebnis: *Rendite* $r = i_1 + (i_2 - i_1)\, B_1/(B_1 - B_2) = 28{,}6\,\%$ *p.a. Amortisationszeit* $n_{10} = n_v + C_n/(C_v - C_n) = 4{,}57$ *Jahre.*

Beispiel: Produktionssteigerung
Eine Möbelfabrik will ihre Produktion um 10% steigern. Sie benötigt hierfür einen Investitionsbetrag von ca. 6 Mio €.

Tabelle 3.12. Investitionsgliederung

Benennung	Betrag T€	Abschreibung	
		Jahre	T€/a
Bau	1650	20	
Anlagen	500	20	
Einrichtungen	1700	5	
Maschinen	1600	8	
Sonstiges	300	5	
Summe	5750	∅ =	
Zusätzliches Umlaufvermögen	600	–	–

Der Vertrieb legt seine Verkaufsschätzungen mit angepassten Preisen vor. Außerdem sind die Kostendaten ohne das Projekt bekannt. Stellen Sie den Investitionsantrag.

Tabelle 3.13. Dynamische Investitionsrechnung

Nr.	Benennung	Gleichung	Jahr 0	1	2	3	4	5	6	Summe
1	Gewinn nach Steuer		0	204	407	407	407	407	407	2239
2	Abschreibungen		0	360	719	719	719	719	719	3955
3	Cash flow (Rückfl. n. Steuer)		0	564	1126	1126	1126	1126	1126	6194
4	Cash flow kumuliert		0	564	1690	2816	3942	5068	6194	20274
5	Inv.-Restwert + Umlaufverm.		2850	5990	5271	4552	3833	3114	2395	0
6	Abzinsungsfaktor									
	bei i =	10%	1,000	0,909	0,826	0,751	0,683	0,621	0,564	0
	bei i =	8%	1,000	0,926	0,857	0,794	0,735	0,681	0,630	0
7	Gegenwartswert	bei i = 10% p.a.	0	513	931	846	769	699	636	4393
	der Rückfl.	bei i = 8% p.a.	0	522	965	894	828	766	710	4685

Kapitalwert nach Steuer:

$$C_0 = \sum_0^n (7) + (5)_n\,(6)_n - [(a)_0 + (a)_1 \cdot (6) + \ldots + (b)_0 \cdot + (b)_1 \cdot (6)_1 + \ldots]$$

Kapitalwert

$$C_{0/10} = (\,4393 + 2395 \cdot 0{,}565 - 2850 - 3500 \cdot 0{,}909)\text{ T€} = -\,285\text{ T€}$$

$$C_{0/8} = (\,4685 + 2395 \cdot 0{,}630 - 2850 - 3500 \cdot 0{,}926)\text{ T€} = +\,103\text{ T€}$$

Rentabilität

$$r = \left[(8 + (10 - 8)) \frac{103}{103 + 285} \right] \% \text{ p.a.} = 8{,}53\,\% \text{ p.a.}$$

Amortisation

$$n = \left(5 + \frac{5750 - 5068}{6194 - 5068} \right) a = 5{,}6 \text{ a}$$

Projekt: Produktionssteigerung (Statische Rechnung)

Investitionsbetrag: 5750 T€ — Projektnutzung: 8 Jahre
Umlauferhöhung: 600 T€

		Gleichung	Einheit	Ohne Projekt	S ca.	Mit Projekt	Durch Projekt
I	*Erlöse*						
1	Direktverkauf		T€/a	26213		29590	3377
2	Vertreterverkauf Inland		T€/a	23241		25375	2134
3	Vertreterverkauf Ausland		T€/a	9172		9476	304
4	Bruttoerlös	(1)+(2)+(3)	T€/a	58626		64441	5815
5	Erlösabhängige Kosten	3/7/9% · (1+2+3)		3239		3517	278
6	Nettoerlös	(4)-(5)	T€/a	55387		60924	5537
II	*Kosten*						
7	Fertigungslöhne		T€/a	5420	8%	5854	434
8	Var. Fertigungsgemeink.	120%	T€/a	6504	8%	7024	520
9	Fixe Fertigungsgemeink.	ohne Inv.	T€/a	7684	5%	8068	384
10	Fertigungskosten	ohne Inv.	T€/a	19608	7+8+9	20946	1338
11	Fertigungsmaterialkosten		T€/a	17342	9,9%	19059	1717
12	Var. Materialgemeink.	4,10%	T€/a	711	9%	775	64
13	Fixe Materialgemeink.		T€/a	659	5%	692	33
14	Materialkosten		T€/a	18712		20526	1814
15	Herstellkosten	ohne Inv.	T€/a	38320		41472	3152
16	Verwaltungskosten	8,46%	T€/a	3242	5%	3404	162
17	Vertriebskosten (intern)	2,80%	T€/a	1073	8%	1159	86
18	Sonderkosten		T€/a	5538	10%	6092	554
19	Selbstkosten (ohne Inv.)		T€/a	48173		52127	3954
20	Abschreibungen aus Inv.		T€/a	0		719	719
III	*Gewinne*						
21	Rohgewinn (ohne Invest.)	siehe Bemerk.	T€/a	7214		8798	1583
22	Rohgewinn nach Invest.		T€/a	0		8079	864
23	Gewinn nach Steuer	47%	T€/a	3391		8079	406
24	Kapitalwiedergew.-faktor	k	1/a	0		0	0,26
25	Interne Verzinsung	n = 8 Jahre	%/a	0		0	20
26	Amortisationszeit	i = 15% p.a.	a	0		0	6,17

Bemerkungen: (1583 – 600 · 0,15) T€/a = 1494 T€/a = (21)′ = I · k, k = (21)′/I = 0,26/a
n = 8 Jahre → i = 20% p.a. — i = 15% p.a. → n = 6,17 Jahre

Vorlage 1: Statische Investitionsrechnung für Projekte

I-B-B	INVESTITIONSANTRAG	Projekt-Nr.: 03012

Projektbeschreibung : Produktionssteigerung 2
Begründung: Marktanteil auf 80% des Anteils der Konkurrenz steigern

Ziel:		
Ersatz + Kostensenkung	☐	Produktbereich: Aufbauprogramm
Produktionssteigerung	x	
Qualitätsverbesserung	☐	Nutzungsanfang: Juli Jahr 2003
Produktionsausweitung	☐	
Sonstiges	☐	Nutzungsende: offen (Jahr 2007)

Investitions-gliederung	Konto Nr.	Betrag	Fälligkeit in Quartalen					
		T€	3/02	4/02	1/03	2/02	3/02	4/02
Grundstück		–	–	–	–	–	–	
Bau		1650	1000	450	200	–		
Anlagen		500	–	200	300	–		
Einrichtungen		1700	200	400	600	500		
Maschinen		1600	*500*	*100*	*500*	*500*		
Sonstiges		300	–	–	200	100		
Umlaufvermögen		600	–	–	–	600		
Summe		6350	1700	1150	1800	1700		

Finanzanalyse		Jahr						
	Einheit	02	03	04	05	06+	07	∅
Kapitalbindung	T€	2800	*5990**	5271	4552	3833	3114	–
Zusätzlicher Umsatz	T€	–	*2769*	5538	5538	5538	5538	5538
Zusätzl. Gewinn n. St.	T€	–	*204*	407	407	407	407	407
Zus. Rückfluss n. St.	T€	–	*564*	1126	1126	1126	1126	1126

Eigenleistungen	Investitionskriterien IR Nr. 05.02			
1700 T€	Interne Verzinsung	20	% p. a.	(stat)
Fremdleistungen	Verzinsung nach Steuer	8,5	% p. a.	(dyn)
4650 T€	Amortisationsdauer	5,6	Jahre	(dyn)

Prüfung + Genehmig.	Datum	Unterschrift	Bemerkungen:
Antragsteller	20.10.		* 6300 – 360 = 5990
Techn. Werksleitung	05.11.		(= Restwert nach einem Halbjahr)
Kaufm. Werksleitung	07.11.		

Vorlage 2: Investitionsantrag für Produktionssteigerung

5.3 Beantragung von Objekten

Nach der Projektfreigabe kann die Detailplanung beginnen, bei der jedes einzelne Investitionsobjekt, sei es eine Maschine, eine Vorrichtung oder ein Anlagenteil in verschiedenen Fabrikaten und Varianten disponiert und überprüft wird. Für das Einholen der Angebote (auf Antrag der Fachabteilungen) und für die Preisverhandlungen mit den Lieferanten ist dabei allein die Einkaufsabteilung zuständig. Alle Änderungen des gewünschten Lieferumfanges können nur über die Einkaufsabteilung beantragt werden. Nur auf diese Weise ist ein reibungsloser Bestell- und Lieferablauf gewährleistet. Die Fachabteilungen überprüfen und überarbeiten die Angebote. Sie sorgen für Wirtschaftlichkeitsvergleiche zwischen den technisch günstigen Lösungen, sofern die Objekte mehr als beispielsweise 10 T€ kosten. Die Fachabteilungen dürfen Objektanträge nur stellen, wenn sie einen Notwendigkeits- und Wirtschaftlichkeitsnachweis beifügen. Ohne diesen Nachweis werden die Objektanträge grundsätzlich von der Leitung zurückgewiesen. Nur durch diese organisatorische Zwangsmaßnahme kann die Wirtschaftlichkeitsrechnung als wirksames Mittel eingesetzt werden, um einen optimalen Einsatz des Kapitals zu erzielen und Fehlinvestitionen zu vermeiden.

Die Betriebsbuchhaltung überprüft die Kontierung jedes Objektantrages und trägt die Projektsumme und den einschließlich des geforderten Betrag verfügten Investitionsbetrag in den Objektantrag ein. Bei Überschreitungen des freigegebenen Budgets wird der Antrag zurückgewiesen. Objekte bis zu einem Grenzbetrag bis zu 10 T€ können von der Werksleitung selbständig freigegeben werden. Die übrigen Objektanträge werden von der Werksleitung lediglich überprüft und der Unternehmensleitung zur Genehmigung vorgelegt. Die Originale der genehmigten Anträge dienen dem Einkauf als Bestellauftrag, die Durchschläge der Betriebsbuchhaltung, der entsprechenden Fachabteilung und der Stabsabteilung als Bestätigung der Freigabe und als Kontrollunterlagen. Der Einkauf schreibt die Bestellung aus.

IBB	**Investitionsrechnung für gleichbleibenden Kapitalrückfluss**		Projekt Nr.: Benennung:			
Stat. Inv. rech Nr.	**Vorgang**	Berechnungs-gleichung	Ein-heit	**Ohne Projekt**	**Mit Projekt**	**Durch Projekt**
1.1	Produktionsleistung maximal		Stk/a			
1.2	Produktionsleistung durchschnittlich		Stk/a			
1.3	Auslastung durchschnittlich	[(1.2)/(.1)] · 100 %	%			
1.4	Umsatz netto	∑(1.2) · Erlös/Stk	T€/a			
1.5			T€/a			
1.6			T€/a			
1	**Einnahmen (Erlöse aus Umsätzen)**	∑(1.4) + (1 : 5) + (1.6)	T€/a			
2.1	Grundstücke		T€			
2.2	Gebäude und Einrichtungen		T€			
2.3	Maschinen und Anlagen (typfrei)		T€			
2.4	Betriebsmittel (typgebunden)		T€			
2.5			T€			
2.6			T€			
2.7	± Umlaufkapital	nur Veränderung	T€			
2.8	– Liquidationserlöse	soweit realisiert	T€			
2	**Investitionsausgaben**	∑(2.1) bis (2.8)	T€			
3.1	Fertigungslöhne	∅ der Planperiode	T€/a			
3.2	Hilfslöhne und Gehälter	∅ der Planperiode	T€/a			
3.3	Sozialkosten der Fertigung	∅ der Planperiode	T€/a			
3.4	Hilfsmaterial der Fertigung	∅ der Planperiode	T€/a			
3.5	Sonstige Kosten der Fertigung	∅ der Planperiode	T€/a			
3.6			T€/a			
3.7	Fertigungsmaterialkosten	∅ der Planperiode	T€/a			
3.8	Verwaltungs- und Vertriebskosten	∅ der Planperiode	T€/a			
3.9	Sonstige Ausgaben	∅ der Planperiode	T€/a			
3	**Zugehörige Ausgaben**	∑(3.1) bis (3.9)	T€/a			
4	**Einnahmenüberschuss ohne Investition**	(1) – (3)	T€/a			
5	**Kapitalwiedergewinnungsfaktor**	κ*	1/a			
6	**Interne Verzinsung bei n = Jahre**	r**	% p. a.			
7	**Amortisationszeit bei i = %/a**	n***	Jahre			

* $\kappa = \frac{(4) - I_{00} \cdot i}{(2) - I_{00}}$ und ** $r = i_1 + (i_2 - i_1) \cdot \frac{\kappa - \kappa_1}{\kappa_2 - \kappa_1}$ *** sowie $n = n_2 (n_2 - n_1) \cdot \frac{\kappa_2 - \kappa}{\kappa_3 - \kappa_4}$

I_{00} ist der Wert für das im Umlaufvermögen und Restwert gebundene Kapital.

Vorlage 3: Statische Investitionsrechnung (gleichbleibender Kapitalrückfluss)

IBB	**Investitionsrechnung für veränderlichen Kapitalrückfluss**		Projekt Nr.: Benennung:			
Dyn. Inv. rech Nr.	**Vorgang**	Berechnungs-gleichung	Ein-heit	**Gesamt** Σ	**Jahr 0**	**Jahr 1*** **usw.** →
1.1	Produktionsleistung maximal		Stk/a			
1.2	Produktionsleistung durchschnittlich		Stk/a			
1.3	Auslastung durchschnittlich	$[(1.2)/(.1)] \cdot 100\%$	%			
1.4	Umsatz netto	$\Sigma(1.2) \cdot$ Erlös/Stk	T€/a			
1.5			T€/a			
1.6			T€/a			
1	**Einnahmen (Erlöse aus Umsätzen)**	$\Sigma(1.4)+(1:5)+(1.6)$	T€/a			
2.1	Grundstücke		T€			
2.2	Gebäude und Einrichtungen		T€			
2.3	Maschinen und Anlagen (typfrei)		T€			
2.4	Betriebsmittel (typgebunden)		T€			
2.5			T€			
2.6			T€			
2.7	± Umlaufkapital	nur Veränderung	T€			
2.8	– Liquidationserlöse	soweit realisiert	T€			
2	**Investitionsausgaben**	$\Sigma(2.1)$ bis (2.8)	T€			
3.1	Fertigungslöhne	∅ der Planperiode	T€/a			
3.2	Hilfslöhne und Gehälter	∅ der Planperiode	T€/a			
3.3	Sozialkosten der Fertigung	∅ der Planperiode	T€/a			
3.4	Hilfsmaterial der Fertigung	∅ der Planperiode	T€/a			
3.5	Sonstige Kosten der Fertigung	∅ der Planperiode	T€/a			
3.6			T€/a			
3.7	Fertigungsmaterialkosten	∅ der Planperiode	T€/a			
3.8	Verwaltungs- und Vertriebskosten	∅ der Planperiode	T€/a			
3.9	Sonstige Ausgaben	∅ der Planperiode	T€/a			
3	**Σ Zugehörige Ausgaben**	$\Sigma(3.1)$ bis (3.9)	T€/a			
4	Einnahmenüberschuss ohne Investition	(1) – (3)	T€/a			
5	Zahlungsreihe mit Investition					
5.1	Zinssatz Abzinsungsfaktor	aus Tabelle	1			
5.2	i= % p.a Barwert B	$(5) \cdot (5.1)$	T€			
5.3	Zahlungsreihe kumuliert	$(5.2)_{0,1,2,3,\ n}$	T€			
5.4	Zinssatz Abzinsungsfaktor	aus Tabelle	1			
5.5	i= % p.a Barwert B_1	$(5) \cdot (5.1)$	T€			
5.6	Zinssatz Abzinsungsfaktor	aus Tabelle	1			
5.7	i= % p.a Barwert B_2	$(5) \cdot (5.1)$	T€			
6	Interne Verzinsung für n = Jahre	$r = r_1 + (1-i)\dfrac{B_1}{B_1 - B_2}$	% p.a		= +( ) ——	
7	Amortisationszeit für i = % p.a.	$n = n_1 + \dfrac{B_1}{B_1 - B_2}$	a		= + ——	

* Für alle Folgejahre sind gleichlautende weitere Spalten anzufügen.

Vorlage 4: Dynamische Investitionsrechnung (veränderlicher Kapitalrückfluss)

5.4 Wirtschaftlichkeitsrechnungen für Einzweckmaschinen

Kostenvergleiche zur Bewertung des optimalen Betriebsmitteleinsatzes sind für die vorhandenen wie auch für neu anzuschaffende Betriebsmittel, also auch als Investitionsrechnungen gebräuchlich. Die Beschränkung auf die alleinige Betrachtung der Ausgabenseite bedingt aber, dass nur die relative Wirtschaftlichkeit zu ermitteln ist. Der Notwendigkeitsnachweis oder Rentabilitätsnachweis des Mindest-Investitionsbetrages muss vorab erfolgt sein. Als Verzinsung kann nur der Zinssatz der Investitionsdifferenz von Alternativen errechnet werden. Für die Wirtschaftlichkeitsüberprüfung von Einzweckmaschinen und ähnlichen Anlagen hat sich ein Formblatt bewährt, bei dem die Kostenarten für jedes Betriebsmittel weitgehend einzeln erfasst und ausgewertet werden. Zur Auslastungsbeurteilung reicht der Ansatz einer mittleren Auslastung und zur Kapazitätsbeurteilung eine Angabe über die Spitzenauslastung zumeist aus.

Beispiel: Investitionsrechnung für Einzweckmaschinen – Fräsen versus Drehen
Es ist zu klären, ob für die Bearbeitung der Hubzapfen von Kurbelwellen das Fräs- oder das Drehverfahren wirtschaftlicher ist. Die Alternativverfahren wie Drehräumen und Feingießen mit Fertigschleifen sind für diese Anwendung bereits ausgeschieden. Die Rechnung erfolgt mit Excel in den beiden nachfolgenden Blättern.

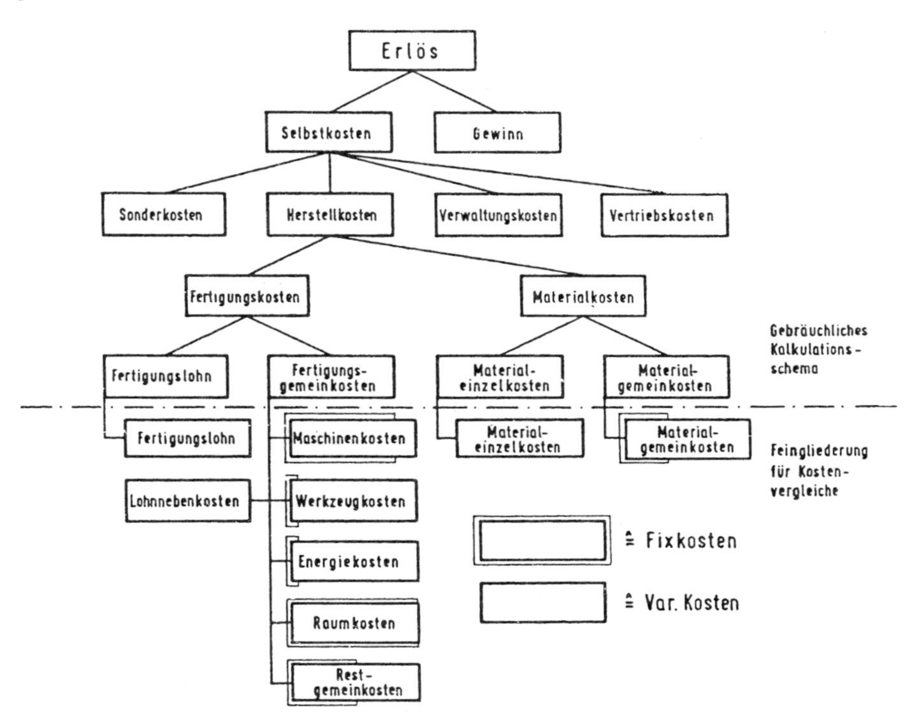

Abb. 3.26. Erlös- und Kostengliederung bei Kostenvergleichen für Investitionsentscheidungen

IBB	Wirtschaftlichkeitsvergleich Fräsen gegen Drehen von Hubzapfen				Blatt 1
Werk Nr. 5		Programm (0) → Berechn. Gleich.	Stk/Mo Einheit	Durch-schnitt 5000	Maxi-mum 7000
I	Technische Daten			**Fräsen**	**Drehen**
1	Maschinenzahl		Masch	1,00	1,00
2	Stellenzahl		Masch/Ma	1,00	1,00
3	Stückfertigungszeit		min/Stk	2,50	3,70
4	Belegungszeit je Eh bei ZG =	110%	Min/Stk	2,27	3,36
5	Maschinenleistung	60/(4)	Stk/h	26,40	17,84
6	Maschinenauslastung	(0)/(5)·(1)	h/Mon	265,15	392,42
7	Bruttoflächenbedarf		m^2	12,00	12,00
8	Stromverbrauch	60/40 kW inst.	kWh/h	20	12
9	Pressluftverbrauch		Nm^3/h	0	0
10	Gasverbrauch		Nm^3/h	0	0
11	Wasserverbrauch		m^3/h	0	0
12	Dampfverbrauch		t/h	0	0
13	Sonst. Hilfs-.+. Betr.st. in €/l		l/h	0	0,5
14	Werkzeugstandzahl		Stk/Insts	600	45
15	Werkzeuginstandsetzungen		Insts/W+1	15	50
16	Werkzeuginstandsetzungszeit		min/Insts	600	10
17	Ausschussprozentsatz		Stk/100 Stk	0,04	0,04
18	Fertigungsmaterialbedarf		Rohteil/Stk	1	1
II	Betriebswirtschaftliche Daten				
19	Vergleichswert typfreier Bertiebsmittel		€	945600	992600
20	Wirtschaftliche Nutzungsdauer typfreier Betriebsmittel		Jahre	12	12
21	Kappa* typfreier Betriebsmittel	bei i = 15% p.a. *(aus Tabelle)	1/a	0,18448	0,18448
22	Vergleichswert typgebundener Betriebsmittel		€	151600	126100
23	Wirtschaftliche Nutzungdsauer typgebundener Betriebsmittel		Jahre	5	5
24	Kappa* typgebundener Betriebsmittel	bei i = 15% p.a. *(aus Tabelle)	1/a	0,29832	0,29832
25	Betriebsmittel-Instandhaltungskosten	5%	€/Mo	4572	4661
26	Vergleichswert für Werkzeuge		€/Wz	9650	840
27	Einstandspreis für Fert.-mat.		€/Rt	180	180
28	Lohnsatz		€/h	13,00	13,00

Vorlage 5: Kostenvergleich Fräsen gegen Drehen von Hubzapfen Blatt 1

IBB	**Wirtschaftlichkeitsvergleich Fräsen gegen Drehen von Hubzapfen**			Blatt 2	
Nr.5		Berechn. Gleich.	Einheit	Arbeitsvorgang u. Masch.	
III	Fixe Kosten			**Fräsen**	**Drehen**
9	Kapitaldienst für typfreie Bemi.	(19) · (21)/12	€/Mon	14537	15260
30	Kapitaldienst für typgeb. Bemi.	(22) · (24)/12	€/Mon	3769	3135
31	Raumkost. bei „r"€/m² · Mon, r =	12	€/Mon	144	144
32	Summe		€/Mon	18450	18538
33	Fixe Restgemeink. Rgmk.-satz	35%	€/Mon	6457	6488
34	Fixe Fertigungskosten	(1)[(32) + (33)]	€/Mon	24907	25027
IV	Variable Kosten				
235	Fertigungslohn	(0)(3)(28)/60	€/Mon	2708	4008
36	Lohnnebenkosten bei „n"%, n =	90%	€/Mon	2438	3608
37	Betriebsmittelinstandhaltungsk.		€/Mon	4572	4661
38	Werkzgk.-Insth-Satz €/min, m=	1,20	€/Mon	10651	3137
39	Stromkosten, Preis in €/kWh=	0,18	€/Mon	682	605
40	Druckluftkost., Preis in €/Nm³=	0,20	€/Mon	0	0
41	Gaskosten,	0,50	€/Mon	0	0
42	Wasserkosten,	3,00	€/Mon	0	0
43	Dampfkosten,	18,00	€/Mon	0	0
44	Sonst. Hilfs-und Betriebsstoffk.	3,00	€/Mon	0	0
45	Ausschussk, (Rtp = 180 €/Stk)	1,80	€/Mon	360	360
46	Summe	(35) + ... + (45)	€/Mon	21410	16968
47	Var. Restgemeink. Rgk.-Satz =	35%	€/Mon	7494	5939
48	Variable Fertigungskosten	(46) + (47)	€/Mon	28904	22907
V	Fertigungskosten, Herstellkosten, Sebstkosten, Richtpreis				
49	Fertigungskosten je Monat	(34)+(48)	€/Mon	53811	47934
50	Fertigungskosten je Stück	(49)/(0)	€/Stk	10,76	9,59
51	Fertigungsmaterialkosten	(18) · (27)	€/Stk	180,00	180,00
52	Materialgemeink. MGK-Satz =	5%	€/Stk	9,00	9,00
53	Herstellkosten	(50) + (51) + (52)	€/Stk	199,76	198,59
54	Verwalt.-Vertriebs- + Sonst. K.	7%	€/Stk	13,98	13,90
55	Selbstkosten	(53) + (54)	€/Stk	213,75	212,49
56	Kalkulat. Gewinn auf Erlös	0,10 · (55)/90%	€/Stk	10,69	10,62
57	Richtpreis netto	(55) + (56)	€/Stk	35,91	35,70
58	Richtpreis mit MwSt.	1,16 · (57)	€/Stk	260,34	258,81
VI	Wirtschaftlichkeitskriterien				
59	Wirtschaftliche Grenzleistung usw.		Stk	entfällt	
60	Verzinsung der Investitionsdiffernz		%/a	entfällt	
61	Amortisationszeit der Investitionsdiffernz		a	entfällt	

Vorlage 6: Kostenvergleich Fräsen gegen Drehen von Hubzapfen Blatt 2

Ergebnis: Die beiden Lösungen sind von den Kosten aus praktisch gleichwertig. Das Fräsen bietet jedoch eine höhere Kapazitätsreserve, die später evt. genutzt werden kann.

5.5
Wirtschaftlichkeitsrechnungen für Mehrzweckmaschinen

Bei Mehrzweckmaschinen ist zur Auslastungsermittlung ein Repräsentativprogramm zu ermitteln, das für den betrachteten Planungszeitraum die Durchschnittsauslastung ergibt:

Bei den meisten vergleichbaren industriellen Fertigungsprozessen liegen die Hauptunterschiede der Kosten im Kapitaldienst (den Abschreibungen und Zinsen für die Fertigungsmittel) und den Personalkosten (Fertigungslöhnen und Lohnnebenkosten). Diese Kostenarten sind jedoch ohne wesentlichen Aufwand direkt erfassbar, sofern die Annahme über die Nutzungsdauer und die Nutzwerte der Fertigungsmittel hinreichend sicher sind. Werden für die Planung an Hand von Erfahrungen und statistischen Unterlagen Richtwerte ausgearbeitet, dann kann für eine große Anzahl der Betriebsmittel neben dem normalen technischen Angebotsvergleich nach einem festliegenden Schema ein einfacher Wirtschaftlichkeits- oder Notwendigkeitsnachweis vorgelegt werden. Ein **Beispiel** hierfür ist in der RKW-Broschüre W19/20 unter dem Titel „Wirtschaftliche Vorteile durch numerisch gesteuerte Werkzeugmaschinen" dargestellt [3.4]. Die Kostengliederung erfolgt dabei nach dem Schema von Abb. 3.27, das die wichtigsten Kostenarten direkt erfasst. Etwa 30% der dort errechneten Kosten sind dann noch als Restfertigungsgemeinkosten zuzuschlagen. Das Beispiel zeigt dort, dass bei solchen Vergleichen zunächst ein repräsentatives Produktions-

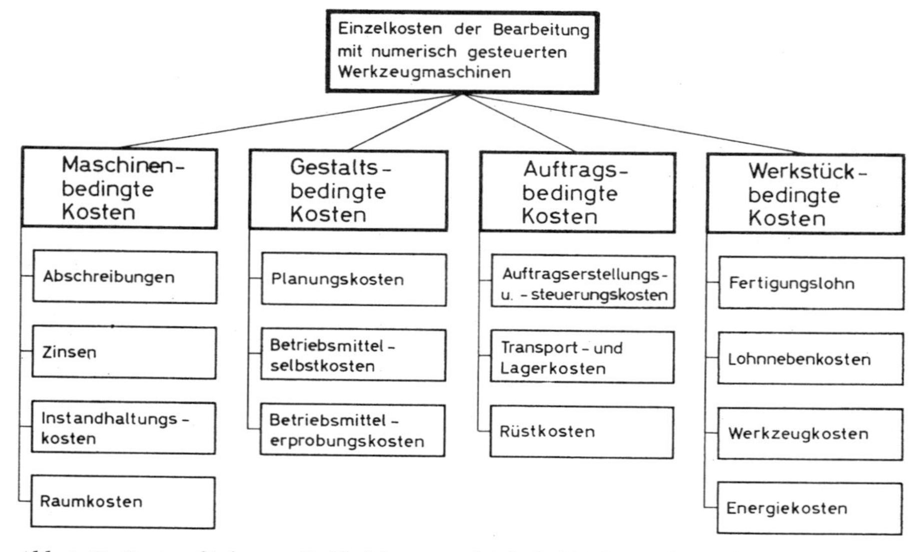

Abb. 3.27. Kostengliederung für Verfahrensvergleiche bei Mehrzweckmaschinen

programm zur Auslastungsermittlung zu ermitteln ist. Wird mit der NC-Maschine Kapazität gewonnen, die durch zusätzliche Aufträge genutzt werden kann, dann ist zu den errechneten Einsparungen noch der Deckungsbeitrag der Zusatzproduktion zuzuschlagen. Als Zusatzkosten der NC-Maschine sind die Programmierkosten zu ermitteln, die für alle Neuteile anfallen. Sie sind durch eine Sonderrechnung zu überschlagen und in den Kostenvergleich einzubeziehen. Arbeitet die Entwicklung mit CAD, erfordert diese Programmierarbeit jedoch nicht mehr viel Zusatzaufwand.

5.6
Bestellüberwachung, Abnahme, Gewährleistung, Endkontrolle

Die Bestellung wird vom Einkauf in Zusammenarbeit mit den Fachabteilungen überwacht, wobei Terminkontrollen für wichtige Betriebsmittel selbst beim Lieferanten zweckmäßig sein können. Die Investitionskontrolle erstreckt sich auf:

a) Einhaltung der Preise
b) Einhaltung der Termine
c) Quantitative und qualitative Übereinstimmung zwischen Bestellung und Lieferung
d) Funktionale und leistungsmäßige Überprüfung der Lieferung
e) Wirtschaftlichkeitsnachprüfung

Die Einhaltung der Preise, der Termine und des Lieferumfanges wird von der Einkaufsabteilung und der Eingangskontrolle überwacht und ist in den meisten Unternehmen gut geregelt. Die Funktions- und Leistungsüberprüfung insbesondere bei Maschinen, Einrichtungen und Anlagen sollte von den Fachabteilungen nach festen Richtlinien durchgeführt werden (beispielsweise VDI-Richtlinien und unternehmenseigene Liefervorschriften). Über die Einkaufsabteilung sind umgehend alle Mängel den Lieferanten zu melden und angemessene Termine für deren Beseitigung zu nennen. Wenn irgend möglich, werden die letzten Zahlungen so lange zurückgehalten, bis die garantierten Funktionen und Leistungen erreicht sind. Die Nachprüfung des zweckmäßigen und vorteilhaften Einsatzes der Investitionsobjekte durch die Stabsabteilung soll schließlich die Wirtschaftlichkeit der Investition aufzeigen und Unterlagen für weitere Wirtschaftlichkeitsrechnung ergeben. Mit dieser Überprüfung, die auf einer angenommenen Nutzungsdauer aufbaut und damit nur ein mehr oder weniger wahrscheinliches Ergebnis erwarten lässt, ist der Investierungsprozess abgeschlossen. Eine letzte Kontrolle nach dem Ausscheiden des Investitionsobjekts kann noch als Bestätigung der früheren Annahmen herangezogen werden. Zur Überwachung großer komplexer Investitionsvorhaben ist eine Termin- und Kostenkontrolle mit Netzplan zweckmäßig. Zu kurze und zu lange Bauzeiten führen zu Kostenüberschreitungen bzw. zu Erlösminderungen. Zur Festlegung angemessener Termine gelten Erfahrungswerte entsprechend fein aufgeschlüsselter früherer Vorgänge, wobei zu berücksichtigen ist, dass durch eine scharfe Terminkontrolle bzw „Simultaneous Engineering“ für umfangreiche Vorhaben 20 bis 30 % Zeiteinsparung und 3 bis 5 % Kosteneinsparungen jederzeit möglich sind.

6
Vorgehen beim Aufbau und Ausbau der eigenen Organisation

Die Investitionsplanung ist ein Teilgebiet der rollenden Unternehmensplanung. Sie muss deshalb in diesem Zusammenhang gesehen werden. Die langfristige Planung als Zielprojektion geht aus von der langfristigen Programm- und Erzeugnisentwicklung und vom Endplan des Betriebes, der nicht an die Zeit, sondern an den Raum gebunden ist (Abb. 3.28).

Für das vorhandene und erwerbbare Territorium wird zunächst eine geschlossene Raumplanung ausgearbeitet, die die volle Ausnutzung des Territoriums darstellt. Außer dem hierfür entwickelten Generalbebauungsplan müssen ein Generalmaterialflussplan, ein Versorgungs- und Entsorgungsplan und alle richtungsweisenden Leitpläne erstellt werden. Dieser technische Strukturplan ist als Idealplan gestaltet. Alle kurz- und mittelfristigen Planungen sind als Schritte zur Verwirklichung dieses Planes anzusehen und in einigen Entwicklungsstufen aufzuzeigen. Auf diese Weise wird erreicht, dass wirklich systematisch erweitert und nicht immer wieder an- und umgebaut wird. Die Planung auf Zeit endet mit einem Stufenplan. Er zeigt die vorgeplanten Erzeugniskategorien, aber auch die Unternehmensgröße im Vermögensplan auf. Nur durch eine Rückschau lässt sich abschätzen, welche Schritte in einem bestimmten Zeitraum zu

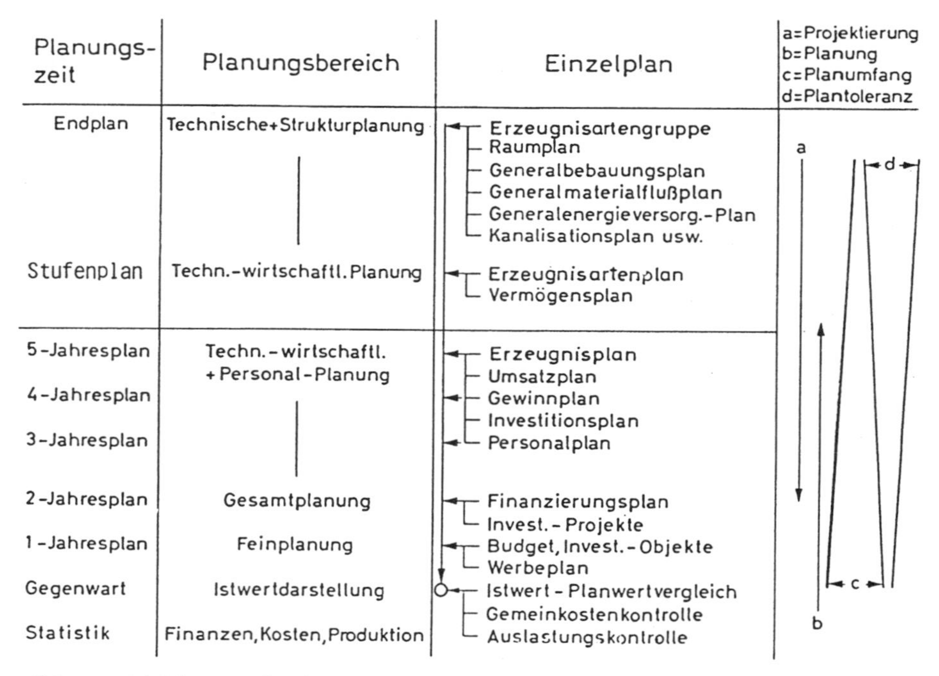

Abb. 3.28. Zielpläne, Stufenpläne und rollende, integrierte Planung

machen sind, denn auch diese Planung ist nicht geschlossen, sondern sie muss auf Extrapolationen oder Schätzungen aufbauen.

Bis zum 5-Jahresplan ist eine geschlossene Planung zu entwickeln, die auf der Gegenwart basiert. Die einzelnen Erzeugnisse können bereits in ihren Baugruppen spezifiziert werden. Es ist heute bereits festzulegen, wann einzelne Aggregate des Programms neu gestaltet sein müssen. Ferner sind Absatz- und Umsatzzahlen vorzuplanen. Im 4-Jahresplan ist zusätzlich der Gewinn noch einigermaßen realistisch abzuschätzen, wenn die Absatzprognosen akzeptiert sind. Der Investitionsplan muss mindestens bis zum 3-Jahresplan mitgeführt werden, denn bei langfristigen Investitionen, wie Bauten oder Anlagen, sind drei Jahre die untere Grenze der Planungszeit. Im 2-Jahresplan sind außerdem die Daten für die Mittelbeschaffung (Finanzierungsplan) festgelegt sowie die Fälligkeitstermine der Zahlungen für die einzelnen Investitionsprojekte. Mindestens ein Jahr im voraus werden die Kosten im Budget vorgeplant. Welche Abteilungen sollen nun die allgemeinen Wirtschaftlichkeitsrechnungen, die als Anlage zu den Projekt- und Objektanträgen verlangt werden, aufstellen? Investitionsüberprüfungen fallen vor allem in Planungs- und Betriebsbereichen an, und zahlreiche Unterlagen sind technischer Natur. Alle technischen Werte müssen jedoch in Geldwerte umgeprägt werden. Somit ist klar, dass weder rein technische noch rein kaufmännische Abteilungen diese Rechnungen bearbeiten sollten. Je nach der Aufgabenstellung liegen mehr die technischen Belange oder mehr die kaufmännischen im Vordergrund.

1. Ersatzinvestitionen
   Bei Ersatzinvestitionen muss im Einzelfall die Störungsanfälligkeit der vorhandenen Betriebsmittel oder die ungenügende Genauigkeit für die entsprechende Aufgabe nachgewiesen werden, wobei insbesondere die gegenüber neuen Anlagen höheren Betriebs-, Instandhaltungs- und Qualitätsminderungskosten in Rechnung zu stellen sind.

2. Rationalisierungsinvestitionen
   Durch Rationalisierungsinvestitionen sollen Kosten eingespart werden. Die Beurteilung derartiger Investitionen setzt sowohl technische wie auch betriebswirtschaftliche Kenntnisse voraus. Die Berücksichtigung betriebswirtschaftlicher Gesichtspunkte kann durch entsprechende Richtlinien und Formulare veranlasst werden, während die technischen Ausgangsdaten nur von Technikern ermittelt und beurteilt werden können.

3. Erweiterungsinvestitionen
   a) Erweiterungsinvestitionen müssen sich durch erhöhten Umsatz amortisieren. Über die Kostenveränderungen bei unterschiedlichem Umsatz und über die Auswirkungen des Umsatzes auf die Erlöse liegen nur im kaufmännischen Bereich Unterlagen vor, so dass es von daher zwingend ist, derartige Wirtschaftlichkeitsuntersuchungen auch dort durchzuführen. Während vom technischen Bereich die Investitionsbeträge, die für eine geplante Produktionserweiterung benötigt werden, zunächst global erfasst werden, muss der kaufmännische Bereich die Rendite und die Kapitalrückflusszeiten prüfen.

b) Für Objektanträge sind dann noch vor der technischen Seite Notwendigkeitsnachweise durch Angabe der Auslastungszeiten sowie Verfahrensvergleiche, Angebotsvergleiche und andere Wirtschaftlichkeitsnachweise zu erbringen. Bei Maschinen und Einrichtungen wird aufgrund des künftigen Programms die Auslastung ermittelt.

Nur dann, wenn eine allgemein vorgeplante Auslastung von beispielsweise 300 h/Mon oder 80 % des Zweischichtbetriebes unter Einbeziehung aller Aushilfsfertigungen überschritten ist, können die Mittel für die Erweiterungsinvestitionen freigegeben werden. Ausnahmen von dieser Regelung sind dort notwendig, wo durch kurzzeitigen Produktionsausfall eines Betriebsmittels wesentliche Betriebsstörungen zu erwarten sind. Beim Notwendigkeitsnachweis für Neubauten ist vor allem zu klären, dass durch bessere Raumordnung und Beseitigung unnötiger Lagerflächen – etwa durch Einsatz von Stetigförderern – der für die Produktionserweiterung notwendige Platz nicht geschaffen werden kann. Die Summe der Einzelinvestitionen muss innerhalb der unter 3a festgelegten Globalsumme für Erweiterungsinvestitionen liegen.

Die genannten drei Investitionsarten Rationalisierungs-, Ersatz- und Erweiterungsinvestitionen sind idealisierte Typen. In den meisten praktischen Fällen ist eine Mischung der drei Arten vorhanden, da jede Neuinvestition sowohl die Instandhaltungskosten als auch die Fertigungslöhne und die Fertigungskapazität beeinflusst. Der Nachweis muss also gewöhnlich alle diese Wirkungen berücksichtigen.

Aufgrund dieser Überlegungen ergibt sich etwa folgende Zuständigkeit für die Durchführung von Investitionsrechnungen:

Für:

kleinere Wirtschaftlichkeitsrechnungen, Form 1 und 2, (Beträge unter 20 000 €)	→	die Fachabteilung bzw. die Arbeitsvorbereitung,
größere Wirtschaftlichkeitsrechnungen, Form 1 und 2, (Beträge ab 20 000 €) + für Sonderaufgaben,	→	die Techn. Stabsabteilung
sämtliche Wirtschaftlichkeitsrechnungen, Form 3 a,	→	die Betriebswirtschaftliche Abteilung,
kleinere Wirtschaftlichkeitsrechnungen, Form 3 b, (Beträge unter 20 000 €)	→	die Fachabteilung bzw. die Arbeitsvorbereitung,
größere Wirtschaftlichkeitsrechnungen, Form 3 b, (Beträge ab 20 000 €) + für Sonderaufgaben.	→	die Techn. Stabsabteilung

Die Stabsabteilung, die für die technischen Wirtschaftlichkeitsrechnungen zuständig ist, muss gute Verbindungen zu den technischen und kaufmännischen Planungs- und Überwachungsorganen haben. So sind am ehesten objektive Ergebnisse der Rechnungen zu erwarten. Jede direkte Unterordnung unter Interessengruppen bringt die Gefahr einer subjektiven Beeinflussung beim Schätzen der Werte, auf denen die Rechnung aufbaut.

Nachdem die Zuständigkeit geklärt ist, muss noch die äußere Form für die Wirtschaftlichkeits- oder Notwendigkeitsnachweise festgelegt werden. Für die Rechnungen der Arbeitsvorbereitung bzw. Fachabteilungen genügen die Nachweise, die durch Grenzwerte und durch den Personalkosten-Kapitaldienst-Vergleich erbracht werden können. Die umfangreicheren Rechnungen der Stabsabteilung sollten die wesentlichen Kostenbestandteile als Einzelkosten aufzeigen und somit als Kostenvergleiche ausgeführt werden; bei Erweiterungsinvestitionen braucht nur ein einwandfreier Nachweis der Notwendigkeit und der richtigen Betriebsmittelauswahl erfolgen, wenn der Wirtschaftlichkeitsnachweis für das Projekt vorher erbracht wurde.

Für Erweiterungsinvestitionen genügt eine Grenzwertrechnung, wenn es sich um Produktionssteigerungen bis zu 5% handelt. Bei größerer Steigerung und bei allen Produktionsausweitungen (Aufnahme neuer Produkte) empfiehlt sich dagegen eine Rechnung. Um jede Willkür beim Schätzen von Werten zu vermeiden und um zugleich die Rechnung zu vereinfachen, sollte die Unternehmensleitung nicht nur die äußere Form des Wirtschaftlichkeits- oder Notwendigkeitsnachweises durch Formblätter festlegen, sondern zugleich folgende Unterlagen ausgeben:

1. Richtlinien für die Bewertung vorhandener Betriebsmittel.
2. Richtsätze für die wirtschaftliche Nutzungsdauer verschiedener Betriebsmittel.

   Diese Richtsätze können auch bei Amortisationsrechnungen zur Beurteilung der errechneten Amortisationszeit herangezogen werden.
3. Zinssätze, eventuell unter Rangeberücksichtigung der Investitionsarten, sofern die Wirtschaftlichkeitsnachweise durch Rentabilitätsrechnungen erbracht werden, erscheinen die Zinsen als Rechnungsergebnis, und die Entscheidung über den zu fordernden Zinssatz kann mit der Investitionsentscheidung zusammen gefällt werden.
4. Richtwerte für die Mindestauslastung von Betriebsmitteln bei Produktionssteigerungsinvestitionen unter Berücksichtigung der Störungsfolgen.
5. Richtwerte für die künftigen Produktionsleistungen, die den Investitionsrechnungen zugrundegelegt werden sollen.

Abweichungen von diesen Richtwerten sind nur mit besonderer Begründung erlaubt. Die Werte selbst sollten jedoch von Zeit zu Zeit überprüft und den neuen Verhältnissen angepasst werden.

7 Empfehlungen

Investitionen können frei nach dem Gefühl geplant und entschieden werden und das ist heute in vielen Unternehmen und vor allem in den Verwaltungen Gang und Gebe, denn dies ist viel einfacher und weniger anstrengend und zeigt viel besser die Macht der Entscheidungen als systematische Planung und Rechnung. Wo jedoch Fremdfinanzierung erforderlich ist, da wird heute vielfach ein Wirtschaftlichkeitsnachweis verlangt – meist zu Vorteil für die Investoren –. So sind sie gezwungen, die geplante Kapitalbindung genauer zu durchleuchten.

Folgende Maßnahmen sind dabei empfehlenswert:

1. Aufbau einer lang-, mittel- und kurzfristigen Unternehmensplanung
2. Erstellen einer Investitionsrichtlinie mit festen Datierungen von einem oder zwei Terminen im Jahr, an denen Investitionsbudgets verabschiedet werden.
3. Schemata für dynamische und statische Investitionsrechnungen entwickeln und als obligatorische Formen zum Wirtschaftlichkeitsnachweis vorgeben.
4. Feste Vorgabewerte für zu verrechnende Verzinsung, Nutzungsdauern und Zuschläge vereinbaren und diese ständig an neueste Erfahrungssätze anpassen und zukunftsorientiert aktualisieren. Die Mitarbeiter im Investitionsprozess entsprechend Abbildung 3.4 schulen damit sie die Notwendigkeit und feste Formen des Investitionsprozesses erkennen und befürworten.
5. Gliederung der Budgets in Projekte, für die das Gewinnzuteilungsproblem lösbar ist und damit die absolute Wirtschaftlichkeit nachgewiesen werden kann.
6. Gliederung der Projekte in Objekte, die alternative Investitionsvergleiche ermöglichen und rechenbar machen.
7. Eine Stelle im Unternehmen für die ganzheitliche Investitionsplanung kreieren, mit den nötigen Befugnissen ausstatten und verantwortlich machen.

Da die Investitionen einen Schwerpunkt der beeinflussbaren betrieblichen Ausgaben darstellen, ist ihre detaillierte Planung und Verfolgung eine äußerst wichtige Aufgabe.

Tabelle 3.14. Kapitalwiedergewinnungsfaktoren in Jahreswerten in 1/a

Nutzungsdauer in Jahren ↓	Zeit in Jahren →											
	0	2	4	6	8	10	12	15	20	25	30	35
1	1,00000	1,02000	1,04000	1,06000	1,08000	1,10000	1,12000	1,15000	1,20000	1,25000	1,30000	1,35000
2	0,50000	0,53020	0,53020	0,54544	0,56077	0,57619	0,59170	0,61512	0,65455	0,69444	0,73478	0,77553
3	0,33333	0,34675	0,36035	0,37411	0,38803	0,40211	0,41635	0,43798	0,47473	0,51230	0,55063	0,58966
4	0,25000	0,26262	0,27549	0,28859	0,30192	0,31547	0,32923	0,35027	0,38629	0,42344	0,46163	0,50076
5	0,20000	0,21216	0,22463	0,23740	0,25046	0,26380	0,27741	0,29832	0,33438	0,37185	0,41058	0,45046
6	0,16667	0,17853	0,19076	0,20336	0,21632	0,22961	0,24323	0,26424	0,30071	0,33882	0,37839	0,41926
7	0,14286	0,15451	0,16661	0,17914	0,19207	0,20541	0,21912	0,24036	0,27742	0,31634	0,35687	0,39880
8	0,12500	0,13651	0,14853	0,16104	0,17401	0,18744	0,20130	0,22285	0,26061	0,30040	0,34192	0,38489
9	0,11111	0,12252	0,13449	0,14702	0,16008	0,17364	0,18768	0,20957	0,24808	0,28876	0,33124	0,37519
10	0,10000	0,11133	0,12329	0,13587	0,14903	0,16275	0,17698	0,19925	0,23852	0,28007	0,32346	0,36832
11	0,09091	0,10218	0,11415	0,12679	0,14008	0,15396	0,16842	0,19107	0,23110	0,27349	0,31773	0,36339
12	0,08333	0,09456	0,10655	0,11928	0,13270	0,14676	0,16144	0,18448	0,22526	0,26845	0,31345	0,35982
13	0,07692	0,08812	0,10014	0,11296	0,12652	0,14078	0,15568	0,17911	0,22062	0,26454	0,31024	0,35722
14	0,07143	0,08260	0,09467	0,10758	0,12130	0,13575	0,15087	0,17469	0,21689	0,26150	0,30782	0,35532
15	0,06667	0,07783	0,08994	0,10296	0,11683	0,13147	0,14682	0,17102	0,21388	0,25912	0,30598	0,35393
16	0,06250	0,07365	0,08582	0,09895	0,11298	0,12782	0,14339	0,16795	0,21144	0,25724	0,30458	0,35290
17	0,05882	0,06997	0,08220	0,09544	0,10963	0,12466	0,14046	0,16537	0,20944	0,25576	0,30351	0,35214
18	0,05556	0,06670	0,07899	0,09236	0,10670	0,12193	0,13794	0,16319	0,20781	0,25459	0,30269	0,35158
19	0,05263	0,06378	0,07614	0,08962	0,10413	0,11955	0,13576	0,16134	0,20646	0,25366	0,30207	0,35117
20	0,05000	0,06116	0,07358	0,08718	0,10185	0,11746	0,13388	0,15976	0,20536	0,25292	0,30159	0,35087
25	0,04000	0,05122	0,06401	0,07823	0,09368	0,11017	0,12750	0,15470	0,20212	0,25095	0,30043	0,35019
30	0,03333	0,04465	0,05783	0,07265	0,08883	0,10608	0,12414	0,15230	0,20085	0,25031	0,30011	0,35004
35	0,02857	0,04000	0,05358	0,06897	0,08580	0,10369	0,12232	0,15113	0,20034	0,25010	0,30003	0,35001
40	0,02500	0,03656	0,05052	0,06646	0,08386	0,10226	0,12130	0,15056	0,20014	0,25003	0,30001	0,35000
50	0,02000	0,03182	0,04655	0,06344	0,08174	0,10086	0,12042	0,15014	0,20002	0,25000	0,30000	0,35000

Tabelle 3.15. Abzinsungsfaktoren in Jahreswerten 1/a

Nutzungsdauer in Jahren ↓	Zinssatz in % p. a. →											
	0	2	4	6	8	10	12	15	20	25	30	35
1	1,00000	0,98039	0,96154	0,94340	0,92593	0,90909	0,89286	0,86957	0,83333	0,80000	0,76923	0,74074
2	1,00000	0,96117	0,92456	0,89000	0,85734	0,82645	0,79719	0,75614	0,69444	0,64000	0,59172	0,54870
3	1,00000	0,94232	0,88900	0,83962	0,79383	0,75131	0,71178	0,65752	0,57870	0,51200	0,45517	0,40644
4	1,00000	0,92385	0,85480	0,79209	0,73503	0,68301	0,63552	0,57175	0,48225	0,40960	0,35013	0,30107
5	1,00000	0,90573	0,82193	0,74726	0,68058	0,62092	0,56743	0,49718	0,40188	0,32768	0,26933	0,22301
6	1,00000	0,88797	0,79031	0,70496	0,63017	0,56447	0,50663	0,43233	0,33490	0,26214	0,20718	0,16520
7	1,00000	0,87056	0,75992	0,66506	0,58349	0,51316	0,45235	0,37594	0,27908	0,20972	0,15937	0,12237
8	1,00000	0,85349	0,73069	0,62741	0,54027	0,46651	0,40388	0,32690	0,23257	0,16777	0,12259	0,09064
9	1,00000	0,83676	0,70259	0,59190	0,50025	0,42410	0,36061	0,28426	0,19381	0,13422	0,09430	0,06714
10	1,00000	0,82035	0,67556	0,55839	0,46319	0,38554	0,32197	0,24718	0,16151	0,10737	0,07254	0,04974
11	1,00000	0,80426	0,64958	0,52679	0,42888	0,35049	0,28748	0,21494	0,13459	0,08590	0,05580	0,03684
12	1,00000	0,78849	0,62460	0,49697	0,39711	0,31863	0,25668	0,18691	0,11216	0,06872	0,04292	0,02729
13	1,00000	0,77303	0,60057	0,46884	0,36770	0,28966	0,22917	0,16253	0,09346	0,05498	0,03302	0,02021
14	1,00000	0,75788	0,57748	0,44230	0,34046	0,26333	0,20462	0,14133	0,07789	0,04398	0,02540	0,01497
15	1,00000	0,74301	0,55526	0,41727	0,31524	0,23939	0,18270	0,12289	0,06491	0,03518	0,01954	0,01109
16	1,00000	0,72845	0,53391	0,39365	0,29189	0,21763	0,16312	0,10686	0,05409	0,02815	0,01503	0,00822
17	1,00000	0,71416	0,51337	0,37136	0,27027	0,19784	0,14564	0,09293	0,04507	0,02252	0,01156	0,00609
18	1,00000	0,70016	0,49363	0,35034	0,25025	0,17986	0,13004	0,08081	0,03756	0,01801	0,00889	0,00451
19	1,00000	0,68643	0,47464	0,33051	0,23171	0,16351	0,11611	0,07027	0,03130	0,01441	0,00684	0,00334
20	1,00000	0,67297	0,45639	0,31180	0,21455	0,14864	0,10367	0,06110	0,02608	0,01153	0,00526	0,00247
25	1,00000	0,60953	0,37512	0,23300	0,14602	0,09230	0,05882	0,03038	0,01048	0,00378	0,00142	0,00055
30	1,00000	0,55207	0,30832	0,17411	0,09938	0,05731	0,03338	0,01510	0,00421	0,00124	0,00038	0,00012
35	1,00000	0,50003	0,25342	0,13011	0,06763	0,03558	0,01894	0,00751	0,00169	0,00041	0,00010	0,00003
40	1,00000	0,45289	0,20829	0,09722	0,04603	0,02209	0,01075	0,00373	0,00068	0,00013	0,00003	0,00001
50	1,00000	0,37153	0,14071	0,05429	0,02132	0,00852	0,00346	0,00092	0,00011	0,00001	0,00000	0,00000

Kapitel 4

Techniken der Kostenrechnung

0 Einführung 218

1 Wirtschaftliche Grundbegriffe 218

2 Kostenstrukturen und Kostenfunktionen 234

3 Kosten und Preisbildung 254

4 Kostenprobleme der Produktplanung und Produktentwicklung . 261

5 Kostenprobleme der Arbeitsvorbereitung 265

6 Empfehlungen 273

0 Einführung

> Es gibt in der Wissenschaft Fragen, die aus der Natur der Sache heraus nicht beantwortet werden können. Dazu gehört die naheliegende, aber laienhafte Frage:
>
> „WAS KOSTET DIE LEISTUNGSEINHEIT?"
>
> Es kann nicht die Aufgabe der Betriebswirtschaftslehre sein, dem praktischen Bedürfnis nach Beantwortung dieser Frage dadurch entgegenzukommen, dass sie Verrechnungsmethoden zu entwickeln oder konservieren hilft, die nichts anderes darstellen als eine Mischung aus viel Dichtung und wenig Wahrheit [4.1].
>
> PAUL RIEBEL

Die Kostenrechnung ist eine Hilfstechnik zur Vorbereitung von Entscheidungen. Sie muss den jeweiligen Aufgaben angepasst werden.

„Die Kostenrechnung muss wahr sein, sie unterliegt keinen betriebspolitischen Erwägungen. Die Politik beginnt erst bei der Preisbildung" [4.2].

(Mellerowicz)

Die wesentlichen Aufgaben der Kostenrechnung sind:

1. Planung und Überwachung (Bereiche)
   Unternehmensziele unterteilen, Bereichleistungen messbar machen, Wirtschaftlichkeit verbessern
2. Preis- und Programmgestaltung (Produkte und Dienstleistungen)
   Selbstkostenpreise ermitteln, Angebotsrichtpreise kalkulieren, Marktpreise beurteilen, Programmgestaltung optimieren
3. Vergleiche ermöglichen
   Betriebsvergleiche, Produktvergleiche, Richtpreisvergleiche, Wirtschaftlichkeitsvergleiche, Rationalisierungsmaßnahmen
4. Bewerten zur Perioden-Gewinnermittlung
   Bestandsermittlung, Betriebsmittelbewertungen, Unternehmensbewertungen

usw.

1 Wirtschaftliche Grundbegriffe

Die Kostenrechnung gehört heute sowohl zum kaufmännischen Rechnungswesen, also zu den Wirtschaftswissenschaften, sowie auch zum Gebiet der Ingenieurwissenschaften. Da jedoch diesbezüglich in der Praxis bisher noch keine

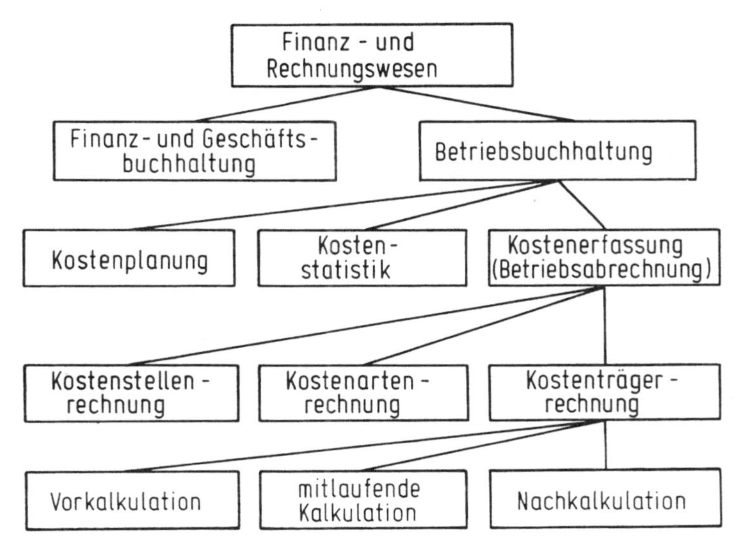

Abb. 4.1. Gliederung des Finanz- und Rechnungswesens

einheitliche Sprachregelung erfolgt ist, scheint es zweckmäßig, zunächst die wichtigsten Begriffe zu klären bzw. die in der Norm bereits erfassten Benennungen ins Bewusstsein zu bringen. Damit soll auch ihre allgemeine Verwendung in den Betrieben angeregt werden. Auch jeder zwischenbetriebliche Vergleich und der später geforderte Austausch von Kalkulationsgleichungen setzen Gleichheit in Benennung und Abgrenzung der Kostengrößen voraus.

In der DIN 32 992 sind für Fertigungsbetriebe die Kostengliederungen dargestellt für Zuschlagskalkulationen auf Kostenstellenbasis (Kostenstellensätze oder Fertigungslohn und zugehörigen Gemeinkostensätzen) und auf Kostenplatzbasis. Die Platzkosten werden dort fälschlicherweise als „Maschinenstundensätze" bezeichnet und damit als Mischbegriff, der sowohl eine Dimension (Kosten) wie auch eine Einheit (Maschinenstunden) beinhaltet. Bei der Aussage: „Der Maschinenstundensatz beträgt 1,50 €/min" erscheint der Widerspruch deutlich. Die Fertigungskosten basieren bei der Platzkostenrechnung auf der Betriebsmittelbelegungszeit (Bemi) und nicht auf der Fertigungszeit des Mannes.

1.1 Kosten, Aufwand, Ausgaben

Im Rahmen des Rechnungswesens (Abb. 4.1) unterscheiden wir drei Wertegruppen (vgl. Abb. 4.2).

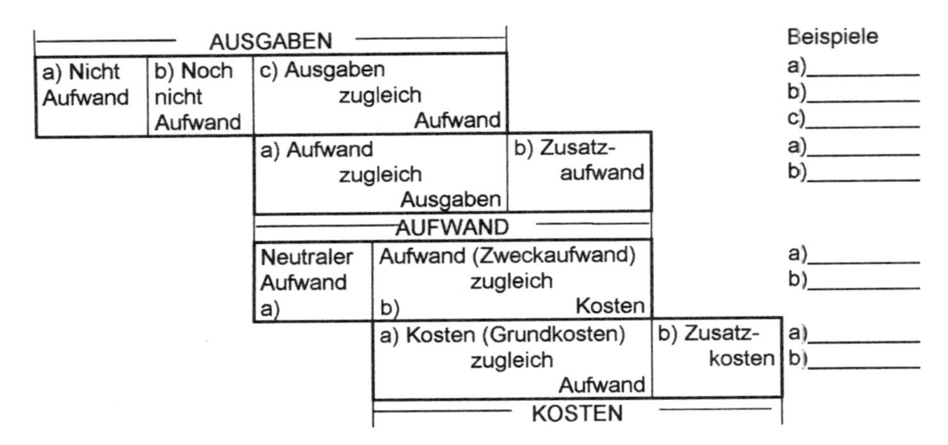

Abb. 4.2. Zusammenhang zwischen Kosten, Aufwand und Ausgaben

1. Für die Betriebsrechnung
Hierunter fallen die meisten der technisch-wirtschaftlichen Rechnungen, die hier betrachtet werden sollen mit dem Kernbegriff Kosten.

a) **Kosten sind wertmäßiger produktionsbedingter Gutsverzehr** – oder, nach Mellerowicz, **Kosten** sind wertmäßiger, normaler Verzehr von Gütern und Dienstleistungen zur Erstellung des Betriebsprodukts.
b) **Leistungen** sind das Betriebsprodukt bzw. der Erzeugungswert bewertet zu Kosten.
c) **Erlöse** sind die Gegenwerte der abgesetzten Leistungen.
d) **Betriebsgewinn** ist die Differenz zwischen den Erlösen und den Kosten von Mengen oder Zeitperioden.

2. Für die Geschäftsrechnung
Hierunter fallen alle Werteflüsse, die aus steuerlich und unternehmerischen Gründen erfasst und verfolgt werden müssen.

a) **Aufwand** ist der erfolgswirksame Gutsverzehr des Gesamtbetriebes in einem Abrechnungszeitraum.
b) **Ertrag** ist die erfolgswirksame Gutsvermehrung (Betriebsertrag + neutraler Ertrag).
c) **Erfolg** ist die Differenz zwischen Aufwand und Ertrag.

3. Für Finanzierungs- und Liquiditätsrechnung
Die Sicherstellung der ständigen Zahlungsfähigkeit eines Unternehmens erfordert besondere Zahlungserfassungen.

a) **Ausgaben** sind alle Ausgänge von Zahlungsmitteln Münz-, Girogeld, Wechsel und von allen sonstigen Geldmitteln.
b) **Einnahmen** sind alle Eingänge von Zahlungsmitteln.
c) **Einnahmenüberschuss** ist die Differenz zwischen Einnahmen und Ausgaben.

1.2 Kostendefinitionen und Kostengliederung nach DIN 32 992 [4.3]

Die Kostenrechnung ist eine Arbeitstechnik zur Vorbereitung von Entscheidungen. Sie muss den jeweiligen Aufgaben angepasst werden. Damit über die Größe der einzelnen Kostenarten Vorstellungen geweckt werden, sind nachfolgend bei den einzelnen Kostenarten Durchschnittswerte genannt, wie sie im deutschen Maschinenbau in Unternehmen mittlerer Größe und normaler Fertigungstiefe und Auslastung etwa vorliegen. Ausgehend von der Definition: „**Kosten** (K) sind normaler Verzehr von Gütern und Dienstleistungen zur Erstellung des Betriebsprodukts“ sind in der DIN 39 992 folgende Kostengrößen festgehalten (Abb. 4.4):

Materialeinzelkosten (MEK) beinhalten die reinen Materialkosten laut Stückliste (Art und Zuschnittsmenge) und Lieferantenrechnung (Preis) ohne Umlage für Eingangskontrolle, Lagerung usw.

Materialgemeinkosten (MGK) enthalten Umlage für Disposition und Einkauf sowie Transport- und Lagerkosten. Sie werden üblicherweise als %-Satz der Materialeinzelkosten verrechnet und liegen etwa bei 5 bis 10% der MEK.

Materialkosten sind die Summe aus MEK und MGK. Je nach Fertigungstiefe liegen sie im Maschinenbau zwischen 40% und 50% der Gesamtkosten.

Fertigungseinzelkosten (FEK) sind diejenigen Kostenanteile der Fertigungskosten, die einzeln, d. h. auf jede Produktionseinheit etwa über den Zeitbedarf direkt erfasst werden. Der Fertigungslohn (FL) (etwa 5 bis 10% der Gesamtkosten) oder die Maschinenkosten (bei der Maschinenkostensatzrechnung bzw. Platzkostenrechnung) sind üblicherweise Einzelkosten der Fertigung.

Fertigungsgemeinkosten (FGK) werden als %-Satz den Fertigungseinzelkosten zugeschlagen und enthalten alle diejenigen Kosten, die im Fertigungsbereich einschließlich Arbeitsvorbereitung und Betriebsleitung anfallen, außer den FEK. Üblicherweise bewegen sich die Fertigungsgemeinkostensätze, die „FGK-Sätze“ zwischen 200 und 1000% vom FL (in Grenzfällen auch darunter oder darüber).

Damit sind bei	15,00 €/h	Fertigungslohn,
die „Stundensätze“ zwischen	45,00 und	130,00 €/h und
die „Minutensätze“ zwischen	0,75 und	2,17 €/min.

Fertigungskosten 1 (FK1) sind die Summe aus FEK und FGK.

Sondereinzelkosten der Fertigung (SEF) sind die einem Produkt, Auftrag oder Werkstück direkt zurechenbaren Kosten für Werkzeug-, Modell-, und Vorrichtungsumlagen.

Fertigungskosten 2 (FK2) sind die Summe aus FK1 und SEF.

Herstellkosten 1 (HK1) – Die Summe aus Materialkosten und Fertigungskosten 2 nennt man Herstellkosten 1. Diese Kostenbildung ist die Basis für die innerbetriebliche Produktbeurteilung und für die direkte Einflussnahme der Arbeitsvorbereitung.

Entwicklungs- und Konstruktionseinzelkosten (EKEK) sind die in der Entwicklung (Konzeptierung, Entwurf, Konstruktion, Erprobung usw.) auf einen bestimmten Typ oder Kundenauftrag direkt zu verrechnenden Kosten. Sie werden üblicherweise auf die geplante Absatzmenge umgelegt. (Bei Einzelfertigung werden diese Kosten auf den individuellen Konstruktionsauftrag direkt verrechnet).

Entwicklungs- und Konstruktionsgemeinkosten (EKGK) sind alle nicht direkt zurechenbaren Kosten aus diesem Bereich, wie für Grundlagenarbeiten, Normungsarbeiten, Standardisierungsaufgaben usw.

Entwicklungs- und Konstruktionskosten (EKK) sind die Summe aus EKEK und EKGK. Sie betragen im Durchschnitt 5 ± 2% des Umsatzes.

Herstellkosten 2 (HK2) sind die Summe aus HK1 und EKK.

Verwaltungsgemeinkosten (VWGK) beinhalten die Kosten für alle verwaltenden Bereiche wie Allgemeine Verwaltung, Personalwesen, Finanz- und Rechnungswesen, aber auch für gewisse Steuern und Abgaben. Normalerweise werden sie als %-Satz der HK2 ermittelt. Sie liegen bei 10 ± 2% der Herstellkosten 2.

Vertriebsgemeinkosten (VTGK) sind Zuschläge auf HK2 für Marketing, Werbung, Verkauf, in gewissen Fällen auch für Versand mit Verpackung, soweit diese Kosten nicht den Produkten direkt zugerechnet werden könne. Ihr Anteil ist in der letzten Zeit von ca. 10% auf ca. 20% der HK2 angestiegen, evtl. zusammen mit den Vertriebseinzelkosten.

Verwaltungs- und Vertriebsgemeinkosten (VVGK) sind die Summe aus VWGK und VTGK.

Vertriebseinzelkosten (VTEK) sind die direkt zurechenbaren Vertriebskosten auf Produkte, Aufträge oder Serien usw., einschließlich Verpackung, Versand, evtl. Werbung usw. Um einen besseren Einblick in die Kostenverursachung zu erhalten, werden möglichst viele Vertriebskosten direkt, als Einzelkosten, erfasst.

Selbstkosten (SK) Der oberste Kostenbegriff, als Summe aller werksinternen Kosten, benennt die Selbstkosten. (Bis hierher sind die Begriffe in der DIN 32 992 gegliedert!)

Werksabgabepreis (WPR) – **Nettoerlös.** Nach marktstrategischen Gesichtspunkten und nach unternehmerischen Notwendigkeiten und Möglichkeiten ergibt sich die Situation für die Preisbildung. Der tatsächlich erzielte Preis wird auch als Erlös (Nettoerlös) bezeichnet. Der Werksabgabepreis dient zur Leistungsbewertung im Rahmen der Profitcenterbildung. Hierdurch kann für Betriebsteile ein Gewinn (= Profit) ausgewiesen werden, der sich errechnet aus der Größe

Interner Gewinn = Produktionsleistung mal Werksverrechnungspreis
minus dafür angefallene Selbstkosten.

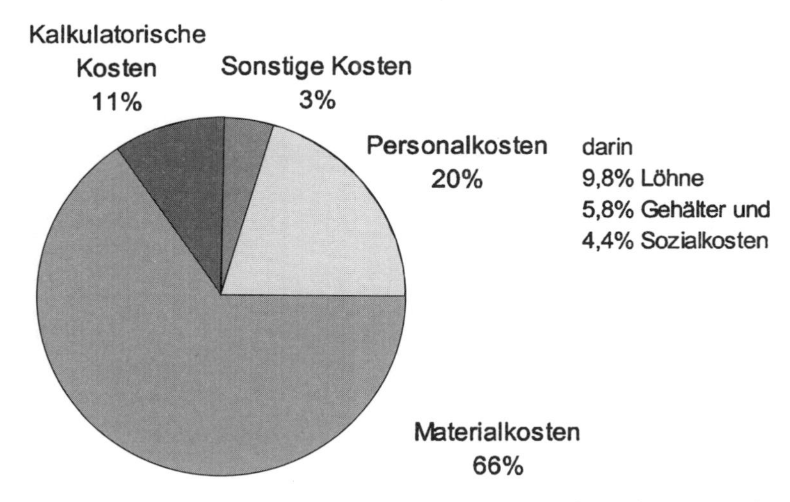

Abb. 4.3. Kostenstruktur der Automobilproduktion (Nach Unterlagen des Statistischen Bundesamts [4.4])

Richtpreis (RP). Vielfach wird vom Kalkulator auf der Basis der HK2 oder der Selbstkosten durch prozentualen Zuschlag oder durch Multiplikation mit einem Faktor ein „Richtpreis" errechnet. Dieser soll einen „Deckungsbeitrag" erbringen, der unter normalen Umständen den Gewinn, eventuell Verhandlungsspielraum und weitere Preisbestandteile abdecken soll. Der „Zuschlag" bzw. „Faktor" ist jedoch kein Kostenblock sondern eine politische Größe.

Nettogewinn (GEW) ist die Differenz zwischen Werksabgabepreis bzw. Verrechnungspreis und den Selbstkosten. Er kann als %-Satz der Selbstkosten oder des „Umsatzes" (= Summe der Nettoerlöse) verrechnet werden.

Interner Gewinn (IG) ist Liefermenge · Verrechnungspreis – Selbstkosten.

Verkaufspreis – Bruttoerlös (VPR). Der allgemeine Verkaufspreis enthält außer dem Werksabgabepreis noch zusätzlich erlösabhängige Kosten, die üblicherweise vom Bruttoerlös zurückgerechnet werden.

Erlösabhängige Kosten (EAK) sind Kosten für Provisionen, Rabatte, Mehrwertsteuer usw. Diese wachsen meistens proportional zu den Erlösen.

Zur Erläuterung der Größenverhältnisse der einzelnen Kostenarten ist nachfolgen die Kostengliederung der Automobilproduktion aufgezeigt, die den großen Anteil der Materialkosten hervorhebt. Vor 20 Jahren war diese Anteil nur etwa 53 %.

Abbildung 4.4 zeigt die Kostenstruktur und die Herkunft der Kostengrößen, entweder direkt aus Stückliste, Preislisten und Arbeitsplänen oder aus dem Betriebsabrechnungsbogen (BAB) ermittelt bzw. prognostiziert.

Tabelle **Prinzipieller Ablauf einer differenzierenden Zuschlagskalkulation für ein Kalkulationsobjekt**

Kostenarten	Kalkulationsschema	Ursprung der Ausgangsdaten: Kostenträgerbezogen (Stückliste, Arbeitsplan usw.)	Ursprung der Ausgangsdaten: Kostenstellenbezogen (BAB) [1]
Materialeinzelkosten	MEK	x	–
Materialgemeinkosten	MGK	–	x
Materialkosten	MK	–	
Fertigungslohnkosten	FLK	x	–
Fertigungsgemeinkosten	FGK	–	x
Fertigungskosten 1	FK 1	–	
Sondereinzelkosten der Fertigung	SEF	x	–
Fertigungskosten 2	FK 2	–	
Herstellkosten 1	HK 1	–	
Entwicklungs- und Konstruktionseinzelkosten	EKEK	x	–
Entwicklungs- und Konstruktionsgemeinkosten	EKGK	–	x
Entwicklungs- und Konstruktionskosten	EKK	–	
Herstellkosten 2	HK 2	–	
Verwaltungsgemeinkosten	VWGK	–	x
Vertriebsgemeinkosten	VTGK	–	x
Verwaltungs- und Vertriebsgemeinkosten	VVGK	–	x
Vertriebseinzelkosten	VTEK	x	–
Selbstkosten	SK	–	

[1]) BAB: Betriebsabrechnungsbogen

Tabelle **Prinzipieller Ablauf einer Zuschlagskalkulation mit Maschinenstundensätzen für ein Kalkulationsobjekt**

Kostenarten	Kalkulationsschema	Ursprung der Ausgangsdaten: Kostenträgerbezogen (Stückliste, Arbeitsplan usw.)	Ursprung der Ausgangsdaten: Kostenstellenbezogen (BAB) [1]
Fertigungslohnkosten	FLK	x	–
Maschinenkosten	MAK	–	x
Werkzeugkosten	WEK	–	x
Vorrichtungskosten	VOK	–	x
Restfertigungsgemeinkosten	RFGK	–	x
Fertigungsgemeinkosten	FGK	–	–
Fertigungskosten	FK	–	

[1]) BAB: Betriebsabrechnungsbogen

Abb. 4.4. Prinzipieller Ablauf einer differenzierenden Zuschlagskalkulation nach Kostenstellen und Kostenplätzen (DIN 32 992)

Formale Gestaltung der Zuschlagskalkulation (Abb. 4.5 und 4.6)

$$k_e = \sum t_i \cdot L_i (1 + g_i) + k_m (1 + g_m) + k_{so} + k_{vw} + k_{vt}$$

mit t_i = Zeit je Einheit
L_i = Lohnsatz oder Platzkostensatz
g_i = Gemeinkostensatz der Kostenstelle i
k_m = Materialeinzelkosten
g_m = Materialgemeinkostensatz
k_{so} = Sonderkosten
k_{vw} = Verwaltungskosten
k_{vt} = Vertriebskosten

$$k_e = \sum t_{pi} \cdot L_{pi} + k_m (1 + g_m) + k_{so} + k_{vw} + k_{vt}$$

mit t_{pi} = Zeit je Einheit für Arbeitsplatz
L_{pi} = Kostensatz des Arbeitsplatzes

Je nach der Aufgabe werden die Kosten auch nach andern Kriterien gegliedert:

1. **Nach dem Charakter** (Abb. 4.7):
a) **Fixe Kosten** sind innerhalb bestimmter Beschäftigungsgrenzen (bei gleichbleibender Kapazität) vom Beschäftigungsgrad unabhängig. (z. B.: Mieten, Pachten, Zinsen, gewisse Abschreibungen usw.). Beim Überschreiten dieser Grenzen treten vielfach sprungfixe Kosten auf (z. B. zusätzliche Abschreibun-

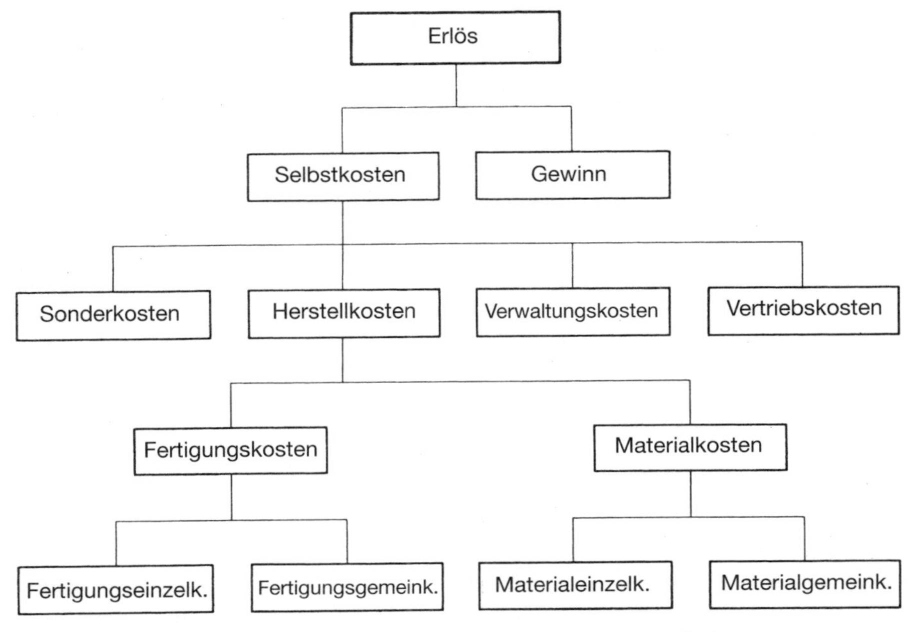

Abb. 4.5. Erlös- und Kostengliederung bei der einfachen Zuschlagskalkulation

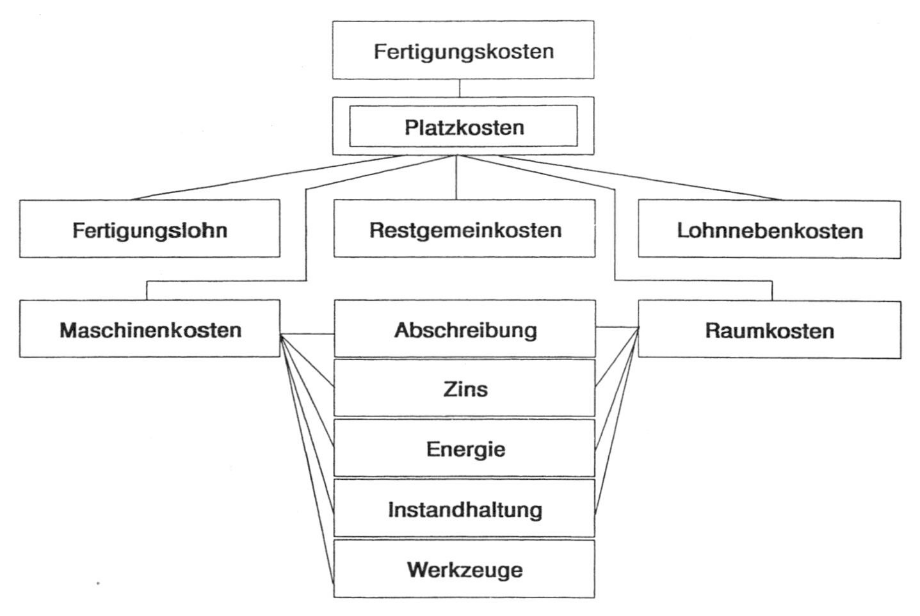

Abb. 4.6. Gliederung der Platzkosten

gen und Zinsen für eine zusätzliche Maschine). Dieser Prozess ist oft (zeitweise) irreversibel oder zumindest tritt eine Hysterese auf, d.h. erst, wenn die Auslastung wieder sehr stark zurückgeht, werden die sprungfixen Kosten wieder abgebaut.

b) **Variable Kosten** sind vom Beschäftigungsgrad abhängig. Auf die Zeiteinheit bezogen, nehmen sie normalerweise mit dem Beschäftigungsgrad zu (z.B. Materialkosten, Akkordlohn, Energieverbrauchskosten usw.).
- Proportionale Kosten verändern sich, bezogen auf die Zeiteinheit (z.B. Mon), proportional zur Auslastung. Bezogen auf die Mengeneinheit bleiben sie konstant.
- Degressive Kosten wachsen unterproportional zur Auslastung (z.B. Wärmekosten).
- Progressive Kosten wachsen überproportional zur Auslastung (z.B. Überstundenlöhne).
- Degressive Kosten fallen absolut mit zunehmender Auslastung (z.B. Bewachungskosten).

In der Praxis werden die variablen Kosten und auch die Grenzkosten meistens proportional zur Auslastung verrechnet.

c) Mischkosten
Sehr viele Kosten haben Mischkostencharakter, d.h., sie enthalten einen Anteil Fixkosten und einen Anteil variable Kosten. Für einen begrenzten Bereich der Auslastung können Mischkosten in Fixkostenanteil und proportionalen Anteil

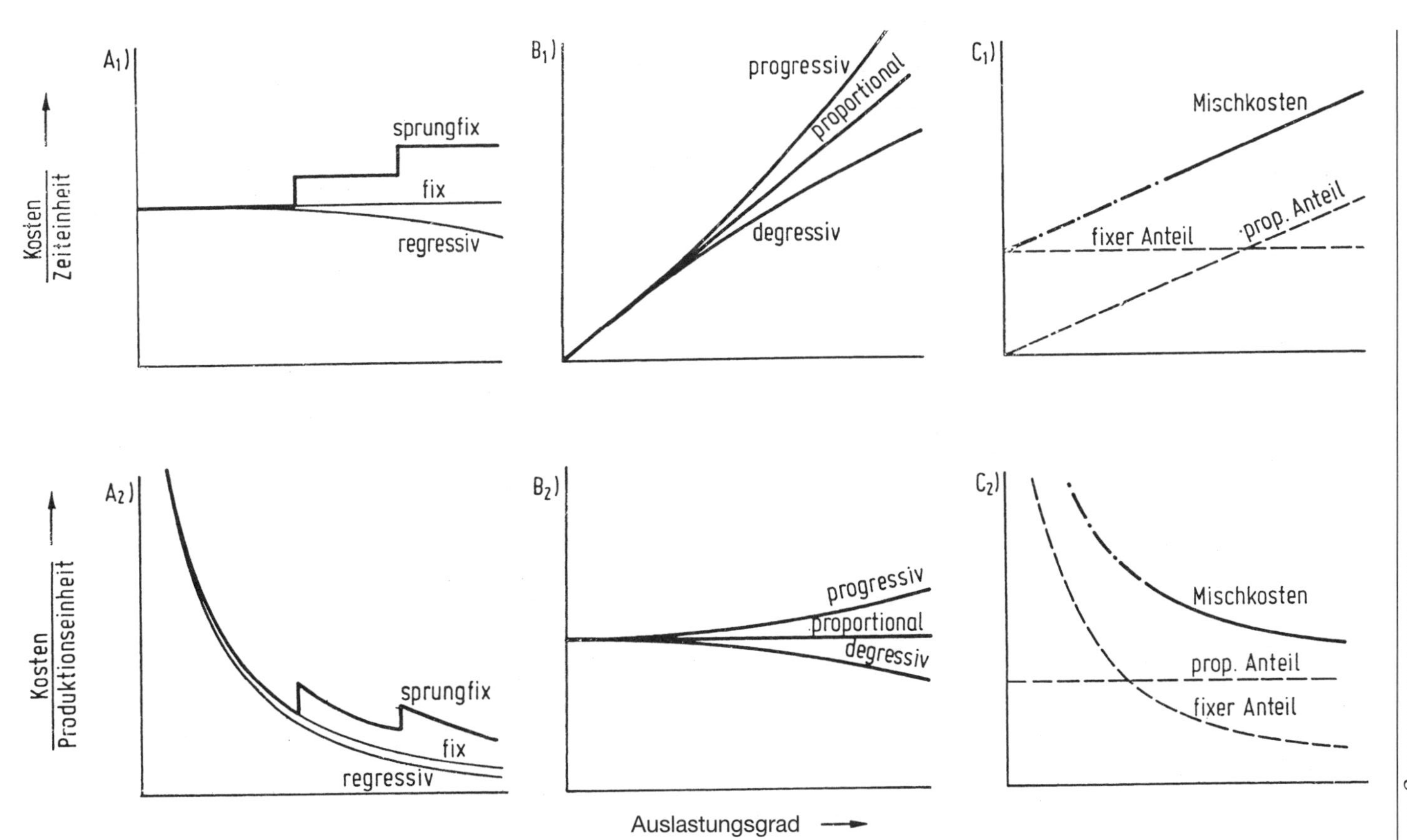

Abb. 4.7. Kostenfunktionen, bezogen auf die Zeiteinheit (Mon) und auf die Produktionseinheit (Stk)

aufgelöst werden (z.B. Energiekosten mit Grundpreis und Verbrauchskosten). Die Gliederung der Kosten in fixe und variable Anteile ist in gewisser Hinsicht willkürlich, denn ganz kurzfristig sind fast alle Kosten als fix zu betrachten, denn innerhalb weniger Tage können weder bereits bestellte Spezialmaterialien storniert werden (auch wenn der zugehörige Auftrag wegen Konkurs des Abnehmers nicht abgenommen und nicht bezahlt wird), noch können bei plötzlich fehlender Arbeit die Fertigungslöhne unbezahlt bleiben, da zumindest 4 Wochen Vorankündigung für „Kurzarbeit“ erforderlich ist. Ganz langfristig sind bei schlechter Auslastung Pachten zu kündigen, Abschreibungen zu reduzieren, wenn keine Ersatzinvestitionen nötig sind und selbst Direktorenstellen abzubauen, wenn sich der Betrieb verkleinert (vgl. Abb. 4.8).

In diesem Sinne zeigt sich, dass sich das heute in Fertigungsbetrieben übliche Verhältnis von 70% variablen Kosten zu 30% Fixkosten sehr erheblich verändern kann, wenn größere Zeiträume betrachtet werden. Und so ist es auch angebracht und zweckmäßig, dass bei Kurzzeitbetrachtungen (innerhalb einer Jahresfrist) die Grenzkosten- und Deckungsbeitragsrechnung angewandt werden, während für Langzeitdispositionen (in der „Zukunftsplanung“) die Vollkostenrechnung eingesetzt wird, bei der die variablen und die fixen Kosten als beeinflussbar gelten.

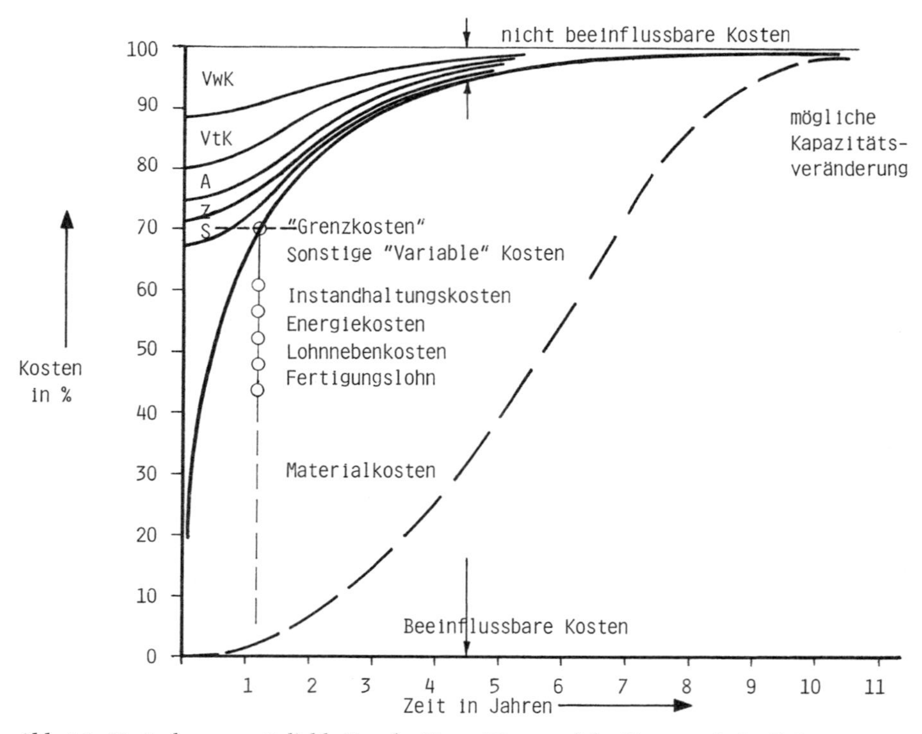

Abb. 4.8. Veränderungsmöglichkeiten der Kapazitäten und der Kosten mit der Zeit

> Ganz kurzfristig sind (fast) alle Kapazitäten und Kosten fix!
> Und
> Ganz langfristig sind (fast) alle Kapazitäten und Kosten variabel.

2. Nach dem Ausgabencharakter:
Wenn es um die Frage geht, welche Kosten sind für eine vorliegende Entscheidung relevant bzw. zu erfassen, ist das „Denken in Ausgaben und Einnahmen" eine gute Hilfe. Alle Kostenkomponenten, die durch die Entscheidung zu keinen direkten Ausgaben führen oder die keine Einnahmen bewirken, dürfen bei der Entscheidungsrechnung nicht erfasst werden. So entstehen z.B. vielfach keine zusätzlichen zeitabhängigen Abschreibungen bzw. Wertminderungen an einem Betriebsmittel, wenn ein weiteres Werkstück gefertigt wird, wohl aber können die Instandhaltungskosten anwachsen. Dagegen sind gewisse Abschreibungen zu verrechnen, wenn das Betriebsmittel weitgehend verschleißbedingt verbraucht wird.

a) Ausgabenwirksame Kosten
Ausgabenwirksame Kosten sind solche, denen zeitgleich Ausgaben zugeordnet werden können.

b) Kalkulatorische Kosten
Als kalkulatorische Kosten bezeichnet man Kosten, die der Kalkulation zugrunde gelegt werden, jedoch bei der Ausgaben- bzw. Aufwandsrechnung (Finanzbuchhaltung) in anderer Höhe (z.B. Abschreibungen) oder zu anderer Zeit oder gar nicht (z.B. kalkulatorische Zinsen) verrechnet werden können.

Aufgabe: Kalkulatorische Kosten
Für eine neu beschaffte Fräsmaschine sind auf einer Maschinenkarte Abschreibungen und kalkulatorischen Zinsen zu ermitteln.
Zu den kalkulatorischen Kosten gehören:

- Kalkulatorische Abschreibungen – Abschreibungen müssen bei der Kostenrechnung auf Wiederbeschaffungspreisen basieren und müssen unter 0-Buchwert weiter verrechnet werden.
- Kalkulatorische Zinsen – können echte Zinsen für Fremdgeld sein oder auch nur Verrechnungszinsen für Eigenkapital und damit ein „Gewinnanteil".
- Kalkulatorische Wagnisse.
- Kalkulatorischer Unternehmerlohn.

Kalkulatorische Kosten dürfen vielfach bei kurzfristigen Entscheidungsrechnungen nicht berücksichtigt werden!

3. Nach dem Zuwachs
Für kurzfristige Betrachtungen sind zahlreiche Kostenkomponenten (im wesentlichen die Fixkosten) nicht beeinflussbar. Daher hat sich bei der operationalen Planung, bei kurzfristigen Ergebnisbetrachtungen und für Auftrags- oder Stück-Kalkulationen eine Rechnungsform durchgesetzt, die allein von den „direkten Kosten" bzw. von den Kosten ausgeht, die ursächlich der Produktion der Periode oder dem Auftrag bzw. dem einzelnen Stück zuzurechnen sind. Alle

Vorlage 1: Maschinenkarte des VDMA

Maschinenkarte Inventar-Nr.: 156 499				Jahr	Kalkulatorische Abschreibung in €			Steuerbilanz-Abschreibung in €			
					Index	Wieder-besch. wert in €	Abschr.-betrag in €	Satz	Abschr.-betrag in €	Rest-buch-wert in €	Stand-ort Kstst.
Maschinenart	Horizontal-Fräsmaschine			Ansch. wert	→					100000	2712
				0	110	*100000*	*10000*	8/36	*22222*	*77778*	=
Fabrikat	*Fritz Werner*			1	115	*104545*	*10455*	7/36	*19444*	*58334*	=
				2	122	110909	11091	6/36	16667	41667	=
			€	3	126	114545	11455	5/36	13889	27778	=
Preis			*95000*	4	133	120909	12091	4/36	11111	16667	=
Bezugskosten			*3000*	5	135	122727	12273	3/36	8333	8334	=
Fundam. + Aufst.			*2000*	6	134	121818	12182	2/36	5555	2779	=
Anschaffungswert			*100000*	7	137	124455	12446	1/36	2778	1	=
Kalk. Zinsen	8 %	p. a.	€/a	8	142	129090	12909	0	0	1	=
Abschreibung.	Einh.	Kalk.	Steuer	9	147	*133635*	*13364*		*0*	*1*	=
Methode	–	*lin.*	*degr.*	10	153	*139090*	*13909*		*0*	*1*	=
Dauer	a	*10*	*8*	11	158	*143635*	*14364*		*0*	*1*	=
Satz	%/a	*10*	*var.*	12	160	*145455*	*14546*		*1*	*0*	=
Basis	€	*Wied.*	*Ansch.*	13	Σ	=	*161085*		*100000*	–	
Fa. IBB	Abschreibungen und kalkulatorische Zinsen							Inventar Nr.: 2000717			

die Kosten, die erforderlich sind, wenn eine weitere Leistungseinheit erbracht werden soll – und das kann im Einzelfall auch der Investitionsbetrag für das Schaffen zusätzlicher Kapazität sein, – sind als marginale oder Grenzkosten anzusehen (vergl. Abb. 4.9).

a) Grenzkosten

Grenzkosten sind die zusätzlichen Kosten für die Erstellung einer weiteren Leistungseinheit (= Produktionseinheit). In der Praxis werden sie den variablen bzw. den proportionalen Kosten gleichgesetzt (Lineares Modell). Bei Beachtung des S-förmigen Kostenverlaufs sind die Grenzkosten von der Auslastung abhängig: Im „Betriebsminimum" entsprechen die Grenzkosten den variablen (proportionalen) Kosten, im „Betriebsoptimum" entsprechen sie den Gesamtkosten je Einheit, im „Unternehmensoptimum" dem Nettoerlös je Einheit.

b) Deckungsbeitrag

Der Deckungsbeitrag ist die Differenz zwischen Erlös und Grenzkosten.
Er dient zum Abdecken von Fixkosten und mindert in vollem Betrag den Verlust oder erhöht entsprechend den Gewinn (vgl. Abb. 4.9).

Die vereinfachte Darstellung des Rentabilitätsschaubilds mit linearem (proportionalem) Verlauf von Umsatz und variablen Kosten sowie konstanter Fixkostenhöhe ist zwar nicht ganz realistisch, jedoch für die praktische Rechnung in gewissen Grenzen zweckmäßig und vielfach vertretbar. Bei Sonderaktionen werden jedoch bewusst auch die Fixkosten als beeinflussbar, als Ziele der Ratio-

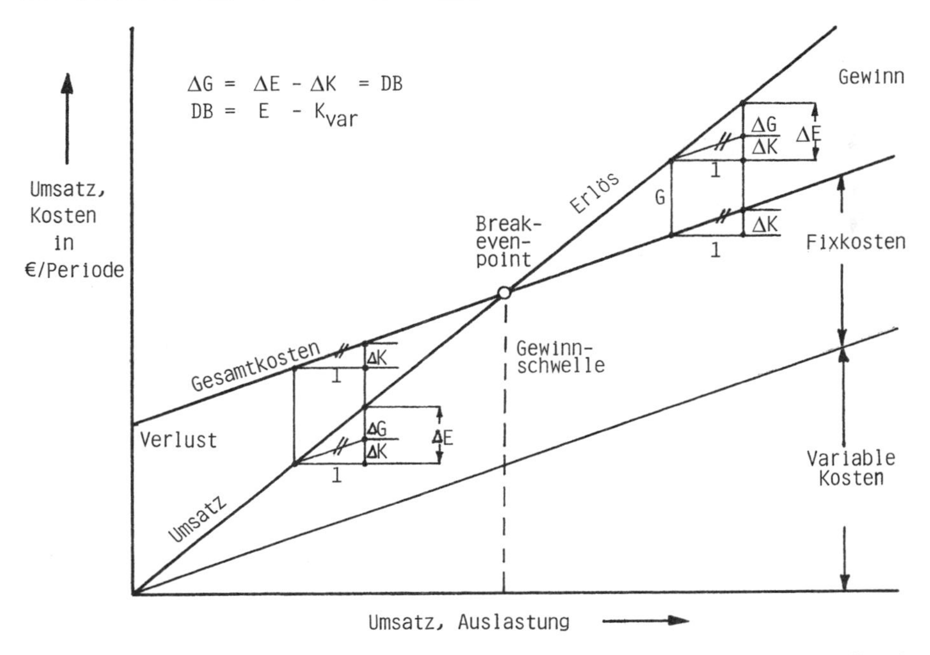

Abb. 4.9. Deckungsbeitrag im Verlust- und Gewinnbereich (Vereinfachte, lineare Darstellung)

nalisierung angesetzt, und die Proportionalität der variablen Kosten zu drücken versucht. Tabelle 4.1 zeigt zusätzlich wie über längere Zeiträume immer mehr Einflussgrößen beeinflussbar und durch entsprechende Offensiven günstiger zu gestalten sind.

1.3 Wirtschaftlichkeit

Der Begriff Wirtschaftlichkeit wird in verschiedenen Formen gebraucht. In der Alltagssprache bedeutet er haushälterisch, ökonomisch oder soviel wie sparsam. In der betriebswirtschaftlichen Terminologie dagegen liegen ihm vor allem zwei Bedeutungen zugrunde (Abb. 4.10).

1. Absolute Wirtschaftlichkeit (z. B.: Projektrechnung)
Absolute Wirtschaftlichkeit ist gegeben, wenn der Ertrag einer Produktionsleistung größer ist als die Kosten des Einsatzes, wenn also gilt:

$$\text{Absolute Wirtschaftlichkeit} = \frac{\text{Ertrag der Produktionsleistung}}{\text{Kosten des Einsatzes}} > 1$$

Eine privatwirtschaftliche Unternehmung muss über einen längeren Zeitraum gesehen absolut wirtschaftlich arbeiten. Die Summe aller Einnahmen muss

Tabelle 4.1. Offensivmaßnahmen in Abhängigkeit von der Zeit

Zeitraum in Jahren	Einflussgrößen			Beeinflussbare Kosten	Strategie- und Offensiv-gebiete
	Absatz-menge	Produktions-kapazität	Produkt		
kurzfristig k 0 – 0,5	variabel	konstant	konstant	kurzfristig Zahlungen verschieben	Engpass: Kapazitäts-auslastung
zwischenfristig k – m 0,5 – 1	variabel	konstant und vorhanden	konstant	etwa variable Kosten	Auslastungs-ausnutzung Engpass: Aufträge
mittelfristig m 1 – 2	variabel	konstant, teils zu ersetzen	konstant	etwa Vollkosten	Kapazitäten erhalten und ausbauen
zwischenfristig m – l 2 – 4	variabel	variabel	konstant + aktualisiert	etwa Vollkosten mit Ersatz-investition	Engpass: Produkt-kapazität, Alternative Produkte
langfristig l 4 – 8	variabel	variabel	variabel	Investitionen, Projektkosten-rechnung, fast alles variabel	Engpass: Attraktive Märkte (Produkte) Programm-optimierung

größer sein als die Summe aller Ausgaben. Die absolute Wirtschaftlichkeit kann nur ermittelt werden, wenn, wie bei einer Projektrechnung, der Ertrag des Projekts und der Aufwand sich gegenseitig voll zurechenbar sind, also, „wenn das Gewinnzuteilungsproblem lösbar" ist.

2. Relative Wirtschaftlichkeit (z. B.: Alternativen-Vergleich)
Als relative Wirtschaftlichkeit gilt das Aufwandsverhältnis oder das Kostenverhältnis mehrerer im Vergleich stehender Vorhaben mit dem gleichen Ertrag.

Bei gleichem Ertrag ist ein Vorhaben B gegenüber Vorhaben A relativ wirtschaftlich, wenn der Wert

$$= \frac{\text{Kosten des Einsatzes bei B}}{\text{Kosten des Einsatzes bei A}} < 1 \text{ ist.}$$

Zur Ermittlung der absoluten und der relativen Wirtschaftlichkeit dient die Wirtschaftlichkeitsrechnung.

Ein Beispiel soll zeigen, dass technischer und technologischer Fortschritt nicht gleichzusetzen ist mit Wirtschaftlichkeit (vergl. Abb. 4.11):

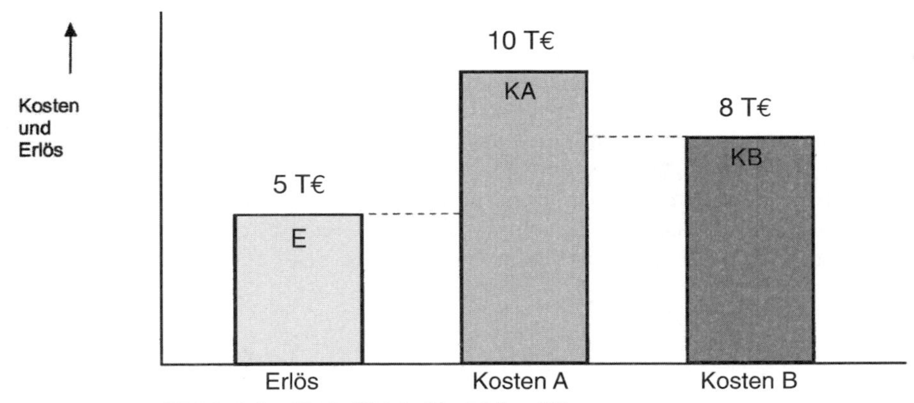

Abb. 4.10. Absolute und relative Wirtschaftlichkeit

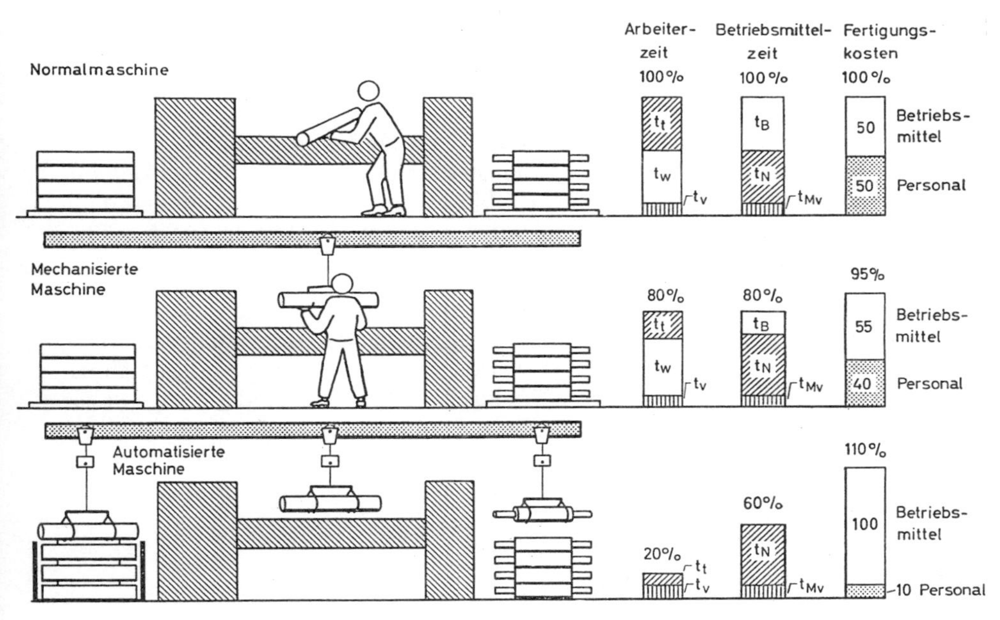

Abb. 4.11. Mechanisierung – Automatisierung – Rationalisierung

Für die Bearbeitung von Wellen kann eine Normalmaschine eingesetzt werden, die, von einem Mann bedient, die geforderte Leistung erbringt.

Eine Mechanisierung der Maschine, die das Beschicken und Entladen erleichtert, bringt etwa 20 % Zeit- und Personalkosteneinsparung, aber nur 5 % Gesamtkosteneinsparung, da die Betriebsmittelkosten um 5 „Punkte“ ansteigen. Die Maßnahme ist jedoch ganzheitlich betrachtet relativ wirtschaftlich.

Die Automatisierung ermöglicht weitgehende „Befreiung des Menschen von taktgebundener Arbeit“ [4.5] und weitere 20% Zeiteinsparung für die Maschine, die jedoch wegen dem begrenzten Bedarf anderweitig nicht genutzt werden kann. Die Gesamtkosten steigen auf 110 Punkte infolge des hohen Automatisierungsaufwandes. Automatisierung ist damit nicht gleichbedeutend mit Rationalisierung. Erst die Wirtschaftlichkeitsprüfung kann nachweisen, ob es sich um echte Rationalisierung oder um eine Fehlinvestition handelt. Ob aber der Gesamtprozess „normal“, „mechanisiert“ oder „automatisiert“ absolut wirtschaftlich ist, zeigt das Abbildung nicht, da die Einnahmenseite bzw. der Erlös für den Prozess nicht genannt ist.

2 Kostenstrukturen und Kostenfunktionen

Die üblichen Kalkulationen basieren auf Fertigungslöhnen, Materialeinzelkosten und Sonderkosten. Bei einfachen Teilen wie Guss, Schmiedeteilen, Kunststoffteilen usw. aber auch bei komplexen Produkten wie Bauten, Fertigungsanlagen, oder Pumpen ist es üblich, die Vorkalkulationen auf konstruktiven Größen wie Gewicht, Volumen oder Leistung aufzubauen, wenn diese Größen gut zu den Kosten korrelieren. Um dies festzustellen ist es zweckmäßig, von früher gebauten Objekten die aktualisierten Kosten über den Vergleichsgrößen in ein Diagramm einzutragen wodurch sich die Zusammenhänge leicht zeigen lassen. Werden begründete Ausreißer eliminiert, dann können die Beziehungen grafisch oder nach der Methode der kleinsten Quadrate, nach Möglichkeit mit Excel, ermittelt werden und für neue Objekte sind die Vorkalkulationen ohne besondere Fachkenntnis nachvollziehbar zu erstellen. Ein Beispiel aus der Pumpenfertigung sei hierfür aufgezeigt.

Beispiel: Kostengleichung und Methode der kleinsten Quadrate
Bei der Einkaufsrationalisierung wurde festgestellt, dass für Rohteile von Pumpenguss sehr unterschiedliche Preise verlangt wurden, ohne dass dies sachlich begründet schien. (Vgl. [4.6] S. 92). Um künftig realistische und günstige Preise zu erhalten, wurde bei einer neuen Gießerei mit einem guten Ruf eine Anfrage gestellt über 10 verschiedene Gehäuse gleicher Konzeption aber unterschiedlicher Größe (bzw. mit verschiedenem Gewicht). Die Gewichte und Angebotspreise sind in Tabelle 4.2 erfasst.

Tabelle 4.2. Kosten von Gussgehäusen

Gewicht	$\frac{kg}{Stk}$	2,8	4,4	5,0	5,9	8,0	9,2	10,6	12,0	14,4	17,6	S = 89,9
Kosten 1	$\frac{Eur}{Stk}$	8,05	8,10	10,40	9,20	28,00	21,50	16,10	19,90	31,90	52,50	S = 205,65
Kosten 2	$\frac{Eur}{Stk}$	5,90	6,65	7,00	7,80	9,00	9,90	11,10	11,90	13,00	14,50	S = 96,75
Probe	$\frac{Eur}{Stk}$	5,88	6,86	7,23	7,78	9,07	9,80	10,66	11,51	12,98	14,94	S = 96,71

Aufgabe:

a) Schätzung nach „Gewichtskosten"
b) Grafischer Ansatz
c) Ergänzung des Ansatzes für die „Methode der kleinsten Quadrate" (Lösung mit Excel)

Lösung:

Zu a) Schätzen nach Gewichtskosten

Die Summe der Gewichte ergibt = 89,9 kg
Die Summe der Kosten ergibt = 96,75 Euro
Daraus ergeben sich Gewichtskosten von 96,75 Euro/89,9 kg = 1,076 Euro/kg

Die Schätzgleichung lautet:

$$k_s = G \cdot 1{,}08 \text{ Euro/kg},$$

und die Werte für die beiden Vergleichsobjekte ergeben (bewusst mit unterschiedlichen Einheiten gerechnet!):

$$k_2 = 1{,}08 \frac{\text{Euro}}{\text{kg}} \cdot 2000 \text{ g/Stk} = 1{,}08 \frac{\text{Euro}}{1000 \text{ g}} \cdot 2000 \text{ g/Stk} = \underline{2{,}16 \text{ Euro/Stk}}.$$

(Da für 1 kg = 1000 g gesetzt wird, kann die Gewichtseinheit weggekürzt werden).

und $$k_{20} = \frac{20}{2} \cdot 2{,}16 \text{ Euro/Stk} = \underline{21{,}60 \text{ Euro/Stk}}.$$

Zu b) Graphische Ermittlung

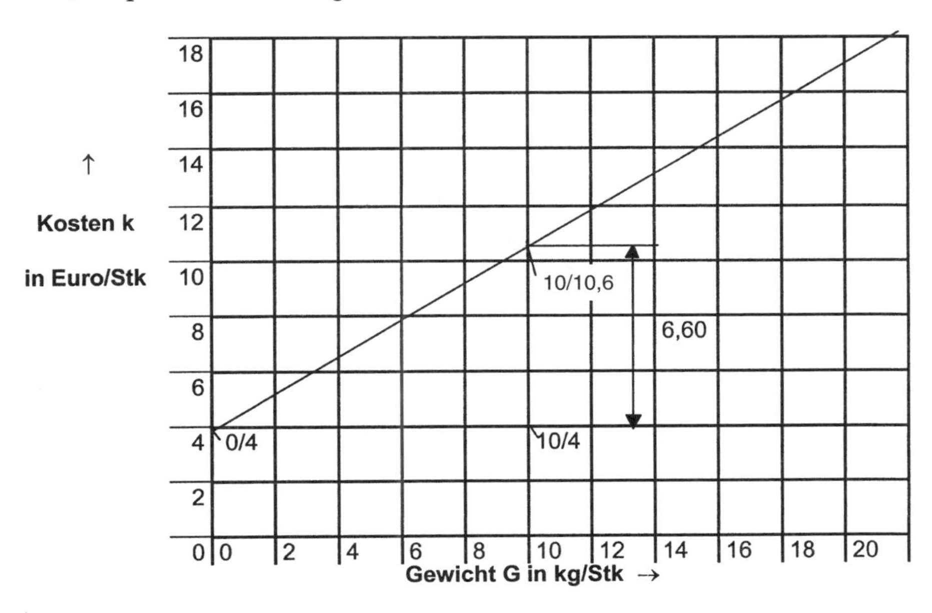

Das Diagramm zeigt, dass der potentielle Lieferant keinen einheitlichen kg-Preis angesetzt hat, sondern dass anscheinend ein Fixkostensatz und ein sehr niedriger kg-Preis verlangt wird, und das entspricht auch der Kostenentstehung für den Lieferanten. (Rüstkosten blieben jeweils außer Ansatz!) Wie heißt wohl die Gleichung, mit der der Lieferant seine Kalkulation ausgeführt hat, und die wir zweckmäßigerweise als Basis für Preisverhandlungen und als Grundlage für künftige Vorkalkulationen bei Gussteilen verwenden sollten? Welche Kosten sind danach für Werkstücke von 2 kg und 20 kg zu erwarten? Die gefühlsmäßig durch den Produkthaufen gelegte „Schwerpunktslinie" schneidet die Abszisse bei etwa 4,00 Euro/Stk (dies sind die Fixkosten pro Stück) und geht bei 10 kg/Stk durch den Punkt (10/10,60), also um (10,60 – 4,00) Euro/10 kg = 6,60 Euro pro 10 kg = 0,66 Euro/kg ansteigend. Die graphisch ermittelte Gleichung lautet damit

$$k = 4{,}00 \frac{\text{Euro}}{\text{Stk}} + 0{,}66 \frac{\text{Euro}}{\text{kg}} \cdot G$$

Die beiden Vergleichsobjekte kosten

$k_2 = (4 + 0{,}66 \cdot 2)$ Euro/Stk = <u>5,32 Euro/Stk</u>

bzw.

$k_{20} = (4 + 0{,}66 \cdot 20)$ Euro/Stk = <u>17,20 Euro/Stk</u> (nicht proportional zum Gewicht!).

Zu c) Methode der kleinsten Quadrate (Abb. 4.12)

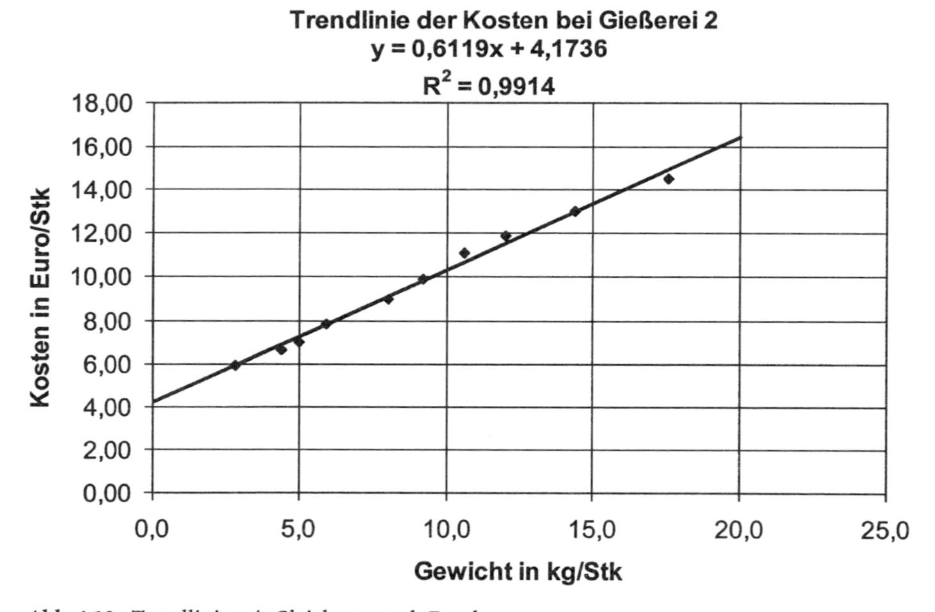

Abb. 4.12. Trendlinie mit Gleichung nach Excel

Die Berechnung wurde mit Excel erstellt und zeigte folgendes Ergebnis:
Die Kostengleichung lautet:

$$k = 4{,}14\,\frac{\text{Euro}}{\text{Stk}} + 0{,}61\,\frac{\text{Euro}}{\text{kg}} \cdot G$$

Zum Vergleich sind alle drei Lösungen noch einmal zusammengefasst:

Verfahren	Kosten eines Rohteils in Euro/Stk	
	Gewicht = 2 kg	Gewicht = 20 kg
Pauschale Schätzlösung	2,16	21,60
Graphische Lösung	5,32	17,20
Lösung mit Regressionsgleichung	5,39	16,41

Die drei Ergebnisse sind natürlich unterschiedlich, wobei entsprechend dem Aufwand die dritte Lösung als die „beste" gilt. Ob jedoch eine Extrapolation über die erfassten Grenzwerte von 2 kg/Stk bzw. 20 kg/Stk erlaubt ist, muss für alle drei Verfahren überprüft werden. Um Kalkulationsgleichungen mit den Lieferanten zu vereinbaren, ist die Anwendung der Regressionsrechnung zu empfehlen, weil nur mit ihr die Einflussgrößen (fix und proportional) zu erfassen sind und die Ableitung der Gleichung mathematisch einwandfrei nachvollziehbar ist.

2.1 Wachstumsgesetze

Bei der Kalkulation von Baureihen wie Motoren, Pumpen, Getrieben oder von Anlagen, die in unterschiedlichen Größen errichtet werden wie Chemieanlagen, Kraftwerksanlagen, Entsorgungsanlagen oder sonstigen Produkten, die nach den Ähnlichkeitsgesetzen aufgebaut werden, haben sich seit vielen Jahren Kalkulationsformeln bewährt, die auf einfachen Gesetzmäßigkeiten aufbauen oder nach ausgewerteten Nachkalkulationen ausgeführter Anlagen interpolierend oder extrapolierend ermittelt wurden.

So gelten für die oben abgebildete Motorbaureihe (Abb. 4.13) in erster Näherung folgende Gesetzmäßigkeiten:

- Die Höhen, Breiten, Tiefen sind proportional zueinander, also wachsen sie direkt im Längenverhältnis der anderen Dimensionen.
- Die Oberfläche der Motoren wächst nach dem Längenverhältnis hoch 2 und
- Das Volumen der Motoren wächst nach dem Längenverhältnis hoch 3.
- Das Gewicht, die Kupferkosten, die Eisenkosten verhalten sich etwa wie die Volumina, also wie das Längenverhältnis hoch 3.
- Der Farbverbrauch, die Bearbeitung, sind vorwiegend von der Fläche abhängig, also wachsen sie etwa wie die Fläche, im Quadrat zum Längenverhältnis.

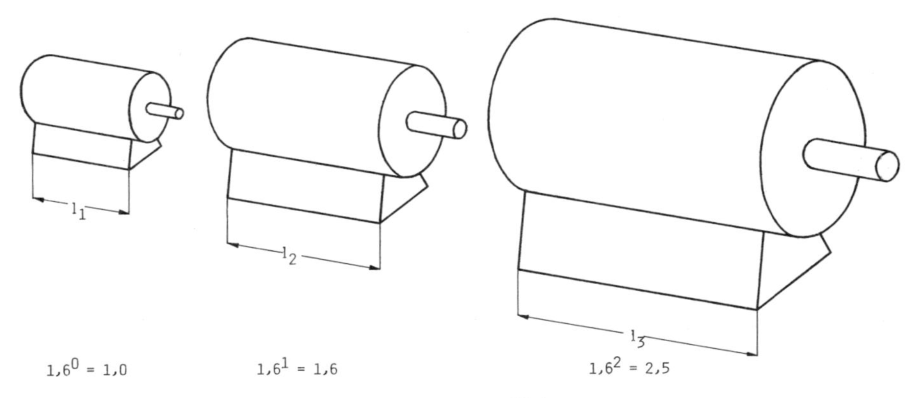

Abb. 4.13. Ähnlichkeitsgesetze mit Normreihe $R_5 = \sqrt[5]{10} \approx 1{,}6$

- Die Zeiten und Kosten für das Umrüsten der Maschinen, die die kleinen, mittleren und großen Motoren bearbeiten, steigen sichtlich unterproportional zum Längenverhältnis. Dies musste jedoch von qualifizierten Kostenrechnern statistisch untersucht und quantitativ belegt werden, was im Rahmen einer Dissertation gelang. Dort wurde herausgefunden, dass sie etwa proportional zur Wurzel des Längenverhältnisses, also zum Längenverhältnis hoch $^1/_2$ wachsen (Abb. 4.14).

Nach diesen Überlegungen sollen nun die Auswertungen mathematisch gefasst werden:

a) Materialkosten (k_m)

$$k_{m2} = k_{m1} \left(\frac{l_2}{l_1} \right)^{\alpha}$$

mit $\alpha \approx 3$ und den Längen $l_{1/2}$ der ähnlichen Produkte.

Die Materialkosten ähnlicher Teile steigen etwa proportional zum Volumen bzw. zur 3. Potenz des Längenverhältnisses.

b) Fertigungskosten $(k)_f$

$$k_{f2} = k_{f1} \left(\frac{l_2}{l_1} \right)^{\beta}$$

mit $1{,}8 \leq \beta \leq 2{,}2$

Die Fertigungskosten ähnlicher Teile steigen etwa proportional zur Oberfläche bzw. zur 2. Potenz der Längenverhältnisse. (Bei Massenteilen ist etwas weniger, bei Kleinserienteilen etwas mehr Wachstum zu erwarten).

c) Rüstkosten (k_r)

$$k_{r2} = \frac{n_1}{n_2} k_{r1} \left(\frac{l_2}{l_1}\right)^{\tau}$$

mit $0{,}4 \leq \tau \leq 0{,}6$
↓ ↓
Serie Kleinserie

und $n_{1/2}$ = Losgröße in Stk/Los.

Die Rüstkosten steigen etwa proportional zur Wurzel aus den Längenverhältnissen und proportional zum Kehrwert der Losgrößen. (Je kleiner die Losgröße, desto höher die Rüstkosten je Stück).

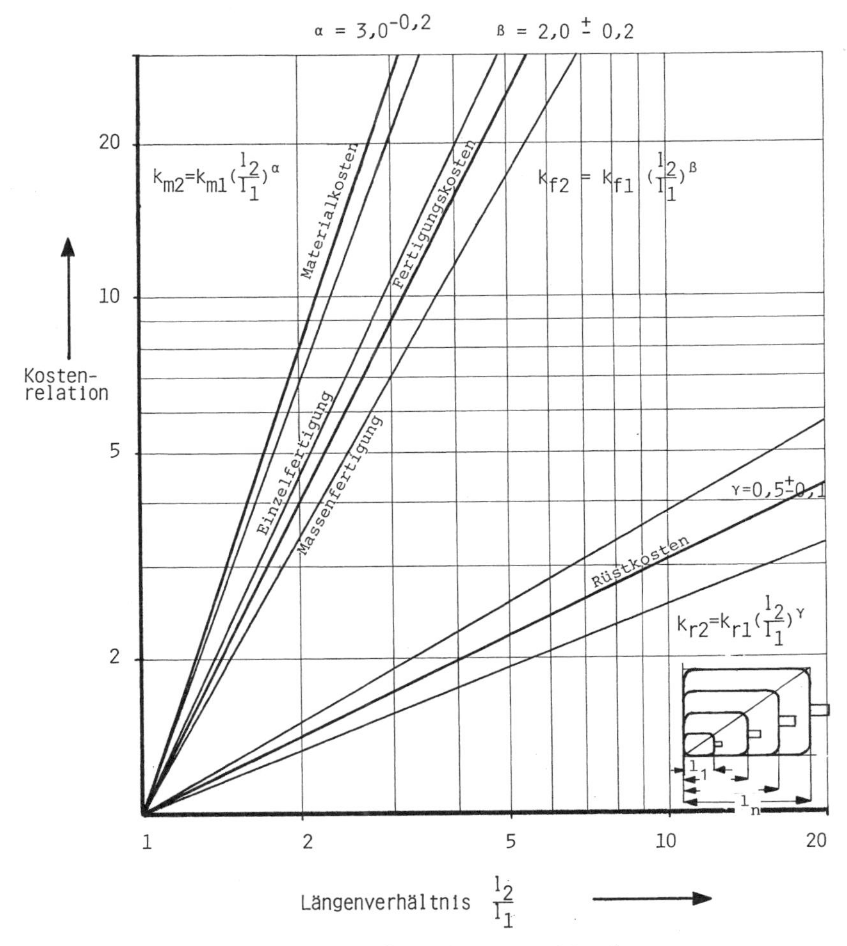

Abb. 4.14. Wachstumsgesetze für Material-, Fertigungs- und Rüstkosten

2.2 Mengengesetze

a) Lernkurve (für Fertigungszeiten bzw. -kosten)

Seit den 20er Jahren (de Jong [4.7] und später Schieferer [4.8]) ist bekannt, dass bei Serienanläufen während der Anlaufphase die Fertigungszeiten je produzierte Einheit nach mathematisch leicht fassbaren Gesetzmäßigkeiten abfallen, bis sie, nach einer gewissen Anlernzeit, die vorgerechneten Vorgabezeiten erreichen.

Trägt man die benötigten Fertigungszeiten in ein doppelt logarithmisches Diagrammblatt ein, liegen sie etwa auf einer Geraden, was bedeutet, dass bei jeder Verdoppelung der Produktionsleistung die gebrauchte Zeit je Einheit um

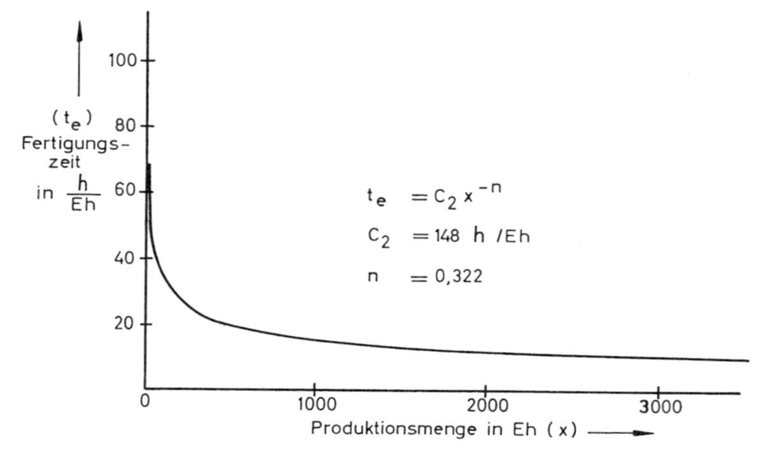

Abb. 4.15 a. Fertigungszeitbedarf während der Anlaufperiode (linear)

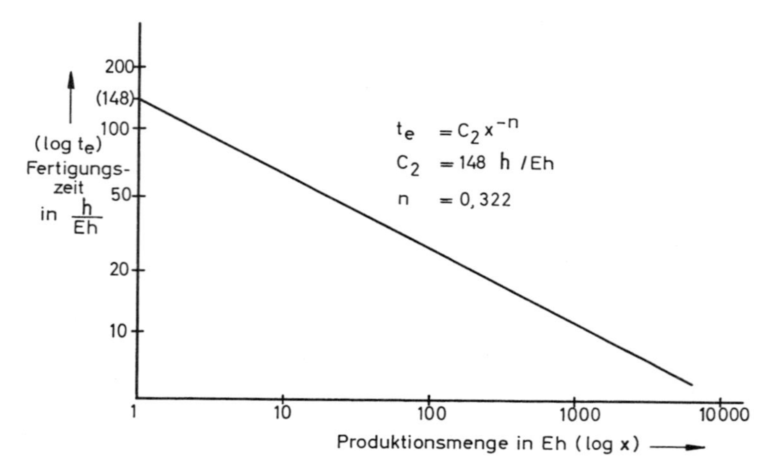

Abb. 4.15 b. Fertigungszeitbedarf während der Anlaufperiode (logarithm.)

den gleichen Prozentsatz reduziert werden kann, bis schließlich, in der Nähe der normalen Serienzeit, die Degressionskurve abknickt.

In Abhängigkeit von der Produktionsmenge ergeben sich für die Fertigungszeiten $t_{f1/2}$ beim Erreichen der Produktionsmengen m_1 und m_2 (Stückzahlen) in der Anlaufperiode folgende Gesetzmäßigkeiten:

$$t_{f2} = t_{f1} \left(\frac{m_1}{m_2} \right)^{\mu} = t_{f1} \cdot m_1^{\mu} \cdot m_2^{-\mu}, \text{mit } t_{f1} \cdot m_1^{\mu} = C_2$$

mit m = absolute Menge in Stk seit Fertigungsbeginn

und $0 \leq \mu \leq 0{,}322$

↓ ↓

ohne mit 80 % Lernwirkung

$$t_{f2} = C_2 \cdot m_2^{-\mu}$$

Aufgrund der „Übungsdegression" sind bei jeder Verdoppelung der Menge m die Fertigungszeiten der Produktionseinheit um 10 % bis zu 20 % zu senken. Die Grenze der Degression liegt bei „Einzelfertigung" um 100 Stück und bei Massenfertigung bei etwa 3000 Stück oder noch höher. Danach verringert sich die Degression. Aber auch nach dem Erreichen der Serienzeit lässt sich in der Praxis über Jahre hinweg die Vorgabezeit reduzieren, wenn außer dem „Lerneffekt" oder „Routineeffekt" der Anlaufperiode, die technisch-technologische Aktualisierung im konstruktiven wie auch im fertigungstechnischen Bereich aktiv betrieben wird. In Abb. 4.16 sind die Zeitbedarfswerte für zwei Serienmotoren über einen Zeitraum von 10 Jahren notiert. Die jeweilige Halbierung der benötigten „Vorga-

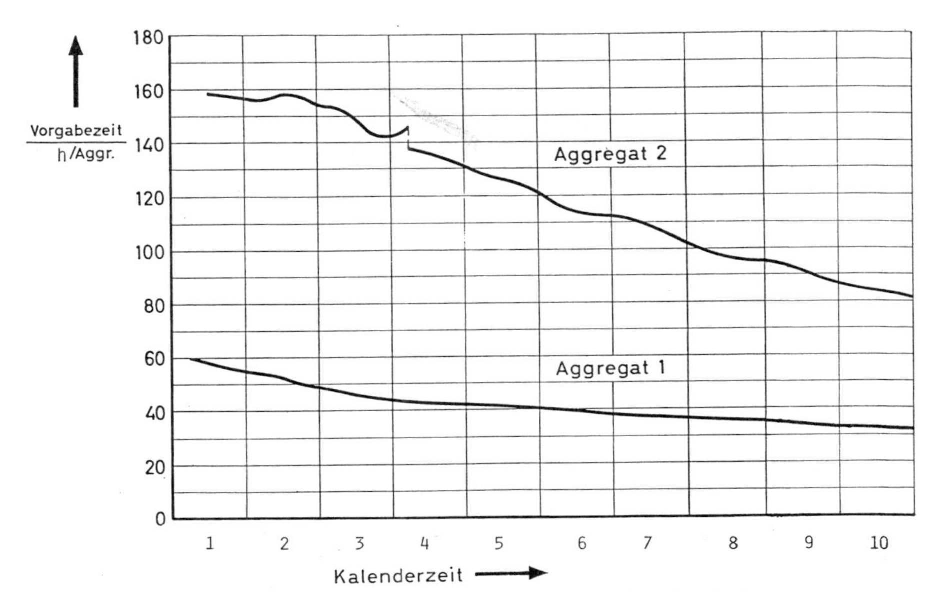

Abb. 4.16. Entwicklung der Vorgabezeiten innerhalb von 10 Jahren bei Serienaggregaten

bezeiten“ innerhalb der 10 Jahre weist einen Degressionsfaktor aus von $\sqrt[10]{0{,}5} = 0{,}93$ bzw. 93%. Das heißt, jedes Jahr konnten im Durchschnitt die Vorgabezeiten um 7% bzw. auf 93% des Vorjahreswerts weitergesenkt werden. Da hierfür jedoch laufend erhebliche Investitionen erforderlich waren, und dadurch die Gemeinkostensätze ständig anstiegen, ließen sich die Kosten wesentlich weniger senken als die Vorgabezeiten (nach realistischen Annahmen nur etwa 3% p.a.).

b) Losgröße (Menge m in Stk/Los)

Bei der Kostenermittlung spielt in der Einzel- und Kleinserienfertigung die Losgröße oft eine sehr wichtige Rolle, bewegen sich doch die Rüstzeiten in Maschinenwerkstätten bei 10% bis 100%! der Ausführungszeiten. Hier müssen vor allem Aktionen betrieben werden, um die Rüstzeiten, und damit die Rüstkosten zu reduzieren, bevor solch hohe Rüstkostenanteile akzeptiert werden. Die Reduzierung der Rüstzeiten schafft die Möglichkeiten, in kleineren Losen wirtschaftlich zu fertigen und trotzdem dabei den Lagerbestand erheblich abzubauen. Bei losweiser Fertigung und stetigem Verbrauch steigen mit zunehmender Losgröße die losabhängigen Lagerkosten (Raum- und Zinskosten) proportional an (Abb. 4.17), während die Rüstkosten je Teil nach einer Normalhyperbel abfallen (Abb. 4.18). Aus dieser Gegenläufigkeit der beiden Kostenkurven ergibt sich die wirtschaftliche Losgröße m_w zu:

$$m_w = \sqrt{\frac{2\,M k_r}{k_h\, p}}$$

Dabei ist: M = Bedarf in Stk/a
k_r = Rüstkosten in €/Los
k_h = Herstellkosten in €/Stk
p = Zins- und Lagersatz
(für Verzinsung des eingelagerten Materials,
für vermehrten Verlust und Ausschuss,
für Lagerraum, Behälter usw.)

mit $p \approx 15\%$ bis 20% p.a. bzw. $= 0{,}15/\mathrm{a}$ bis $0{,}20/\mathrm{a}$

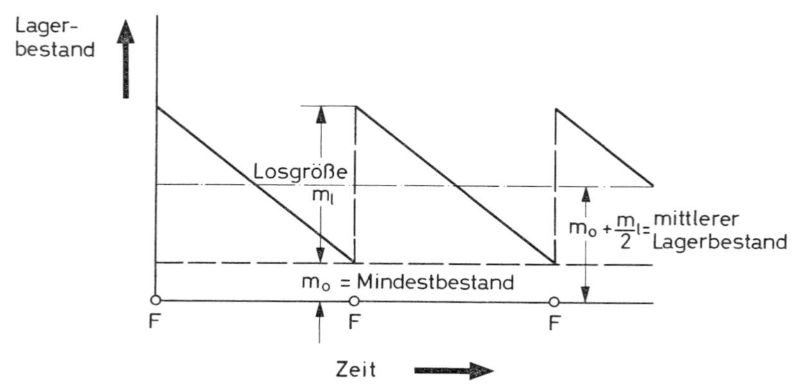

Abb. 4.17. Lagerbestand bei losweiser Fertigung (F) und stetigem Verbrauch

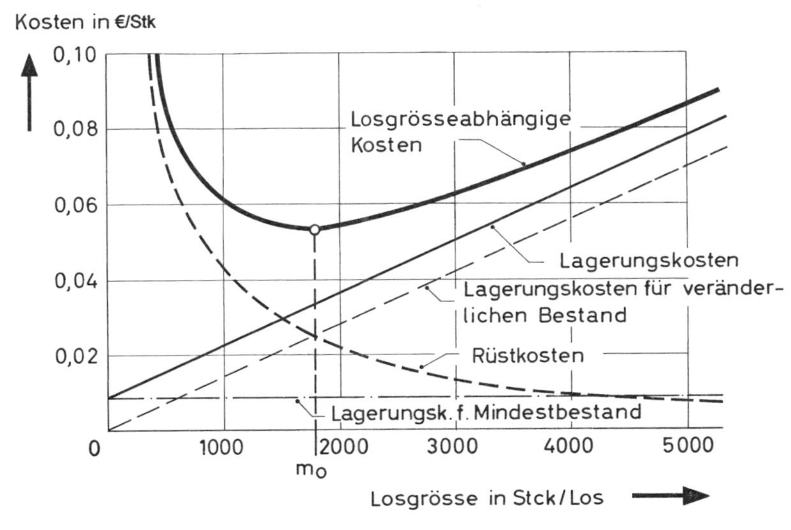

Abb. 4.18. Wirtschaftliche Losgröße von Schmiedeteilen

Die wirtschaftliche Losgröße kann durch kürzere Rüstzeiten, durch weniger Arbeitsvorgänge, Vereinheitlichung und durch niedrige Herstellkosten günstig beeinflusst werden.

Die Einbeziehung der Losgrößen und analog der wirtschaftlichen Bestellgröße in die Kostenrechnung muss heute über die EDV gehen. Jeder Versuch, die Disponenten zu veranlassen, die wirtschaftliche Losgröße über eine Gleichung, ein Diagramm oder eine Tabelle zu ermitteln, sind Zusatzaufgaben, statt derer stets eine „fragwürdige, qualifizierte Schätzung" vorgezogen wird. Sind dagegen bei der Bedarfsermittlung in der EDV-Anlage die Einflussgrößen gespeichert und zur Rechnung genützt, wird der Beschaffungsvorschlag oder Losgrößenvorschlag meist gerne angenommen. Die Gleichung für die wirtschaftliche Bestellmenge m_w lautet:

$$m_w = \sqrt{\frac{2\,M k_b}{k_e\,p}}$$

mit M = Bedarfsmenge in Stk/a
k_b = Bestellkosten in €/Best (= Prozesskosten pro Bestellung ≈ 30 bis 75 €/Bestellung, teilweise noch mehr)
k_e = Einstandspreis in €/Stk
p = Zins- + Lager- + Schwund- + + -Kostensatz in %/a ≈ 20% p. a. = 0,20/a

Daraus ergibt sich ein Bestellrhythmus T von:

$$T = \frac{m_w}{M} = \sqrt{\frac{2\,k_b}{M k_e\,p}}$$

Mit $B = M\,k_e$ = Bestellwert in €/a lässt sich die Gleichung nach B auflösen. Sie lautet dann:

$$B = \frac{1}{T^2} \cdot \frac{2k_b}{p}$$

und mit den Zahlenwerten $k_b = 50$ €/Best und $p = 20\%$ p. a. ergibt sich:

$$B = \frac{1}{T^2} \cdot 500\,€ \cdot a$$

2.3 Leistungsgesetze

Unter Leistungsgesetzen sollen hier die Gesetzmäßigkeiten erfasst und für die Kostenbeurteilung ausgewertet werden, die abhängen von der Betrieblichen Leistung = Produktionsmenge je Zeiteinheit.

- Ein Unternehmen wird für eine bestimmte Produktionsleistung bzw. Kapazität erstellt. Es benötigt hierfür Investitionen, die zwar mit der zu schaffenden Kapazität (= höchstmögliche Produktionsleistung) ansteigen, jedoch sicher nicht proportional.
- Ferner ist bekannt, dass Unternehmen mit größerer Leistung bzw. Kapazität niedrigere Kosten je Produktionseinheit erwarten lassen, da sie mit mehr Synergie, Automatisierung, Mechanisierung usw. Kostenvorteile erzielen können.
- Das dritte, das bekannteste „Leistungsgesetz" besagt, dass ein Unternehmen bei schlechterer Auslastung (Leistung < Kapazität!) zwar niedrigere Gesamtkosten als das volkausgelastete, jedoch höhere Kosten je Produktionseinheit haben wird.

Diese drei Kostengesetzmäßigkeiten sollen nachfolgend untersucht und in ihren Auswirkungen auf die Kostenermittlung bzw. auf die Kosten je Produktionseinheit ausgewertet werden.

a) Investitionen I und Anlagekosten K bei unterschiedlicher Kapazität
Bei der Planung von Industrieanlagen, Entsorgungsanlagen und ähnlichen Investitionsmaßnahmen wendet man heute vielfach Modellrechnungen an, die an ähnlichen, ausgeführten Anlagen hergeleitet wurden. So lässt sich zeigen, dass die Anschaffungspreise solcher Anlagen, wie auch ihr Flächenbedarf unterproportional zur Leistung der Anlagen ansteigen. Im Mittelwert steigen die Anlagenpreise etwa proportional zur Leistung I hoch 2/3. Also:

$$I_2 = I_1 \left(\frac{M_2}{M_1}\right)^{\nu}$$

mit $\nu \approx 2/3$.

Doppelte Produktionsleistung bedingt danach nur ca. 60 % höhere Investitionen (vgl. Abb. 4.19 und Abb. 4.20).

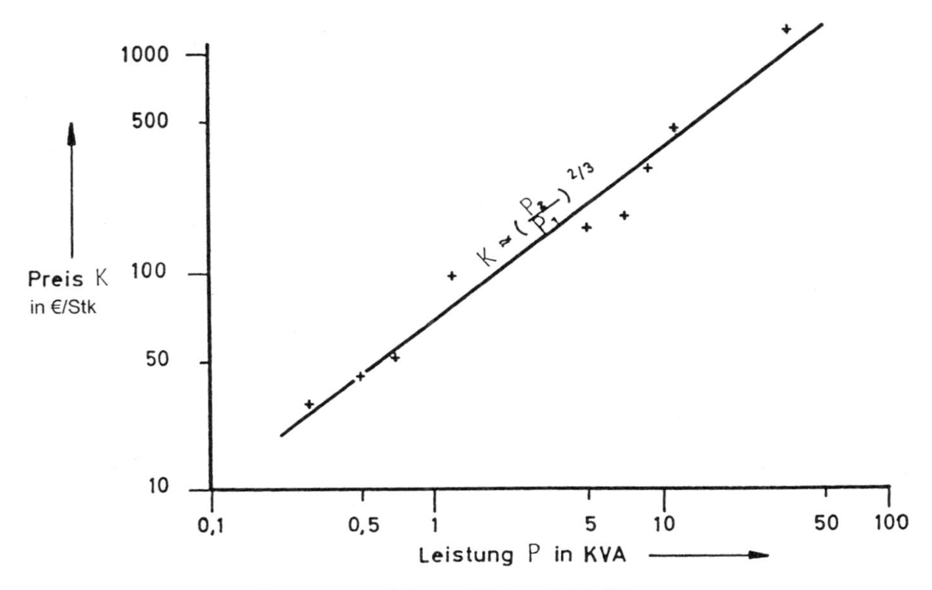

Abb. 4.19. Preise (K) und Leistungen (P) von Siliziumgleichrichtern

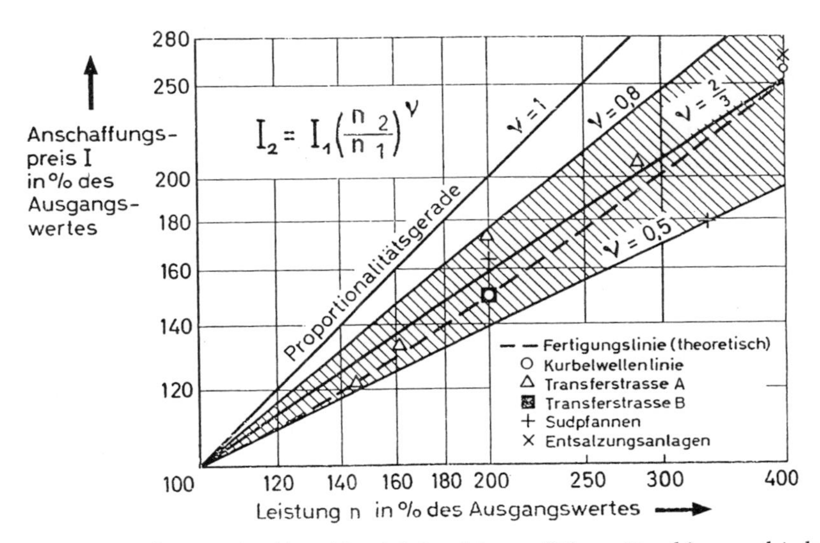

Abb. 4.20. Anschaffungspreise (I) und Produktionsleistung (M) von Maschinen und Anlagen

Für unterschiedliche Technologien, oder, wenn die zu bauenden Anlage an ihre technologischen Grenzen kommen, sodass Mehrleistungen nur noch durch Parallelfertigung möglich ist, ändert sich der Exponent ν. Daher ist es zweckmäßig, zu überprüfen, ob mit dem Mittelwert zu rechnen ist, oder ob ein anderer Exponent in diesem Fall anzuwenden ist

b) Fertigungskostendegression bei jeweils angepasster Kapazität

Untersuchungen an einer Großzahl von Objekten haben gezeigt, dass die Fertigungskosten mit zunehmender Produktionsleistung der Fertigungsanlagen sehr stark abfallen. Diese Kostendegression ist weitgehend unabhängig von der Produktart. Sie bewegt sich jedoch in einem sehr engen Rahmen um einen Mittelwert.

Sind $M_{1/2}$ die Produktionsleistungen von Industrieanlagen (in Mengenleistung je Zeiteinheit), dann gilt für die optimal erreichbaren Fertigungskosten $k_{f1/2}$ die Beziehung:

$$k_{f2} = k_{f1} \left(\frac{M_2}{M_1}\right)^{\mu}$$

Mit $\mu = 0{,}322$ bedeutet das 20% Fertigungskostendegression bei jeder Verdoppelung der Produktionsleistung.

Wichtig ist, hier zu beachten:

- Es handelt sich bei dieser Kostendegression nicht um die bekannte Auslastungsdegression, die im nächsten Abschnitt besprochen werden soll.
- Die Kurve zeigt nur die Fertigungskosten also die Fertigungslöhne und Fertigungsgemeinkosten. Nicht enthalten sind die Materialkosten, für die mit zunehmendem Bedarf zwar auch eine Kostendegression zu erwarten ist. Diese liegt jedoch wesentlich niedriger, wenn das Material nicht individuell gefertigt wird, sondern einem allgemeinen Fertigungsprogramm entstammt, wie Normteile o.ä.
- Die Kostendegression geht gegen 0, wenn Mehrleistungen nicht mehr durch größere Anlagen, bessere Technologien oder bessere Organisationen usw. zu erreichen sind, sondern durch Vervielfachung der Anlagen wie z.B. bei Spinnereien, Webereien usw., wo 100 und mehr gleiche Maschinen parallel arbeiten.

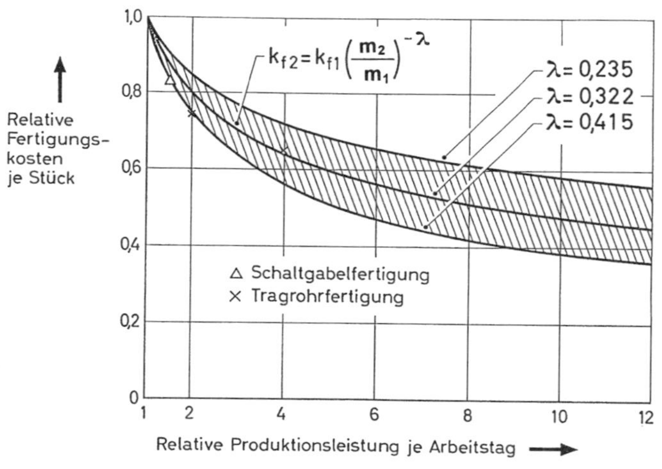

Abb. 4.21. Fertigungskostensteuerung bei unterschiedlicher Produktionsleistung

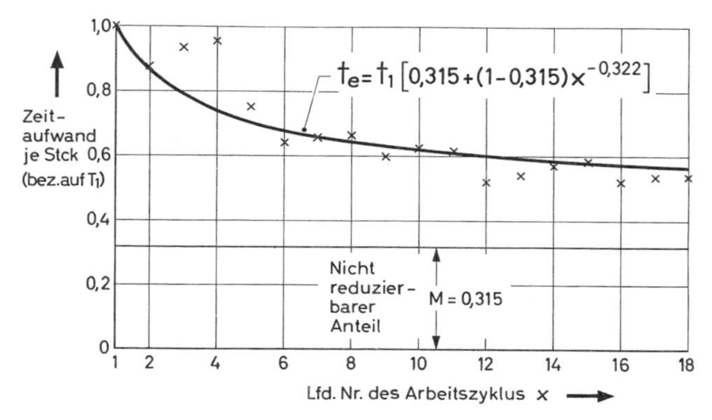

Abb. 4.22. Rückgang des Zeitbedarfs für Packarbeiten und 80%-Lernkurve

Die Kostendegression mit zunehmender Produktionsleistung hat zahlreiche Ursachen: Zunächst bewirkt bei Einzel- und Kleinserienfertigung zunehmende Produktionsleistung (mehr Teilebedarf pro Periode) einen Rückgang des Rüstzeitanteils je Teil. Dass 50% bis 20% der Maschinenbelegungszeit durch Rüsten, als „unproduktiv" verbraucht wird, ist bei der „Einzelfertigung" keine Seltenheit. (Massenfertigung kennt fast keine Rüstzeit.) Ferner bringt das Anlernen und Einlernen der Mitarbeiter so lange erhöhten Zeitbedarf und Mehrkosten gegenüber den Planwerten, bis alle Planungsfehler ausgebügelt sind und die Arbeit schließlich als Routine abläuft, d.h. ohne Hemmungen durch Überlegungen, Entscheidungen oder sonstige „Verstandesbremsen", siehe Abb. 4.22. Selbst dann, wenn die Arbeit schließlich als Routine abläuft, lassen sich noch durch individuelle Geschicklichkeit und „schleichende Rationalisierung" Fertigungszeiten und -kosten reduzieren. (Vgl. Bild 4.16).

Sind größere Stückzahlen je Periode verlangt, d.h. höhere Produktionsleistungen gefordert, dann bieten Verfahrensänderungen, Mechanisierung und Automatisierung nicht nur Zeiteinsparungen, sondern, als echte Rationalisierung, auch Ertragsverbesserungen. Der Übergang von Normalmaschinen zu NC-Maschinen, Sondermaschinen, magazinierten Maschinen, verketteten Maschinen, zu Transfermaschinen mit zunehmender Leistung und endlich Montagemaschinen oder Roboter bieten Leistungssprünge mit jeweiliger Kostenreduktion. Diese Vielzahl der Maßnahmen führt schließlich dazu, dass über den vollen Leistungsbereich der technischen Produktion bis zu 500 Tausend Stück pro Jahr bei Großteilen und oft bis zu mehreren Millionen Stück pro Jahr von Kleinteilen Kostensenkungen in der oben beschriebenen Art möglich sind.

c) Fertigungskostendegression durch Auslastungserhöhung bei Anlagen konstanter Kapazität

Die bekannteste Kostengesetzmäßigkeit ist die der Abhängigkeit der Kosten von der Auslastung bei Betrieben mit konstanter Kapazität. Als Auslastung bezeichnet man das Verhältnis der tatsächlichen Produktmenge je Zeiteinheit (a_a) bezogen auf eine gedachte, optimale Produktionsmenge je Zeiteinheit (a_{100}) bei konstanter Kapazität. Die Auslastungsdegression geht aus von einem Ertragspoten-

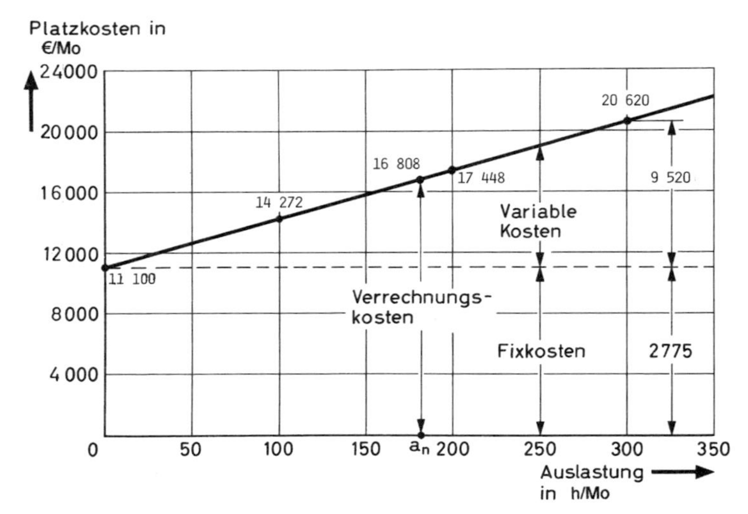

Abb. 4.23. Kosten je Abrechnungsperiode (€/Mo) eines Sechsspindelhalbautomaten

zial das mehr oder weniger genutzt wird. Konstante Kapazität und damit Kurzfristigkeit der Betrachtungen sind stillschweigende Voraussetzungen.In erster Näherung besteht für mittel- und langfristige Betrachtungen im Hinblick auf die Auslastung für die Fertigungskosten k_{fa} (€/Stk) die Beziehung:

$$k_{fa} = k_{var} + k_{fix,100} \frac{a_{100}}{a_a}$$

mit k_{var} = variable Fertigungskosten in €/Stk
und $k_{fix,100}$ = fixe Fertigungskosten bei Vollauslastung (100%) in €/Stk.
sowie a_a = Auslastung in% zur Vollauslastung (a_{100} = 100% Auslastung)

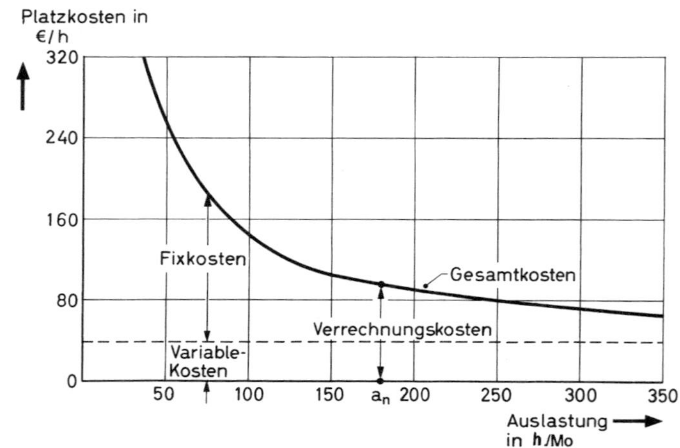

Abb. 4.24. Kosten je Produktionsstunde (€/h) des Sechsspindelautomaten in Abhängigkeit von der Auslastung

Je höher die Auslastung a, desto höher sind die Gesamtfertigungskosten je Periode. Je höher die Auslastung a, desto niedriger sind die Kosten je Einheit (Stückkosten) (Abb. 4.23 und 4.24).

Die Auslastungsdegression ist eine der wirkungsvollsten Komponenten für die Kostenbeeinflussung. Da für jede zusätzliche Produktionseinheit nur die Grenzkosten zusätzlich anfallen und diese bis zur Vollauslastung nur etwa den variablen bzw. proportionalen Kosten entsprechen, scheinen Maßnahmen, um gute bzw. volle Auslastung zu sichern, äußerst interessant. Selbst dann, wenn zusätzlich abzusetzende Produkte keine volle Kostendeckung einbringen. Mehr als oder mindestens die Grenzkosten (also einen Deckungsbeitrag ≥ 0) sollten solche Aufträge jedoch stets ergeben, sonst werden Vermögenswerte verzehrt.

Das Denken in Grenzkosten und Deckungsbeiträgen ist für kurzfristige Überlegungen also auslastungs- und beschäftigungspolitisch interessant. Langfristig muss jedoch angestrebt werden, dass von allen Aufträgen zusammen und von den meisten Aufträgen individuell eine Vollkostendeckung erreicht wird. Hierzu ist erforderlich definitionsgemäß der Kostenermittlung die „normale“ Auslastung zugrunde zu legen. Was aber ist diese „normale“ Auslastung? Legt man die jeweilige Ist-Auslastung der Rechnung zugrunde, dann werden in schlechten Jahren die Fixkosten auf wenige Stunden umgelegt, wodurch die Gemeinkostensätze bzw. die „Stundensätze“ sehr hoch erscheinen, was dazu führt, dass oftmals die wenigen Aufträge, die sich bieten, „hinauskalkuliert“ werden. Umgekehrt erscheinen die Kostensätze in Jahren guter Auslastung sehr niedrig, so dass Gefahr besteht, dass man zu viele Aufträge „hereinkalkuliert“ und noch mehr Terminschwierigkeiten entstehen. Aus diesem Grunde muss der „Normalauslastung“ eine Periode von etwa 5 Jahren (ab heute in die Zukunft!) zugrundegelegt werden, wobei dieser Zeitraum sowohl Hoch- wie auch Tiefzeiten beinhalten soll. Die Verfolgung der Liquidität, parallel zur Wirtschaftlichkeit ist jedoch bei dieser Denkweise unbedingt erforderlich.

2.4 Verfahrensvergleiche

Im Rahmen der Vorkalkulationen muss oftmals entschieden werden, nach welchen Fertigungsverfahren bestimmte Werkstücke zu fertigen sind oder ob die Werkstücke gar auswärts zu beschaffen sind. Wirtschaftlichkeitsrechnungen und Verfahrensvergleiche sind hierbei einzusetzen.

Für die Herstellung von Werkstücken gibt es meist verschiedene Verfahren: Soll eine Fläche gehobelt, gefräst oder schupp-geschliffen werden? Sofern Stabilität, Oberflächengüte und Toleranzen ausreichen, kann das Verfahren frei gewählt werden. Zur Auswahl des optimalen Fertigungsverfahrens dient der Verfahrensvergleich, mit dem festgestellt wird, welches Fertigungsverfahren die Funktionsforderungen mit den niedrigsten Kosten erfüllt. Für die Überprüfung sind drei Situationen zu unterscheiden:

a) alt – alt

Für zwei vergleichbare Verfahren sind innerhalb des Planungszeitraums Betriebsmittel (= Maschinen, Vorrichtungen, Werkzeuge usw.) mit freier Kapazität vorhanden.

Unabhängig vom Platzkostensatz sind die Betriebsmittel mit den niedrigsten Grenzkosten k_{gr} bis zur Vollauslastung einzusetzen.

Entscheidung für Verfahren 2, wenn:

$k_{gr2} < k_{gr1}$ ohne Rücksicht auf die Fixkosten k_{fix}.

Beispiel: alt – alt, Verfahrensvergleich bei freier Kapazität
Für die Ausführung eines Auftrags stehen zwei Anlagen zur Verfügung. Beide Anlagen haben freie Kapazität, sind anderweitig nicht einzusetzen und Personal ist frei verfügbar. Auf welcher Anlage ist zu fertigen, wenn die nachfolgend benannten Werte vorliegen?

Tabelle 4.1. Kosten bei verschiedenen Fertigungsverfahren

Benennung	Zeichen	Einheit	Numerisch gesteuerte Maschine	Hand-gesteuerte Maschine
Volle Platzkosten	K_p	€/h	100	50
Variable Platzkosten	K_{pv}	€/h	35	30
Auftragszeit	T	h	100	150

Auftragskosten K_a

Vollkosten: $K_{a1} = 100\ \text{h} \cdot 100\ €/\text{h} = 10000\ €$
$K_{a2} = 150\ \text{h} \cdot 50\ €/\text{h} = 7500\ €$

Grenzkosten: $K_{gr1} = 100\ \text{h} \cdot 35\ €/\text{h} = 3500\ €$
$K_{gr2} = 150\ \text{h} \cdot 30\ €/\text{h} = 4500\ €$

Lösung: Da nur über die Grenzkosten zu entscheiden ist, ist es zweckmäßiger auf der NC-Maschine (Maschine 1) zu arbeiten, obgleich formal in der Vollkostenrechnung 2500 € mehr für diese Bearbeitung verrechnet wird. Am Jahresende wird sich zeigen, dass 1000 € weniger Kosten angefallen sind, wenn die NC-Maschine für diesen Auftrag eingesetzt war und nicht 2500 € mehr, wie es hier die Vollkostenrechnung ausweist.

b) alt – neu (Rationalisierungsinvestitionen)
Beim Vergleich zwischen einem Verfahren, für das Betriebsmittel vorhanden sind und einem Verfahren, für das Betriebsmittel zum Investitionsbetrag I_2 für die Produktionsleistung von n Stk/a zu beschaffen sind, ist für das neue Verfahren zu entscheiden, wenn,

- unter Vernachlässigung von Zinsen:

$$k_{gr2} + \frac{I_2}{n} < k_{gr1} \quad \text{mit} \quad n = \text{Gesamte Produktionsmenge (Stückzahl) oder,}$$

- und unter Einbeziehung von Zinsen

$$k_{gr2} + \frac{I_2 \cdot \kappa}{M} < k_{gr1} \ \text{mit}\ M = \text{Produktionsmenge je Jahr (Stk/a)}$$

und mit

$$\frac{I_2 \cdot \kappa}{M} = \text{Kapitaldienst pro Stück}$$

aus der Investition I_2 und κ, dem Kapitalwiedergewinnungsfaktor

Beispiel: alt – neu, Grenzmenge für Riemenscheiben (Abb. 4.25 und 4.26)
Eine Riemenscheibe für einen Kompressor war als Gusskonstruktion eingeführt.
Das Gussrohteil wurde für k_{m1} = 1,90 €/Stk von auswärts beschafft, und die Eigenbearbeitung verursachte k_{fg1} = 3,30 €/Stk Grenzkosten bzw. k_{fv1} = 6,30 €/Stk Vollkosten.
Eine Spezialfirma bot für k_{var2} = 2,70 €/Stk eine fertige Blechriemenscheibe gleicher Qualität an, für die jedoch ein Investitionsbetrag erforderlich war von I_2 = 20 000 € Werkzeugkosten.

a) Wo liegen die beiden Grenzmengen?

b) Welche der beiden Grenzmengen ist entscheidungsrelevant?

c) Wie ändert sich die Grenzmenge M_{gr}, wenn von einer Bedarfsleistung M = 4000 Stk/a und einem Investitionszinssatz i = 15% p. a. ausgegangen wird?

Jahr	1	2	3	4
Kapitalwiedergewinnungsfaktor	1,150	0,615	0,438	0,350

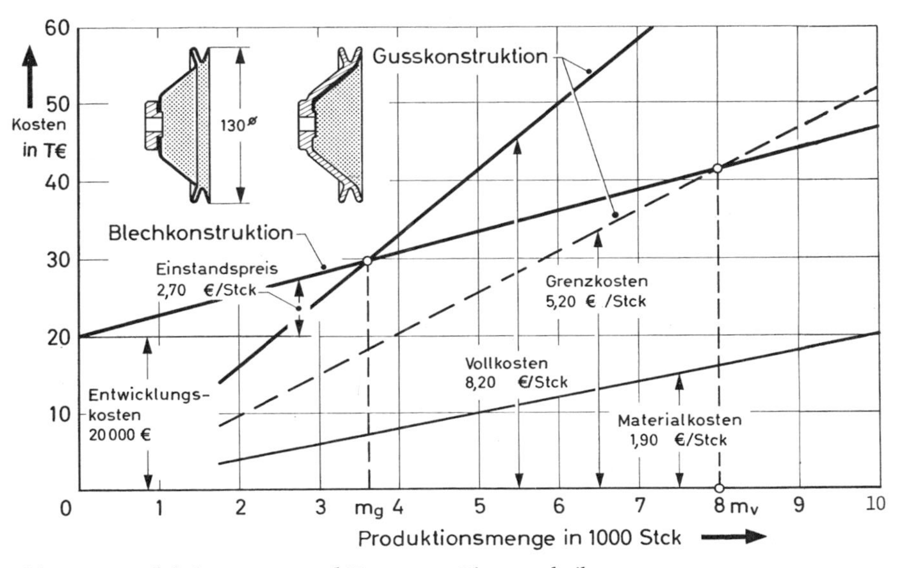

Abb. 4.25. Produktionsmenge und Kosten von Riemenscheiben

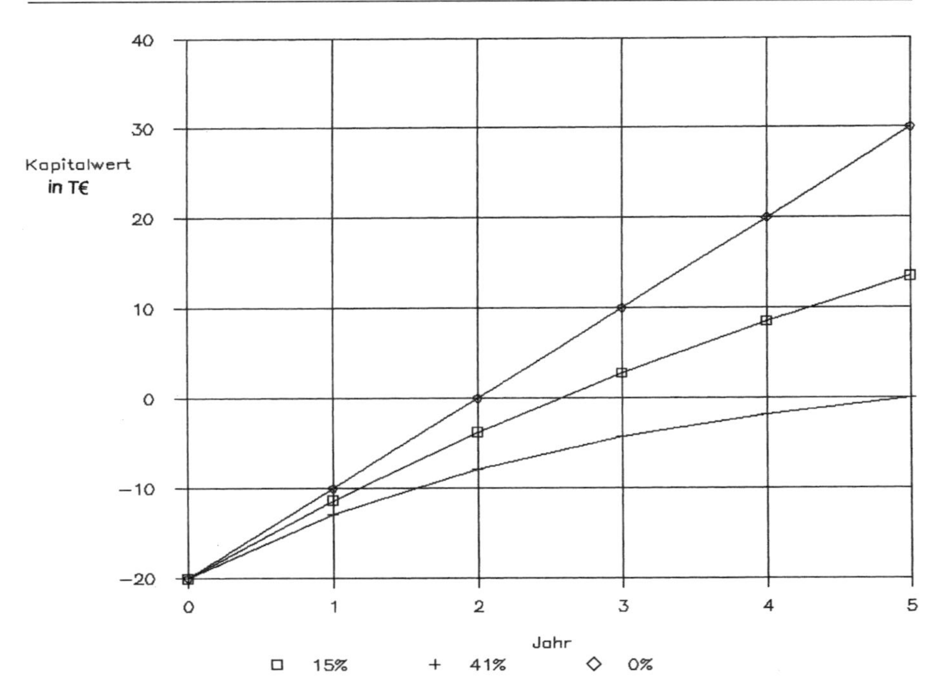

Abb. 4.26. Tilgungsdiagramm für Riemenscheibenwerkzeug für i = 0%p.a., 15% p.a. und i = 41% p.a. Verzinsung

c) neu – neu

Bestehen technische, kapazitive oder wirtschaftliche Notwendigkeiten für die Einführung eines neuen Verfahrens, dann ist sowohl über die Grenzkosten (k_{gr}) zu entscheiden wie auch über Sonderkostenumlagen, also „sprungfixe Kosten", die von den Investitionen ($I_{1/2}$) ausgelöst werden. Unter Einbeziehung von Zinsen lautet dann die Bedingung für die Wahl von Verfahren 2:

$$k_{gr2} + \frac{I_2\,\kappa_2}{M} < k_{gr1} + \frac{I_2\,\kappa_2}{M}$$

Für langfristige Betrachtungen, wenn also die Grenzkosten k_{gr} als variabel oder gar proportional und der Kapitaldienst K_{fix} auch als veränderlich erklärt werden muss, gilt, Entscheidung für Investition 2, wenn:

$$k_{var2} + k_{fix2} < k_{var1} + k_{fix1}$$

mit k_{var} = variable Kosten je Mengeneinheit und
k_{fix} = Fixe Kosten je Mengeneinheit
(aber langfristig doch als veränderlich anzusehen!).

Bei Werkzeugen, Vorrichtungen, Modellen u.a. ist die wirtschaftliche Grenz*menge n_{gr} in Stk* von Bedeutung. Sie errechnet sich näherungsweise (ohne Zins) nach der Beziehung:

$$I_1 + n_{gr}\, k_{gr1} = I_2 + n_{gr}\, k_{gr2}$$

$$n_{gr} = \frac{I_2 - I_1}{k_{gr1} - k_{gr2}}$$

Für die wirtschaftliche durchschnittliche *Grenzleistung M in Stk/a* gilt analog die Beziehung:

$$K_{fix,1} + M_{gr}\, k_{var1} = K_{fix,2} + M_{gr}\, k_{var2}$$

$$M_{gr} = \frac{K_{fix,2} - K_{fix,1}}{k_{var,1} - k_{var\,2}}$$

Dabei ist $k_{fix\,1/2}$ = fixe Fertigungskosten je Zeiteinheit z.B.: €/Jahr
$k_{var,\,1/2}$ = variable Fertigungskosten je Mengeneinheit z.B.: €/Stk
und M_{gr} = Grenzleistung als Menge je Zeiteinheit z.B.: Stk/Jahr

Beispiel: neu – neu – Querlenker Alternativen (Abb. 4.27)
Von dem Querlenker für einen Pkw gibt es drei Alternativkonstruktionen: Stahlblech, Schmiedeteile, und Alu-Gusskonstruktion. Wo liegen die wirtschaftlichen Grenzen, wenn untenstehende Daten ermittelt wurden:

a) wirtschaftliche Grenzmengen ohne Zinsen?
b) wirtschaftliche Grenzleistung mit i = 10 % p. a. und n = 5 Jahre (κ = 0,26380/a)

Nr.	Ausführung	Material	Gewicht kg/Paar	Variable HK 1 €/Stk	Investition T€
1	Stahlblech	GTS	4,2	30,00	700
2	Stahl-Schmiedeteile	G54L	3,0	54,00	168
3	Alu-Gussteile	Alu-Guss	3,2	57,00	197

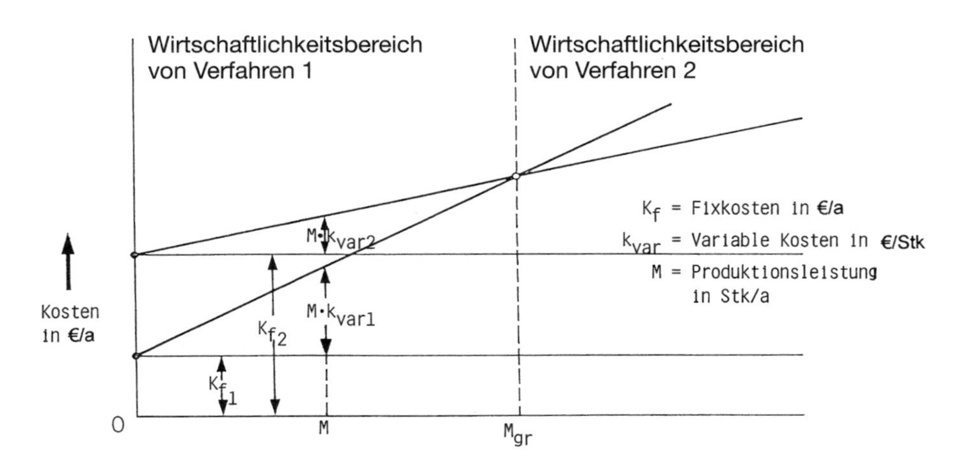

Abb. 4.27. Grenzmengenrechnung für Investitionen (Verfahrensgrenzen)

Zu a) Grenzmenge Stahlblech (1) gegen St-Schmiedeteile (2) und Alu-Guss (3)

$$m_{gr1/2} = \frac{7\,000\,000 - 168\,000}{54{,}00 - 30{,}00} \text{ Stk} \qquad 22\,167 \text{ Stk}$$

$$m_{gr1/3} = \frac{7\,000\,000 - 197\,000}{57{,}00 - 30{,}00} \text{ Stk} \qquad 18\,630 \text{ Stk}$$

Für $m_{gr} > 22167$ Stk bietet Stahlblech die kostengünstigste Lösung. Da die Alu-Gusskonstruktion stets teurer und schwerer ist als die St-Schmiedelösung scheidet sie aus der Betrachtung aus.

Zu b) Wirtschaftliche Grenzleistung mit 10% Zinsen bei 5 Jahren Bauzeit.

$$M_{gr1/2} = \frac{(700\,000 - 168\,000) \cdot 0{,}26380}{54{,}00 - 30{,}00} \text{ Stk/a} = 5\,848 \text{ Stk/a} \quad \text{bzw.} \quad 29\,280 \text{ Stk.}$$

$$M_{gr1/3} = \frac{(700\,000 - 197\,000) \cdot 0{,}26380}{57{,}00 - 30{,}00} \text{ Stk/a} = 4\,914 \text{ Stk/a} \quad \text{bzw.} \quad 24570 \text{ Stk.}$$

Ab $M_{gr} > 5\,848$ Stk/a ist Stahlblech kostengünstiger als die St-Schmiedelösung und ab für $M_{gr} > 4\,914$ Stk/a günstiger als die Alu-Gusslösung.

3 Kosten und Preisbildung

3.1 Vollkosten-Preis

Dort, wo es keine Marktpreise im Sinne von „am Markt feststellbare Preisvorstellungen“ gibt, überall in der komplexen Einzelfertigung, im Sondermaschinenbau, bei umfangreichen Ausschreibungen usw. dient die Vollkostenrechnung, ergänzt durch Erfahrungswerte über erzielbare Gewinne oder notwendige Abschläge als Basis für die Preisfindung. Aber auch dort, wo Marktpreise bekannt sind, dient der „Vollkostenpreis“ als wichtiges Kriterium für die Beurteilung der langfristigen Produktchancen. Daher ist es üblich, für alle marktgängigen Produkte die Vollkosten zu ermitteln, wenngleich die Deckungsbeitragsrechnung für kurzfristige Entscheidungen wichtig ist und in zunehmendem Maße in der Industrie Eingang findet. Auch bei Neuentwicklungen ist zunächst zu klären, ob die geplanten Produkte über ihre vollen Kosten hinaus noch Gewinn abwerfen, und besonders bei Serienprodukten, die über mehrere Jahre laufen, ist der Vollkostenpreis Voraussetzung für die Serienaufnahme. Bei Serienprodukten, die als Nachfolgetypen oder als Weiterentwicklungen beurteilt werden müssen, ist eine Vollkostenkalkulation aus zwei Richtungen notwendig: Ausgehend vom „erzielbaren Marktpreis“ und dem erforderlichen Deckungsbeitrag zeigt die retrograde Kalkulation (vom Preis rückschreitend die Kosten ermittelnd), wo die Obergrenze der Herstellkosten 2 liegt.

Basierend auf den Vergleichskosten der erforderlichen Aggregate lassen sich auch Herstellkosten 1 und, unter Beachtung der Investitionsumlage, die Herstellkosten 2 progressiv (von den Kostenanteilen vorwärts schreitend) errechnen. Schlägt man auf die HK2 den üblichen%-Satz für den Deckungsbeitrag, eventuell in einzelnen Stufen

a) für Verwaltung,
b) für Vertrieb,
c) für Gewinn u.ä.,

erhält man den „erforderlichen Marktpreis", der den erzielbaren Marktpreis nicht übersteigen darf. Ein Abgleich ist hier unbedingt notwendig.

Abbildung 4.28 zeigt beide Kalkulationsrichtungen und das Problem (ΔP), das die Diskrepanz zwischen den beiden „Marktpreisen" mit sich bringt.

– Welche Bedeutung haben nun die Vollkosten? –

Die Preisbildung ist kein mathematisches sondern ein politisches Problem: Die Kalkulation kann zwar kurzfristige, mittelfristige und langfristige Mindestpreise ermitteln, sie kann auch, unter gewissen Bedingungen, Höchstpreise als Abwehrpreise feststellen, den Angebotspreis wird sie jedoch nur in Sonderfällen als Selbstkostenpreise bzw. Kostenerstattungspreise o.ä., ermitteln können.

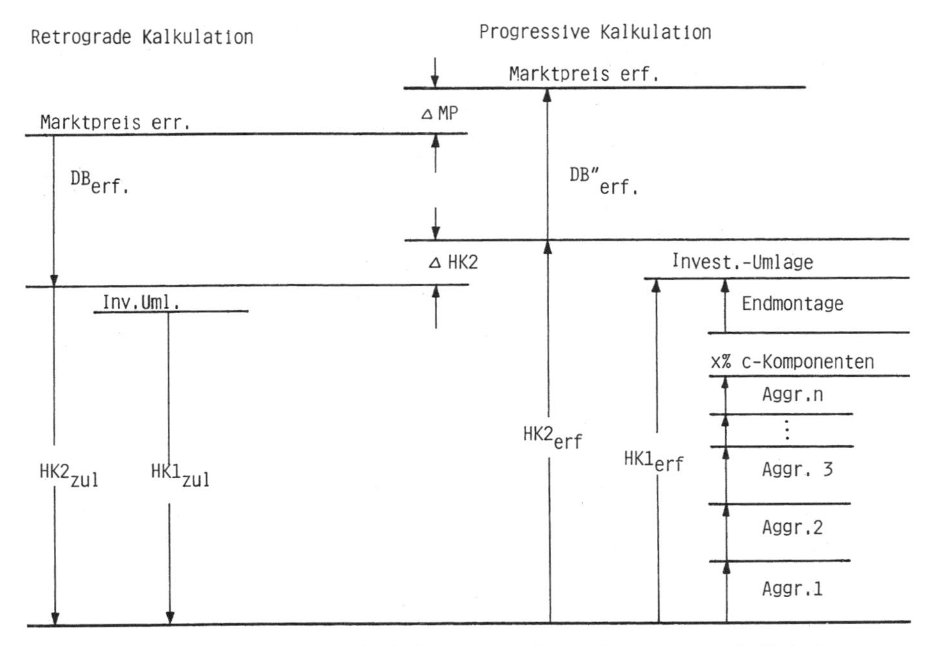

Abb. 4.28. Kosten- und Marktpreislücke bei retrograder und progressiver Kalkulation (MP = Marktpreis, DB = Deckungsbeitrag, HK = Herstellkosten)

Besteht für ein bestimmtes Produkt kein übersichtlicher Markt, oder ist das Produkt ein neu entwickeltes Objekt, dann ist es zweckmäßig, neben dem auf Grenzkosten oder auf einem spezifischen Deckungsbeitrag aufbauenden Mindestpreis auch einen Vollkostenpreis zu errechnen. Dieser Preis soll aufzeigen, welche Kosten eine potentieller Konkurrent in Ansatz bringen muss, um neben einer vollen Kostendeckung auch noch einen angemessenen Gewinn zu erwirtschaften. Dieser „Pseudo-Marktpreis" muss dann jeweils noch nach der spezifischen Marktsituation beurteilt werden.

Bei Serienprodukten ist noch folgende Überlegung angebracht: Steigende Kosten fordern Preiserhöhungen, um einen angemessenen Deckungsbeitrag zu sichern. Wie der Markt auf Preiserhöhungen reagiert, lässt sich nur schwer abschätzen. Dagegen ist bei vollkommener Konkurrenz und vorhandener Kapazität (kein Engpass!) Leicht festzustellen, wo die Grenzen für Preiserhöhungen liegen:

Unter Annahme freier Kapazität, gleichbleibender variabler Kosten je Einheit, bedingt ein konstanter Deckungsbeitrag D je Periode folgende Produktionsmengen bzw. Absatzzahlen:

$$D = n_1\, d_1 = n_1\, (p_1 - k_{var})$$
$$= n_2\, d_2 = n_2\, (p_2 - k_{var})$$

mit

D = Deckungsbeitrag in €/Periode
$n_{1/2}$ = Verkaufsmenge in Stk/Periode vor/nach der Preiserhöhung
$d_{1/2}$ = Deckungsbeitrag in €/Stk vor/nach der Preiserhöhung
$p_{1/2}$ = Preis in €/Stk vor/nach der Preiserhöhung
k_{var} = variable Kosten in €/Stk.

Wenn

$$n_2 \geq n_1 \frac{d_1}{d_2} = n_1 \frac{p_1 - k_{var}}{p_2 - k_{var}},$$

bringt eine Preiserhöhung keinen geringeren Gesamtdeckungsbeitrag. Die Abschätzung, ob die Verkaufsmenge n_2 abzusetzen ist, ist meist wesentlich leichter als die Darstellung der Nachfragekurve in Abhängigkeit vom Preis (= Welche Mengen lassen sich bei welchen Preisen absetzen?).

Beispiel zu Preis und Absatzmenge

Der derzeitige Erlös (Preis) eines Produkts sei

$$p_1 = 1{,}00$$

und die variablen Kosten

$$k_{var} = 0{,}60\,\%\ \text{dieses Wertes.}$$

Um wie viel darf die Absatzmenge n_1 zurückgehen, wenn der neue Preis p_2 um 10 % höher sein soll als der bisherige?

Lösung:

$$p_1 = 1{,}00, \quad k_{var} = 0{,}60$$

$$p_2 = 1{,}10, \quad n_{2\,min} = \frac{1{,}00 - 0{,}60}{1{,}10 - 0{,}60}\, n_1 = 0{,}80\, n_1$$

Ergebnis:

10% Preiserhöhung rechtfertigt 20% Absatzeinbuße bei gleichem Deckungsbeitrag je Periode.

Analoge Überlegungen für die Beschäftigungspolitik lauten: Welche Preisreduzierung ist zu verkraften, wenn zur besseren Auslastung 25% mehr produziert und abgesetzt werden soll?

Ergebnis:

Der Preis darf um 8% niedriger liegen. Reicht dies nicht aus, den Absatz um 25% zu stimulieren, dann ist es wirtschaftlich besser, den höheren Preis beizubehalten. Aus Beschäftigungsgründen kann es aber trotzdem zweckmäßig sein, die größere Menge beim niedrigeren Preis zu produzieren.

3.2 Teilkostenpreis und Deckungsbeitrag

Fixe Kosten sind kurzfristig nicht zu beeinflussen. Für alle kurzfristigen Entscheidungen sind damit Fixkosten auch nicht relevant. Das bedeutet aber, dass Kalkulationen hierfür nur auf den variablen Kosten – genau genommen auf den Grenzkosten – aufbauen müssen.

Soweit die Fixkosten aber unvermeidbar sind, müssen sie jedoch von allen Produkten zusammen erwirtschaftet werden und überdies muss langfristig auch noch ein Überschuss als Gewinn erscheinen. Das bedeutet, dass, wenn nicht die Vollkostenrechnung betrieben wird, ein anderes Verfahren oder Prinzip der Fixkostenverrechnung angewandt werden muss. Hierfür kommen in Frage:

Das Verursachungsprinzip
(– Die Kosten sind den sie verursachenden Leistungen anzurechnen –)
Dieses Prinzip ist bei der Grenzkostenkalkulation für Entscheidungen auf kurze Sicht konsequent beachtet. Da viele Kosten jedoch ursächlich nicht bestimmten Leistungen zuzuordnen sind, bleibt ein großer Kostenblock offen, der nach anderen Kriterien verteilt werden muss.

Das Deckungsprinzip
(– Alle Kosten sind von allen Leistungen zu tragen –)
Dieses Prinzip gilt nur für die Summe. Wie die Differenz zwischen der Summe und den verursachungsgerecht zu verteilenden Kosten umzulegen ist, bleibt offen.

Das gewinnwirtschaftliche Prinzip
(– Der langfristige Gewinn ist zu maximieren –)
Auch hier ist nur über die Preisbildung für das Gesamtunternehmen etwas ausgesagt. Die Einzelprodukte sind nicht angesprochen.

Das Tragfähigkeitsprinzip
(– Die Kosten sind den Produkten nach Maßgabe ihrer Tragfähigkeit zuzuordnen –)
Dieses Prinzip orientiert sich am Markt, der jedoch nicht starr vorgegeben ist, sondern durch besondere Marktstrategien Marketing, Werbung und weiteren Förderungsmaßnahmen bei den Produkten unterschiedlich zu beeinflussen ist. Unter den erwähnten Prinzipien ist es jedoch das einzige, das produktspezifisch zur Aufteilung des Fixkostenblocks etwas aussagt.

Alle diese Prinzipien bedürfen besonderer Ansätze, um die Kosten, die nicht verursachungsgemäß zu verteilen sind, im Sinne des Unternehmens günstig zu verrechnen. Folgende Fälle sind dabei zu beachten:

1) Gewinnwirtschaftliche Rangreihe bei freier Kapazität (Abb. 4.29)
Solange ein Unternehmen freie Kapazitäten hat, und zusätzliche Aufträge keine anderen Produkte verdrängen, andererseits aber auch nicht gezwungen ist, bestimmte Anlagen zu beschäftigen bzw. zu betreiben und zu bezahlen, ohne dass verkäufliche Waren erzeugt werden, unter diesen Bedingungen entstehen als Zusatzkosten für Zusatzproduktion lediglich die „Grenzkosten". Bis zur Vollauslastung sind, nach fallendem Deckungsbeitrag favorisiert, alle Aufträge aufzunehmen, die mehr als die Grenzkosten bringen.

Die Grenzkosten sind damit die Preisuntergrenze.
oder
Grenzpreis = Grenzkosten

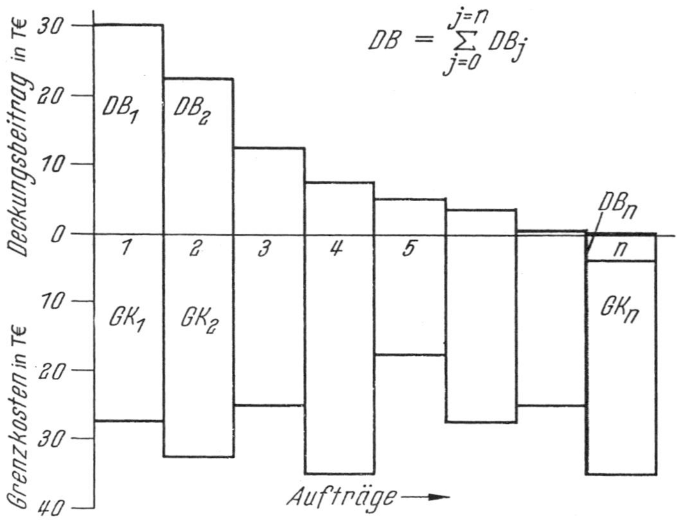

Abb. 4.29. Priorität der Aufträge bei freier Kapazität ohne Auslastungszwang

Der erzielbare Deckungsbeitrag orientiert sich am Markt bzw. am „branchenüblichen Gewinn“. Die „Vollkosten“ dienen lediglich als Orientierungshilfe.

2) Gewinnwirtschaftliche Rangreihe bei einem Engpass (Abb. 4.30)
Engpässe sind so zu belegen, dass für das Unternehmen ein möglichst hoher Deckungsbeitrag erzielt wird. Besteht nur ein Engpass, dann erhält man die gewinnwirtschaftliche Rangreihe der Produkte durch Ordnung der Aufträge nach fallendem spezifischen Deckungsbeitrag DB_{spez}

$$DB_{spez} = \frac{\text{Deckungsbeitrag}}{\text{Engpassbelegung}}$$

Der letzte Auftrag, der noch erfüllt werden kann wird als „randständig“ bezeichnet. Er zeigt den Mindestwert des spezifischen oder absoluten Deckungsbeitrags alternativer Aufträge.

Grenzpreis = Grenzkosten + Opportunitätskosten

Die Opportunitätskosten entsprechen hier dem Produkt aus Engpassbelegung × spezifischem Deckungsbeitrag des randständigen Erzeugnisses, also dem absoluten Deckungsbeitrag dieses Auftrags, wenn ein Alternativauftrag die gleiche Kapazität benötigt. Benötigt ein Alternativauftrag mehr oder weniger Kapazität, muss über die Kapazitätsdifferenz entschieden werden. Sind bei mehr Kapazitätsbedarf Terminverschiebungen möglich, kann mit dem gleichen spezifischen Deckungsbeitrag für die Folgeperiode gerechnet werden.

Bei auslastungsabhängigen Kapazitätskosten (etwa durch Schichtzuschläge) ergibt sich die Grenze wirtschaftlicher Auslastung aus dem Schnittpunkt der spezifischen Kapazitätskostenkurve mit der Kurve des spezifischen Deckungsbeitrags.

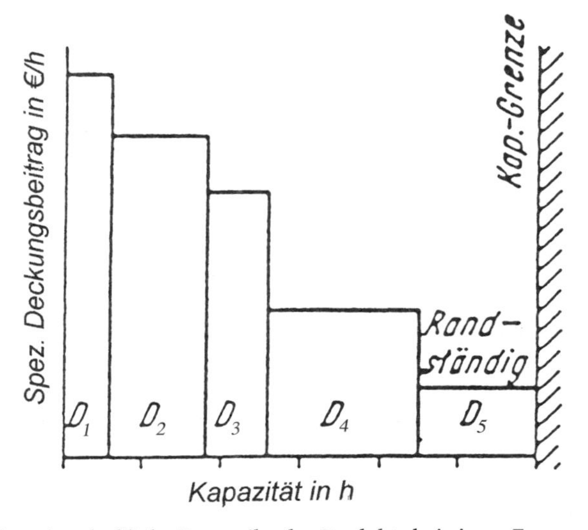

Abb. 4.30. Gewinnwirtschaftliche Rangreihe der Produkte bei einem Engpass

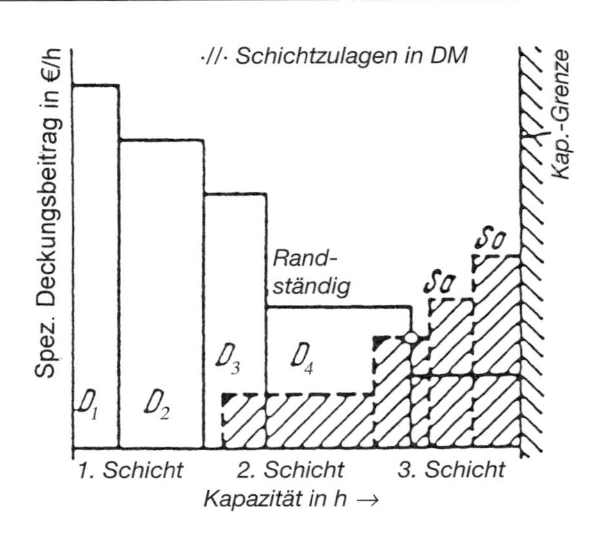

Abb. 4.31. Verringerung des Deckungsbeitrags durch Schichtzulagen

Werden bei Schichtbetrieb Zuschläge beim Lohn und den Zulagen bezahlt, mindern diese den spezifischen Deckungsbeitrag. So reduziert ein Schichtzuschlag von 25% (bei einem Lohnsatz von 15 €/h Fertigungszeit und 80% Lohnnebenkosten) den spezifischen Deckungsbeitrag je Arbeitsstunde um 6,75 €/h. Hierdurch sind einfache Arbeitsplätze sicher nicht mehr wirtschaftlich in der zweiten oder gar in der dritten Schicht zu besetzen. In Abb. 4.31 wird der Gewinn von Auftrag 4 größtenteils durch Zulagen verzehrt und Auftrag 5 völlig unwirtschaftlich.

3) Gewinnwirtschaftliche Rangreihe bei mehreren Engpässen

Die Programmoptimierung durch Ermittlung der gewinnwirtschaftlichen Rangreihe der Produkte kann bei Mehrproduktunternehmen mit mehreren Engpässen durch lineare Planungsrechnung gefunden werden. Marktpreise, Grenzkosten und Kapazitätsdaten sind zunächst zu ermitteln. Die Ansätze für die Optimierungsgleichungen sind einfach. Zeitaufwendige Auswertung sind durch EDV zu lösen. Sind nur zwei Strukturvariable (Produkte) vorhanden (in Grenzfällen 3), dann lässt sich die Optimierung auch graphisch darstellen und lösen. Für Kostenrechnung bzw. Grenzpreisermittlung gilt:

Grenzpreis = Grenzkosten + Opportunitätskosten

Die Opportunitätskosten entsprechen dem entgangenen Gewinn der zweitbesten Verwendungsmöglichkeit des Engpasses (Verdrängung).

Das Beispiel von Abb. 4.32, das in [4.6] näher erläutert ist, zeigt die grafische Lösung zu einer Programmoptimierung zwischen zwei Fahrzeugtypen ($x_1$und x_2) mit drei austauschbaren Kapazitäten (Rohbau, Aggregate und Endmontage) sowie der Absatzbegrenzung für die beiden Typen. Die Isogewinnlinien (Gewinn = Constant) zeigen dabei, dass die Maximalmenge von Typ 1 mit der Endmontage den optimalen Gewinn ergeben.

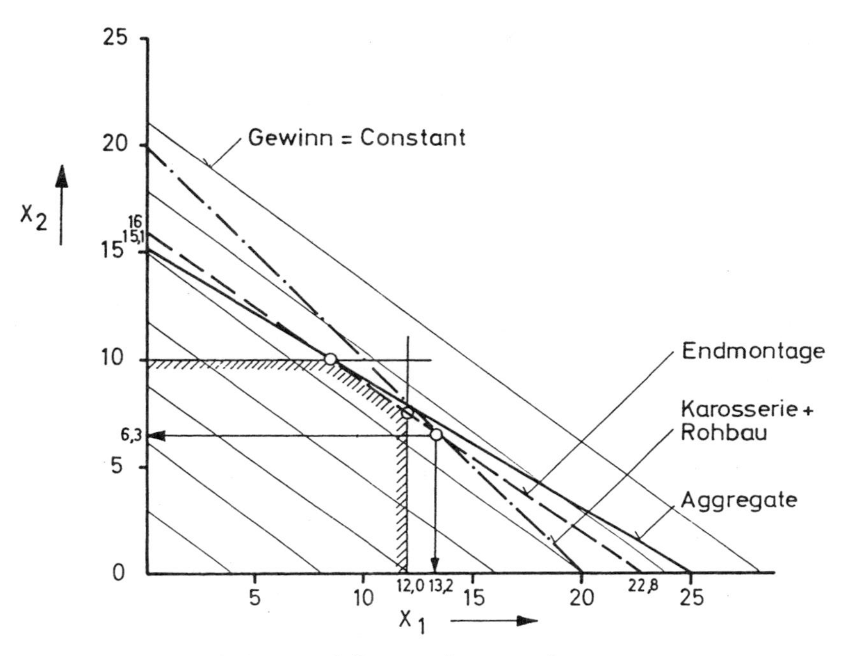

Abb. 4.32. Programmoptimierung mit linearer Planungsrechnung

4 Kostenprobleme der Produktplanung und Produktentwicklung

In Kapitel 2 wurden die wesentlichen Techniken der Produktplanung bereits besprochen, so dass hier nur noch einige spezielle Kostenprobleme zu behandeln sind.

4.1 Kostenziele und mitlaufende Kalkulation (Target Costing)

Bei der Produktentwicklung werden 2 Kostenziele vorgegeben und laufend überwacht:

1. Entwicklungs-Kostenziele
2. Produkt-Kostenziele

Da die Entwicklungskosten bei technischen Serien- und Massenprodukten bei 4 – 6% und bei der Einzelfertigung nur selten über 10% der Selbstkosten liegen, ist ihre Einhaltung zumeist viel weniger wichtig als das Einhalten der Vorgaben für die Herstellkosten 1. Die Herstellkosten 1 betragen nämlich im Durchschnitt etwa 60% der Selbstkosten, also rund 10 mal so viel wie die Entwicklungskosten. Die Techniken zur Kostenvorgabe und -verfolgung werden mit den Bezeichnungen „Kostenzielvorgabe" und „Begleitkalkulation" bzw. „Target Costing" benannt.

Die Gewinnchance eines Produkts wird mit dem Pflichtenheft festgelegt. Dieses bestimmt, ob ein Produkt die Wünsche potentieller Kunden gut oder weniger gut erfüllt, ob es einen hohen oder einen niedrigeren Preis bei hoher oder geringer Absatzmenge erzielen lässt, und ob damit die Kosten hoch oder niedrig ausfallen können. Die Entwicklung, Arbeitsvorbereitung und Fertigung versuchen nun das optimale Kostenziel zu erreichen, doch die erzielten Kosten sind zumeist wesentlich höher als die Idealkosten. Zahlreiche Optimierungsversuche mit Hilfe der Wertanalyse ergaben etwa folgende Abb. 4.33:

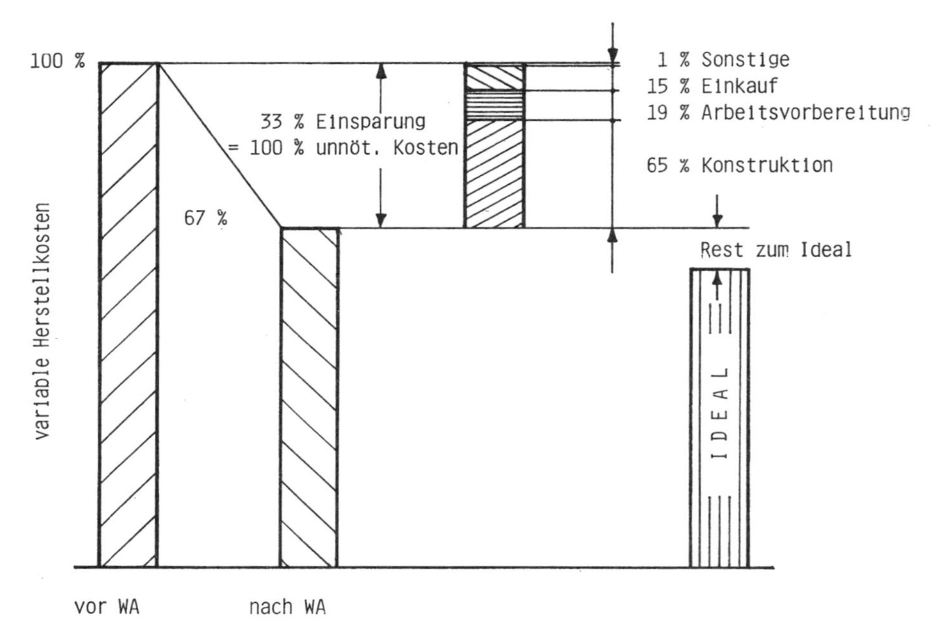

Ab.. 4.33. Kostensenkung durch Wertanalyse (nach Ehrlenspiel [4.9], ergänzt)

Entscheidungen, die während des Entwicklungsstadiums getroffen werden, sind für 75% der **Mehr**kosten des Endprodukts gegenüber den Kosten der Ideallösung verantwortlich.

Als mitlaufende Kalkulation bezeichnet man ein Kostenrechnungsverfahren, bei dem geplante Produktkosten ständig mit zu erwartenden oder aufgelaufenen Ist-Kosten verglichen werden mit dem Ziel, bereits vor dem Entstehen, oder zumindest möglichst bald über Kostenabweichungen informiert zu sein. Dadurch lassen sich manche Abweichungen noch rechtzeitig korrigieren oder Überschreitungen reduzieren. Die Ablauforganisation für die Entwicklung sieht dafür folgende Schritte vor:

1. Vorgabe des Pflichtenhefts für alle technischen Daten.
2. Vorgabe von Terminen für Teilaufgaben.
3. Vorgabe der zulässigen Herstellkosten des Gesamtprodukts.

4. Ermitteln der Funktionsstruktur des Produkts.
5. Aufteilen der Kosten auf die Funktionsgruppen.
   a) Wiederholgruppen: nach Standardkosten.
   b) Neugruppen: in Anlehnung an ähnliche Produkte prozentual aufteilen wie dort oder nach Erwartungen.
6. ABC-Analyse der Funktionsgruppen.
   a) Kosten der C-Gruppen: Enbloc-Schätzwert in mitlaufende Kalkulation übernehmen.
   b) Kosten der B-Gruppen: Detailliert schätzen.
   c) Kosten der A-Gruppen: Sofort nach (mehreren) Entwürfen errechnen und Alternativen auswählen. Wird Ziel nicht erreicht, Wertstudien veranlassen.
7. Laufender Soll-Ist-Vergleich der Kosten.

Das Einsatzgebiet der Entwicklungszeitvorgabe und mitlaufender Kalkulation ist der Maschinenbau, der Fahrzeugbau, der Stahlbau, die Bauwirtschaft und die Elektroindustrie. Sowohl in den Massen und Serienfertigung wie auch in der Einzelfertigung großer Projekte wird die mitlaufende Kalkulation angewandt.

4.2 Konstruktionsvergleiche

Bei der Massenfertigung ist es üblich, für neue technische Lösungen zumeist 2 oder 3 Varianten zu konzipieren, entwerfen und evt. sogar zu bauen und erproben. Bei technisch und nach dem Geltungswert unterschiedlichen Lösungen kann durch technisch-wirtschaftliche Bewertung (VDI-R 2225 [4.10]) ein Vergleich angestrebt werden. Bei äußerlich gleichwertigen Lösungen ist ein Kostenvergleich ausreichend. Als Entscheidungskosten werden dabei die Kosten erfasst, die unterschiedlich ausfallen können. Hierzu zählen vor allem die Herstellkosten der Alternativen und zwar:

a) als Vollkosten für langfristige Entscheidungen
b) als Grenzkosten + Opportunitätskosten bei Engpassbelegungen und kurzfristigen Auswirkungen und
c) als Grenzkosten bei freier Kapazität und kurzfristigen Auswirkungen.

Zuzüglich sind zu verrechnen:

a) Sonderkosten der Entwicklung, soweit direkt erfassbar
b) Kosten für Sondermaschinen, Modelle und Vorrichtungen
c) Einführungskosten (sofern unterschiedlich).

Bei Konstruktionsänderungen sind frei werdende Sondermaschinen u.ä. nur mit dem erzielbaren Liquidationserlös zu bewerten. Als Kalkulationsverfahren kann die Zuschlagskalkulation mit Kostenstellensätzen nur verwendet werden, wenn heterogene Abteilungen bestehen oder gleichartige Fertigungen verglichen werden oder wenn sehr umfangreiche Projekte zu untersuchen sind. Andernfalls ist Platzkostenrechnung erforderlich.

4.3 Wirtschaftliche Konstruktionsprinzipien

Das Pflichtenheft ergibt den Gesamtrahmen für die Funktionen und damit auch für die niedrigst möglichen Kosten eines Produkts. In diesem Rahmen treffen die Entwicklung und Konstruktion die wesentlichsten Kostenentscheidungen. Was bei dieser Vorarbeit versäumt wird, kann keine noch so gute Arbeitsvorbereitung wieder einholen. Arbeitsvorbereitung und Fertigung können nur versuchen, das Fertigungsoptimum für das Produkt zu finden. Deshalb sind bei der Pflichtenhefterstellung, Entwicklung und Konstruktion folgende Prinzipien zu beachten:

1. **Wertdenken**
   Jedes Produkt ist nach „Wertgesichtspunkten" zu entwickeln. Durch die Konstruktion sollen Verkaufsmotive geschaffen werden. Diese sind:

   Rationaler Art — als Gebrauchsfunktionen
   Emotionaler Art — als Geltungsfunktionen.

   Außerdem sind die Kosten für die vorgegebene Leistung zu minimieren: Die Konstruktion muss die denkbar einfachste Lösung zur Verwirklichung der geforderten oder gewünschten Funktionen darstellen (siehe Wertanalyse).

2. **Konstruktion nach Lebensdauer**
   Die Idealkonstruktion ist so zu dimensionieren und zu tolerieren, dass alle Teile zum vorgesehenen Nutzungsende gleichzeitig gebrauchsuntauglich werden. Technische Schwachstellen machen sich durch ihr Versagen bemerkbar. Überdimensionierungen bedeuten wirtschaftliche Schwachstellen. Diese zeigen sich jedoch nicht von selbst. Sie müssen daher durch Berechnungen, Bemessungsregeln, Wertanalyse bzw. FMEA vermieden werden. Überdimensionierungen sind zweckmäßig, wo sich durch Mengendegression Vorteile ergeben. So dürfen beispielsweise Massenfertigungsteile, wie Normteile, um 10 bis 30 % größer dimensioniert sein als entsprechende Einzelfertigungsteile.

3. **Vereinheitlichung**
   Durch Vereinheitlichung, Normung, Typreihen, Baukastenkonstruktionen o. ä. können die Kosten wesentlich gesenkt werden. (Erhöhung der Produktionsleistung auf den doppelten Wert, ermöglicht eine Fertigungskostensenkung pro Stück auf 80 % des Ausgangswertes). Daher müssen alle diesbezüglichen Maßnahmen gefördert werden, etwa durch Aufbau einer Abteilung „Grundlagenentwicklung", die derartige Vereinheitlichungen nach einem festen Zeitplan einschleust.

4. **Toleranz nach Funktionsansprüchen**
   Toleranzeinengung auf die Hälfte bedeutete im Grenzgebiet der Fertigung eine Verdoppelung der Kosten für die toleranzbestimmenden Arbeiten. Toleranzen müssen nach dem festgelegt werden, was die Funktion verlangt und nicht nach dem, was die Fertigung gerade noch einhalten kann. Ein Teil ist so zu konstruieren, dass der Gesamtschaden, der bei seinem Versagen entsteht, wenig kleiner ist, als der Mehraufwand durcheine stärkere Dimensionierung oder engere Tolerierung.

   So gut wie möglich! → So gut wie nötig! → So gut wie honoriert wird!

5 Kostenprobleme der Arbeitsvorbereitung

Die Arbeitsvorbereitung erstellt für die Kostenermittlung das Mengengerüst durch

Festlegen des Materialbedarfs und der Disposition
Festlegen der Betriebsmittel und damit der Kostensätze
Festlegen der Fertigungszeiten.

Bereits zur Bewertung des Konstruktionsvergleichs ist daher die Arbeitsvorbereitung angesprochen. Ebenso hat sie für Auswärtsteile durch Richtpreiskalkulationen Vergleichswerte zu schaffen und nachfolgende Kostenuntersuchungen zu bearbeiten.

5.1 Richtpreiskalkulationen

Die Kostenrechnung muss nachvollziehbar sein. Die Preisbildung ist danach eine politische, eine Machtfrage. Die Aufgabe der Arbeitsvorbereitung ist es, realistische Selbstkosten zu ermitteln. Als Preisvorschlag wird jedoch häufig daraus durch einen Faktor oder einen vorgegebenen Zuschlagssatz ein sgn. Richtpreis errechnet. Welcher Preis dann wirklich angestrebt werden soll, ist dann von Fall zu Fall zu entscheiden.

Die Vorkalkulationen können entweder von den Einzelkosten ausgehend als sogenannte Progressive Rechnungen ausgeführt werden oder vom zu erwartenden Preis ausgehend als Retrograde Kalkulationen. in allen Fällen sind die Rechnungen heute so zu gestalten, dass nur die Primärdaten wie Fertigungszeiten und Kostenstellen oder Maschinenart sowie Materialeinzelkosten und Sonderkosten einzugeben sind. Alle übrigen Daten wie Kostensätze oder Zuschläge usw. sind in einem EDV-Programm hinterlegt und ergänzen die Rechnung, sobald die Primärdaten eingegeben sind. Ferner sind alle Rechenschemata so ausgestaltet, dass überall die Kosten als Vollkosten und als variable Kosten erscheinen. So ist es mit Hilfe der variablen Kosten und Deckungsbeiträgen möglich sowohl kurzfristige Überlegungen anzustellen wie auch langfristige Entscheidungen auf Vollkosten und Bruttogewinnen zu gründen.

Beispiel einer progressiven Zuschlagskalkulation
Für den im Folgeblatt eingetragenen Auftrag sind mit einer progressiven Zuschlagskalkulation zu ermitteln

1) der Richtpreis, (= Selbstkosten + unternehmensspezifischer Zuschlag) sowie
2) der „Richtpreisdeckungsbeitrag (= Deckungsbeitrag, wenn der Richtpreis erzielt wird)
3) der Mindestpreis ohne und mit einem Engpass beim Personal (= Fertigungszeit).

Alle Daten die einzugeben sind (hier nur 5 Zahlen), sind kursiv geschrieben; alle übrigen Daten sind entweder vorgedruckt oder im Programm hinterlegt.

Siehe nächstes Blatt!

Firma :	Kalkulation Nr.:	145 / 2000	**Schema für progressive Kalkulation**
Werk :	Benennung:	Fräsmaschinentisch	
Bearb.:	Modell Nr:	Siehe Zeichn.	
Datum	Programm:	Sonderprogramm 2000	

Nr.	Benennung	Berechnungsgleichung oder Einheit	Auftrags- daten	Kosten in €/Stk	
				var	voll
1	Fertigungslohn (Kstst. *110* Fräserei)	12,50 €/h	*28,1* h	351	351
2	Fertigungsgemeinkost. (var/gesamt)	140/320 %	BAB	492	1124
3	Fertigungslohn (Kstst. *112* Verputzerei)	12,00 €/h	*16,2* h	194	194
4	Fertigungsgemeinkost. (var/gesamt)	120/260 %	BAB	233	505
5	Fertigungskosten	(1) bis (4)	Σ	1270	2174
6	Materialeinzelkosten	Stückliste + Preisliste	*775*	775	775
7	Materialgemeinkosten	3/8 % von (6)	BAB	23	62
8	Herstellkosten 1	(5) bis (7)	Σ	2068	3011
9	Sonderkosten	Auftrag	116**	116	116
10	Herstellkosten 2	(8) + (9)	_	2184	3127
11	Verwaltungs- und Vertriebskosten	2/12 % von $(10)_{voll}$*	BAB	63	375
12	Selbstkosten	(10) + (11)	Σ	2247	3502
13	Kalk. Gewinn $\frac{10\,\%\ \text{v.}\ (12)}{(100-10)\,\%}$	10 % vom Richtpreis	$\frac{0{,}10 \cdot (12)}{(100-10)\,\%}$	–	389
14	Richtpreis netto	(12) + (13)	Σ	2247	3891
15	Mehrwertsteuer	16 % von (14)	0,16 _ (14)	360	623
16	Richtpreis brutto	(14) + (15)	Σ	2607	4514
17	Richtpreis			–	4514
18	Mindestpreis			2607	–
19	Richtpreis- Deckungsbeitrag			1644 = 4,2*„Gewinn"	
20	** Modellkosten = *11600* € für *5 · 20* Stk =		116 €/Stk		

	Begutachtet	Geprüft	Genehmigt
Name			
Datum			

* Verwaltungs- und Vertriebsgemeinkosten sind stets auf „volle Herstellkosten" bezogen!

Vorlage 2: Zuschlagskalkulation mit Grenz- und Vollkosten progressiv

Ergebnis:

Zu a) Der Richtpreis bei 10% Gewinn (= 389 €) beträgt 3891 € ohne und 4514 € mit MwSt.

Zu b) Der Richtpreisdeckungsbeitrag (= Deckungsbeitrag, wenn der Richtpreis erzielt wird), beträgt 1644 € (= 4,2 · Gewinn). Das entspricht dem 4,2fachen des Nettogewinns.

Zu c) Der Mindestpreis, der nur in Sonderfällen als Maßstab gilt, beträgt 2247 € ohne und 2607 € mit MwSt. (Kurzfristige Betrachtung bei Auftragsmangel).

Zu d) Der Mindestpreis bei einem spezifischen Deckungsbeitrag von 12 €/h bei 44,3 h/Stk [(= 28,1 h + 16,2) h/Stk)] ist (2247 + 12 · 44,3) €/Stk = 2779 €/Stk ohne und 3223 €/Stk mit MwSt. (Kurzfristige Betrachtung bei Kapazitätsengpässen).

Beispiel einer Retrograden Zuschlagskalkulation

Für die Herstellung von Schuhen, für die ein Marktpreis vorliegt, sind Grenzkosten, Deckungsbeitrag je Paar und Serie sowie Vollkosten und Durchschnittsgewinn zu ermitteln.

Firma:	I-B-B	Kalkulation Nr.:	147 / 2002	**Schema für retrograde Kalkulation**
Werk:	Schuhe	Benennung:	Herbert	
Bearbeiter:	IP	Modell Nr.:	326/3	
Datum :	20.11.	Programm:	HW 2000	

Nr.	Benennung	Berechnungsgleichung oder Einheit	Variante 1 in €/Paar
1	Bruttoerlös (ohne Mehrwertsteuer)	Eingabe	*45,20*
2	Erlösabhängige Kosten (Prov., Fracht)	6,2% von (1)	2,80
3	Nettoerlös	(1) – (2)	*42,40*
4	Fertigungslohn	Arbeitsplan + Lohnliste	*4,12*
5	Variable Fertigungsgemeinkosten	90% von (4)	3,71
6	Materialeinzelkosten	Stückliste + Preisliste	20,14
7	Variable Materialgemeinkosten	3,2% von (6)	0,64
8	Variable Herstellkosten	(4) + (5) + (6) + (7)	28,61
9	Deckungsbeitrag	(3) – (8)	13,79
10	Fixe Fertigungsgemeinkosten	142% von (4)	5,85
11	Fixe Materialgemeinkosten	2,5% von (6)	0,50
12	Herstellkosten	(8) + (10) + (11)	34,96
13	Verwaltungs- und Vertriebskosten	16% von (12)	5,59
14	Selbstkosten	(12) + (13)	40,55
15	Gewinn	(3) – (14)	1,85
16	Gesamtauflage	in Paar (Eingabe)	*5000**
17	Gesamtdeckungsbeitrag	in € (9) · (16)	68950*
18	Gesamtgewinn	in € (15) · (16)	9250*
19	Spezifischer Deckungsbeitrag	in € DB/FL	3,72*
20	Bemerkungen: *Der spezifische Deckungsbeitrag ist sehr günstig!*		

* Einheit beachten!	Begutachtet	Geprüft	Genehmigt
Name			
Datum			

Vorlage 3: Zuschlagskalkulation mit Grenz- und Vollkosten retrograd

Ergebnis: Folgende Werte wurden errechnet:
Grenzkosten, = 28,61 €/Paar
Deckungsbeitrag je Paar und = 13,79 €/Paar
Deckungsbeitrag je Serie sowie = 68 950 €
Vollkosten = 40,55 €/Paar
Durchschnittsgewinn = 1,85 €/Paar

Beispiel einer Platzkostenrechnung für „Lückenfüll-Auftrag"
Ein Betrieb hat seine Automaten nicht voll ausgelastet und will ermitteln, welche Vorteile für ihn die Anfertigung eines Zwischenrades für eine Fremdfirma bringen würde. Der Auftrag läuft über mindestens ein Jahr mit 12 Losen von 300 Stk/Mo. Vom Erlös, nach Abzug von Umsatzsteuer, Vertriebs- und Verwaltungskosten, verbleiben höchstens 18,00 €/Stk.

a) Ist die Übernahme des Artikels zweckmäßig, wenn eine Vorrichtung um 8 600 € benötigt wird?
b) Was ist zu unternehmen, wenn die Kapazität wegen Programmerhöhung nicht mehr ausreicht?

Firma: Werk : Bearb.: Datum:	Kalkulation Nr.: 150 / 2000 Benennung: Zwischenrad Zeichnung. Nr.: 114 323 03 01 Programm: Sonderfertigung	Kalkulationsbasis: 1 Los Losgröße: 300 Stk Rohteil Nr. 146 036 12 R

Nr.	Arbeitsvorgang	Betr.-mittel Schlü	Platzkosten in €/min		Fertigungszeit min/Stk		Kosten in €/Los	
			var	voll	Bemi	Mann	var	voll
5	Stirnseite fertigdrehen	3446	0,540	1,130	3,80	0,95	616	1288
	Rüstzeit				20	–	11	22
10	Nabenseite fertigdrehen	3163	0,560	1,140	5,40	1,80	907	1847
	Rüstzeit				30	–	17	34
15	Buchse einpressen	9402	0,470	0,660	0,30	0,30	42	59
	Rüsten				10	10	5	7
20	Kontrolle						–	–
25	Fertigungskosten				–	–	1598	3257
30	Materialeinzelkosten	8,00 €/Stk					2400	2400
35	Materialgemeinkosten	5 %var, 8 % voll von (30)					120	192
40	Vorrichtungskostenumlage	8,6 T€ für 12 · 300 Stk = 2,39 €/Stk					717	717
45	Herstellkosten 1	Σ (25) + (30) + (35) + (40)					4835	6566

	Begutachtet	Geprüft	Genehmigt
Datum			
Name			

* Verwaltungs- und Vertriebsgemeinkosten sind stets auf „volle Herstellkosten" bezogen!

Vorlage 4 Schema für Platzkostenkalkulation

Zu a) Da es sich hier um eine kurzfristige Betrachtung handelt (ein Jahr), muss die Entscheidung auf den Grenzkosten aufbauen, jedoch die Sonderkosten voll beinhalten. Der Auftrag bringt einen Deckungsbeitrag von $(18 \cdot 12 \cdot 300 - 12 \cdot 4835)$ € = 6780 € und einen spezifischen Deckungsbeitrag von 6780 €/(3600 · 9,50 +12 · 60)min = 11,65 €/h. Solange keine günstigern Aufträge zu erhalten sind, kann der Auftrag ausgeführt werden.

Zu b) Bei fehlender Kapazität müssen die Aufträge mit dem schlechtesten spezifischen Deckungsbeitrag ausgeschieden werden. Das kann diesen oder auch einen andern Auftrag treffen. Eine Vollkostenrechnung ist auch hier nicht relevant.

5.2
Einstellenarbeit – Mehrstellenarbeit

Bei freier Betriebsmittelkapazität ist Mehrstellenarbeit anzustreben, sofern Lohnzeiten einzusparen sind und keine gravierenden Leerlaufverluste eintreten. Bei langfristig gleichmäßig ausgelasteten Betriebsmitteln ist eine optimale Stellenzahl S_{opt} für Mehrmaschinenbedienung zu ermitteln, wenn folgende Daten bekannt sind:

K_m = Betriebsmittelkosten je Zeiteinheit und Maschine
K_p = Personalkosten je Zeiteinheit und Arbeitsplatz
A_o = Auslastungsgrad in % der Arbeitszeit (ca. 80%)
D_a = Auslastungsminderung in % bei Erhöhung der Stellenzahl um 1

Aus dem Ansatz der Gesamtkosten aus Personalkosten und Maschinenkosten in Abhängigkeit von der Stellenzahl S kann das Optimum (Minimum) S_{opt} errechnet werden nach der Beziehung:

$$S_{opt} = \frac{K_p}{K_m} \cdot \left(-1 + \sqrt{\frac{K_m \cdot A_0}{K_p \cdot D_a}} \right)$$

Aus diesem Ansatz ergibt sich, dass, unter heutigen Lohnverhältnissen, Maschinen mit einem Investitionsbetrag von I > 100 T€ bei nur 20% weniger Auslastung auf Dauer nicht im Mehrstellenbetrieb eingesetzt werden sollten und umgekehrt, dass bei weniger als 20% Kapazitätseinbuße Mehrmaschinenbedienung bei billigeren Arbeitsplätzen wirtschaftlich zweckmäßig ist.

5.3
Wirtschaftliche Disposition

Sofern es vom Produkt aus nicht schon klar ist, legt die Arbeitsvorbereitung nach kapazitiven, technischen und wirtschaftlichen Gesichtspunkten die Dispositionskriterien fest. Hierzu gehören:

1) Eigenfertigung oder Fremdbezug
2) Wirtschaftliche Beschaffungsmenge und
3) Wirtschaftliche Losgröße usw. (Siehe Abschn. 2.2)

Die Frage der Eigenfertigung oder des Fremdbezugs ist einerseits eine Frage der Kosten und zum zweiten eine Frage der Kapazität. Bei freier Kapazität gilt zunächst die Regel, dass Eigenfertigung vorzuziehen ist, wenn die Grenzkosten der Eigenfertigung niedriger sind als der Einstandspreis (= Volle Materialkosten) des Fremdbezugs. Kann aber die freie Kapazität genutzt werden, um zusätzliche Produkte herzustellen, dann muss der Deckungsbeitrag der Zusatzproduktion als sgn. Opportunitätskosten der Eigenfertigung angelastet werden. Ferner ist zu beachten, dass ein Massenprodukt vielfach nur 20% dessen kostet, was Eigenfertigung in kleinen Mengen erfordern würde.

Deutlich ist in den letzten Jahren ein Trend zu vermehrter Fremdfertigung und zu Auswärtsvergabe der Entwicklung und Herstellung ganzer, einbaufertiger, geprüfter Aggregate zu beobachten, was zu weniger Fehler und Nacharbeit bei Fertigprodukten führt. Ferner wird durch die vermehrte Fremdfertigung eine Konzentration auf wenige Schwerpunkte angestrebt, was auch wieder eine Qualitätsverbesserung bewirkt.

5.4 Anlauf- und Lernkurven

a) Anlaufkurven

Bei der Einführung neuer Produkte in die Serien- und Fließfertigung muss die Produktionsleistung während der Anlaufperiode allmählich gesteigert werden. Die Länge der Anlaufperiode und die Steilheit der Anlaufkurve sind von folgenden Faktoren abhängig:

1. Umfang des Neuheitsgrades
2. Endgültige Produktionsleistung
3. Konstruktive Vorbereitung
4. Fertigungstechnische Vorbereitung
5. Terminlage der Betriebsmittel
6. Materialsituation
7. Einschulung der Arbeitskräfte

Für die Produktionssteigerung haben sich Parabeln höherer Ordnung bewährt. Für sie kann der untenstehende Ansatz verwendet werden:

$$x = C_1 \cdot z^m \quad \text{(Abb. 4.34 und 4.35)}$$

mit x = Produktionsmenge (kumulativ)
C_1 = Anlaufkonstante
z = Zeit
m = Anlaufexponent ($m \approx 3$ für Fließfertigung bzw. Massenfertigung)

Bei zahlreichen Serienanläufen wurden zunächst geplante Anlaufzahlen nicht erreicht. Die schließlich festgestellten Werte verliefen zumeist nach obiger Anlaufkurve, die dann den Neuplanungen zugrunde gelegt wurden. Mit Excel sind diese Anlaufzahlen leicht zu ermitteln und auch die Mehrzeiten während der Anlaufperiode zu berechnen. Die logarithmische Darstellung führt zu einer linearen Anlaufkurve.

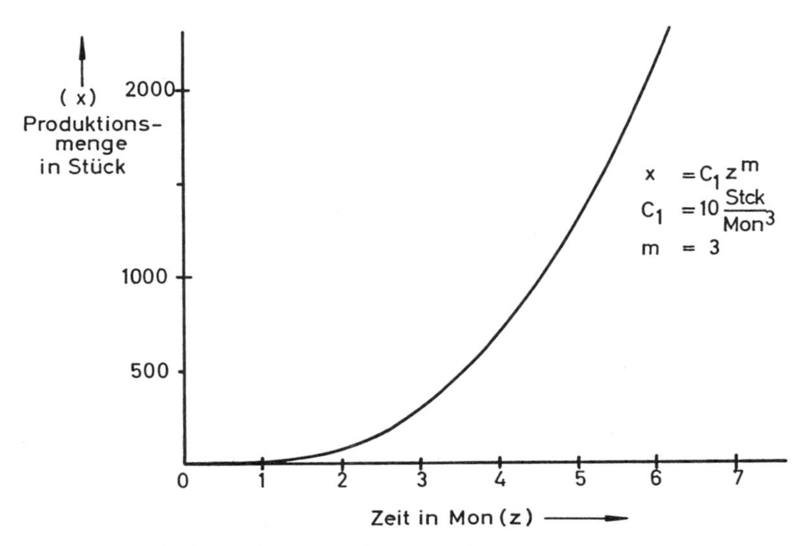

Abb. 4.34. Ideale Anlaufkurve für Massenfertigung (linear)

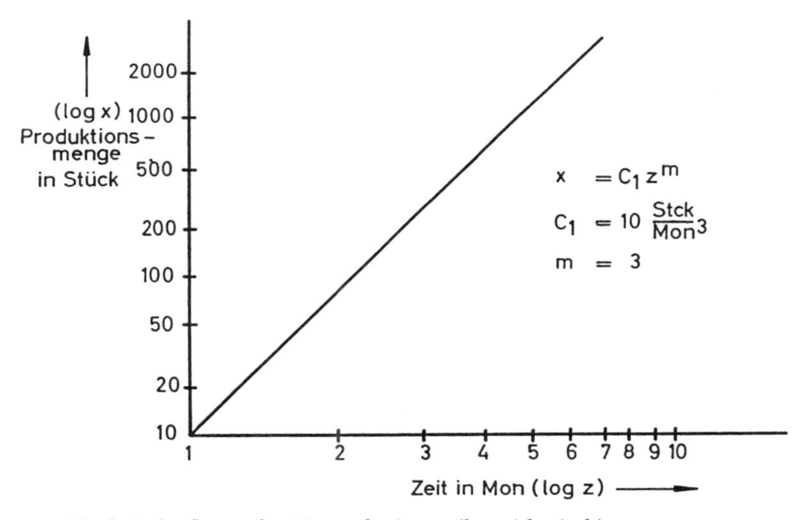

Abb. 4.35. Ideale Anlaufkurve für Massenfertigung (logarithmisch)

b) Lernkurven

Für die ersten Exemplare einer neuen Serie ist ein erhöhter Bedarf an Fertigungszeit notwendig. Dieser Mehrzeitbedarf ist zunächst durch Mängel in der Konstruktion, bei den Betriebsmitteln in der Arbeitsvorbereitung und Organisation sowie durch fehlende Übung oder Routine erforderlich. Diese Mehrzeiten können anhand von Erfahrungswerten vorgeplant werden, wodurch die Leistung in der Anlaufperiode auch rechenbar wird. Der Lernprozess verläuft zunächst etwa so exponentiell, dass sich jeweils nach einer Verdoppelung der Tätigkeitsausführungen die Fertigungszeit je Einheit um den gleichen Prozentsatz reduziert: Etwa bei einer „80%-Lernkurve" reduziert sich die verbrauchte Zeit

von	100%	auf 80%	auf 64%	auf 51,2%	usw., jeweils bei der
	1.	2.	4.	8.	usw. Ausführung.

Erst bei großen Stückzahlen:

bei Einzelfertigung etwa	bei n > 30 Stk
bei Serienfertigung	bei n > 300 Stk
bei Massenfertigung	bei n > 3000 Stk

wird die Kostendegression geringer, sie bleibt jedoch grundsätzlich noch lange bestehen.

Gleichung der Lernkurve

$t_{ex} = C_2 \cdot x^{-n}$ Abb. 4.36

t_{ex} = Zeit für die x-te Einheit
C_2 = Konstante (= Zeit für erste Einheit)
x = Produktionsmenge kumulativ
n = Degressionsexponent

Bei der Massenfertigung lassen sich die Fertigungszeiten je Stück innerhalb von

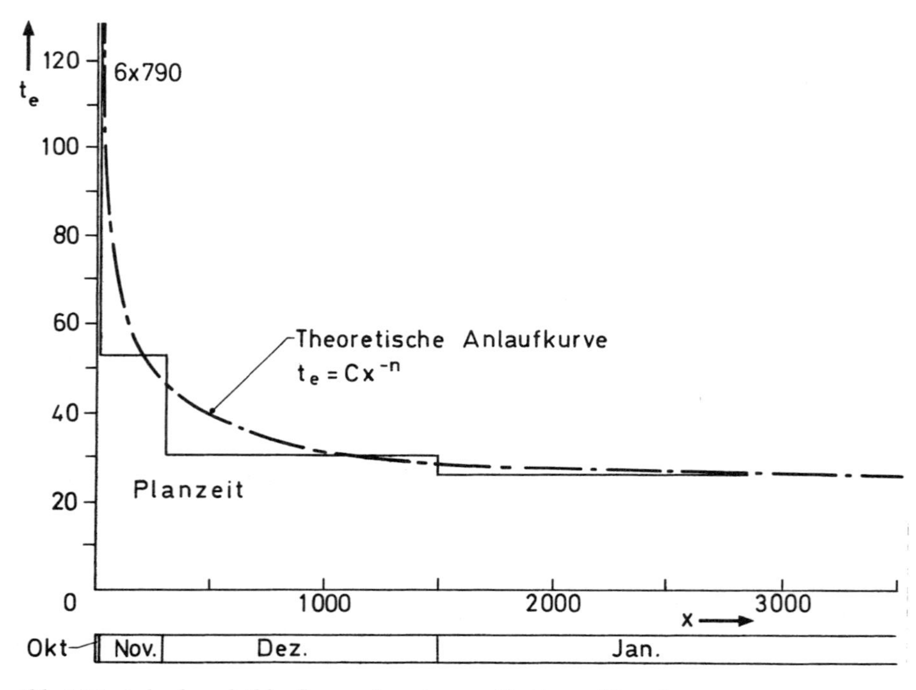

Abb. 4.36. Anlauf- und Ablaufkurve einer Aggregatfertigung (linear)

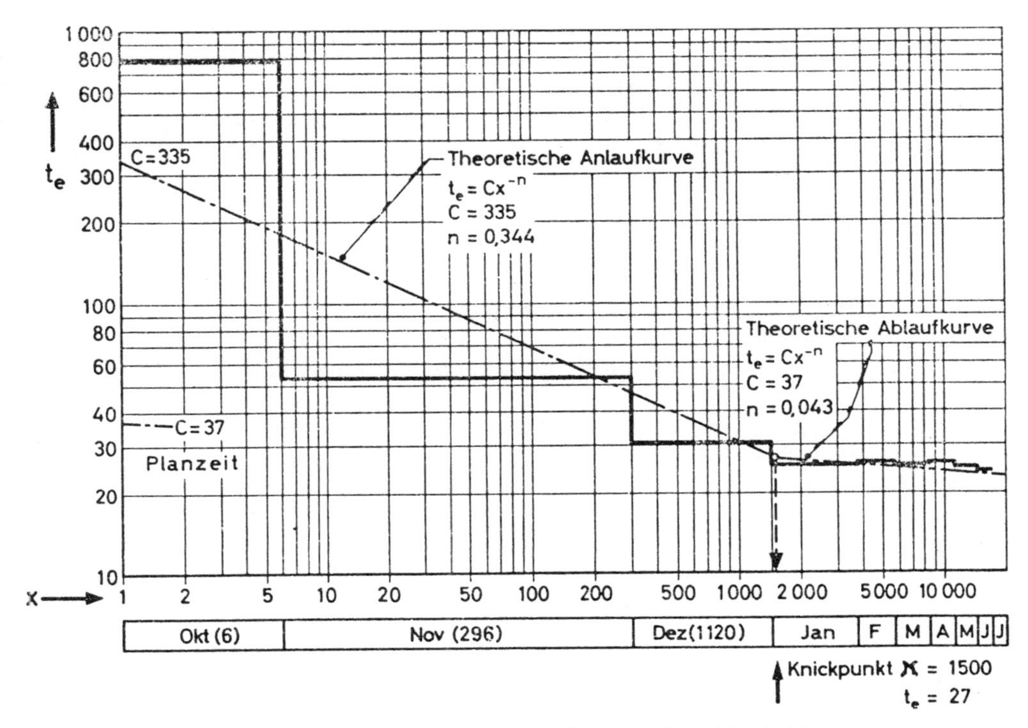

Abb. 4.37. Anlauf- und Ablaufkurve einer Aggregatfertigung (logarithmisch)

10 Jahren etwa halbieren, sogar über Jahrzehnte hinweg durch das Zusammenwirken des Lerneffekts sowie der technisch-technologischen Rationalisierung. (Vergl. hierzu Abb. 4.16).

6 Empfehlungen

Kostenprobleme sind in allen Entwicklungs-, Planungs-, und Fertigungsbereichen zu bearbeiten, aber leider sind die Kenntnisse der Kostenrechnung in diesen Abteilungen sehr dürftig, da ganz unterschiedliche Denkweisen bei technischen und bei wirtschaftlichen Aufgaben erforderlich ist: Bei der Technik gilt die reine Logik. Stets ist $2 \times 2 = 4$ und ein Ergebnis ist entweder richtig oder falsch. Bei der Kostenrechnung muss zuerst die Frage beantwortet werden: Wozu braucht man die Kosten? und erst danach lässt sich entscheiden, welchen Kostenumfang man erfassen muss. Es können dann Vollkosten, Grenzkosten, mit oder ohne Investitionsumlage, mit oder ohne Zuschläge, Kurz- oder Langzeitkosten usw. sein. Kosten sind auch nicht „richtig“ wohl aber oft falsch. Sie können realistisch und „wahrscheinlich“ sein. Stets sind sie doch mit gewissen Unsicherheiten behaftetet. Um dieses Risiko einzugrenzen haben sich bei der

Kostenrechnung bestimmte Regeln eingebürgert, die in Fachkreisen für die praktischen Arbeiten angewandt werden, um wenigstens einen Teil der Kosten nachvollziehbar errechnen zu können und die Zweifel einzugrenzen. Aus diesem Grund sind hier einige Richtlinien zusammengestellt, die in Fertigungsbetrieben die Basis schaffen für die gemeinsamen Arbeiten während der Entwicklung, Planung und Fertigung.

1. Kostenrichtlinie erstellen, ständig aktualisieren und vermitteln.
2. Broschüre über Kostengesetzmäßigkeiten allen Entwicklern und AV-Leuten vermitteln.
3. Bei allen Entwicklungsaufgaben Kostenziele vorgeben.
4. Herunterbrechen der Kostenziele bis zu den „Verantwortlichen“.
5. Kostendaten nach Funktionen im Rechner für Entwickler und AV-Leute bereithalten.
6. Kostenberatung „am Brett“ bzw. „am Bildschirm“ organisieren.
7. Zwischenkalkulationen, wenn Entwicklungszeit > 3 Monate.
8. Für alle Entwicklungsprojekte und Investitionen > 10T€ Investitionsrechnungen verlangen.

Techniken der Terminplanung

1 Grundlagen des Projektmanagements 276

2 Netzplantechnik als Koordinierungsinstrument 281

3 Kapazitätsplanung 295

4 Kostenplanung und -überwachung 301

5 Sonderprobleme 305

6 Einsatz der Netzplantechnik, ihre Vorteile und Wirksamkeit . . . 307

7 EDV-gestütztes Projektmanagement 312

8 Empfehlungen 313

1 Grundlagen des Projektmanagements

Nach DIN 69900 [5.1] ist ein Projekt ein Vorhaben, das gekennzeichnet ist durch

- die Einmaligkeit der Bedingungen in ihre Gesamtheit,
- eine Zielvorgabe,
- Begrenzungen zeitlicher, finanzieller, personeller oder anderer Art,
- Abgrenzung gegenüber anderen Vorhaben
- und eine projektspezifische Organisation.

Wird eine größere Arbeit vergeben, eine Aufgabe, eine Aktion, oder ein Projekt, dann sind drei Komponenten genau festzulegen:

1. das Ziel, bzw. das erwartete Ergebnis — das WAS?
2. eine verantwortliche Person, die die Fähigkeiten, Kompetenzen und erforderlichen Mittel hat, aber auch die Verantwortung trägt — das WER?
3. der Zeitpunkt, zu dem das Vorhaben abgeschlossen sein soll, — das WANN?

Nur dann, wenn diese drei Komponenten geklärt sind, ist ein derartiges Vorhaben klar vorgegeben. Entwicklungsaufträge werden im allgemeinen als Projekte ausgeführt und sollten in diesem Fall in Form eines Projektmanagements geplant oder überwacht werden.

Der Wunsch, das Verursachungsprinzip auf den Gewinn auszudehnen, d.h. die Quellen von Verlust und Gewinn möglichst klar und an der kleinst möglichen Stelle aufzuzeigen, führte bei Großunternehmen zu der Spartengliederung. Als Sparte gilt dabei der kleinste Bereich, der nicht nur die Kosten, sondern auch die Ergebnisse beeinflussen kann. Man nennt die Sparten auch Ergebniseinheiten, Divisions, Profitcenters oder Geschäftsbereiche. Das hierarchische Prinzip ist auch bei der Spartenorganisation voll eingehalten.

Die hierarchische Organisation mit der reinen Funktionsgliederung wurde mit der Notwendigkeit verfeinerter und umfangsreicherer Planungsarbeiten zur Stab-Linien-Organisation erweitert. Der Stab ist für Sonderaufgaben zuständig, die Linie verfolgt die Routinen und die Leitung ist für neue, richtungsweisende Aufgabenstellungen und für die Koordinierung verantwortlich.

Mit größer werdendem Umfang der Aufgaben und weiterer Spezialisierung der Arbeiten ergibt sich der Zwang, die einzelnen Projekte bzw. Arbeitskomplexe, wie einen Großauftrag, einen Serienanlauf o.ä., isoliert zu betrachten. Zu diesem Zweck werden Projektmanager eingesetzt und interdisziplinäre Projektgruppen gebildet. Diese sind für die erfolgreiche Planung, Durchführung und Abrechnung der zugeteilten Projekte zuständig. Das Projektmanagement bedingt nun einen Bruch mit der rein hierarchischen Organisation. Durch Querüberlagerung von funktionsorientierten und objektorientierten Organisationsstrukturen entsteht eine Matrix-Organisation, bei der die einzelnen Betriebsstellen sowohl von den hierarchischen Leitern wie von den Projektleitern angesprochen werden. Während die Linienvorgesetzten betriebsorientierte Zielsetzungen mit den Restriktionen benachbarter Bereiche verfolgen, haben die Projektleiter das Projekt zu verfolgen mit den Restriktionen anderer Projekte.

Eine gute Zusammenarbeit zwischen Betriebsleitern und Projektleitern ist unbedingte Voraussetzung. Die Leitung und Führung von Projekten in Unternehmen kann etwa in folgender Form ablaufen:

Für die interdisziplinären Projekte erarbeitet die Unternehmensleitung zusammen mit den Fachbereichsleitern die ersten Ziele. Für jedes Projekt benennt die Unternehmensleitung einen Projektleiter, der für das Gesamtprojekt verantwortlich ist sowie mit erforderlichen Weisungsbefugnissen ausgestattet wird. Der Projektleiter kann entweder für einen bestimmten Zeitraum voll zeitlich für das Projekt freigestellt werden oder, je nach Projektumfang, verschiedene Aufgaben nebeneinander ausführen. Jeder betroffene Fachbereichsleiter bestellt einen qualifizierten Mitarbeiter als Bereichsverantwortlichen, der dem Projektleiter für einen bestimmten Zeit- und Arbeitsumfang für das Projekt zugeteilt wird. Disziplinarisch bleiben die Mitarbeiter gewöhnlich ihren Fachvorgesetzten unterstellt.

Die Projektgruppe kann entweder regelmäßig oder sporadisch zur Projektbearbeitung zusammenkommen oder, was bei umfangreicheren Projekten üblich ist, in einem gemeinsamen Raum ständig zusammenarbeiten. Mindestens jedoch sind einmal wöchentlich vorbereitete und zielgerichtete Gruppensitzungen abzuhalten, die vom Projektleiter zu arrangieren sind. Etwa alle vier Wochen empfiehlt sich eine Besprechung, bei der auch die Bereichsleiter geladen sind, um den Stand aufzuzeigen und wesentliche Entscheidungen, die abstimmungsbedürftig sind, zu treffen (Abb. 5.4).

Da der Projektleiter keine Entscheidungsbefugnisse hat, die über den abgesteckten Rahmen der Arbeits- und Zeitbeanspruchung hinausgehen, ist eine derartige Koordinierung immer wieder erforderlich. Zum Ausgleich von Zielkonflikten und zum Klären von Prioritäten sollte die Unternehmensleitung bzw. Spartenleitung bei diesen „großen Projektsitzungen" vertreten sein. Die Ablauforganisation für das Projektmanagement mit Kapazitätsplanung kann nur hinsichtlich der Organisationsprinzipien, losgelöst vom gewählten Verfahren, besprochen werden. Einige manuelle, rechnerische bzw. graphische Verfahren lassen sich jedoch als Organisationshilfen zeigen, die bei allen Verfahren einzuhalten sind:

Die beim Projektmanagement erforderliche Matrixorganisation bringt zunächst Probleme. Nur durch Einhalten besonderer Verhaltensregeln der Projektgruppe lässt sich der Kompetenzkonflikt, der einer solchen Organisation innewohnt, vermeiden. Unabhängig von den verschiedenen Konzepten des Projektmanagements, der Projektplanung und -überwachung, mit und ohne EDV, hat sich das Projektmanagement nur dort bewährt, wo die menschliche Abstimmung geglückt ist und wo keine zu hohen Anforderungen an die Perfektion des Systems gestellt wurden. Jede Mehrprojektplanung bedingt eine Kapazitätsterminierung und Querverbindung zwischen den Projekten. Da im allgemeinen weder der Kapazitätsbedarf noch das künftige Kapazitätsangebot genau festzustellen sind, kann die Planung nur dann befriedigen, wenn ein angemessener Planungsspielraum vorgesehen wird und genügend Kapazitätsreserven als nicht planbar bis kurz vor der endgültigen Belegung freigehalten werden. Hier muss bei allem Bestreben nach perfektionierter Planung die letzte Entscheidung den ausführenden Menschen belassen bleiben.

Schwierige, fachlich begrenzte Probleme können von Fachspezialisten gelöst werden (Abb. 5.1).

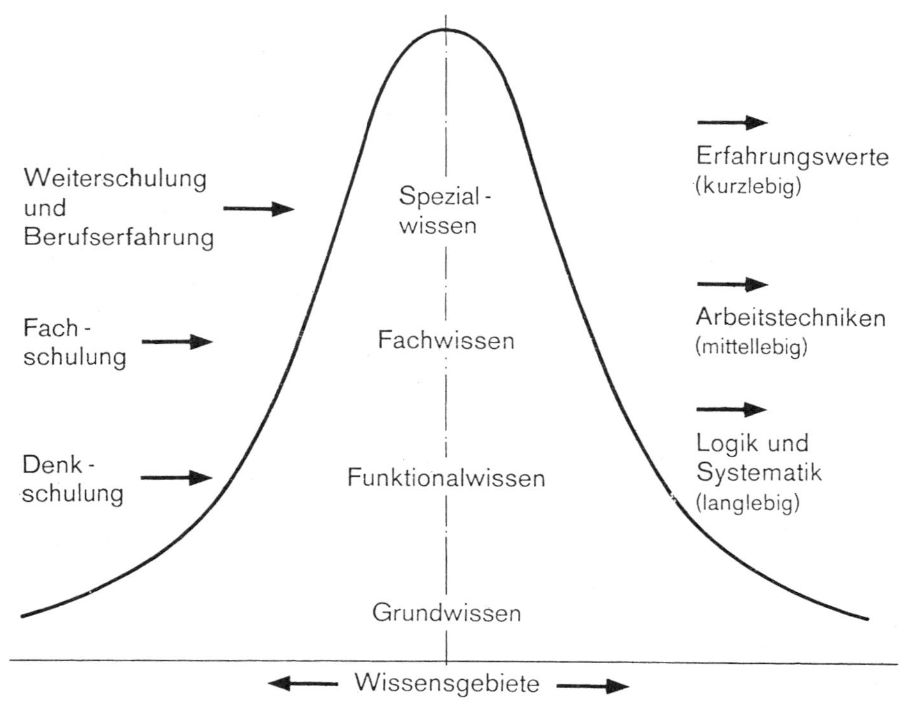

Abb. 5.1. Ideale Verteilung des Wissens bei qualifizierten Arbeiten

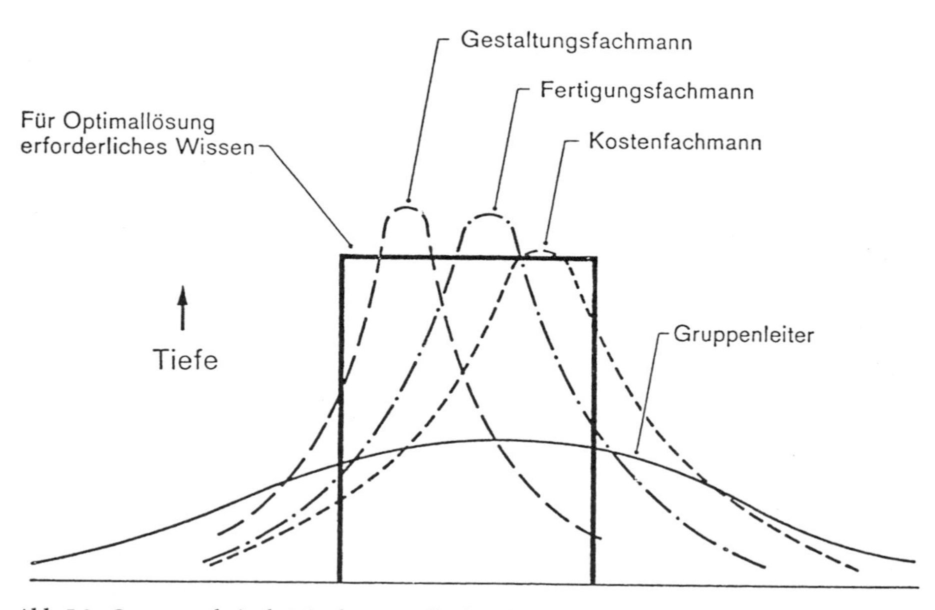

Abb. 5.2. Gruppenarbeit als Mittel zum Auffinden der Optimallösung

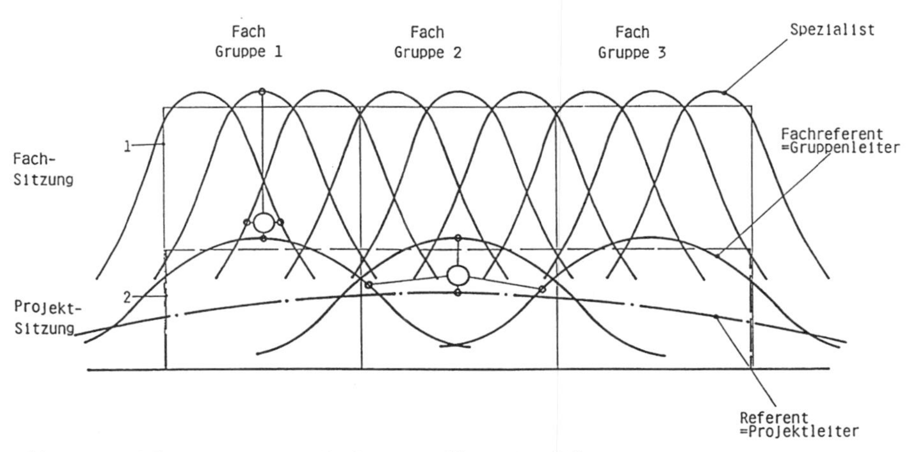

Abb. 5.3. Projektmanagement mit einer Anzahl von Spezialistengruppen

Schwierige fachlich erweiterte (interdisziplinäre) komplexe (vernetzte Probleme) lösen Spezialistengruppen, die von einem gebietsüberschauenden Projektmanager als Moderator geleitet werden (Maximal 6 Mann!) (Abb. 5.2).

Schwierige, fachlich sehr stark erweiterte, komplexe Probleme werden aufgeteilt in möglichst gut abtrennbare fachlich erweiterte Probleme, die von Spezialistengruppen bearbeitet werden. Die Projektmanager der Gruppen bilden wieder eine Gruppe höherer Komplexität, deren Koordinierung unter Anleitung eines „Gesamtprojekt-Managers" erfolgt (Abb. 5.3). Zur Gruppenarbeit sind einige Regeln zu beachten, von denen das Ergebnis wesentlich beeinflusst wird:

1. Gruppenleiter
Der Gruppenleiter (Projektleiter, Moderator) ist als „primus inter pares" ohne besondere Führungsrechte ausgestattet. Ihm obliegt vor allem die zeitliche und fachliche Abstimmung sowie die Aufgabe, unvorhersehbare Schwierigkeiten zu beseitigen und die Gruppe mit Protokollen und Ergebnisberichten auch nach außen zu vertreten. Er soll kein Fachmann auf einem der Teilgebiete, sondern Manager für das Gesamtprojekt sein. Er muss sein fehlendes Spezialwissen durch breites Wissen, Organisationstalent und psychologisches Geschick kompensieren.

2. Kenntnisstand
Um eine gute Zusammenarbeit und Wirksamkeit der Gruppe zu erreichen, darf der Kenntnisstand bzw. „der spezifische (auf das Projekt bezogene) Intelligenzgrad" der Mitglieder nicht mehr streuen als $\pm 10\%$.

3. Gruppengröße
Eine Informationsgruppe kann unbeschränkt groß sein. Die Größe einer Arbeitsgruppe darf nicht über sechs Mann hinausgehen, da es praktisch nicht möglich ist, mehr als diese Anzahl gleichzeitig an einem Problem arbeiten zu lassen. Sind vom Aufgabengebiet aus mehr als sechs Mann erforderlich, dann

erfolgt eine gemeinsame Information. Danach ist die Arbeit zu teilen und die Teilaufgaben sind in kleineren Gruppen zu bearbeiten.

4. Einsatzbereich
Gruppenarbeit ist nur dort angebracht, wo gleichzeitig das volle Wissen mehrerer Spezialisten erforderlich ist. Mit Ausnahme von wenigen Fällen des Kreativitätsanreizes durch Gruppen muss jede Arbeit, die individuell ausgeführt wer-

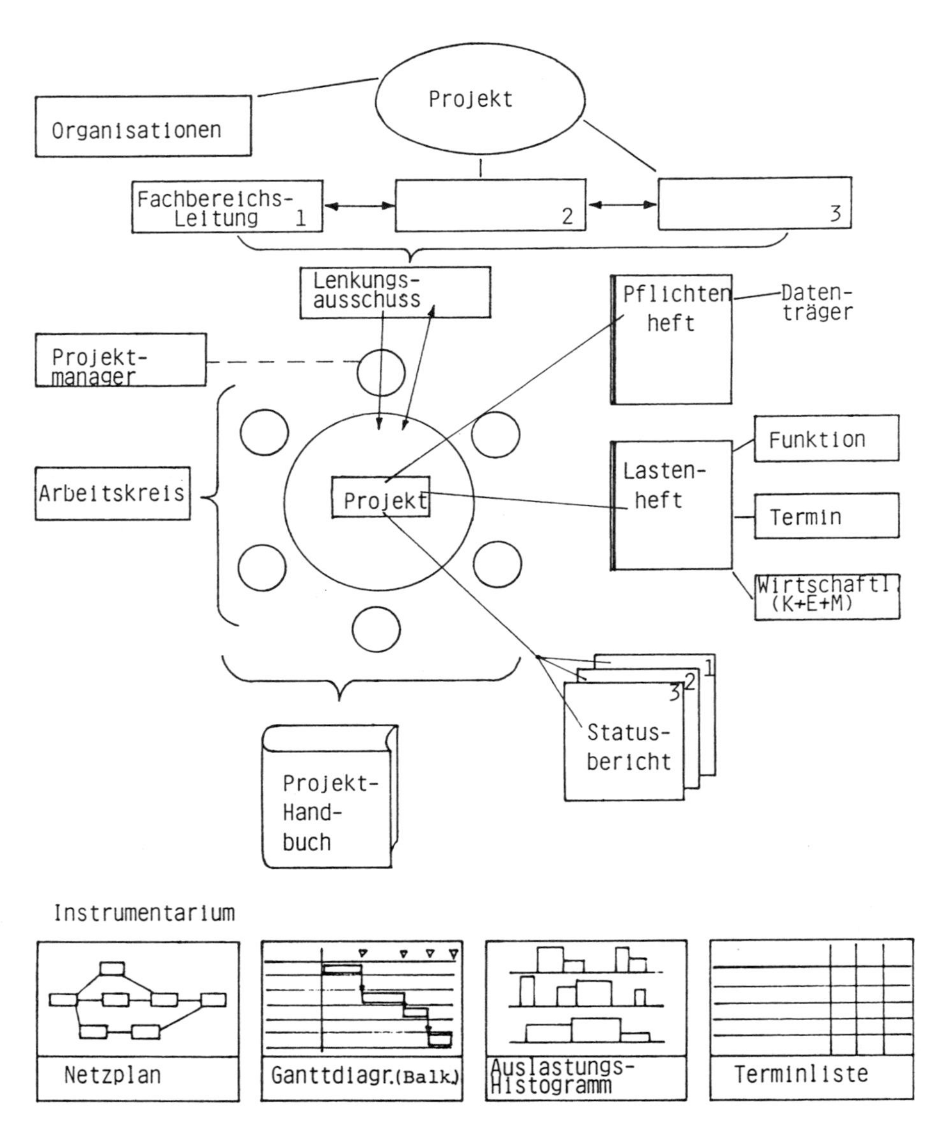

Abb. 5.4. Organisationsstellen, Aufgaben, Dokumente und Hilfsmittel des Projektmanagements

den kann oder die in sequentieller Folge ohne wesentliche Rückkoppelungen erfolgen kann, einzeln ausgeführt werden. Dies lässt sich bereits aus der Definition der Arbeitsgruppe ableiten:

> Eine Arbeitsgruppe ist eine differenzierte, organisch gefügte Gemeinschaft, qualifizierter Arbeitskräfte, die sich in freiwilliger Einordnung zusammengeschlossen haben, zum Dienst an einer Aufgabe, die das Arbeitsvermögen eines einzelnen sprengt.
>
> (Schrenk)

2 Netzplantechnik als Koordinierungsinstrument

„Als Netzplantechnik" bezeichnet man nach DIN 69 900 „alle Verfahren zur Analyse, Beschreibung, Planung, Steuerung und Überwachung von Abläufen auf der Grundlage der Graphentheorie, wobei Zeit, Kosten, Einsatzmittel und weitere Einflußgrößen berücksichtigt werden können." [1]

Geschichtliche Entwicklung

1958 Du Pont und Remington Rand entwickeln eine Planungstechnik zum Feststellen der „Kritischen Tätigkeiten" und des „Kritischen Weges" bei der Projektierung eines Fabrikneubaues. (Critical Path Method = CPM)

1958 Entwicklung der Polaris-Rakete wird beschleunigt durch eine koordinierende Planungstechnik mit stochastischen Zeitschätzungen (3-Zeitenschätzung) und systematischer Erfassung der Abhängigkeiten. (Program Evolution and Review Technique = PERT)

1960 Planung eines Atomkraftwerks durch französische Beratergruppe METRA mit Control Data. Ausgehend von der Graphen-Theorie wird ein Vorgangsknotennetz erstellt und zur Planung und Überwachung eingesetzt. (Metra-Potential-Methode - MPM)

1965 Netzplantechnik für amerikanische Entwicklungsaufträge in der BRD. Daraus übernommen Netzplantechnik für Serienanläufe und Produktinnovationen.

Ab 1966 Weiterentwicklung der Netzplantechnik durch EDVA-Hersteller und Anwender. Einbeziehung von Kapazitäten, Kosten und anderen Abhängigkeitsfaktoren.

1968 Einführung des PPS-Systems (mit Kapazitäts- und Kostenplanung) bei Militärischen Entwicklungsarbeiten durch das Bundesministerium der Verteidigung (Projekt-Plannngs. und -Steuerungs-System)

[1] In den nachfolgenden Ausführungen wurden, soweit möglich, die genormten Begriffe übernommen.

1970 Weißdruck von DIN 69 900 „Netzplantechnik“.

1971 VDI-Fortbildungskurs im Medienverbund. Danach allgemeine Anwendung der Netzplantechnik bei vielen komplexen Projekten [5.2].

2.1 Balkendiagramme, Datenflusspläne

Die Netzplantechnik vereint in sich zwei Darstellungskomponenten:

1. Zeitliche Abläufe und
2. Strukturelle Verknüpfungen

Während die zeitlichen Abläufe durch Balkendiagramme (oder Terminlisten) darzustellen sind, lassen sich die Strukturdaten durch Graphen (Pfeile) und Punkte (Knoten) abbilden. Beide Darstellungskomponenten sollen kurz betrachtet werden, bevor ihre Verbindung zum Netzplan behandelt wird. Die Balkendiagramme oder Gantt-Diagramme zeigen den Ablauf von Tätigkeiten bzw. Vorgängen durch Balkendarstellungen über der Zeitachse. Sie sind für Planung und Überwachung eingesetzt. Außer der Vorgangs-Zeit-Beziehung lassen sich Mengen-Zeit-Beziehungen (z.B. Teilarbeitserledigungen, Finanzmittelbedarf, Personalbedarf usw.), Leistungs-Zeit-Beziehungen (z.B. Produktionsleistung, Arbeitsleistung usw.) und in geringem Umfang auch Vorgangsbeziehungen (durch Verknüpfungen) in Balkendiagrammen darstellen (s. Abb. 5.6). Die

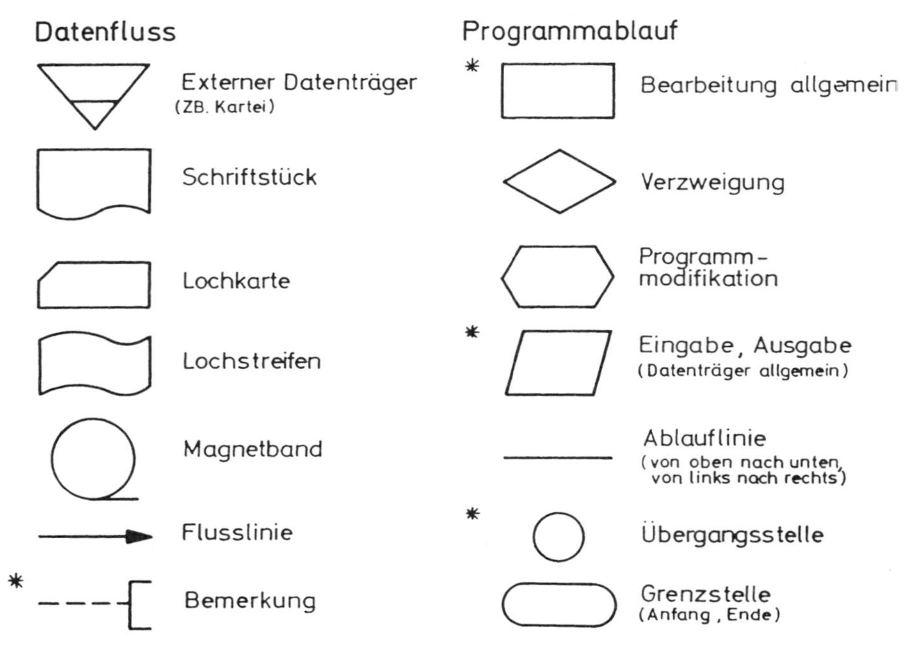

Abb. 5.5. Datenfluss- und Programmablaufpläne (Sinnbilder nach DIN 66001 [5.3])

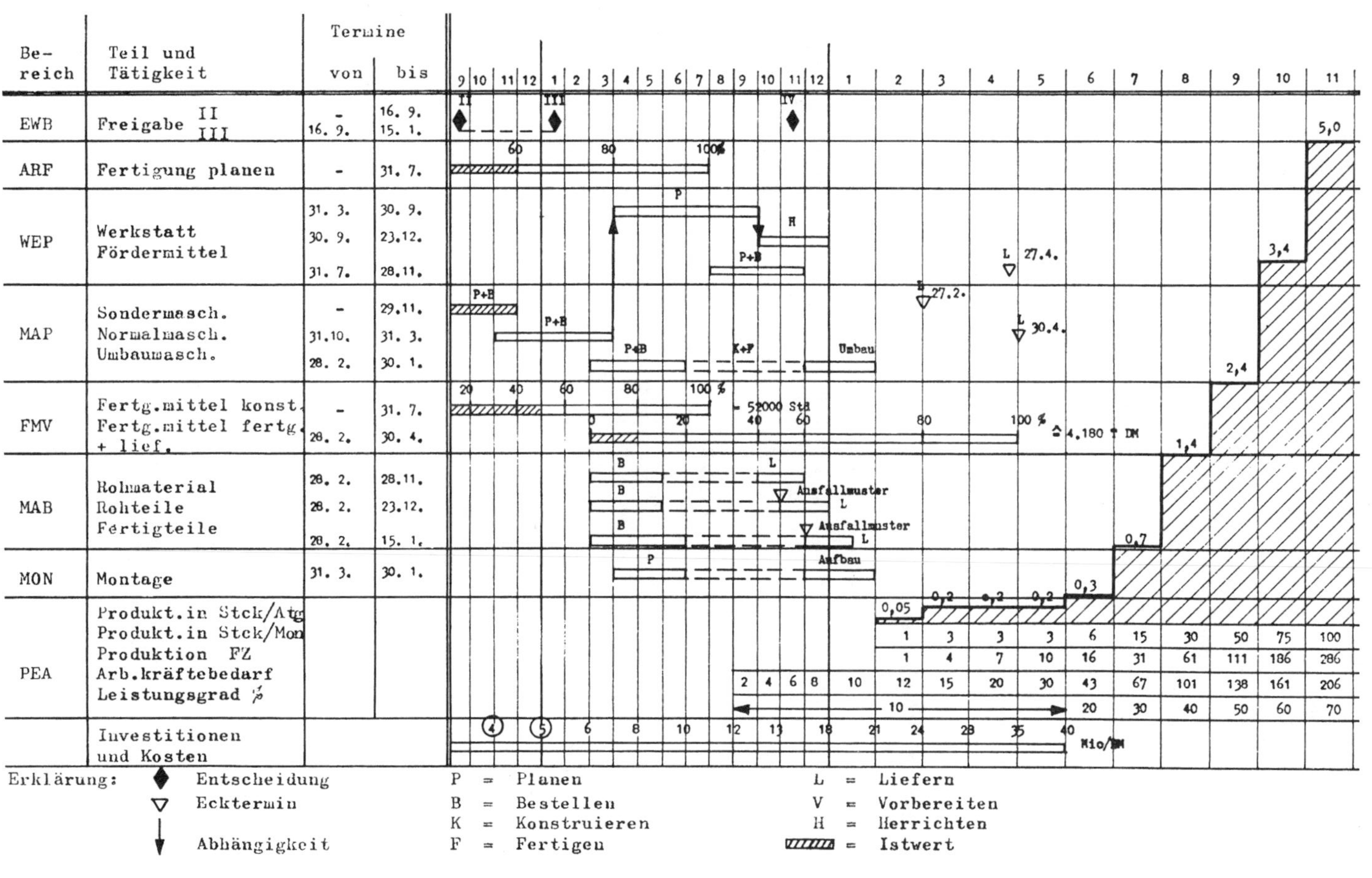

Abb. 5.6. Terminplan P140

Balkendiagramme können von Hand, mit Druckern oder mit dem Plotter gezeichnet werden. Ihr besonderer Vorzug ist die gute Übersichtlichkeit bei mittlerer Projektgröße bezogen auf einen bestimmten Zeitpunkt. Als Nachteil gilt, dass Abhängigkeitsbeziehungen im Balkendiagramm m darstellbar sind. Für die Darstellung struktureller Verknüpfungen (z. B. bei organisatorischen Abläufen) dienen Datenfluss- und Programmablaufpläne (siehe DIN 66001). „Die Datenflusspläne zeigen den Fluss der Daten durch ein Informationen verarbeitendes System". Die Sinnbilder für das Bearbeiten und die Sinnbilder für die Datenträger werden durch Flusslinien (mit Pfeilspitzen!) verknüpft. „Die Programmablaufpläne beschreiben den Ablauf von Operationen in einem Informationen verarbeitenden System in Abhängigkeit von den jeweils vorhandenen Daten". Die Sinnbilder für Operationen, Eingaben und Ausgaben werden durch Ablauflinien (ohne Pfeilspitze) verbunden (Abb. 5.5).

2.2
Verfahren der Netzplantechnik

„Der Netzplan ist eine Modelldarstellung der logischen, technologischen und zeitlichen Abhängigkeiten von Vorgängen oder Ereignissen, die zur Vollendung eines Projekts führen". Die Verknüpfungspunkte im Netzplan werden Knoten genannt. Die gerichtete Verbindung zwischen zwei Knoten heißt Pfeil, ihre Folge wird als Weg bezeichnet (Abb. 5.7).

Normalerweise hat ein Netzplan einen Start- und einen Zielknoten. Bestehen mehrere Startknoten oder Zielknoten, sind entsprechende Zusatzstartpunkte oder Zusatzzielpunkte in der Aufgabenstellung zu bestimmen.

Aus logischen Gründen sind bei Netzplänen Schleifen nicht möglich. Sind bestimmte Projektteile mehrmals zu durchlaufen, dann sind hierfür mehrere Knoten und Pfeile einzutragen. (Sonderfall: Entscheidungsnetze mit probabilistischer Zeit- bzw. Vorgangsvorgabe).

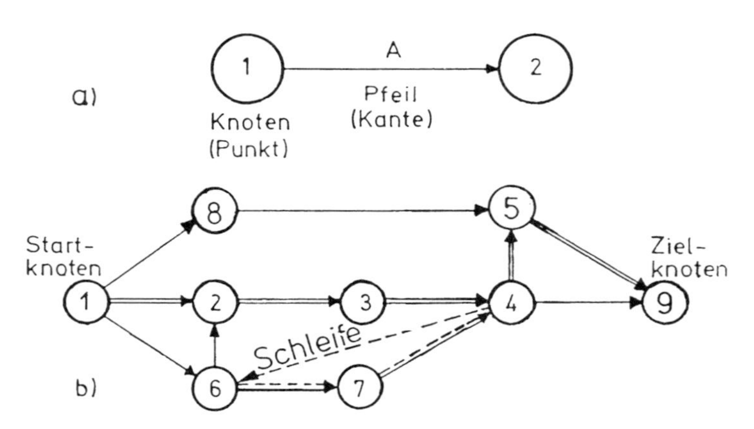

Abb. 5.7. Netzplanelemente und Darstellung. a) Elemente: Knoten-Pfeil. b) Startknoten-Zielknoten

Tabelle 5.1. Begriffe der Netzplanung

Begriff	Erklärung
Projekt	Zusammengehörige Folge von Vorgängen bzw. Ereignissen mit definiertem Anfang und definiertem Ende.
Vorgang Tätigkeit Aktivität (Job)	Zeit erforderndes Geschehen mit definiertem Anfang und Ende wie Fertigungs-, Liefer-, Warte- und Entscheidungszeiten. Ein Vorgang besteht aus einem Element (durch ein Hauptwort darstellbar und einer Tätigkeit (durch ein Zeitwort darstellbar).
Ereignis (event)	Zustand im Projektablauf wie Anfang und Ende von Vorgängen ohne zeitliche Ausdehnung.
Meilenstein	Markantes Ereignis wie zusammenfassende Zwischenstufen, Freigaben, Ausliefertermine, Messetermine usw.
Anordnungs-beziehungen	Quantifizierbare Abhängigkeit zwischen Ereignissen oder Vorgängen. Die Gesamtheit der Anordnungsbeziehungen des Netzplans bildet die Ablaufstruktur.
Vorgangsknoten-netzplan	Netzplan, in dem die Vorgänge beschrieben und durch Knoten dargestellt sind.

Gegenstand der Netzplanung sind Projekte, Vorgänge, Ereignisse und deren gegenseitige Abhängigkeiten (Tabelle 5.1).

Vorgangspfeilnetzplan
Netzpläne, in denen die Vorgänge beschrieben und durch Pfeil dargestellt sind, werden Vorgangspfeilnetze genannt. Zur eindeutigen Darstellung der Beziehungen sind hier mitunter Scheinvorgänge (Scheintätigkeiten) einzuplanen.

Vorgangsknotennetzplan
Bei Vorgangsknotennetzen sind die Vorgangsdaten im Knoten vermerkt (Abb. 5.8). Der Anfang des Vorgangs wird durch die linke Kante des Knotens und das Ende durch die rechte Kante dargestellt. Die Pfeile gehen von einem Vorgänger, einem bedingenden Vorgang, aus und enden in einem Nachfolger, einem bedingten Vorgang. Ihre Länge und Lage ist unbestimmt.

Normalerweise setzt der Beginn eines Vorgangs den Abschluss aller seiner bedingenden Vorgänger voraus (Ende-Anfang-Beziehung). Dies nennt man die

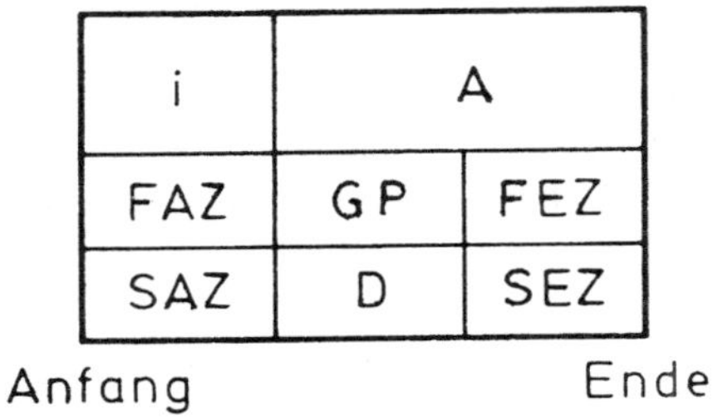

i	A	
FAZ	GP	FEZ
SAZ	D	SEZ

Anfang Ende

FAZ = Frühester Anfangszeitpunkt
SAZ = Spätester Anfangszeitpunkt
FEZ = Frühester Endzeitpunkt
SEZ = Spätester Endzeitpunkt
GP = Gesamtpufferzeit
D = Dauer des Vorgangs
A = Benennung des Vorgangs
i = Nummer des Vorgangs

Abb. 5.8. Vorgangsdarstellung bei Vorgangsknotennetzen

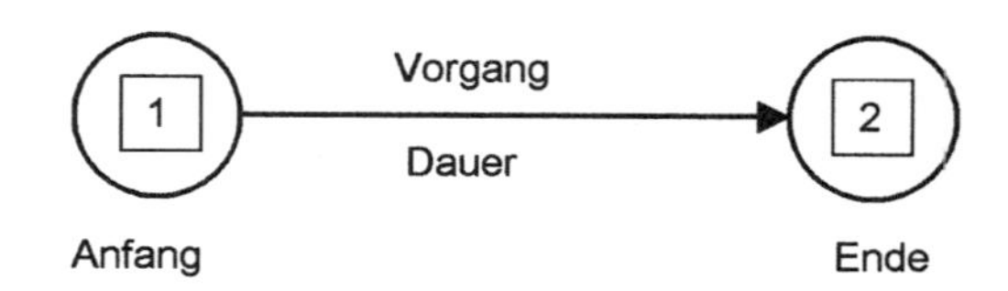

Abb. 5.9. Vorgangsdarstellung bei Vorgangspfeil-Netzen

Normalbeziehung und die darauf aufbauende Zeitrechnung, die einfache Zeitrechnung. Bei Vorgangspfeilnetzen ist die Vorgangsbenennung und die Angabe der Vorgangsdauer am Pfeil vermerkt. Das Schaftende des Pfeils liegt in einem Knoten. Dieser stellt den Vorgangsbeginn dar. Die Pfeilspitze endet ebenfalls in einem Knoten. Er zeigt das Vorgangsende (also ein Ereignis) (Abb. 5.9).

Die Phasen der Netzplanung sind:

Strukturplanung, Zeitplanung und Terminplanung

sowie

Kapazitätsplanung und Kostenplanung.

Die Kapazitäts- und Kostenplanung können die vorliegenden Phasen wieder verändern (Rückkoppelung). Terminplanung ohne Kapazitätsbetrachtungen ist nicht realistisch. Die Netzplantechnik umfasst nicht nur die Planungsperiode, sondern ebenso auch die Überwachung. Als Informationsunterlagen dienen Balkendiagramme oder Terminlisten. Es ist unzweckmäßig, den Netzplan an alle beteiligten Stellen zu verteilen, da der ständige Änderungsdienst zu aufwendig ist und da sich meist nur ein geringer zusätzlicher Informationswert für die betroffene Stelle ergibt.

Zur Überwachung empfiehlt sich ein Rückfragesystem mit regelmäßigen Terminbesprechungen, in denen lediglich eine Koordination betrieben wird. Die wesentliche Information kann durch die vorher zu verteilenden Terminberichte erfolgen. Rückmeldungssysteme funktionieren nur in den Fällen, wo in den ausführenden Stellen über genügend Kapazität verfügt werden kann.

2.3 Strukturpläne

Bei übersichtlichen Projekten kann eine Aufgliederung des Projekts in Teilprojekte, Arbeitspakete und Vorgänge sowie eine Verknüpfung dieser Vorgänge nach logischen, technologischen und kapazitiven Belangen ohne Zwischenstufen erfolgen. Bei größeren Projekten sind die Beziehungen zwischen den Vorgängen jedoch meist so komplex, dass es zweckmäßig ist, zunächst eine Objektgliederung nach Objektelementen und dann eine Arbeitsgliederung für die Elementgruppen vorzunehmen. Beide Gliederungen werden überlagert und ergeben so den Projektstrukturplan.

2.3.1
Teilprojekte

Die Gesamtaufgabe des Projekts kann durch hierarchische Untergliederung in Teilprojekte zerlegt werden, wobei anzustreben ist, diese Teilprojekte so zu definieren, dass sie voneinander weitgehend unabhängig sind und dass jeweils die Teilprojekte einer Ebene in ihrer Summe nicht mehr und nicht weniger darstellen als die direkt übergeordnete Aufgabenstellung. Die Teilprojekte können gleichzeitig wichtige Projektstufen darstellen, die für die Information in verschiedenen Informationsebenen von Bedeutung sind. Sie bilden damit Ansatzpunkte für die später festzulegenden Meilensteine.

2.3.2
Objektstrukturplan

Der Objektstrukturplan – oder bei erzeugnisorientierten Projekten auch vielfach als Erzeugnisstrukturplan bezeichnet – zeigt die Elemente des Objekts in ihrer Aufbaustruktur. Das Erzeugnis oder allgemein das Objekt des Netzplanprojekts wird bei der Stücklistenerstellung in seine Baugruppen, Untergruppen und eventuell Einzelteile so weit zerlegt, dass alle Elemente, die bei der Planung und Überwachung angesprochen werden müssen, erscheinen. Eine Feingliederung bis hin zum Einzelteil ist in den meisten Fällen bei der Netzplanung weder notwendig noch zweckmäßig. Eventuell kann im Laufe der Projektverfolgung der Netzplan noch stufenweise weiter verfeinert werden (Abb. 5.10).

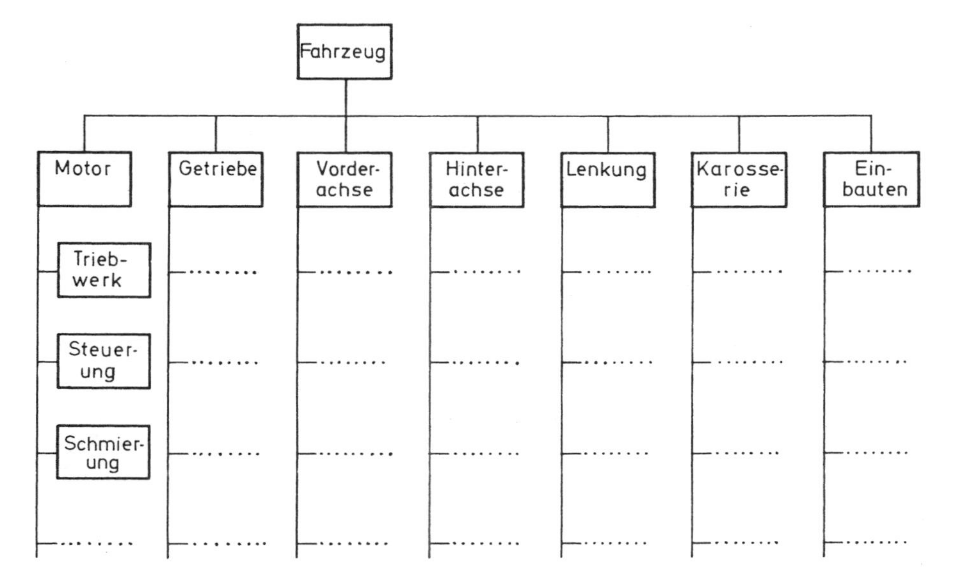

Abb. 5.10. Objekt- oder Erzeugnisstrukturplan

2.3.3 Funktionsstrukturplan

Der Funktionsstrukturplan oder Tätigkeitsstrukturplan zeigt die Tätigkeiten, die für das Objekt, bzw. Erzeugnis, seine Elementgruppen und Elemente auszuführen sind. Die Gliederungstiefe richtet sich wieder nach Planungs- und Überwachungsgesichtspunkten. Vielfach reicht es aus, Arbeitspakete anzusprechen, die als Zusammenfassung von überschaubaren Vorgängen ganzheitlich verfolgt und als Kapazitäts- und Kostenkomplexe gemeinsam erfasst werden. Jeder Vorgang, der jedoch einzeln angesprochen werden muss, erscheint als Tätigkeit innerhalb des Funktionsstrukturplanes (Abb. 5.11).

2.3.4 Projektstrukturplan

Projiziert man den Funktionsstrukturplan in den Erzeugnisstrukturplan, dann erhält man den Projektstrukturplan. Die Elemente des Erzeugnisstrukturplanes werden dabei mit den Tätigkeiten des Funktionsstrukturplanes zu den eigentlichen Vorgängen zusammengeführt. Da die Tätigkeiten im Funktionsstrukturplan in logischer, beziehungsweise technologischer Reihenfolge notiert sind, wer-

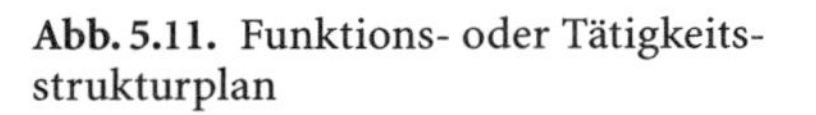

Abb. 5.11. Funktions- oder Tätigkeitsstrukturplan

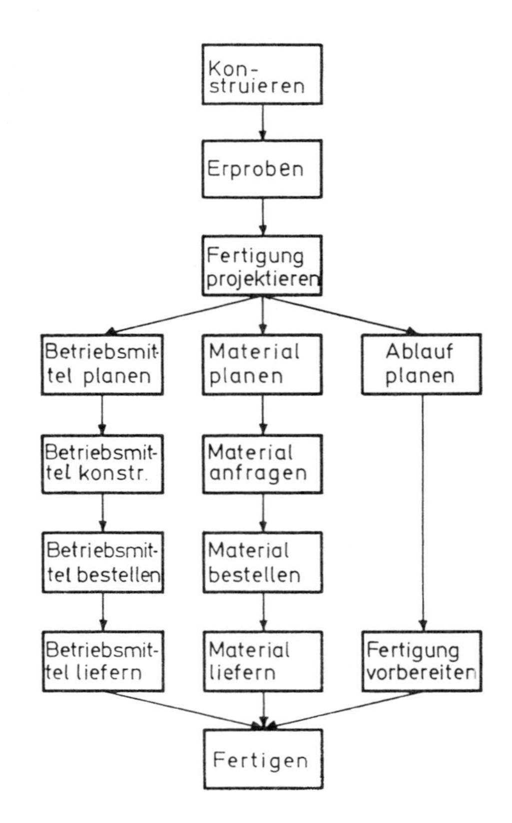

den die Beziehungen auch im Projektstrukturplan eingehalten. Dagegen sind alle Arbeiten, die parallel ablaufen können, zunächst auch unabhängig und parallel im Projektstrukturplan darzustellen (Abb. 5.12). Während der Erzeugnis- und der Funktionsstrukturplan offene Pläne mit einfachen Verknüpfungen darstellen, ist der Projektstrukturplan des Netzplanes normalerweise ein geschlossener Plan mit einem Start- und Zielknoten und mit vielen Querverbindungen.

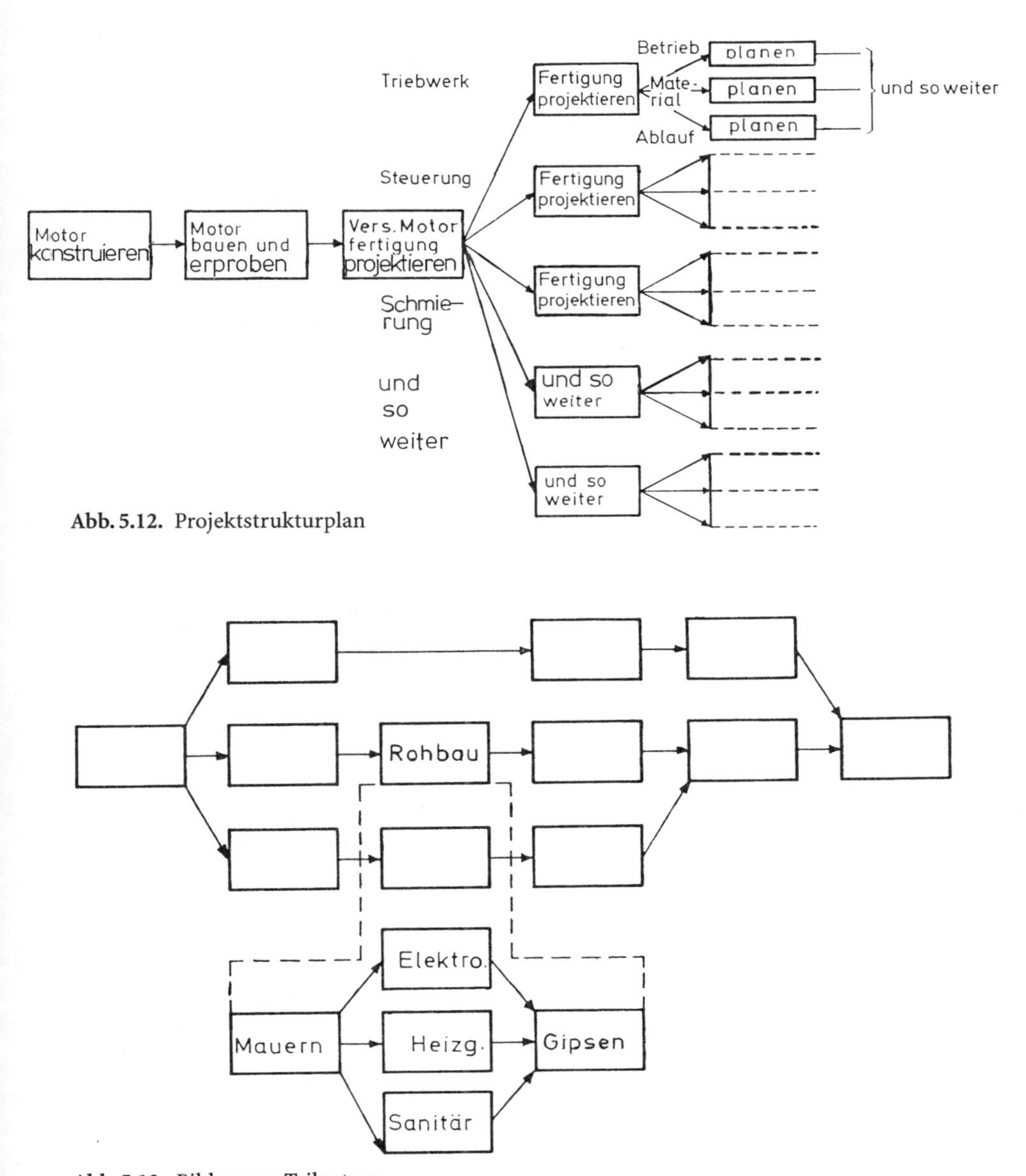

Abb. 5.12. Projektstrukturplan

Abb. 5.13. Bilden von Teilnetzen

Die Darstellung der Netzpläne und ihrer Elemente ist nicht genormt. Eine gewisse Standardisierung hat sich jedoch durchgesetzt. Der Netzplan wird grundsätzlich von links nach rechts gezeichnet. Nur selten empfiehlt sich aber, ihn über der Zeitachse darzustellen, da ein Umzeichnen bei Terminverschiebungen sehr aufwendig ist und daher meisten unterbleibt. Bei umfangreichen Projekten empfiehlt sich die Bildung von Übersichtsnetzen und Teilnetzen, die durch besondere Anschlussknoten zusammengeschlossen sind. Während die Leitung sich vor allem um Informationen aus dem Grobnetz, um Meilensteine und sonstige wichtige Termine zu kümmern hat, benötigen die ausführenden Stellen eine Projektgliederung bis hin zu den einzelnen Verantwortungsbereichen und unterschiedlichen Produktionsmitteln (Abb. 5.13).

2.4 Einfache Zeit- und Terminplanung

Die bisherigen Überlegungen galten unabhängig von den verschiedenen Verfahren der Netzplantechnik. Nachfolgend sollen die grundsätzlichen Verfahren kurz aufgezeigt und ihre Vorteile und Grenzen untersucht werden. Wenn der Projektstrukturplan vorliegt, kann die Zeitplanung erfolgen. Nachstehende Begriffe sind bei der Zeit- und Terminplanung gebräuchlich (Tabelle 5.2):

Tabelle 5.2. Definitionen bei der Zeitplanung

Begriff	Zeichen	Erklärung
Dauer	D	Zeitspanne von Anfang bis Ende eines Vorgangs (ohne Unterbrechung).
Zeitabstand	Z	Zeitspanne zwischen 2 abhängigen Vorgängen oder Ereignissen. Er kann größer als Null, kleiner als Null oder gleich Null sein.
Zeitpunkt	–	Festgelegter Punkt im Ablauf, dessen Lage durch Zeiteinheiten beschrieben und auf einen Nullpunkt bezogen ist.
Termin	–	Durch ein Kalenderdatum ausgedrückter Zeitpunkt.
Pufferzeit	–	Zeitspanne, um die die Lage eines Vorgangs bzw. Ereignisses verändert werden kann ohne „wesentliche" Auswirkungen auf die Projektdauer oder Teile davon.
Gesamtpufferzeit	GP	Zeitspanne zwischen frühester und spätester Lage eines Vorgangs bzw. Ereignisses bei Ausnutzung aller Zeitreserven an dieser Stelle.
Freie Pufferzeit	FP	Zeitspanne, um die ein Vorgang bzw. Ereignis gegenüber seiner frühesten Lage verschoben werden kann, ohne die früheste Lage anderer Vorgänge bzw. Ereignisse zu beeinflussen.
Kritischer Weg	–	Folge solcher Vorgänge, deren Pufferzeit ein Minimum ist. Die Summe der Zeiten aller kritischen Vorgänge einer Folge ist die kürzeste Projektzeit.
Kritischer Vorgang	–	Vorgang, der auf dem (einem) kritischen Weg liegt.

2.4.1
Schritte der Zeitplanung und Terminplanung

Zeitwerte schätzen, Vorwärts- und Rückwärtsrechnen des Netzplanes, kritischen Weg, Pufferzeiten und Termine festlegen, Meilensteine überprüfen.

a) Zeitwerte schätzen
Alle Zeiten eines Netzplanes werden in der gleichen vorab festzulegenden Einheit gemessen, so dass jeweils nur Zahlenwerte im Netzplan vermerkt sind. Die Zeiten müssen im Kontakt mit den Ausführungsverantwortlichen geschätzt werden. Sie basieren auf einer vorgegebenen Kapazität und setzen voraus, dass die einzelnen Vorgänge ohne Unterbrechung von Anfang bis Ende ablaufen. Reserven wegen kapazitätsbedingtem Warten oder ähnlichem dürfen nicht in der Vorgangsdauer, sondern müssen in den Abständen verplant werden.

b) Vorwärtsrechnen
Die Vorwärtsrechnung des Netzplanes beginnt beim Startknoten und ergibt durch Addition der Vorgangs- und der Abstandsdauern, die frühesten Anfangs- und Endzeitpunkte der Vorgänge (FAZ und FEZ). Hat ein Vorgang mehrere Vorgänger, gibt der späteste Zeitpunkt (SAZ) der bedingenden Vorgängerabstände den frühesten Anfangszeitpunkt (FAZ) des betrachteten Vorgangs. Das so ermittelbare früheste Ende (FEZ) des Zielknotens zeigt die Projektdauer (D) an.

c) Rückwärtsrechnen
Die Rückwärtsrechnung kann entweder von dem FEZ des Zielknotens aus beginnen oder von dem gewünschten Endzeitpunkt. Dabei werden jeweils die Vorgangsdauern (Dj) von den spätestens Endzeitpunkten (SEZ) abgezogen, um die spätesten Anfangszeitpunkte (SAZ) zu erhalten. Hat ein Vorgang mehrere Nachfolger, so ist der Nachfolger mit dem frühesten Zeitpunkt seiner Beziehung zeitbestimmend.

d) Kritischen Weg kennzeichnen
Wird beim Rückwärtsrechnen vom FEZ des Zielknotens ausgegangen, dann zeigt sich der kritische Weg dort, wo FAZ = SAZ und FEZ = SEZ bzw., wo die Differenz zwischen diesen Werten ein Minimum ist. Der Kritische Weg ist durch Doppellinie oder ein anders Merkmal zu kennzeichnen. Geht man beim Rückwärtsrechnen von einem erforderlichen Planzeitpunkt aus, der vor dem FEZ des Zielknotens liegt, dann erscheinen negative Pufferzeiten, die durch entsprechende Maßnahmen bei der weiteren Planung eliminiert werden müssen. Der Vorzug dieses Verfahrens liegt jedoch darin, dass weniger Rechenarbeit anfällt, wenn der erforderliche Zeitenausgleich erfolgt. Bei EDV-Berechnungen spielt dies jedoch meistens keine Rolle.

e) Berechnen der Pufferzeiten
Die Gesamtpufferzeit ist die Differenz zwischen den FAZ und SAZ oder zwischen FEZ und SEZ der betreffenden Vorgänge (Abb. 5.14).

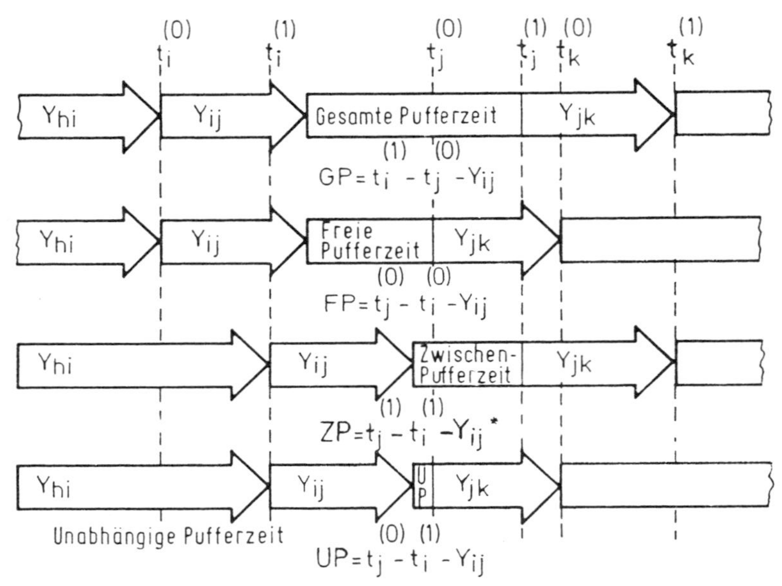

Abb. 5.14. Pufferzeiten

f) Umwandeln der Zeiten in Termine

Im Netzplan sind zunächst alle Zeiten in der anfangs festgelegten Zeiteinheit und Zeitenreihe (als Fortschrittszeiten) errechnet. Zur Beurteilung und weiteren Planung werden jedoch Kalenderzeiten oder Uhrzeiten benötigt. Für diesen Zweck wird ein Planungskalender errechnet, der nur die „produktiven Zeiten" fortlaufend zählt. Dieser sogenannte Betriebskalender ist heute in fast allen größeren Unternehmen eingeführt und wird für alle dispositiven Aufgaben eingesetzt. Zweckmäßigerweise wird damit der Startpunkt des Netzplanes nicht auf 0 gesetzt, sondern auf den im Kalender erscheinenden möglichen Beginn.

g) Überprüfen, welche Meilensteine zu berücksichtigen sind

Die Termine der ersten Netzplanberechnung stimmen meist mit den Wunschvorstellungen nicht überein. Ein Abgleich kann oft über andere Kapazitätsverteilung erreicht werden. Insbesondere sind im Netzplan für alle Vorgänge mit Pufferzeiten keine genauen Termine zu errechnet, sondern nur Frühest- und Spätesttermine. Deshalb ist eine Verteilung der Pufferzeiten erforderlich, um Festtermine vorgeben zu können. Besonders wichtige Ereignisse wie Freigaben werden als Meilensteine mit Festtermin im Plan festgehalten.

2.5
Abhängigkeiten in der erweiterten Netzplantechnik

Die bisherigen Darstellungen der Abhängigkeiten von Vorgängen betrafen den einfachen Fall, dass ein Vorgang erst beginnen konnte, wenn alle seine Vorgänger beendet waren. Nun sind in der Praxis die Fälle sehr häufig, dass Vorgänge überlappt werden, Wartezeiten eingeplant werden müssen oder andere Abhängigkeiten auftreten. Um diese Fälle wirklichkeitsnah planen zu können, wurden weitere Abhängigkeiten oder Anordnungsbeziehungen definiert.

2.5.1
Anordnungsbeziehungen

Zwischen Anfang und Ende von zwei Vorgängen können vier Anordnungsbeziehungen definiert werden. Zur Darstellung dieser Beziehungen wird entweder die linke Kante des Knotens als Anfang und die rechte als Ende eines Vorgangs erklärt oder, die verschiedenen Beziehungen werden durch Kurzzeichen ausgedrückt (Abb. 5.15).

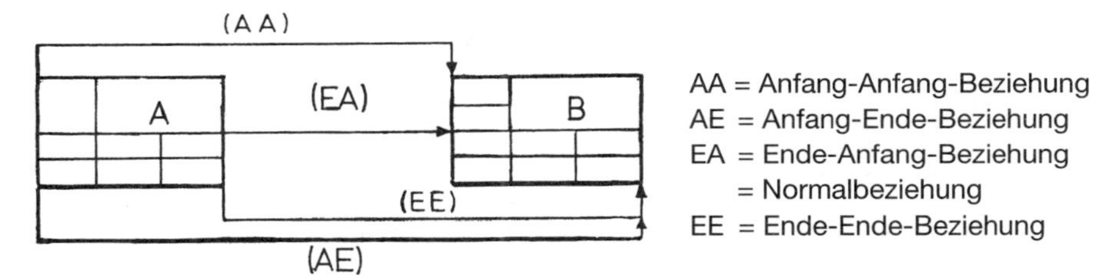

Abb. 5 15. Anordnungsbeziehungen

Abstände

Die zeitliche Differenz zwischen den beiden Bezugspunkten (Ende oder Anfang) sich bedingender Vorgänge nennt man „Abstand". Dieser kann positiv sein, wenn der Bezugspunkt des Nachfolgers nach dem Besuchszeitpunkt des Vorgängers liegt; es liegt damit eine Wartezeit oder eine verplante Pufferzeit vor. Der Abstand kann 0 sein, dann schließen sich die Bezugspunkte direkt an. Ist der Abstand negativ, dann können sich die Bezugszeitpunkte oder die Vorgänge überlappen. Die so definierten Abstände erweisen sich als Mindestabstand. Sie legen ein Mindestwartezeit oder eine maximale Vorziehzeit fest. Auf allen nicht kritischen Wegen ist die Lage der Vorgänge nicht deterministisch, sondern im Rahmen der Pufferzeiten verschiebbar. Um diesen Bewegungsspielraum einzuengen, kann auch ein Maximalabstand definiert werden, der besagt, wie groß die Wartezeit zwischen zwei Bezugszeitpunkten maximal sein darf oder – im negativen Sinn – wie viel mindestens überlappt werden muss. Es gibt damit vier Abstandsarten im Netzplan (Abb. 5.16).

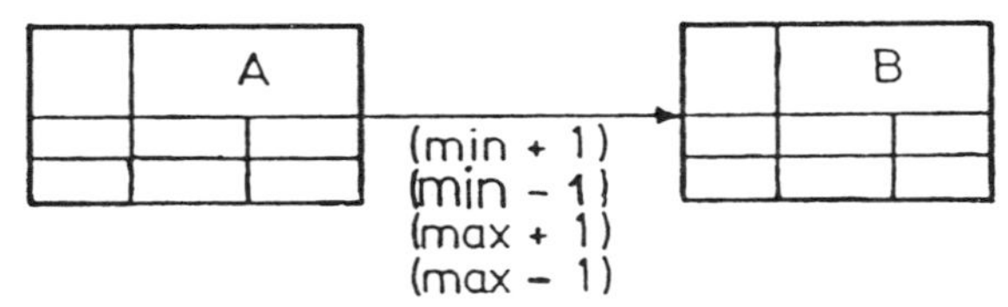

Abb. 5.16. Abstandsarten

1. Keine Angabe bedeutet Mindestabstand 0 (Normalbeziehung). Maximalabstand durch Pufferzeit bedingt.
2. Reine Zahlenangabe bedeutet Mindestabstand in angegebener Höhe.

Die Bedeutung der Abstände zeigt das Abb. 5.17 an.

Kombinationen von Mindest- und Maximalabständen an ein und derselben Beziehung sind möglich. Außerdem können zwischen zwei Vorgängen mehrere Beziehungen bestehen (Überprüfen der Logik!). Das Berechnen von Netzplänen

a) Mindestabstand ≙ nicht früher als …
und Mindestwartezeit mit Maximalvorziehzeit

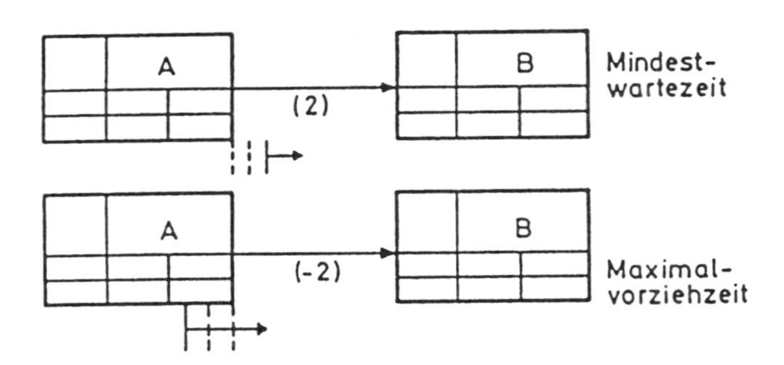

b) Maximalabstand ≙ nicht später als …
und Maximalwartezeit mit Mindestvorziehzeit

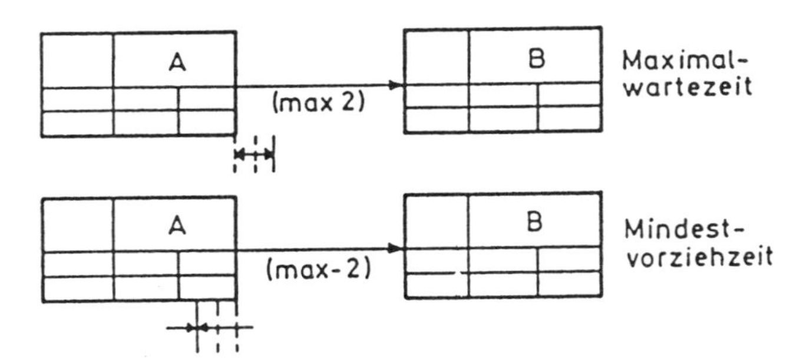

Abb. 5.17. Bedeutung der Abstände. a) Mindestabstände, b) Maximalabstände

mit verschiedenen Abhängigkeiten erfolgt nach den besprochenen Regeln, wobei für Beziehungen mit Mindestabständen entsprechende Zeitwerte anzusetzen sind. Die Berücksichtigung von Maxmalabständen wird meistens in einem korrigierenden Rechenvorgang nachvollzogen.

3 Kapazitätsplanung

Ein Projekt benötigt zunächst nicht eine bestimmte Kapazität, sondern einen bestimmten Arbeitsumfang (z.B. 1000 Ingenieurstunden). Erst über die Forderung nach einer begrenzten Vorgangsdauer (z.B. 10 Arbeitstage) wird aus dem Arbeitsumfang ein Kapazitätsbedarf errechenbar (z.B. 100 Ingenieurstunden je Arbeitstag bzw. 12 Ingenieure à 8,3 Stunden/Arbeitstag). Damit beginnt die Kapazitätsplanung bereits beim Schätzen der Vorgangsdauer.

Jede Terminplanung muss auf Kapazitätsüberlegungen aufbauen, das bedeutet:

Personal, Betriebsmittel und Material für den erforderlichen Vorgang müssen im Hinblick auf vier Kriterien bereitstehen:

a) Qualität – was für?
Die Kapazität muss zunächst den qualitativen Anforderungen der Aufgabe entsprechen. Zu diesem Zweck werden Kapazitätsgruppen gebildet, die im Rahmen der Planung ansprechbar sind.

b) Quantität – wie viel?
Eine quantitative Kapazitätsbeurteilung ist bereits bei der Festlegung der Vorgangsdauer erforderlich, da nach der Beziehung

$$\text{Vorgangsdauer} = \frac{\text{Arbeitsumfang}}{\text{Kapazität}}$$

eine erste Annahme über die Kapazität getroffen wird, wenn bei bekanntem Arbeitsumfang die Vorgangsdauer abgeschätzt wird.

c) Zeit – wann?
Der Kapazitätsbedarf muss zeitlich in vorhandene Kapazitäten eingeplant werden oder zeitlich zur Kapazitätsbeschaffung vordisponiert sein.

d) Ort – wo?
Die Verfügbarkeit von Kapazitäten ist nur gewährleistet, wenn auch die Raumbeziehung erfüllt ist, dass alle Komponenten zur Vorgangserledigung am Vorgangsort greifbar sind.

3.1 Kapazitätsbedarf

Der Kapazitätsbedarf muss nach Kapazitätsgruppen erfasst werden. Als Kapazitätsgruppe bezeichnet man im Rahmen der Netzplanung ein Arbeitspotential, dessen Elemente bezüglich der zu betrachtenden Aufgabe als substitutional anzusehen ist. So kann zum Beispiel eine Gruppe Arbeiter gleicher Qualifikation eine Kapazitätsgruppe sein, oder gleichartige Arbeitsgruppen, die in sich heterogen, aber als Gruppen substitutional sind, können ebenfalls als Kapazitätsgruppen betrachtet werden. Zur Quantifizierung von Kapazitäten werden zunächst Mengen je Zeiteinheit eingesetzt, wie z. B.: Ingenieurstunden/Arbeitstag, in m^3 Erdaushub/Woche oder in Tonnen Stahlverarbeitung/Monat. Ein Ansatz direkt in Kosten, z. B. DM/Atg ist nicht zweckmäßig, da hierbei Bewertungen in die Kapazitätsrechnung einbezogen werden, die erst bei der Kostenplanung berechtigt erscheinen. Bei der Planung der Vorgangsdauer wird das zu erledigende Arbeitsvolumen über den geplanten Einsatz von Arbeitskräften und Arbeitsmitteln auf Zeiten, nämlich auf die Vorgangsdauer, umgerechnet. Normalerweise entspricht der Kapazitätsbedarf im Zeitverlauf bei großen Entwicklungsobjekten einer Glockenkurve.

In der Vorentwicklungszeit kleiner Bedarf,
während der Entwicklungsphase hoher Bedarf
und während der Realisierung ausklingender Bedarf.

Diese Kurve lässt sich durch ein Trapez oder durch ein flächengleiches Parallelogramm annähern (Abb. 5.18).

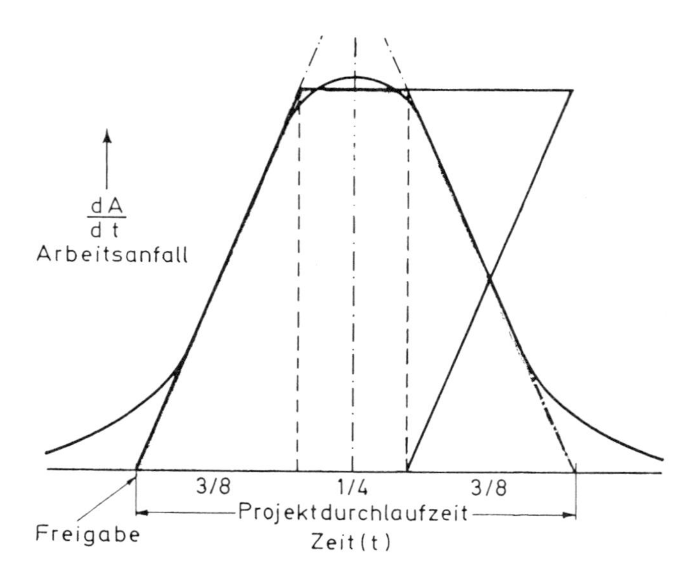

Abb. 5.18. Näherungsverfahren zum Ermitteln des Personalbedarfs im Zeitverlauf oder Arbeitsanfall während der Projektdauer

Die meisten Rechnerprogramme sind nicht in der Lage, derartige Bedarfsverteilungen zu verarbeiten. Sie rechnen mit einem konstanten Kapazitätsbedarf bzw. konstantem Arbeitsumfang je Zeiteinheit. Ist unterschiedlicher Kapazitätsbedarf erforderlich, dann lässt sich dies durch Aufteilen der Vorgänge in Vorgangsteile konstanten Bedarfs annähern. Einfache Arbeiten werden meist mit einer Rechtecksbelegung dargestellt. Belastet ein Arbeitsvorgang mehrere Kapazitätsgruppen, dann kann dies durch Hilfsvorgänge dargestellt werden, die parallel zum Hauptvorgang eingeplant werden.

3.2 Verfügbare Kapazität

Jede Terminplanung ist nur dann realistisch, wenn sie die Kapazitätsgrenzen und die Verfügbarkeit der Kapazitäten berücksichtigt. Beim Ermitteln der Kapazität sind von der Bruttokapazität Kürzungen einzuplanen

für zu erwartende Ausfälle
  beim Personal,
  bei Betriebsmitteln oder selbst
  beim Material.

Das Rechnen mit Durchschnittswerten genügt jedoch nicht, sondern terminbezogene Werte sind anzusetzen. Außerdem ist ein angemessener Anteil der Plankapazität für kurzfristige Dispositionen bereitzuhalten, sonst wird fast jede Verzögerung zu weiteren Terminverschiebungen führen. Neben den Grenzbedingungen nach oben besteht die wirtschaftliche Forderung, die Kapazitäten gut auszulasten, das heißt, auf das nötige Maß zu limitieren. Kurzfristig sind Kapazitäten meist nicht zu ändern. Langfristige Änderungen bedingen eine Übersicht über den Kapazitätsbedarf jeder einzelnen Periode, wobei das Bestreben nach einem ausgeglichenen Bedarf und stetigem Wachstum oder Abbau die kurzfristigen Dispositionen oft erschwert.

3.3 Kapazitätsbelegung

Die Kapazitätsbelegung kann bei Parallelogramm- oder Rechteckdarstellung der Arbeitsumfänge grafisch erfolgen, sofern nur eine kleine Anzahl von Arbeiten zu planen ist (Abb. 5.19).

Für jede beliebige Anzahl von Vorgängen kann die Kapazitätsbelegungsplanung in folgenden Schritten erfolgen:

1. Aufzeigen der Kapazitätsbedarfspläne der Kapazitätsgruppe nach frühestem Start aller Vorgänge.
2. Aufzeigen der Kapazitätsbedarfspläne der Kapazitätsgruppen für spätesten Start aller Vorgänge.
3. Eintragen der verfügbaren Kapazitäten in die Kapazitätsbedarfspläne.
4. Ausgleichen der Kapazität.

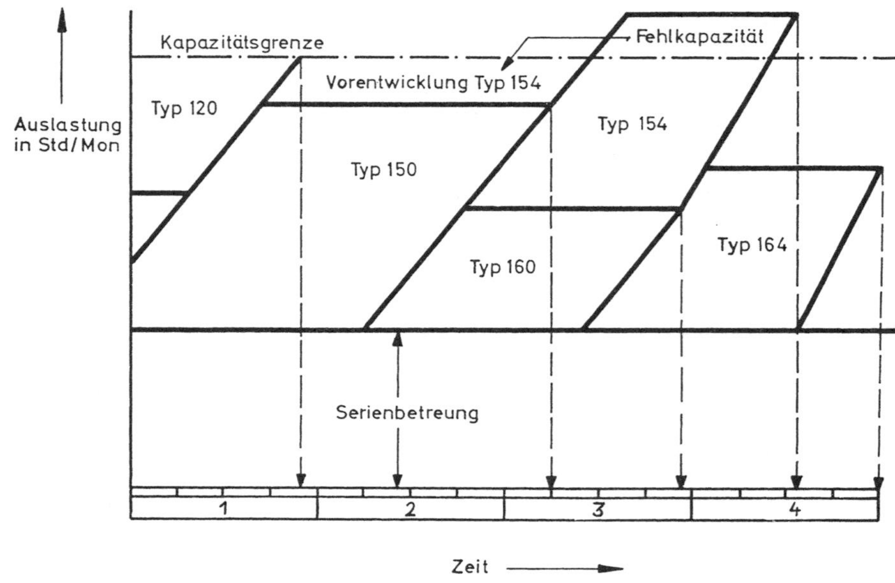

Abb. 5.19. Kapazität und Belegung

Zum Kapazitätsausgleich bieten sich folgende Möglichkeiten an (Abb. 5.20 und Tabelle 5.3).

a) Projektverlängerung
Existieren mehrere Projekte nebeneinander, die die gleichen Kapazitäten beanspruchen, dann werden zweckmäßigerweise die Projekte nicht mit Pufferzeit 0 geplant, sondern selbst auf dem kritischen Weg wird eine angemessene Zeitspanne für Kapazitätsanpassungen vorgegeben. Diese Forderung entspringt der Wirtschaftlichkeit des Gesamtunternehmens.

b) Bedingende und bedingte Vorgänge verkürzen
Durch Verkürzen der bedingenden Vorgänge kann ein Planungsvorgang früher durch Verkürzen bedingter Vorgänge später begonnen und so eventuell in Gebiete mit günstigen Kapazitätsbedingungen verlagert werden.

c) Verschiebung innerhalb der Pufferzeit
Durch Verschiebung der Vorgänge, die innerhalb von Kapazitätsspitzen liegen in unterbelastete Bereiche, werden nicht nur Spitzen abgebaut, sondern gleichzeitig Auslastungstäler aufgefüllt, was im Sinne eines Auslastungsausgleichs und der Wirtschaftlichkeit zu fordern ist.

d) Stauchen von Vorgängen
Innerhalb gewisser Grenzen kann eine Vorgangsdauer durch vermehrten Kapazitätseinsatz verkürzt werden. Meist wird jedoch bereits bei der Planung im

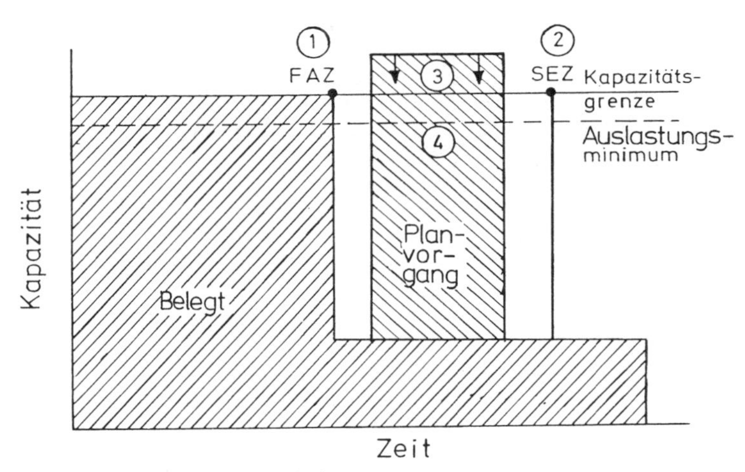

Abb. 5.20. Grenzen für die Kapazitätsbelegung

Tabelle 5.3. Grenzbedingungen bei der Zeit- und Terminplanung

Grenze	Bedingung	Maßnahmen	
		kurzfristig	mittelfristig
links	Einhalten des frühesten Anfangszeitpunkts	Verschieben innerhalb der Pufferzeit	Bedingende Vorgänge verkürzen (Vorgänger)
rechts	Einhalten des spätesten Endtermins	Verschieben innerhalb der Pufferzeit	Bedingte Vorgänge verkürzen (Nachfolger) Endtermin verschieben
oben	Einhalten der Kapazitätsgrenze	Strecken des Vorgangs	Kapazitäten erweitern Andere Vorgänge verschieben (Prioritäten)
unten	Einhalten des Auslastungsminimums	Stauchen des Vorgangs	Kapazität abbauen Zusatzarbeiten aufnehmen.

Interesse einer kurzen Projektzeit ein hoher Kapazitätseinsatz angenommen, so daß hier keine wesentlichen Reserven liegen.

Strecken von Vorgängen
Durch Strecken von Vorgängen kann ihr Kapazitätsbedarf zu Lasten der Vorgangsdauer verringert werden. Grenzen für das Strecken sind aber nicht nur durch FAZ und SEZ gegeben, sondern auch durch die Schwierigkeit der Kapazitätsteilung (Ganzzahligkeit u.ä.).

Aufteilen von Vorgängen
Durch Aufteilen von Vorgängen können auch kürzere Auslastungslücken nutzbringend ausgefüllt werden. Mehrmaliger Beginn einer Arbeit führt jedoch meistens auch zu Mehrzeitbedarf.

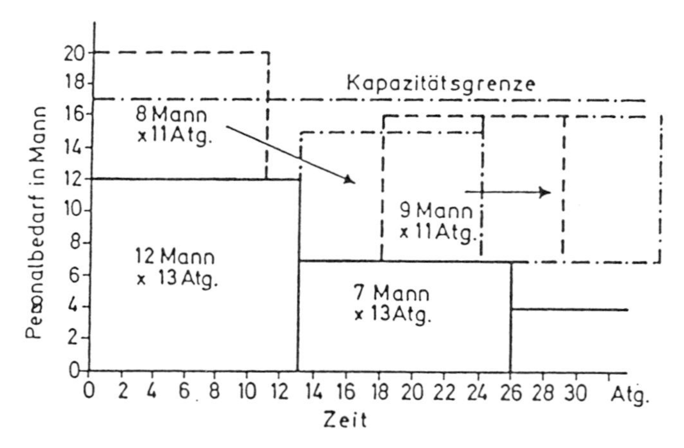

Abb. 5.21. System des Man-Power-Scheduling

e) Kapazitätsänderung

Zeigen die Kapazitätsbelegungspläne, dass die Plantermine trotz aller vorher besprochenen Anpassungen nicht möglich sind, dann können im Rahmen von Überstunden oder durch Aktivierung von Fremdkapazität Ausgleiche angestrebt werden. Unter keinen Umständen dürfen aber nicht einhaltbare Termine vorgegeben werden, da sonst die gesamte Planungsarbeit unglaubwürdig wird.

Da bei der Planung der Kapazitätsbelegung zahlreiche Begrenzungen zu berücksichtigen sind und in der Praxis meist mehrere Projekte mit unterschiedlichen Prioritäten im gleichen Zeitraum eingeplant werden müssen, kommt man mit graphischen oder einfachen mathematischen Methoden vielfach nicht mehr zurecht. Hier ist ein Einsatzgebiet für EDV-Programme (Abb. 5.21).

Beim Einsatz von EDV-Anlagen ist jedoch zu entscheiden, ob mit relativ einfachen Programmen die Kapazitätsbelegung näherungsweise errechnet werden soll, wobei mit einem „Handabgleich" die letzten Anpassungen erfolgen oder ob der hohe Aufwand in der Eingabe und Berechnung angemessen ist, den eine genaue Optimierungsrechnung nach (oft zweifelhaften) Prioritätsregeln erfordert.

Das eigentliche Problem der Kapazitätsplanung in der Praxis resultiert aus folgenden Bedingungen:

a) Viele Kapazitätsgruppen
b) Viele parallele Projekte
c) Kapazitätsgrenze nach oben und nach unten sehr starr
d) Unvorhergesehener Mehrbedarf
e) Unvorhersehbare Kapazitätsausfälle

4 Kostenplanung und -überwachung

Für die meisten wirtschaftlichen Projekte sind die Kosten, die Aufwendungen oder Zahlungen vorzurechnen, nach ihrem zeitlichen Anfall festzulegen und während der Projektdauer zu überwachen. Zu diesem Zweck sind den Vorgängen, Arbeitspaketen oder Teilprojekten Kosten zuzuordnen, für die jeweils Höhe und Fälligkeit im Soll und Ist zu ermitteln sind. Diese Aufgaben werden mit der Netzplanung des Projekts gekoppelt, wobei weitgehend auf die Projektgliederung des Netzplanes zurückgegriffen werden kann.

Die Ziele der Kostenplanung und -überwachung von Projekten sind:

1. Wirtschaftliche Beurteilung des Gesamtprojekts als statische Betrachtung
   Ermittlung der Projektkosten und -erträge
   Rentabilitätsbetrachtungen.
2. Projektergebnisoptimierung
   Dynamische Verfolgung der Einsätze (Zahlungen bzw. Kosten und Erträge) in Soll-Ist-Vergleichen und baldmöglichste Einleitung von Korrekturen. In Sonderfällen Optimierungsrechnungen.
3. Finanzmittelplanung
   Klärung und Terminierung von Mittelbereitstellungen zur Finanzplanung und Liquiditätssicherung.
4. Kostenverrechnungsplanung
   Sicherung der Zuteilbarkeit von Gemeinkosten auf Projekte, um Deckungsbeitragsrechnungen absichern zu können.

4.1 Kostenbeurteilung

Es ist das Bestreben, die Projektkostenplanung nicht nur mit der Terminplanung und Kapazitätsplanung zusammenzufassen, sondern sie so aufzubauen, dass sie mit dem betrieblichen Rechnungswesen konform verläuft. Dies bedeutet, dass die Kostenarten in ähnlicher Form abgegrenzt sind wie in der Kostenartenrechnung (meist werden aus wirtschaftlichen Gründen bei der Projektkostenplanung nur Kostenartengruppen direkt erfasst). Kostenstellen können eventuell als Kostenstellengruppen zusammengefasst werden (z. B. Entwicklung, maschinelle Bearbeitung, Handbearbeitung) und als Kostenträger sind üblicherweise das Projekt, Teilprojekte oder Arbeitspakete benannt. Die Zusammenfassung der Kosten kann analog zur Stücklistenkalkulation über den Objektstrukturplan erfolgen. Zur Kostenerfassung werden die der Kapazitätsrechnung zugrunde zu legenden Einheiten verwendet wie

- Ingenieurstunden mit Stundensatz
- Maschinenstunden mit Stundensatz
- Handwerkerstunden mit Stundensatz
- Materialkosten sind üblicherweise direkt in DM verrechnet wie auch
- Sonderkosten in DM

Für die Finanzplanung interessiert die Unterscheidung in

- zahlungswirksame Kosten, für die besondere Geldmittel bereitzustellen sind wie Sonderbetriebsmittel, Materialkosten usw. und
- kalkulatorische Kosten, die im Rahmen der betrieblichen Fixkosten anfallen wie kalkulatorische Abschreibungen, Zinsen usw.

Sollen zu den direkten Kosten auch Gemeinkosten verrechnet werden, dann kann dies so geschehen, dass in den Tätigkeitsknoten die direkten Kosten und als Zusatzangabe die Gemeinkosten benannt sind oder werden parallel zu den Tätigkeitsknoten Kostenknoten mit gleicher Vorgangsdauer notiert.

Die Verrechnung von Kosten kann entweder

1. gleichmäßig verteilt über die jeweilige Vorgangsdauer erfolgen, was dann zu empfehlen ist, wenn eine konstante Kapazitätsbelastung vorliegt.
2. Sie kann nach Abrechnungsperioden (Monate oder Quartale) erfasst werden oder
3. sie kann sich nach den tatsächlichen Zahlungsbedingungen richten.

Es ist eine Frage der Zielsetzung und des angemessenen Aufwands, welcher Verrechnungsform man den Vorzug einräumt.

Für größere Projekte verteilt sich der Arbeitsaufwand normalerweise nach einer S-Kurve über der Zeitachse (Abb. 5.22).

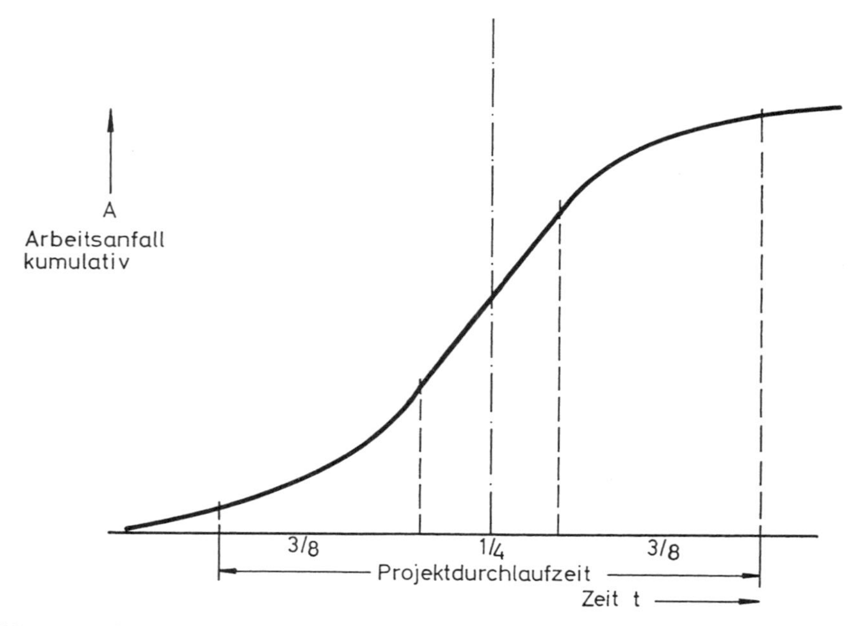

Abb. 5.22. Arbeitsanfall kumulativ während der Projektdurchlaufzeit

4.2 Kostenüberwachung

Wenn das Projekt planmäßig verläuft, beinhalten die Kostenkurven für frühesten Start und spätesten Start in ihrer Schleife alle denkbaren Kostenkombinationen. Gewöhnlich sind jedoch Abweichungen zu erwarten, die folgende Gründe aufweisen (Abbildung 5.23):

a) Mengenänderungen
b) Verrechnungssatzänderungen
c) Strukturänderungen (anderer Projektablauf)
d) zeitliche Verschiebungen der Vorgänge über Pufferzeit hinaus
e) zeitliche Verschiebung zwischen Leistungserstellung (Verfügung) und Zahlungsanforderung
f) zeitliche Verschiebung zwischen Zahlungsanforderung und Zahlung

Bei langdauernden Projekten ohne Festpreise bringt das Vorziehen von Vorgängen in Zeiten hoher Inflationsrate eine Kostenverringerung und Terminverzögerungen verursachen hier Kostenerhöhungen.

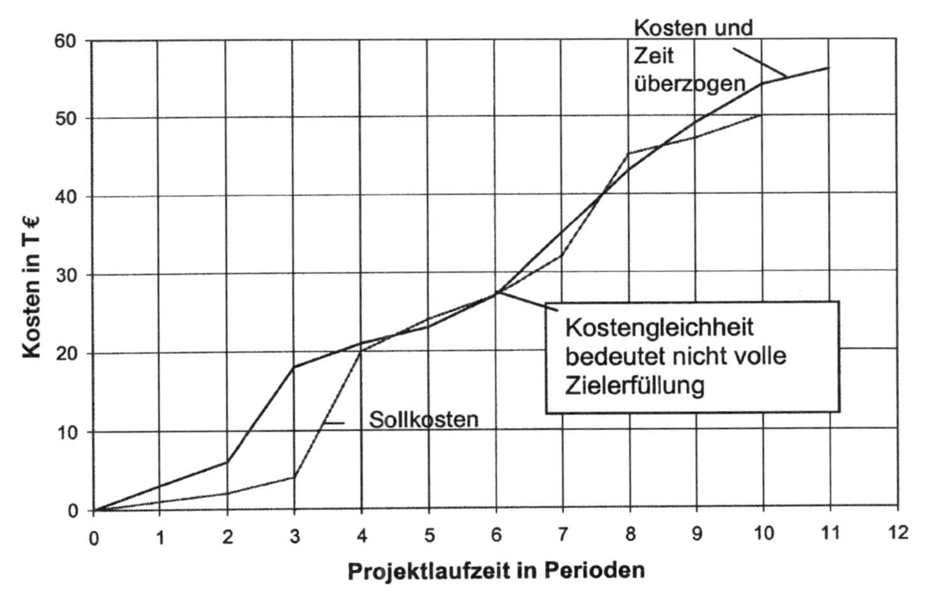

Abb. 5.23. Typischer Verlauf von Ist-Kosten und Soll-Kosten eines Projekts

Die Zusammenfassung der Kosten kann über Tabellen nach untenstehendem Schema Tabelle 5.4 erfolgen:

Tabelle 5.4. Periodengerechte Kostenerfassung

Kostenart:					Frühester Anfangszeitpunkt Periode					
Nr.	Vorgangsbenennung	FAZ	FEZ	Kosten TDM	1	2	3	4	5	6
–	Summe	–	–							

Sie kann in Histogrammen (Säulendiagrammen Abb. 5.24) oder kumuliert aufgezeigt werden. Oder man zeichnet ein Diagramm der kumulierten Kosten als Kostenkurve für frühesten Anfang FAZ und als die Kostenkurve für spätesten Anfang SAZ (Abb. 5.25).

Wesentlich bei der Auswertung von Projektkostenberichten ist, dass nicht nur der zeitliche Kostenstand, sondern der, der Leistungserstellung entsprechende Kostenstand aufgezeigt wird und dass die Gründe für wesentliche Abweichungen dargestellt werden. Auswertungen dieser Art laufen heute fast ausschließlich über EDV.

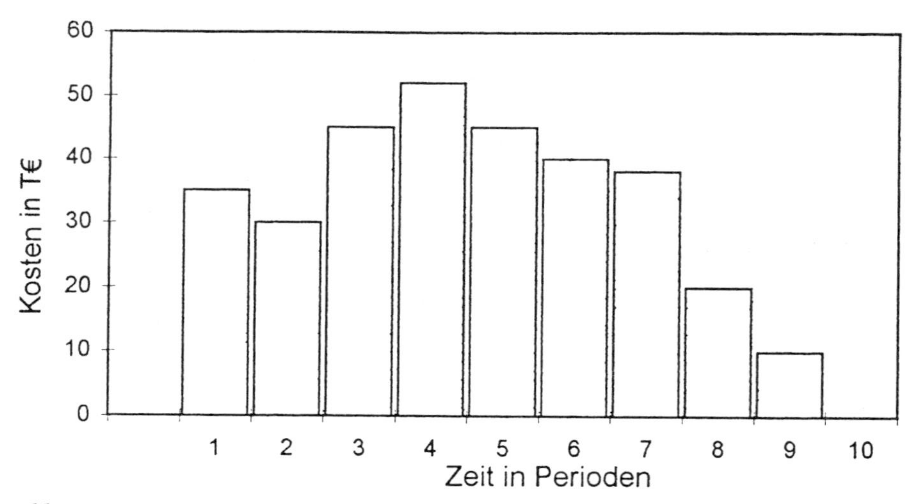

Abb. 5.24. Histogramm der Kosten eines Projekts nach Perioden

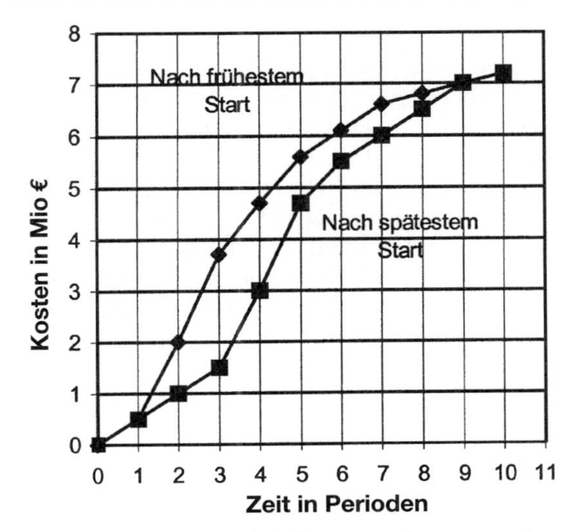

Abb. 5.25. Kumulierte Projektkosten nach frühestem und spätestem Start

5 Sonderprobleme

5.1 Detaillierungsgrad

Die Frage des Detaillierungsgrades ist besonders bei der Einführung der Netzplantechnik ein wesentlicher Punkt, wobei folgende Regeln zu beachten sind (Abb. 5.26):

a) Vorgänge nach Verantwortungsbereichen trennen,
b) Vorgänge nach Überwachungsgesichtspunkten trennen,
c) Langdauernde Vorgänge unterteilen, vor allem im kritischen Bereich,
d) Überlappung ausnutzen, wenn diese im kritischen Bereich liegt,
e) am kritischen Weg und bei Unsicherheiten feiner unterteilen,
f) Stoßwellendetaillierung anwenden und zwar Gegenwert fein – Zukunft grob.

Kurz zusammen gefasst kann die Grundregel lauten:
- So grob wie möglich.
- So fein wie nötig.

Abb. 5.26. Detaillierung der Vorgänge

Das **Verteilen der Pufferzeiten** erfolgt nach den folgenden vier Regeln:

1. Kapazitätsauslastung ausgleichen.
   Im Rahmen der Pufferzeiten wird eine möglichst gleichmäßige Kapazitätsauslastung angestrebt. Da die Kapazität allmählich aufgefüllt wird, sind näherliegende Perioden stärker auszulasten als spätere.

2. Die Risiken und ihre Auswirkungen berücksichtigen. Hinter risikobehafteten Vorgängen ist genügend Pufferzeit einzuplanen. Damit bekommen derartige Vorgänge eine besonders hohe Priorität. Fällt jedoch das Risiko eines Vorgangs oder seiner Auswirkungen mit der Zeit stark ab, dann kann ein später Beginn empfehlenswert erscheinen (z. B. Freigabe).
3. Die Vorgänge mit Kapitalbindungseffekt möglichst spät einplanen. Um Zinsverluste zu vermeiden, müssen Materialbeschaffung, Investitionen und ähnliche Vorgänge bis zum spätest möglichen Termin zurückgestellt werden.
4. Fast kritische Vorgänge so bald wie möglich einplanen. Damit nicht geringe Verzögerungen zu einem weiteren kritischen oder gar überkritischen Weg führen, sind diese Arbeiten mit frühestem Anfangszeitpunkt festzulegen.

5.2 Optimale Projektdauer

Bei selbständigen, wirtschaftlichen Projekten kann eine frühere Fertigstellung zu früherer Gewinnerwirtschaftung führen. Andererseits ist eine Projektbeschleunigung, wie auch eine Streckung eines Projekts vielfach mit Zusatzkosten verbunden. Sind realistische Annahmen über die Projektkosten in Abhängigkeit von der Projektdauer und über die Gewinnerwartungen ab Fertigstellung des Projekts zu treffen, dann lässt sich ein Punkt optimaler Projektdauer errechnen, der gewöhnlich vor dem Punkt minimaler Projektkosten liegt (Abb. 5.27).

Wenn eine Entscheidung gefallen ist, dann ist die Realisierung möglichst schneller durchzusetzen als es den minimalen Projektkosten entspricht.

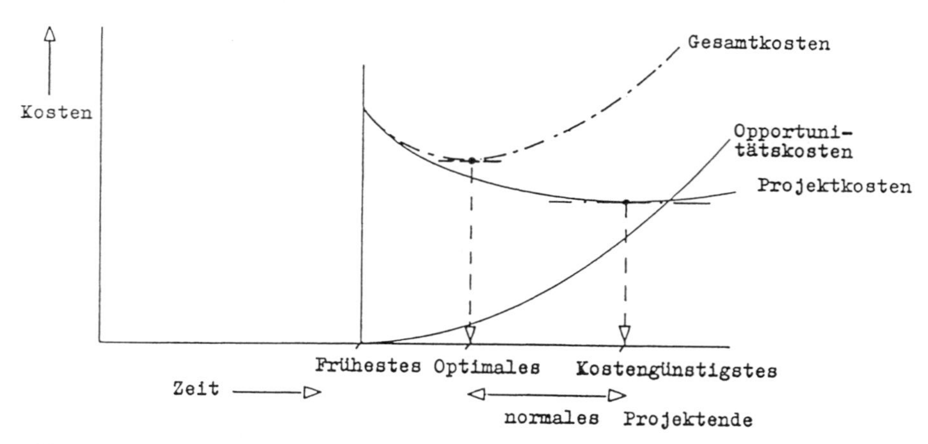

Abb. 5.27. Optimale Projektdauer und minimale Projektkosten

6 Einsatz der Netzplantechnik, ihre Vorteile und Wirksamkeit

Für folgende Einsatzfälle ist heute die Anwendung der Netzplantechnik üblich:

- Erzeugnis – Entwicklungsprojekte,
- Produktionsanläufe,
- Verlagerungen von Fertigungen,
- Umstellungen von Fertigungen,
- Einführung von EDV-Organisationen,
- Planung von einzelnen Betriebsmitteln,
- Bauplanungen und
- Instandsetzungsprojekte.

Dabei wird man nach einem ganz bestimmten Ablaufplan vorgehen (Abb. 5.28):

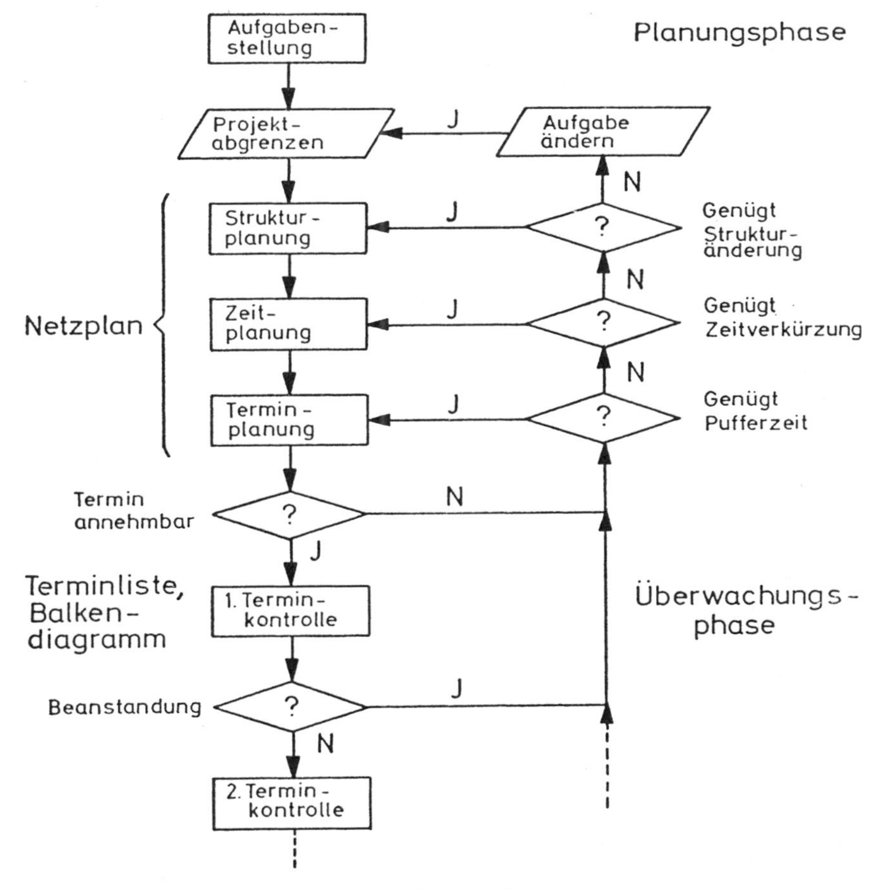

Abb. 5.28. Vereinfachtes Ablaufdiagramm der Netzplanung

1) Ablaufplan und Aufgabenstellung
   a) Ist Netzplanung zweckmäßig?
   b) Welches Verfahren ist anzuwenden?
2) Projekt abgrenzen
   a) Wo liegt der Startknoten?
   b) Wo soll der Zielknoten liegen?
   c) Welche Genauigkeit wird angestrebt?
   d) Welcher Detaillierungsgrad ist erforderlich?
   e) Wer kann Daten liefern?
3) Feststellen der Maßnahmen
   (vom Zielknoten aus beginnend)
4) Feststellen der Zusammenhänge
   (Ermitteln der Voraussetzungen und Folgen)
5) Skizzieren des Struktur-Netzplanes
6) Ermitteln der einzelnen Vorgangsdauern oder Ereignisfristen
   (Rechnen, Bewerten, Schätzen)
7) Ermitteln der Gesamtdauer
   a) Progressive Rechnung (Vorwärtsrechnung)
   b) Retrograde Rechnung (Rückwärtsrechnung)
8) Terminplanung
   a) Termindaten ermitteln
   b) Bei Bedarf ändern von Zeiten, Strukturen oder Rahmenterminen
   c) Pufferzeiten festlegen
9) Netzplanberichte
   Berichte über Termine, Kosten, Kapazitäten
10) Erfüllung verfolgen
    a) Information
    b) Auswirkungen klären (Netzplanauswertungen)
    c) Maßnahmen veranlassen
11) Netzplan aktualisieren
    Nur wenn der Netzplan stets aktuell ist, kann er als wirksames Dispositions- und Steuerungsinstrument dienen.

Die wichtigsten **Vorteile der Netzplantechnik** sind

in der Planungsphase:

a) Zwang zum analytischen Durchdenken (Struktur – Zeit – Termin – Kapazität – Kosten)
b) Aufklärung von Zusammenhängen
c) Realistische Zeiteinschätzungen
d) Simulationsmöglichkeiten,

in der Überwachungsphase:

a) Konzentration auf kritische und quasikritische Tätigkeiten
b) schneller Überblick über Auswirkungen von Terminverzögerungen, Kapazitätsänderungen, Kostensteigerungen u. ä.,

bezüglich der Wirtschaftlichkeit:

a) Koordinierung von Teilplänen
b) Beschleunigungskosten nur auf kritischem Weg
c) Verbesserung der Termintreue.

Die Wirksamkeit der Netzplantechnik hat folgende **Voraussetzungen**:

a) ein planungswilliges Management
b) die Entscheidung der Geschäftsleitung für die Anwendung der Netzplantechnik auf bestimmte Projekte
c) den Einsatz einer qualifizierten Planungsgruppe, die der Geschäftsleitung direkt unterstellt ist
d) die Schulung der am Projekt Beteiligten in internen Seminaren (aus jeder Abteilung ein Koordinator) sowie die Information der mittleren Führungsschicht in Vorträgen und Berichten.

Beispiel: Netzplan und Simultaneous engineering
Ein Netzplan für eine Serienanlauf ist in konventioneller Form konzipiert.

a) Wann ist der Serienanlauf beendet, wenn das Projekt zum Zeitpunkt 500 (nach dem Betriebskalender) beginnen kann und wie hoch sind die Pufferzeiten GP der einzelnen Vorgänge? Die ausgefüllte Vorgangsliste und die Netzplanstruktur sind beigefügt.

Tabelle 5.5. Vorgangsliste des Serienanlaufs

Nr.	Benennung der Vorgänge	Dauer in Atg	Vorgänger, Beziehung + Abstand	Zahlung in T€	FAZ	FEZ	SAZ	SEZ	GP
1	Freigabestufe I	10	–		500	510	500	510	0
2	Fertigung planen	20	1EA		510	530	510	530	0
3	Maschinen planen	40	2EA		530	570	530	570	0
4	Maschinen bestellen	20	3EA, 7EA	20	570	590	570	590	0
5	Maschinen konstr.	180	4EA		590	770	590	770	0
6	Maschinen liefern	20	5EA, 11EA, 15EA, 19EA	40	770	790	770	790	0
7	Freigabestufe II	10	1EA(40)		550	560	560	570	10
8	Freigabestufe III	10	7EA(90)		650	660	660	670	10
9	Material anfragen	30	1EA		510	540	620	650	110
10	Erprobungsmat. fertig.	100	9EA, 7EA		560	660	650	750	90
11	Erprobungsmat. liefern	5	10EA(15)	5	675	680	765	770	90
12	Serienmaterial fertigen	120	8EA, 9EA	50	660	780	670	790	10
13	Raum projektieren	10	1EA		510	520	705	715	195
14	Raum planen	15	10EA, 4EA		590	605	715	730	125
15	Raum herrichten	30	14EA	15	605	635	740	770	135
16	Transportmittel herricht.	60	14EA	5	605	665	730	790	125
17	Betriebsmittel planen	20	3AAA(20)		550	570	630	650	80
18	Betriebsmittel bestellen	20	17EA	5	570	590	650	670	80
19	Bemi Konstr. + fertigen	100	18EA	30	590	690	670	770	80
20	Serienanlauf	20	6EA; 12EA, 16EA		790	810	790	810	0

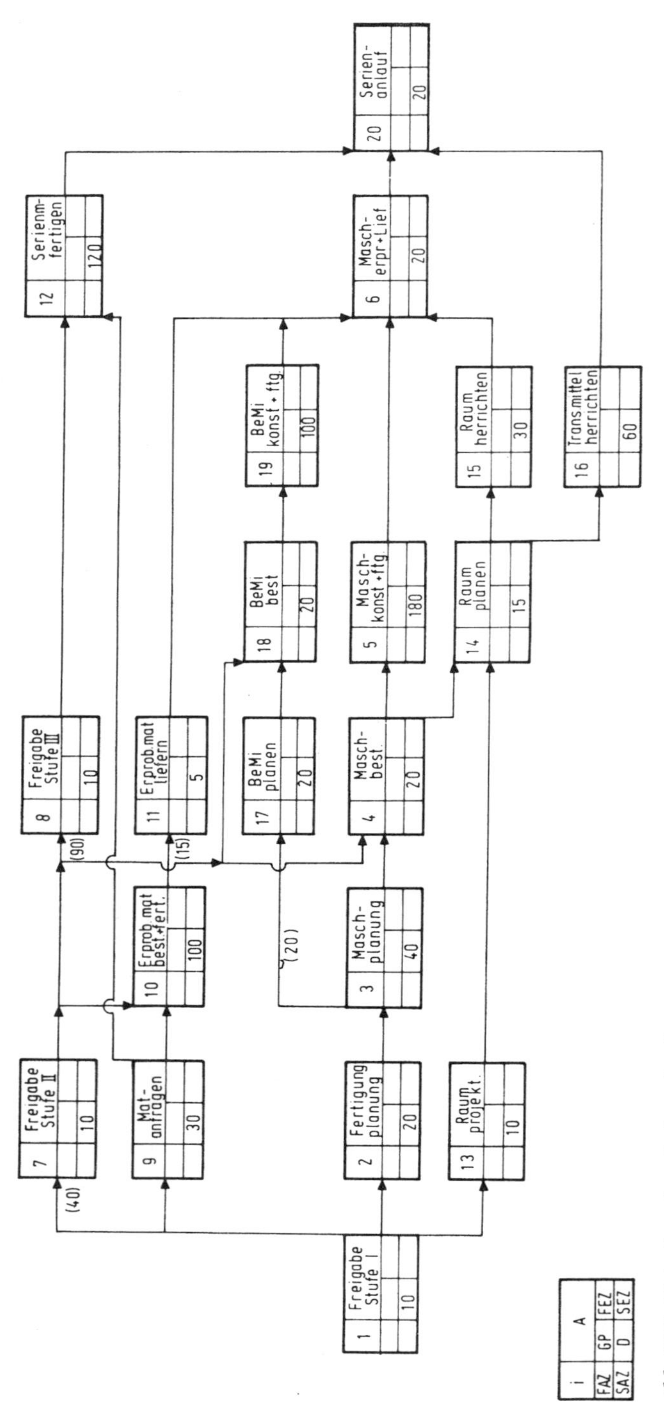

Abb. 5.29. Netzplan eines Serienanlaufs

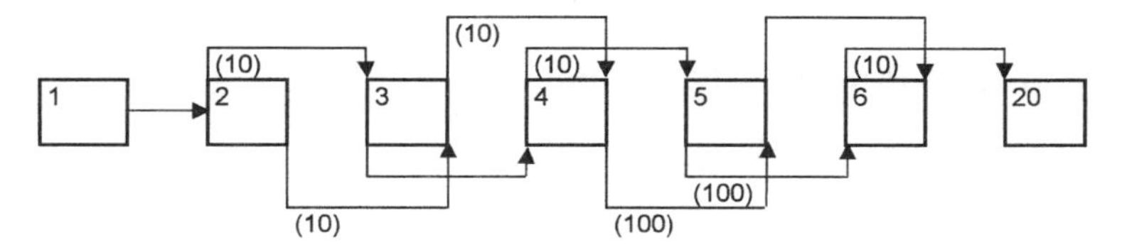

Abb. 5.30. Vereinfachter kritischer Weg

Nach dem vorliegenden Netzplan ist der Serienanlauf am Tag 810 zu Ende. Der Kritische Weg läuft logischerweise über die „Maschinenbeschaffung", und die Pufferzeiten sind in der Vorgangsliste einzutragen.

Da zahlreiche Vorgänge überlappt ablaufen können, sollte dies durch andere Beziehungen und zugehörige Wartezeiten geplant werden. Im nachfolgenden Aufgabenteil b) ist dies erfolgt.

b) Wandeln Sie den Kritischen Weg so um, dass das Prinzip der Parallelarbeit (= Simultaneous engineering) weitgehend genutzt wird. Das bedeutet, dass statt der Ende-Anfang-Beziehungen zumeist Anfang-Anfang-Beziehungen und Ende-Ende-Beziehungen mit zugehörigen Abständen verwendet werden. (Siehe vereinfachten „Kritischen Weg"). Um wie viele Arbeitstage und um wie viel % wird die Projektlaufzeit verkürzt durch Anwendung der anderen Beziehungen?

Die geänderten Beziehungen zwischen den Vorgängen, die mehr der Praxis entsprechen als die Ende-Anfang-Beziehungen ergeben einen Zeitvorteil von (810 - 760) = 50 Arbeitstagen, was einer Projektverkürzung von 16 % entspricht. Dies zeigt, dass bei der Netzplantechnik eine genaue Beziehungsdarstellung wohl lohnend ist. Dieser vereinfachte Netzplan verlangt, dass die andern Vorgänge des Gesamtnetzplans neu terminiert werden müssen, was beim Einsatz eines EDV-Programms keinen wesentlichen Aufwand bedeutet, wenn nicht neue Kritische Wege entstehen.

Tabelle 5.6. Vorgangsliste für den vereinfachten Netzplan

Vorgang Nr.	Benennung	Dauer Atg	Vorgänger	Beziehung	Abstand	FAZ	SAZ	FEZ	SEZ
1	Freigabestufe I	10	–	–	–	500	510	500	510
2	Fertigung planen	20	1	EA	0	510	530	510	530
3	Maschinen planen	40	2	AA	10	520	560	520	560
			2	EE	10				
4	Maschinen bestellen	20	3	AA	10	550	570	550	570
			3	EE	10				
5	Masch. konstr. + fertigen	180	4	AA	10	560	740	560	740
			4	EE	100				
6	Masch. erprob. + lief.	20	5	AA	100	730	750	730	750
			5	EE	10				
20	Serienanlauf	20	6	AA	10	740	760	740	760

7
EDV-gestütztes Projektmanagement

7.1
Allgemeine Erfahrungen

In den meisten großen Unternehmen wird heute die Fertigungsplanung und -steuerung mit EDV-Unterstützung, mit einem PPS-Programm betrieben. Außerdem sind zahlreiche Netzplanverfahren für EDV programmiert und relativ preisgünstig zu erwerben. Trotzdem ist es verwunderlich, wie wenig derartige Programme in der Praxis der Entwicklungsplanung und -steuerung verwendet werden [5.4].

Folgender Ablauf ist bei der Installation typisch: Durch Werbung, Vertriebsaktivitäten oder „Erfahrungsaustausch" angeregt, werden Projektverantwortliche auf „Programme für die Entwicklungsplanung und -steuerung" oder „Projektmanagementprogramme" aufmerksam. Nach kurzer Schulung, die die Vorteile der Auswertungen deutlich herausstellt, jedoch wenig auf den „Erfassungsaufwand", und vor allem nicht auf die „psychologischen Schwierigkeiten" der Einführung und ständiger Aktualisierung hinweist, wird das Programm gekauft. Die ersten Projekte zeigen jedoch schon, dass das Programm und die bestehende Organisation nicht übereinstimmen und erhebliche „Anpassungen" nötig sind. Werden diese jedoch nicht vollzogen, so ergeben sich Schwierigkeiten, die allmählich zur Ablehnung oder zu kleinen Insellösungen führen. Nur wenn systematisch das Programm auf die vorhandene Organisation abgestimmt, und zum Teil auch die Organisation an das Programm angepasst wird, kann sich ein EDV-gestütztes Planungs- und Steuerungssystem in die Praxis durchsetzen.

7.2
Super Project Expert als Beispiel [5.5]

Seit einem Jahrzehnt haben sich modulare Netzplanprogramme zur Projektsteuerung durchgesetzt und von kleinen über mittlere bis zu großen Projekten, für Einzelprojekte und für „Multiprojecting" als Standard bewährt. Voraussetzung für dieses Durchsetzen war, dass alle in der Praxis vorkommenden Beziehungen, wie Ende-Anfang-, Anfang-Anfang-, Ende-Ende-Beziehungen sowie Überlappungs- und Wartezeiten wirklichkeitsgetreu vom Programm verarbeitet werden, und dass für alle Resourcen, auf verschiedenen parallel laufenden Projekten ein eigener Kalender definiert werden kann. Das Programm Super Project Expert mit seinen verschiedenen Erweiterungen beherrscht die oben beschriebenen Anforderungen und lässt sich noch durch folgende weitere Eigenschaften kennzeichnen:

- Der Netzplan lässt sich in verschiedene Feinheitsgraden am Schirm und auf Plottern zeigen.

- Im Netzplan ist der Projektstand und Fortschritt durch zahlreiche Kennzeichnungen hervorzuheben, wie Kritischer Pfad, Meilensteine, Projektstrukturen usw.
- PERT-3-Zeitenschätzungen werden verarbeitet.
- GANTT-Diagramme mit eingetragenem Ausführungsgrad.
- Vernetzte Balkendiagramme über der Zeitachse.
- Projektstrukturplan bis zu 9 Ebenen gegliedert.
- Prioritäten für Resourcenzuweisung und Resourcenausgleich.
- Resourcenauslastung als Basis für die Pufferzeitverteilung (Work brake down).
- Histogramme, die zeigen, an welchen Aufgaben die einzelnen Resourcen (Mitarbeiter) wie lange beschäftigt sind.
- Kosten oder Aufwandserfassung
  als Tabellen
  als Balken
  als Kurven (periodisch und kumuliert) – usw.

Als wesentlicher Vorteil der neuen Fassung ist zu erwähnen, dass die Begriffe nicht nur in Deutsch, sondern entsprechen der DIN 69 900 formuliert sind, so dass der Einstieg auch für erfahrene Netzplaner keine besondere Umgewöhnung erfordert.

8 Empfehlungen

1. Sammeln und Auswerten aller Informationen über Projektmanagement im Hinblick auf Anwendbarkeit im eigenen Hause.
2. Aufsuchen und Erproben verschiedener EDV-Programme, die für das Projekt-Management empfohlen und angewandt werden. (Tests und Beurteilungen z. B. im „Marktspiegel Projektmanagementsoftware", [5.6]).
3. Klären, wo und in welchem Umfang das Projektmanagement und die Netzplantechnik einzusetzen sind.
4. Klären der erforderlichen Organisation:

Tabelle 5.7. Erfassungsschema für Organisationsaufgaben

Organisationsstelle	Namen	Bereich
Lenkungsausschuss		
Projektmanager		
Organisator		
Arbeitsgruppen	– von Fall zu Fall –	

5. Sammeln von Beispielen aus der Vergangenheit, die mit PM und NPT vorteilhaft verfolgt „wurden“ oder „worden wären“. Erfahrungen?
6. Erfassen der Entwicklungsaufgaben, die heute und morgen mit PM verfolgt werden (sollen). Erstellen einer Richtlinie für regelmäßiges Projektmanagement (Anhand von Unterlagen, die bereits vorliegen).
7. Erproben und Adaptieren der Organisationsmittel an abgeschlossenen Projekten mit ergänzten Zahlen.
8. Probeweiser Einsatz des PM parallel zur bisherigen Organisation.

Literaturverzeichnis

Teils Quellenmaterial der Texte, teils Zahlenmaterial zu den Abbildungen oder Tabellen, teils Ergänzungen.

Zu Kapitel 1: Techniken der Unternehmensplanung

[1.1] Uebbing, Helmut (1991) 100 Jahre Thyssen – Wege und Wegmarken, Siedler

[1.2] Gälweiler, Aloys (1974) Unternehmensplanung. Herder & Herder,

[1.3] Wessel, Host A. (1990) Kontinuität im Wandel – 100 Jahre Mannesmann. Mannesmann AG

[1.4] Maslow, Abraham A. (1989). Brockhaus

[1.5] Stat. Bundesamt (Hrsg.) (1999) Datenreport Versch. Quellen + Stat. Bundesamt

[1.6] VDMA (Hrsg.) (1999) Statistisches Handbuch für den Maschinenbau. VDMA

[1.7] Stat. Bundesamt Jahrbuch 1999 (Beschäftigte). SBA

[1.8] Stat. Bundesamt Jahrbuch 1999 (Wohnungen). SBA

[1.9] International Iron and Steel Institute (Hrsg.) Stahlproduktion ab 1970 bis 1985

[1.10] Mannesmann-Archiv (1968) Interner Bericht

[1.11] Allgemeine Geschichtsdaten und Vermessung nach verschiedenen Karten

[1.12] Tully, TH Aachen (1968) Interner Bericht

[1.13] VW-Statistik, Archiv des VW-Konzerns

[1.14] VDMA-Statistik (1999) Kennzahlen und Informationen, Betriebswirtschaft

[1.15] Maxy and Silverstone (1967) Automobilproduktion 2. Aufl.

[1.16] Daimler-Benz (1968) Interner Bericht

[1.17] Kesselring (1977) in VDI-Richtlinie 2225 Technisch-wirtschaftliches Konstruieren. Beuth-Vertieb

[1.18] Perlitz (ca. 1995) Quelle unbekannt

[1.19] Kesselring (1977) in VDI-Richtlinie 2222, Wirtschaftlichkeitsvergleich. Beuth-Vertrieb

[1.20] Radke Magnus (1969) Betriebswirtschaftliche Formelsammlung. Verlag Moderne Industrie

[1.21] Stat. Bundesamt Jahrbuch 1999 (Beschäftigte in der Stahlindustrie). SBA

Zu Kapitel 2: Techniken der Produktplanung

[2.1] DIN 69910 Wertanalyse – Begriffe, Methode (zurückgezogen) bzw. zwischenzeitlich VDI Richtlinie 2800 bis CEN Value Analysis erschienen ist

[2.2] VDI (Hrsg.) (1983) Systematische Produktplanung. VDI-Verlag

[2.3] VDI (Hrsg.) (1982) Marketing und Produktplanung. VDI-Verlag

[2.4] Bronner, Albert E. (1989) Einsatz der Wertanalyse in Fertigungsbetrieben. RKW- + TÜV-Verlag

[2.5] VDI-Richtlinie 3694, Pflichtenheft. Beuth-Vertrieb

[2.6] Bronner, Albert E. (1995) Partnerschaftliche Zusammenarbeit in Entwicklung und Beschaffung, Schweizer Industriemagazin, Zürich, 2/1995

[2.7] VDI-Richtlinie 2222, Wirtschaftlichkeitsvergleiche. Beuth-Vertrieb

[2.8] Romerskirch, (1975) Pflichtenheft, Interner Bericht

[2.9] Bronner, Albert E. (1991) Wertgestaltung – Grundlage für den Produkterfolg, TAE-Seminarskript

Zu Kapitel 3: Techniken der Investitionsplanung

[3.1] Parkinson (1966) Parkinsons Gesetz. rororo

[3.2] Bronner, Albert E. (1964) Vereinfachte Wirtschaftlichkeitsrechnung. Beuth-Vertrieb

[3.3] Blohm-Lüder (1967) Investition. Vahlen-Verlag
[3.4] Bronner, Albert E. (1966) Wirtschaftliche Vorteile durch numerisch gesteuerte Werkzeugmaschinen. RKW-Schriftenreihe W19/20

Zu Kapitel 4: Techniken der Kostenrechnung

[4.1] Riebel, Paul (1976) Einzelkosten und Deckungsbeitragsrechnung, 2. Aufl. Westdeutscher Verlag, Opladen
[4.2] Mellerowics, K. Allgemeinen Betriebswirtschaftslehre, 12. Aufl. Berlin
[4.3] DIN 32992 (1989) Kostendefinitionen, Teil 1 bis 3. Beuth-Vertrieb
[4.4] VDA (Hrsg.) (1999) Tatsachen und Zahlen der Kraftverkehrswirtschaft. VDA
[4.5] Dolecalek, Carl M. (1973) Planung von Fabrikanlagen. Springer-Verlag
[4.6] Bronner, Albert E. (1998) Angebots- und Projektkalkulation, 2. Auflage. Springer-Verlag
[4.7] de Jong (1965) Fertigkeit, Stückzahl und benötigte Zeit. Refa-Nachrichten Sonderheft
[4.8] Schieferer G. (1956) Vorplanung des Anlaufs einer Serienfertigung. Diss. Universität Stuttgart
[4.9] Ehrlenspiel, K. (1978) Auswertung von Wertanalysen. Abschlussbericht SSP Konstruktionsforschung. München
[4.10] VDI-Richtlinie 2225 (1977) Technisch-wirtschaftliches Konstruieren. Beuth-Vertrieb

Zu Kapitel 5: Techniken der Terminplanung

[5.1] DIN 69900 (1975) Projektwirtschaft – Netzplantechnik. Beuth-Vertrieb
[5.2] Autorenkollektiv BMV (Hrsg.) (1971) Handbuch zum Fortbildungskurs Netzplantechnik. VDI-Verlag
[5.3] DIN 66001 (1975) Sinnbilder für Datenflüsse + Programmabläufe. Beuth-Vertrieb
[5.4] Bronner, Albert E. (1995 bis 2000) Befragung von fachorientierten Seminarteilnehmern bei der TAE und beim VDI
[5.5] IBM-Netzplantechnik (Fachliteratur), Bekannteste PC-fähige EDV-Programme zur Netzplantechnik: CA-SuperProject Expert
[5.6] Marktspiegel, Projektmanagementsoftware. Verlag TÜV (Rheinland)

Sachverzeichnis

Fettdruck = Definition und wichtige Erläuterungen

A
ABC-Analyse 263
ABC-Gliederung 132
Ablauf der Produktplanung 93
Ablaufkurve 272 f.
Ablauforganisation 58
Ablaufplan 59, 307
- der Entwicklung 133
- des Investitionsprozesses 163
Absatzpotenzial 51
Abschreibung, kalkulatorische 163
Abschreibungen 156, 195
Abstandsarten 294
Abstiegsphase 22, 42
Abzinsungsfaktoren 170, 215
AFA-Sätze 195
Ähnlichkeitsgesetze 238
Aktionen 3, 152
Aktionsliste 85
Aktionsplanung 62
Allgemeiner Investitionswert 181, 182
Amortisation 197, 200
Amortisationsrechnung 173, 178, 179
Amortisationszeit 109, 174
Anforderungen, Automobil **41**
Anforderungsfreigabe 129
Anforderungslisten 114, 118, 133
Anlauf- und Ablaufkurve 272 f.
Anlauf- und Lernkurven 270
Anlaufkurve 271
Annuitätenmethode 172
Anordnungsbeziehungen 293
Arbeiten, qualifizierte 278
Arbeitspakete 301
Arbeitsplan, logischer 163
Arbeitspotential 296
Arbeitsvorbereitung, Kostenprobleme der 265
Argumente 78
Aufbauorganisation 60
Aufgabenverteilung 155
Aufteilen von Vorgängen 299
Auftragsplanung 68
Aufwand 219, **220**
Ausgaben 219, **220**
Auslastung 86, 244, 248
Auslastungsdegression 249
Auslaufphase 42
Auswärtsvergabe 159
Automatisierung 233, **234**
Automobilindustrie 29

B
Balkendiagramme 282, 284
Beantragung von
- Objekten 202
- Projekten 197
Bedarfsentwicklung 14
Begleitkalkulation 124, 128, 132, 261
Beschäftigte 32, 70
- im Werkzeugmaschinenbau 32
Bestellgröße, wirtschaftliche 243
Bestellrhythmus 243
Betriebliches Vorschlagswesen 68
Betriebsmittelfreigabe 130, 138
Bewertung, technisch-wirtschaftliche (VDI-R 2225) 263
Bewertungsphase 163
Branchen, Lebenszyklen 24
Branchenzyklen 78
Break Even Point 64, 67, **86**, 87
Bruttoinvestitionen 154
Budgetüberwachung 160

C
Cash flow als Basis 157
Chancen 48
- von Entwicklungsprojekten 101
Checkliste 145

D
3-Zeitenschätzung 281
Datenfluss- und Programmablaufpläne 282
Datenflusspläne 284
Deckungsbeitrag 14, 131, **230**, 249, 257
–, spezifischer 259
Deckungsprinzip 257

Definitionen bei der Zeitplanung 290
Definitionsphase 163
Dekadenzphase 22
Delphi-Technik 13
Detaillierung der Vorgänge 306
Detaillierungsgrad 305
Diskontierung 163
Diskontierungsmethode 171
Disposition, wirtschaftliche 269
Dispositionsfreigabe 138
Dynamische Investitionsrechnung 162, 199, **204**
Dynamische Verfahren 168

E
EDV, Einsatz bei der Investitionsplanung 190
EDV beim Planen und Steuern 313
EDV-gestütztes Projektmanagement 312
Eigenfinanzierung 158
Eigenzins 156
Einflussgrößen 139
Einführungshinweise 127
Einführungsphase 36
Einnahmen 220
Einnahmenüberschussrechnung 175
Einzweckmaschinen 205
Empfehlungen 112, 128, 148, 273, 313
Engpässe 20, 48
–, mehrere 260
Entwicklung, Ablaufplan 133
Entwicklungs- und Konstruktionskosten 222
Entwicklungsantrag 115
Entwicklungsauftrag 113, 115, 117, **118**
Entwicklungsaufwand 105, 109
Entwicklungsberater 144
Entwicklungsfreigabe 130
Entwicklungskosten 139
Entwicklungsprogrammanalyse 104, 106
Entwicklungssteuerung 126, 134, 135
Entwicklungszeiten 138, **139**
Erfahrung 94, 312
Ergebnislücke 64, **67**, 68, **82 f.**
Erlös- und Kostengliederung 205
Erlöse 220
Ersatzbedarf 25 f.
Ersatzinvestitionen 154, 211
Ertrag 220
–, Steigerung 154
Ertragskraft 14
Erwartung, unsichere 188, 191
Erweiterungsinvestitionen 211
–, Grenzwerte für 183, 185
Erzeugnisgliederung 125
Etat 158
Excel 236 f.
Extrapolation 12, 61

F
Face-Lifting 148
Fehlinvestitionen 166
Fertigungskosten 44 f., 221, 238
Fertigungskostendegression 246, 247
Fertigungslinien 63
Fertigungsprogramm, repräsentatives 196
Fertigungszeitbedarf 181, 240
Festpreise 303
Finanz- und Rechnungswesen 219
Finanzierungsalternativen 158
Finanzplanung 157, 302
Flexibilität 73
Forschungs- und Innovationsphase 36
Freigabe 126, 138, 292, 296
Freigabestufen 128, 129, **131**
Fremdfinanzierung 158
Funktionen 119
Funktionsgliederung 125, 133
Funktionsgruppen 126, 263

G
GANTT-Diagramm 147, 280
Gebrauchsnutzen 16
Geldausgabe 17
Geltungsnutzen 16
Gemeinkosten-Optimierung 63, 64
Gesetze, wirtschaftlich-technische 150
Gewinnchance 104, 262
–, relative 104
Gewinnplanung 65
Gewinnvergleichsrechnung 175
Gewinnwirtschaftliche Rangreihe 258 f.
Gewinnzuteilungsproblem 57, 153, 157
Grenz- und Vollkosten 266 f.
Grenzkosten 228, **230**, 249, 258
Grenzleistung, wirtschaftliche 253
Grenzmengen 109, 251
–, wirtschaftliche 253
Grenzmengenrechnung 253
Grenzpreis 260
Grenzwerte für
- Erweiterungsinvestitionen 183, 185
- Rationalisierungsinvestitionen 182, 184
Grobplanung 57
Grundprinzip, wirtschaftliches 165
Gruppenarbeit 278, 280
Gruppengröße 279

H
Häufigkeitsverteilungen 190
Herstellkosten 56, 221
Histogramm der Kosten 304
Histogramme 313

I
IDEAL 120
Idealkosten 132, 262
Ideen
–, Auswahl 91
–, Findung 90
–, Realisierbarkeit 94
Improvisation 11
Informationsphase 163
Initialphase 163
Innovationen 53
Investierungsplanung 157
Investierungsprozeß, organisatorischer Ablauf des 193
Investitionen 152
–, gesetzliche 157
–, langfristige 167
–, obligatorische 161
–, Rendite geplanter 187
Investitionsantrag 201
Investitionsbetrag 181
Investitionsbudget 156, 160 f.
Investitionsgliederung 199
Investitionsgrenzwerte
–, allgemeine 182
– für Erweiterungsinvestitionen 185
– für Zeiteinsparungen 184
Investitionsgrenzwertrechnung 180
Investitionsprojekte 187
Investitionsprozeß, Ablaufplan des 163
Investitionsquote 168
Investitionsrechnung
–, **dynamische** 162, **168**, 194, 199, **204**
–, **ganzheitliche** 162, **186**
–, „semidynamische" 196
–, **statische** 162, 175, 200, **203**
–, Zuständigkeit für 212
Investitionsrichtlinie 192
Investitionsstrategien 152
Investitionsumlage 255

K
Kalkulation
–, **mitlaufende** 137, 139, 261, **262**
–, **progressive** 255, **266**
–, **retrograde** 255, **267**
Kapazität
– und Belegung 298
–, verfügbare 297
Kapazitätsänderung 300
Kapazitätsauslastung 28
Kapazitätsbedarf 27, 296
Kapazitätsbelegung 297
Kapazitätsengpaß 25
Kapazitätsgruppen 296
Kapazitätsplanung 286, **295**, 297
Kapazitätstermininierung 277
Kapital, investierbares 157
Kapitalbindungseffekt 305
Kapitaldienst 181
Kapitalrendite 66, **83**
Kapitalrückflußzeit 167
Kapitalumschlag 66
Kapitalwert 172, 200, 252
Kapitalwertmethode 171
Kapitalwiedergewinnungsfaktor 170, 214
Kennzahlen 67, **82**, 167
Konjunktureinflüsse 39, 79
Konstruieren
–, fertigungsgerechtes 145
–, wertgerechtes 144
Konstruktion nach Lebensdauer 264
Konstruktionsprinzipien, wirtschaftliche 264
Konstruktionsrichtlinie 144
Konstruktionsvergleiche 263
Korrelation 47
Kosten 219, **220**
–, **ausgabenwirksame 229**
–, **fixe 225**
–, Gliederung der 228
–, Histogramm 304
–, **kalkulatorische 229**, 302
– und Marktpreislücke 255
–, **variable 226, 228**
–, zahlungswirksame 302
Kostendefinitionen 221
Kostendegression 46, 246
Kosten-Gesetzmäßigkeiten 43, 227
Kostengliederung 205, 208, 219
Kostenplanung und -überwachung 286, **301**, 303
Kostenprobleme der Arbeitsvorbereitung 265
Kostenvergleich 175 f., 206 f.
Kostenvoranschläge 138
Kostenziele 105, 125, 261
Kostenzielvorgabe 124
Kreationsphase 163
Kreativität, Quellen der 94
Kreditlaufzeit 167
Kritischer Pfad 311
Kritischer Weg 291, 311
–, vereinfachter 311

Kulturkreise 35
–, Lebenszyklen 79

L
Lagerbestand 242
Lastenheft 113f., 116
Leasing 158
Lebensphasen 35
Lebenszyklen 21, 26
– **von Branchen 24**
– der Kulturkreise 79
– **von Produkten 21**
Leistungsdegression 44
Leistungsgesetze 244
Leitbeispiel 170, 191
Lernkurven 240, 270f.
Liquiditätsforderung 167
Losgröße 242, 243

M
Mangelsituation 16
Mannesmann 69f.
Marktanalyse 95, 99, 113
Marktpreis 255
Maschinenstundensätze 219
Maslow 15
Massen- und Serienprodukte 118
Maßnahmen, strategische 75
Materialkosten 221, 238
Matrix-Organisation 276f.
Mechanisierung 233
Mehrprojektplanung 143
Mehrschichtbetrieb 185f.
Mehrstellenarbeit 269
Mehrzweckmaschinen 208
Meilensteine 126, 290, 292
Mengengesetze 240
Merkmalliste 121
Methode der kleinsten Quadrate 234, **236**
Mindestverzinsung 158
Mischkosten 226
Moderator 279
Modularprogramme 191
Motorroller 43
MTM 68

N
Nachfrageentwicklung 39
Nachfrageschwankungen 25
Nachkalkulation 133
Nachkriegszeit 15
Nachwuchs 50
NC-Maschinen 209
Nettoinvestitionen 154
Netzplan 133, 280
– **eines Serienanlaufs 310**
–, vereinfachter 311
Netzplanelemente 284
Netzplantechnik 281, 284
–, Einsatz 307
–, erweiterte 293
–, Vorteile 308
Netzplanung, Begriffe der 285
neuronale Netze, Rechnung mit künstlichen 61
Nieten 50
NN-Berechnung 61
Normreihe 238
Normstrategien 54
Notwendigkeitsnachweis 157, **164**
Nutzinvestitionen 166
Nutzungsdauer, wirtschaftliche 195
Nutzwert der Produkte **107**
Nutzwertanalyse 107

O
Objekte 57
–, Beantragung von 202
Objektstrukturplan 287
Obsoleszenz, psychologische 26
Offensivmaßnahmen 80
Operationen 3, 151
Opportunitätskosten 259, 260, 263
Organisation, hierarchische 142, 276

P
Paretokurve 133
Personenwagenproduktion 30
PERT 3-Zeitenschätzungen 313
Pflichtenheft 113f., 116, 122, 135
–, erweitertes 117
Phantasie 95
Planung 3
–, geschlossene 72, 211
–, **operative 57**, 77
–, **rollende integrierte** 57, **210**
–, strategische 74
Planungsbericht 60, 61
Planungsbrief 60, 61
Planungsebenen 153
Planungshandbuch 60, 61
Planungshorizont 8, 152
Planungsjahrbuch 60, 61
Planungskalender 61
Planungsphase 307
Planungsrechnung, lineare 261
Planungsziele 11
Planungszyklus 157

Platzkostenrechnung 268
Portfolio-Analyse 47, 71, 87
Portfoliobild 88
Portfolio-Darstellung 53
Portfolio-Matrix 49f., 53
PPS-System 281
Präferenzen 13
Präferenzwettbewerb 22
Preis und Absatzmenge 256
Preisbildung 254
Preisreduzierung 257
Produkt- und Programmplanung 98f.
Produktaktualisierung 111
Produktanalysen 13, 112, 113
Produktbewertung 100
Produkte
–, Lebenszyklen 21
–, Nutzwert der 107
–, qualitative/quantitative Bewertung 100
–, Suche von 92
Produkt-Elimination 148
Produktfelder 49, 73
Produktfindung 90
Produktionsleistung 45, 125, 244–246
Produktionsprogramm 49
Produktionsprogrammanalyse 102, 103
Produktionssteigerung 199, 200f.
Produktkommission 136
Produktkonferenz 100
Produkt-Markt-Matrix 54
Produktmenge 125
Produktpflege 141
Produktplanung 90, 91, **98f.**
–, Ablauf 93
Produktsuche 100
Produktüberwachung 92, 147
Produkt-Verfolgung 91
Produktzyklen 78
Profit Center-Bildung 71, 73, 276
Programmablaufpläne 282
Programmanalysen 13
Programmkommission 100
Programmoptimierung 261
Programmplanung 98f.
Projektantrag 99, 129, 135
Projektdauer, optimale 306
Projektdurchlaufzeit 296
Projekte 57, **277**
–, Beantragung 197
–, interdisziplinäre 277
–, obligatorische 156
–, wirtschaftliche 156
Projektgruppe 277
Projektkosten
–, kumulierte 305
–, minimale 306
Projektkostenplanung 301, 304
Projektkostenvorgabe 129
Projektleiter 80, **143,** 277
Projektmanagement 128, 134, **141,** 142, **276,** 277, 279f.
Projektmanagement, EDV-gestütztes 312
Projektmanager 141f.
Projektsteuerung 147
Projektstrukturplan 288, 289
Projektüberwachung 126, 134, 135
Prototypfreigabe 130, 138
Pufferzeiten 291, **292,** 305
–, Verteilen der 305

Q
Qualifikation 155
Qualitäts-Mengen-Diagramm 52
Qualitätsmerkmale 51
Qualitätswettbewerb 13, 22, 40

R
Rahmenplan 114
Rangreihe, gewinnwirtschaftliche 258f.
Rationalisierungsansätze 81
Rationalisierungsinvestitionen 211, 250
–, Grenzwerte für 182, 184
Rationalisierungspotentiale 107
Realisierbarkeit von Ideen 94
Rechnung mit künstlichen neuronalen Netzen (NN-Berechnung) 61
REFA 68
Regressionsrechnung 61
Reifephase 22, 39
Relativkosten 144
Relativpreise 144
Rendite 153
– geplanter Investitionen 187
Rentabilität 200
– und Amortisation 197
Rentabilitätsermittlung 198
Rentabilitätsrechnung 172, **177**
Ressourcen 73, 141
Ressourcenbelegung, EDV-Programm für 134
Richtpreis 223, 265
Riemenscheiben 251
Risiken 48
Rüstkosten 239
Rüstzeiten 243

S
Sachbearbeiter 155
Sättigungsphase 22, 40
Schätzen 235

Schichtzulagen 260
Sechsspindelhalbautomaten 248
Selbstfinanzierung 158
Selbstkosten 222
Serienanlauf 309, 310
Serienfreigabe 131
Serienprodukte 118
Simultaneous engineering 309
Situationsanalyse 69
SOLL-IST-Abweichung 138
Sondereinzelkosten 221
Sozialinvestition 161
Spartengliederung 276
Spezialistengruppen 279
Spezifikation 114
Stab-Linien-Organisation 276
Stahl- und Profilstahlproduktion 34
Stahlbauproduktion 69
Stars 50
Steuern 190
Strategien 3, 20, 35, 49, 71, **151**
Strategische Maßnahmen 75
Strategische Planung 74
Strukturpläne 286
Stufenpläne 210
Stundensätze 249
Substitutionsphase 22
Substitutionsprodukt 25, 40
Suche von Produkten 92
Suchfelder 96
Suchfeldhierarchie 97
SuperProject Expert 312
Szenarios 13, **19**

T
Taktik 152
Taktzeit 45
Target Costing 261
Teilefamilien 63
Teilkostenvergleiche 196
Teilnetze 289f.
Terminplan 283
Terminplanung 286, 290
Terminverschiebungen 145, 297
Testergebnisse 113
Tilgungsdiagramm 109, 252
Toleranz nach Funktionsansprüchen 264
Tragfähigkeitsprinzip 258
Trend 71, 152

U
Überflusssituation 18
Übersichtsnetze 290
Überwachungsphase 307
Übungsdegression 241
Umlaufkapital 131
Umsatzerhöhung 181
Umsatzrendite 66, **79**, 109
Umstrukturierung 22
Umweltanalyse 10, 70, 153
unsichere Erwartung 188, 191
Unsicherheiten 167
Unternehmensanalyse 10, 71, **82**, 95, 153
Unternehmensführung
–, aggressive 82
–, offensive 78, 80
Unternehmensphilosophie 10
Unternehmensplanung 3, 5, 11, 72
Unternehmenspolitik 151
Unternehmensziele 3, 71, 99, 150f.

V
VDI-/VDE-Richtlinie 123
VDI-Richtlinie
- 2222 121
- 2225 46, 263
Verbrauch, demonstrativer 18
Verbrauchszahlen 152
Verdrängungswettbewerb 78
Vereinheitlichung 264
Verfahrensvergleiche 249, 250
Verhaltensgrundsätze 57
Verkaufsfreigabe 131
Verschuldungsgrenze 166
Verteilen der Pufferzeiten 305
Vertriebskosten 222
Verursachungsprinzip 257, **276**
Verwaltungskosten 222
Verzinsung
–, interne 109, 191
–, kontinuierliche 177
–, nachschüssige 177f.
Vollkosten 266f.
Vollkosten-Preis 254
Vorgänge, Detaillierung der 306
Vorgangsdarstellung 285f.
Vorgangsdauer 295
Vorgangsknotennetzplan 285
Vorgangsliste 309
Vorgangspfeilnetzplan 285
Vorschlagswesen, betriebliches 68
VW-Käfer, VW-Golf 42

W
WA - Arbeitsplan 146
Wachstum, exponentielles 26
Wachstumsgesetze 237, 239
Wachstumsphase 22, 38
Werkzeugmaschinen 29, 31

Werkzeugmaschinenbau, Beschäftige 32
Werkzeugmaschinenbedarf 32
Wertanalyse 144, 262
Wertanalyse, Integration der 146
Wertdenken 264
Wertgestaltung 20, 23
Wertschöpfung 14
Wertstudie 133
Wertverbesserung 23, **63**
Wettbewerbsanalyse 95
Wirtschaftlichkeit 165f., **231**
–, absolute 231, 233
–, relative 232f.
Wirtschaftlichkeitsrechnung 107, **108**, 109–111, 205, 208
Wirtschaftskreise 35
Wochenbericht 134f.
Wohlstandssituation 17
Wohnungen 33

Z
Zahlungen, abgezinste 170
Zeit- und Terminplanung 290
Zeiteinsparungen, Investitionsgrenzwerte für 184
Zeitplanung, Definitionen 286, **290**
Zieldenker 72
Ziele 153
Zielplanung 9, 72
Zielzeitvorgaben 62
Zins, erzielbarer 192
Zinssatzmethode, interne 172
Zukauf 73
Zukunftsbilder 19
Zuschlagkalkulation 224f.
–, progressive 265
Zuständigkeit für Investitionsrechnungen 212
Zwischenkalkulation 124, 132

Druck- und Bindearbeiten: Stürtz AG, Würzburg